高等职业教育“十二五”规划教材

21世纪高职高专规划教材（机械类）

液压与气动控制

主　编　曾文萱

副主编　孙腊元

参　编　李海东　向晓汉　曹　菁　李志伟

机 械 工 业 出 版 社

本书包括液压传动和气压传动两部分内容，共 12 个项目。项目 1 ~ 4 通过 4 个典型的液压传动系统讲述了液压传动基础知识、液压元件及常用的液压基本回路。项目 5 为液压系统的安装、调试、维护及故障诊断与排除。项目 6 为新建空气压缩站。项目 7 ~ 10 通过 4 个典型的气动系统讲述了气动元件、常用的气动基本回路、气动系统中常用的电气控制元件及气动系统的电气—气动控制。项目 11 为气动系统的安装、调试、维护及故障诊断与排除。项目 12 介绍了真空元件和真空系统。

本书引用了大量的工业应用生产实例，并将液压、气动、电气、真空元件的工作原理和典型的液压、气动基本回路以及真空系统回路等知识融于具体的生产实例中，内容新颖，通俗易懂。本书突出液压与气动技术的应用性，并配有大量图片和实际应用图例。在项目的选取方面，既考虑到不同项目的知识侧重点，又兼顾整本书的知识覆盖面，有利于学生自主学习。

本书可作为高职院校、职工大学、成人教育学院等机电类及自动化类专业的教学用书，也可供工程技术人员参考。

为方便教学，本书配备电子课件等教学资源。凡选用本书作为教材的教师均可登录机械工业出版社教育服务网 www. cmpedu. com 注册后免费下载。如有问题请致信 cmpgaozhi @ sina. com，或致电 010-88379375 联系营销人员。

图书在版编目（CIP）数据

液压与气动控制/曾文萱主编. —北京：机械工业出版社，2012. 1（2020. 1 重印）

高等职业教育“十二五”规划教材 . 21 世纪高职高专规划教材

ISBN 978-7-111-37184-7

Ⅰ. ①液… Ⅱ. ①曾… Ⅲ. ①液压传动 - 高等职业教育 - 教材②气压传动 - 高等职业教育 - 教材 Ⅳ. ①TH137②TH138

中国版本图书馆 CIP 数据核字（2012）第 011372 号

机械工业出版社（北京市百万庄大街 22 号　邮政编码 100037）
策划编辑：余茂祚　责任编辑：王　丹　赵志鹏
版式设计：霍永明　责任校对：张　媛
责任印制：郜　敏
涿州市京南印刷厂印刷
2020 年 1 月第 1 版第 4 次印刷
184mm × 260mm · 14. 5 印张 · 357 千字
标准书号：ISBN 978-7-111-37184-7
定价：35. 00 元

电话服务　　网络服务
客服电话：010-88361066　机　工　官　网：www. cmpbook. com
010-88379833　机　工　官　博：weibo. com/cmp1952
010-68326294　金　书　网：www. golden-book. com

机工教育服务网：www. cmpedu. com

高等职业教育“十二五”规划教材
21世纪高职高专规划教材
编 委 会 名 单

前　　言

高等职业教育旨在培养高素质技能型人才。针对高职教育的特点，高职类教材的内容要通俗易懂、实用，能反映当前企业的生产和技术应用状况及发展趋势，要利于学生的技能培养。将知识点融于具体的项目中介绍，有利于学生对知识点的理解和技能的掌握。

本教材是项目式教学教材，以典型液压与气动系统为项目载体，将液压、气动、电气、真空元件的工作原理和典型的液压、气动基本回路以及真空系统回路等知识融于具体的生产实例中。在编写过程中，我们邀请企业资深专家参与，并且经过广泛的社会调查，选择适合专业需求、有技术含量的项目，使学生学习的内容与实际岗位接轨，针对性强。

本书由无锡职业技术学院曾文萱任主编，中国第一汽车集团公司无锡柴油机厂孙腊元任副主编。项目1由连云港职业技术学院李海东编写，项目2、3、7、9由无锡职业技术学院曾文萱编写，项目4、12由中国第一汽车集团公司无锡柴油机厂孙腊元编写，项目5、10由曾文萱和孙腊元共同编写，项目6由无锡职业技术学院向晓汉编写，项目8由江苏信息职业技术学院曹菁编写，项目11由无锡职业技术学院李志伟编写。

由于编者水平有限，书中难免存在错误、不妥之处，恳请广大读者指正。

编　者

目　录

项目 1　千斤顶的液压系统

本项目主要介绍液压系统的组成及液压传动基础知识。

1.1　认识液压千斤顶

1.1.1　用途

在机修车间里，液压千斤顶是修理人员经常使用的起重工具，它虽然体小身轻，却能顶起超过自身质量几百倍的重物。液压千斤顶形式多样，图 1-1 所示为一种液压千斤顶。图 1-2 所示为另一种液压千斤顶，工作时液压站为千斤顶提供液压油。

图 1-1　液压千斤顶实物图

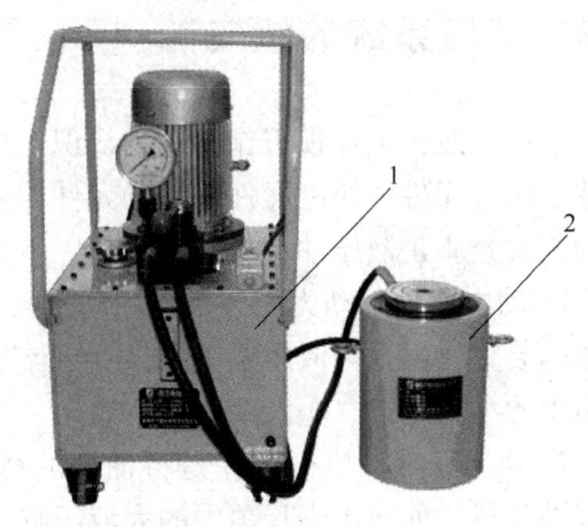

图 1-2　液压站及液压千斤顶实物图
1—液压站　2—千斤顶

1.1.2　工作原理

液压千斤顶主要由大液压缸、小液压缸、吸油单向阀、压油单向阀、放油阀、油箱、油路等组成。其工作原理如图 1-3 所示，提起手柄 4，小活塞 2 上升，小液压缸 3 下腔的容积增大，形成局部真空状态，油箱 9 内的油液在大气压力的作用下，顶开吸油单向阀 1 的钢球，进入并充满小液压缸的下腔，完成吸油动作。压下手柄 4，小活塞 2 下移，压力油使吸油单向阀 1 关闭，油液便不能通过此吸油单向阀流回油箱。但此时压力油却可以推开压油单向阀 7 中的钢球，小液压缸下腔的压力油便经压油单向阀 7 进入大液压缸 5 的下腔，并托起大活塞 6，将大活塞上的重物顶起一段距离。反复提压手柄 4，就可以使重物不断上升，从而达到起重的目的。

当重物需要下降时，只需转动放油阀 8，使大液压缸的下腔与油箱连通，在重物作用下，大活塞 6 便向下移动，大液压缸中的油液流回油箱。

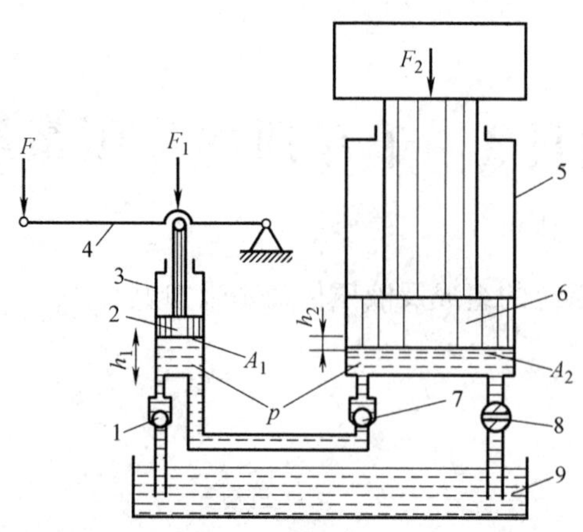

图1-3　液压千斤顶工作原理图

1—吸油单向阀　2—小活塞　3—小液压缸

4—手柄　5—大液压缸　6—大活塞

7—压油单向阀　8—放油阀　9—油箱

1.2　液压系统的组成

通过对液压千斤顶工作原理的认识，可以进一步了解液压系统的组成。液压系统由动力元件、执行元件、控制元件、辅助元件4部分组成，以传递能量的液体作为传动介质，最常用的传动介质是液压油。

1. 动力元件　动力元件是将原动机（电动机或内燃机）输入的机械能转换成为油液压力能的装置，用来为液压系统提供一定流量和压力的油液，是液压系统的动力源，如液压千斤顶中的小液压缸、小活塞。

2. 执行元件　执行元件是将油液的压力能转换成机械能的装置，用以驱动工作部件，克服外负载，如液压千斤顶中的大液压缸、大活塞。

3. 控制元件　控制元件是控制与调节液压系统中油液的流量、压力和流动方向的装置，如液压千斤顶中的吸、压油单向阀，放油阀。

4. 辅助元件　辅助元件是保证液压系统正常工作所必需的装置，如液压千斤顶中的油箱、管路、密封件等。

在液压传动过程（见图1-3）中经过两次能量转换，手柄4、小活塞2、小液压缸3是完成第一次能量转换的装置，是把修理人员上下摇动手柄的机械能转换为油液的压力能；而大活塞6和大液压缸5则是完成第二次能量转换的装置，是把油液的压力能转换为机械能，举升重物。需要注意的是，油液必须在密闭的容器内进行传递而且容积要发生变化。如果容器密封不好，就得不到所要求的油液压力；如果容积不能变化，则不能进行能量的转换。

在接下来的几节中，将进一步学习液压传动的基础知识。

1.3　液压传动中的压力、流量和功率

液压传动是以液体作为传递动力和运动的工作介质，利用液体的压力能来传递动力，利

用密封容积的变化来传递运动。

1.3.1　压力

1. 液体静压力及其特性　液体在静止状态下，质点之间无相对运动，不存在内摩擦力，但表面有法向力，在工程实际中，习惯上称为压力。液体内某点处的压力 p 定义为该点处的法向力 ΔF 对其微小面积 ΔA 的极限，即

$$p = \lim_{\Delta A \to 0} \Delta F / \Delta A \tag{1-1}$$

若法向力均匀地作用于面积 A 上，则压力可表示为

$$p = \frac{F}{A} \tag{1-2}$$

液体静压力的方向总是在承压面的内法线方向上，静止液体内任一点的压力在各个方向上都相等。

2. 液体压力的表示方法　液体压力的表示方法有两种：①是以绝对真空为基准所表示的绝对压力。②是以大气压力为基准所表示的相对压力。绝大多数仪表所测得的压力是相对压力，故相对压力也称为表压力。如未特别说明，压力均指相对压力。绝对压力和相对压力的关系为

绝对压力 = 大气压力 + 相对压力

当液体某处绝对压力低于大气压力（即相对压力为负值）时，习惯上称该处为真空，绝对压力小于大气压力的那部分压力值称为真空度，即

真空度 = 大气压力 - 绝对压力

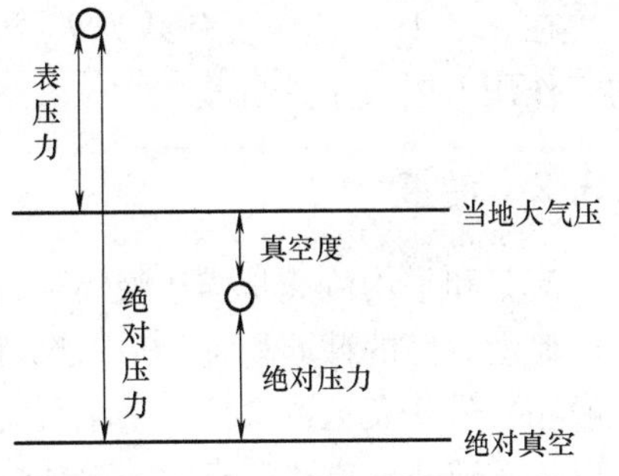

图1-4　表压力及真空度

表压力及真空度如图1-4所示。

压力的法定计量单位为Pa。在工程上常用kPa、MPa、GPa表示；非法定计量单位有 kgf/cm^2、bar（巴）、at（工程大气压）、atm（标准大气压）、液柱高度等。两者换算关系为 $1MPa = 10bar \approx 10kgf/cm^2$；$1at = 1kgf/cm^2$；$1atm = 0.101325MPa = 760mmHg$。

3. 液体静力学基本方程　图1-5所示为密度为 ρ 的液体处于静止状态。静止液体内任意深度 h 处的压力由两部分组成：一部分是液面上的压力 p_0；另一部分是该点以上液体自重形成的压力 ρgh。由于液柱处于静止状态，相应液柱也处于平衡状态，于是有

$$p\Delta A = p_0\Delta A + \rho gh\Delta A \tag{1-3}$$

$$p = p_0 + \rho gh \tag{1-4}$$

由式（1-4）可知，静止液体内的压力随液体深度 h 的增加而增大。离液面深度相同处各点的压力相等。

4. 压力的传递　由静力学基本方程可知，静止液体内任意一点处的压力都包含了液面上的压力 p_0。这说明在密封容器内，施加于静止液体上的压力能等值地传递到液体中的各点，这就是静压传递原理，又称帕斯卡原理。液压传动就是在这个原理的基础上建立起来的。

在液压传动系统中，通常由外力产生的压力要比液体自重形成的压力大得多，为此可将式（1-4）中的 ρgh 项略去不计，而认为静止液体中的压力处处相等。

如图 1-3 所示，两个相互连通的液压缸密封腔，小活塞和大活塞的面积分别为 A_1 和 A_2，在大活塞上放一重物，负载力为 F_2，大液压缸 5 产生的液体压力为 $p_2 = F_2/A_2$。

由帕斯卡原理可知，小液压缸 3 的压力 p_1 应等于大液压缸 5 中的压力 p_2，即 $p_1 = p_2 = p$。

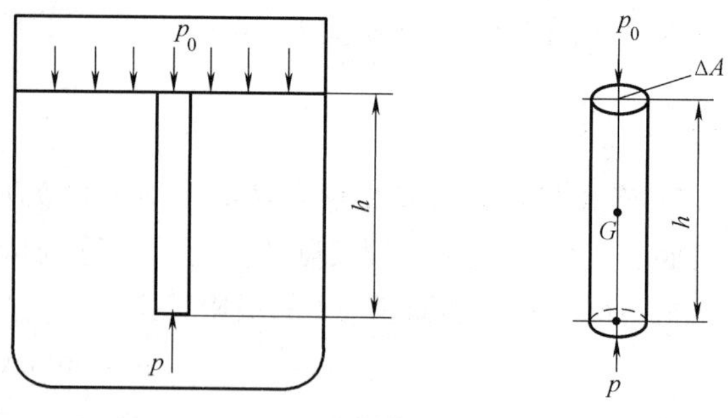

图 1-5　静止液体压力分布规律

所以，液体的压力可以表示为

$$p = \frac{F_1}{A_1} = \frac{F_2}{A_2} \tag{1-5}$$

当两活塞的面积比为 A_2/A_1 较大时，在小活塞上施加较小的力，就可以通过大活塞抬起较大重物。液压千斤顶就是利用这一原理进行工作的。

在 A_1、A_2 一定时，负载力 F_2 越大，系统中所需要的压力 p 也越高，所以液压传动系统的工作压力取决于外负载。

1.3.2　流量

流量和平均流速是描述液体流动的两个主要参数。液体在管道中流动时，通常将垂直于液体流动方向的截面积称为过流断面。单位时间内通过某过流断面的液体的体积称为流量，一般用符号 q 表示，常用计量单位有 m^3/s、L/min 等。假设过流断面上流速是均匀分布的，且以均布流速 v 流动，流过断面 A 的流量 $q = vA$。

液体的可压缩性很小，在一般情况下，认为是不可压缩的，即密度 ρ 为常数。由质量守恒定律可知，理想液体在管道中作稳定流动时，液体的质量既不会增多，也不会减少，因此在单位时间内流过管道任一过流断面的液体质量一定是相等的。管路的两个过流断面面积分别为 A_1、A_2，液体流速分别为 v_1、v_2，则有

$$\rho v_1 A_1 = \rho v_2 A_2 = 常量 \tag{1-6}$$

$$v_1 A_1 = v_2 A_2 = q = 常量 \tag{1-7}$$

因此，不可压缩液体在通道中稳定流动时，流过各截面的流量相等，而流速和过流断面面积成反比。因此，流量一定时，管路细的地方流速大，管路粗的地方流速小。

如图 1-3 所示，小液压缸 3 中排出的液体体积必然等于进入大液压缸 5 中的液体体积。设小液压缸 3 活塞的位移为 s_1，大液压缸 5 活塞的位移为 s_2，则有

$$s_1 A_1 = s_2 A_2 \tag{1-8}$$

将式（1-8）两边同除以运动时间 t，得

$$q_1 = v_1 A_1 = v_2 A_2 = q_2 \tag{1-9}$$

此时大液压缸 5 上升的速度为

$$v_2 = \frac{q_2}{A_2} \tag{1-10}$$

由上述可知，液压传动是靠密闭工作容腔容积变化相等的原则实现运动传递的，液压传动系统的运动速度快慢取决于输入其流量的大小。

1.3.3　功率

如图 1-3 所示，大液压缸 5 工作时的瞬时输出功率等于速度与负载力的乘积，即

$$P = v_2F_2 = \frac{q_2}{A_2}F_2 = \frac{F_2}{A_2}q_2 = q_2p_2 \tag{1-11}$$

因此，液压传动系统的液压输出功率等于系统输出流量和压力的乘积。

1.4　液压油的特性及选用原则

液压传动系统的工作介质通常是液压油，其品质的高低，直接影响到液压传动的效率甚至成败。为正确选用液压油，先了解液压油的主要特性，即粘性和可压缩性。

1.4.1　粘性

把杯子里的水倒干净很容易，如果换成一杯油就不同了，这是因为油的粘性比水的粘性大。当液体在外力作用下流动时，流动速度不相等，紧贴管壁的液体速度为零，管路中心处的速度最大。将管中液体的流动看成是许多无限薄的同心圆筒形的液体层的运动，运动较慢的液体层阻止运动较快的液体层，而运动较快的液体层又带动运动较慢的液体层。这种液体层之间的相互作用称为内摩擦力，即体现粘性。液体只有流动时才会呈现粘性，其大小可用粘度来衡量。常用的粘度有动力粘度、运动粘度、相对粘度（条件粘度）三种。

1. 动力粘度　如图 1-6 所示，两平行平板之间充满液体，上平板以速度 u_0 向右运动，下平板固定不动。紧贴上平板的液体在吸附力作用下跟随上平板以速度 u_0 向右运动，紧贴下平板的液体在粘性作用下保持静止，中间液体的速度由上至下逐渐减小。当两平行板距离减小时，速度近似按线性规律分布。

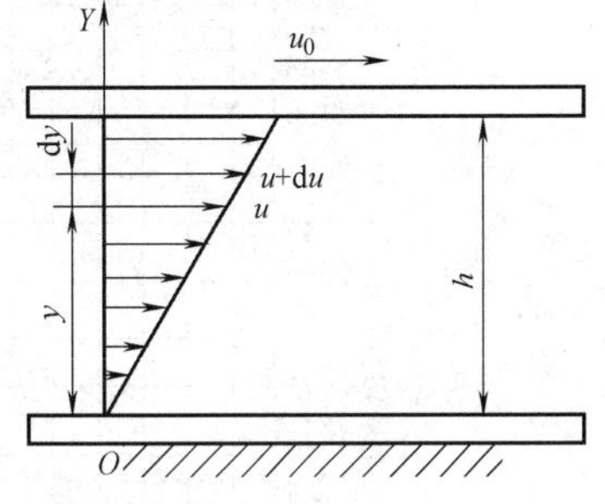

图 1-6　液体粘性示意图

试验测定指出，液体流动时相邻液层间的内摩擦力 F 与液层间的接触面积 A 和液层间的相对运动速度 $\mathrm{d}u$ 成正比，而与液层间的距离 $\mathrm{d}y$ 成反比，即

$$F = \mu A\frac{\mathrm{d}u}{\mathrm{d}y} \tag{1-12}$$

若 τ 表示接触液体层间单位面积上产生的内摩擦力，则

$$\tau = \frac{F}{A} = \mu\frac{\mathrm{d}u}{\mathrm{d}y} \tag{1-13}$$

式（1-13）中，$\frac{\mathrm{d}u}{\mathrm{d}y}$为速度梯度，$\mu$ 为动力粘度，又称绝对粘度。μ 的物理意义是指当速度梯度等于 1 时，流动液体液层间单位面积上的摩擦力。其法定计量单位是 Pa · s（帕秒）；非法定计量单位是 kgf · s/m^2（千克力秒每平方米）。

2. 运动粘度　运动粘度是动力粘度 μ 和液体密度 ρ 的比值，用 ν 表示，即

$$\nu = \frac{\mu}{\rho} \tag{1-14}$$

运动粘度的法定计量单位是 m^2/s；非法定计量单位是 St（斯）、cSt（厘斯）。$1m^2/s = 10^4St = 10^6cSt$。习惯上常用运动粘度来标识液体的粘度，国产液压油的牌号就是该种油液在40℃时的运动粘度的平均值。例如，牌号为 L—HL—46 的通用机床液压油，其中数字 46 表示该液压油在 40℃时的运动粘度为 46 cSt 。

3. 相对粘度 相对粘度是间接测量出来的粘度，又称为条件粘度。绝对粘度的测定是很困难的，但可以在一定的条件下测出相对粘度，再按一定的关系式换算为动力粘度或运动粘度。由于测量条件不同，各国所用的相对粘度也不同。中国、德国和俄罗斯等一些国家采用恩氏粘度，美国采用塞氏粘度，英国采用雷氏粘度。

液体所受压力增大时，粘度也随之增大。一般情况下，若系统压力低于 10MPa，液压油的粘度几乎不受影响，只有当系统压力较高或系统压力变化较大时，则应考虑压力对粘度的影响。

液压油的粘度对温度变化十分敏感，油温升高时，粘度下降。油液粘度的变化直接影响液压系统的的性能和泄漏量，因此，粘度随温度的变化越小越好。油液粘度随温度的变化的性质称为粘温特性，粘温特性好，表示粘度随温度升高而下降的量相对少一些。图 1-7 所示为几种国产液压油的粘度-温度特性曲线。

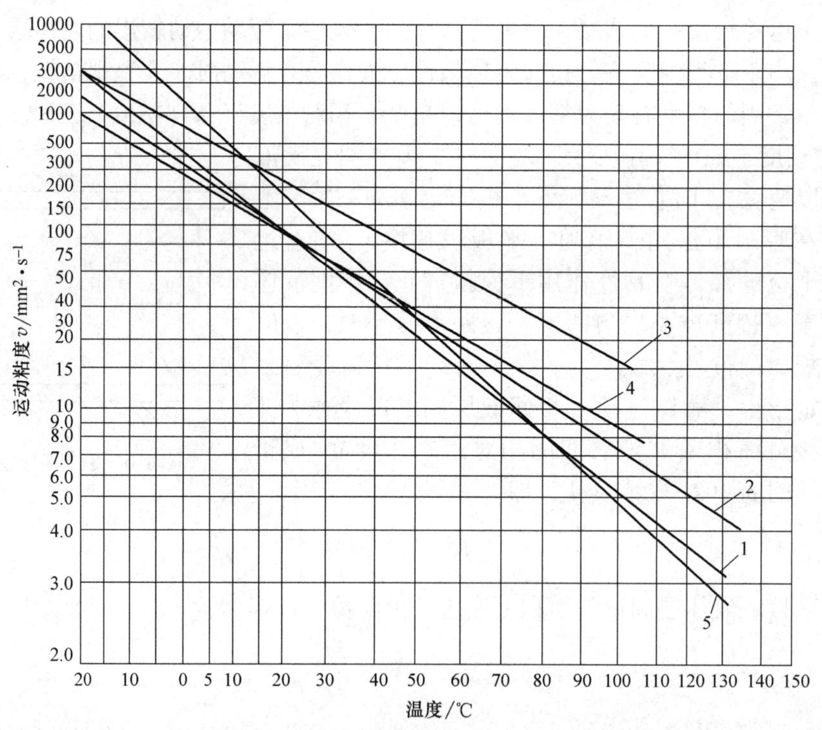

图 1-7　典型液压油的粘度-温度特性曲线

1—石油型普通液压油　2—石油型高粘度指数液压油　3—抗燃性水包油乳化液

4—抗燃性水-乙二醇液　5—抗燃性磷酸酯液

1.4.2　可压缩性

液体受压力作用而发生体积减小的性质称为可压缩性。压力为 p_0 时体积为 V_0 的液体，当压力增大 Δp 时，由于液体的可压缩性，体积要减小 ΔV 。液体的可压缩性用体积压缩率 κ 表示，则

$$\kappa = -\frac{1}{\Delta p} \times \frac{\Delta V}{V_0} \tag{1-15}$$

在工程实际运用中，常用体积弹性模量 K（$K = 1/\kappa$）来表示液体抗压缩能力的大小。液压油的弹性模量一般为 $K = (1.2 \sim 2) \times 10^3 \mathrm{MPa}$，因数值很大，所以对于一般液压系统，可以认为液压油是不可压缩的。

温度升高，K 值会有所下降；压力增大，K 值会增大，但不是线性关系。当压力大于 3MPa 时，K 值基本上不再增大。当液压油中混入空气时，K 值将大幅度下降，严重时甚至会破坏系统的正常工作。因此，必须特别注意防止液压油中产生气泡。

1.4.3　液压油的种类及命名

液压油品种较多，大致分为石油基型液压油和难燃型液压油两大类，另外还有一些专用液压油。石油基型液压油由于制造容易、来源多、价格较低，被广泛应用。石油基型液压油一般为了满足液压装置的特别要求而在基油中配合添加剂来改善特性。液压油的添加剂有抗氧化剂、防锈剂、增粘剂、降凝剂、消泡剂、抗磨剂等。在电力、矿山、冶金、煤炭、塑料等工业部门使用的液压系统，往往工作温度或环境温度较高，液压油极易老化变质，丧失粘性和润滑性。因此，高温作业的液压系统可用难燃型液压油。我国液压油的主要品种、组成和特性见表 1-1。

表 1-1　我国液压油的主要品种、组成和特性

类别	类型	品种	组成和特性
L（润滑剂类）	石油基型液压油	HH	无抗氧化剂的精制矿物油
		HL	精制矿物油并改善其防锈和抗氧性
		HM	HL 油并改善其抗磨性
		HR	HL 油并改善其粘温性
		HV	HM 油并改善其粘温性
		HG	HM 油并具有抗粘-滑性
	难燃型液压油	HFAE	水包油乳化液
		HFAS	水的化学溶液
		HFB	油包水乳化液
		HFC	水-乙二醇液
		HFDR	磷酸酯无水合成液

液压油采用统一命名方式，一般形式为

类　　品种　数字

L　—　HM　32

其中　L——类别（润滑剂及有关产品）；

HM——品种（具有防锈、抗氧和抗磨性的精制矿物油，H为L类产品所属的组别，其应用场合为液压系统）；

32——数字（根据GB/T 3141—1994标准规定的粘度等级）。

GB/T 3141—1994等效采用ISO的粘度分类法，以40℃运动粘度的中心值来划分等级。液压油新旧粘度等级对照表见表1-2。

表1-2　液压油新旧粘度等级对照表

旧牌号运动粘度等级（50℃）	5	7	10	15	20	30	40	60	80
过渡牌号运动粘度等级（40℃）	N7	N10	N15	N22	N32	N46	N68	N100	N150
新牌号运动粘度等级（40℃）	7	10	15	22	32	46	68	100	150

1.4.4　液压油的选用原则

（1）环境温度　当液压系统工作环境温度较高时，应选用粘度较高的液压油；反之则选用粘度较低的液压油。

（2）工作压力　当液压系统工作压力较高时，应选用粘度较高的液压油，以防泄漏；反之则选用粘度较低的液压油。不同工作压力下液压油粘度的选择见表1-3。

表1-3　不同工作压力下液压油粘度的选择

工作压力/MPa	0～2.5	2.5～8	8～16	16～32
液压油粘度/$\times 10^{-6}m^2\cdot s^{-1}$（cSt）	10～30	20～40	30～50	40～60

（3）运动速度　当液压系统工作部件运动速度较高时，为减少功率损失，应选用粘度较低的液压油；反之则应选用粘度较高的液压油。

（4）经济效益　一般情况下，机床液压系统采用机械油为工作介质时，6个月之内应换油1次；若用专用液压油，则换油期可延长至2年。计算上述两种工作介质成本的时候，还应将能否充分保证元件与系统性能及延长元件寿命的间接成本计算在内。

（5）液压泵的类型　在液压系统中，不同的液压泵对润滑的要求不同，选择液压油时应考虑液压泵的类型及其工作环境。按液压泵类型推荐用工作介质的粘度见表1-4。一般而言，齿轮泵对液压油的抗磨性要求比叶片泵和柱塞泵低，因此齿轮泵选用L—HL或L—HM油，而叶片泵和柱塞泵一般选用L—HM油。

表1-4　按液压泵类型推荐用工作介质的粘度

液压泵类型		工作介质运动粘度 $\nu_{40}/mm^2\cdot s^{-1}$	
		液压系统温度5～40℃	液压系统温度40～80℃
叶片泵	<7MPa	30～50	40～75
	≥7MPa	50～70	55～90
齿轮泵		30～70	65～165
轴向柱塞泵		40～75	70～150
径向柱塞泵		30～80	65～240

1.5　液压传动中的能量损失和动态特性

1.5.1　压力损失

由于油液具有粘性，在管路中流动时不可避免地存在着摩擦力，因此油液在流动过程中必然要损耗一部分能量。这部分能量损耗主要表现为压力损失，压力损失分为沿程损失和局部损失两种。

沿程损失是当液体在直径不变的直管中流过一段距离时，因摩擦而产生的压力损失。局部损失是由于管子截面突然变化、液流方向改变或其他形式的液流阻力而引起的压力损失。生产实践中希望压力损失尽可能小些。由于压力损失的必然存在性，因此，泵的额定压力要略大于系统工作时所需的最大工作压力，一般可将系统工作所需的最大工作压力乘以1.3～1.5的系数来估算。

1.5.2　流量损失

液压系统工作时，油液流经各液压元件的同时，可能发生内泄漏和外泄漏，由于泄漏而导致的能量损耗称为流量损失。

在液压系统中，各液压元件都有相对运动的表面，如液压缸内表面和活塞外表面。因为有相对运动，所以它们之间都有一定的间隙，如果间隙的一边为高压油，另一边为低压油，那么高压油就会经间隙流向低压区，从而造成内泄漏。同时，由于液压元件密封不完善，因此，一部分油液也会向外部泄漏，这种泄漏会造成实际流量有所减少。

流量损失影响运动速度，而泄漏又难以绝对避免，所以在液压系统中泵的额定流量要略大于系统工作时所需的最大流量，通常可以用系统工作所需的最大流量乘以1.1～1.3的系数来估算。

1.5.3　液体的动态特性

液体在管内稳定流动时，没有能量损失的液体为理想液体。在流动过程中，由于它具有一定的速度，所以除了具有位置势能和压力能外，还具有动能。如图1-8所示，取该管上的任意两截面，假定截面积分别为A_1、A_2，两截面上液体的压力分别为p_1、p_2，速度分别为v_1和v_2，由两截面至水平参考面的距离分别为h_1、h_2。根据能量守恒定律，重力作用下的理想液体在通道内稳定流动时的伯努利方程为

$$p_1 + \rho g h_1 + \frac{1}{2}\rho v_1^2 = p_2 + \rho g h_2 + \frac{1}{2}\rho v_2^2 \quad (1\text{-}16)$$

$$p + \rho g h + \frac{1}{2}\rho v^2 = 常量 \quad (1\text{-}17)$$

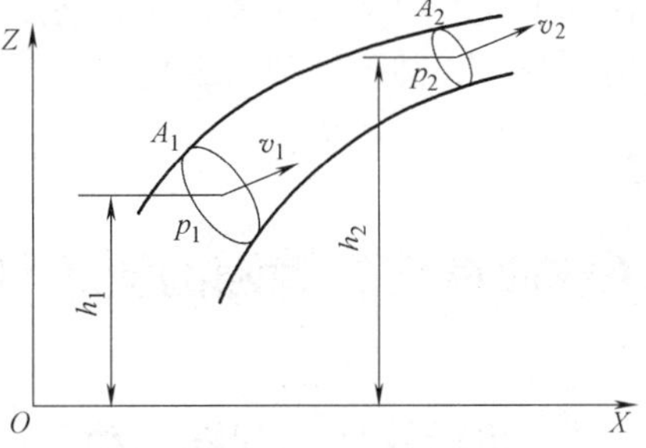

图1-8　伯努利方程

式中　ρ——液体密度；

p——单位体积液体的压力；

$\rho g h$——单位体积液体相对于水平参考面的位能；

$\frac{1}{2}\rho v^2$——单位体积液体的动能。

流速为 0 时的伯努利方程是静压力基本方程。

实际液体存在能量损失。若单位质量的实际液体从一个截面流到另一截面的能量损失用 ΔP_w 表示，则实际液体的伯努利方程为

$$p_1 + \rho g h_1 + \frac{1}{2}\rho\alpha_1 v_1^2 = p_2 + \rho g h_2 + \frac{1}{2}\rho\alpha_2 v_2^2 + \Delta p_w \tag{1-18}$$

式中，α_1、α_2 为动能修正系数。α_1、α_2 的值与流速分布有关，流速分布越不均匀，α 值越大，流速分布较均匀时 α 接近于 1（层流时取 $\alpha \approx 2$，紊流时 $\alpha \approx 1$）。

【例 1-1】 图 1-9 所示为液压泵装置，油箱和大气相通。试分析液压泵安装高度 H 对泵工作性能的影响。

解 取图 1-9 中截面 1—1 和 2—2（泵进油口处）为研究对象，列出伯努利方程为

$$p_1 + \rho g h_1 + \frac{1}{2}\rho\alpha_1 v_1^2 = p_2 + \rho g h_2 + \frac{1}{2}\rho\alpha_2 v_2^2 + \Delta p_w$$

以油箱液面 1—1 为水平参考面，则 $h_1 = 0$，$h_2 = H$

又由于 $p_1 = 0$，$v_1 = 0$，所以

$$p_2 = -\left(\rho g H + \frac{1}{2}\rho\alpha_2 v_2^2 + \Delta p_w\right)$$

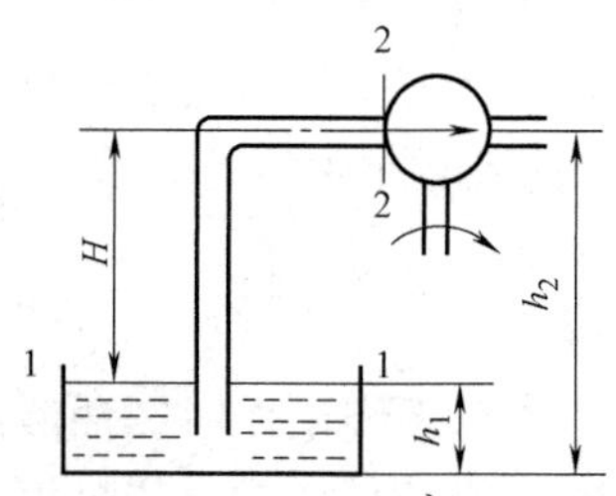

图 1-9 液压泵装置

当泵安装于液面之上时，$H > 0$，相应$\left(\rho g H + \frac{1}{2}\rho\alpha_2 v_2^2 + \Delta p_w\right) > 0$，则 $p_2 < 0$，此时泵进油口处具有真空，油液靠大气压力压入泵内；当泵安装于液面以下，且 $|\rho g H| > \left(\frac{1}{2}\rho\alpha_2 v_2^2 + \Delta p_w\right)$时，则 $p_2 > 0$，泵进口处未形成真空，油液依靠自重灌入泵内。

一般情况下，为便于安装维修，常将泵安装在液面以上，依靠泵进口处形成真空来吸油。

【例 1-2】 有一种自吸式喷雾器（见图 1-10），利用伯努利方程来解释其工作原理。

解 当气流以一定速度从截面 1 流入喷管，由于截面 2 的截面积比截面 1 的截面积小很多，截面 2 处的气流速度将比截面 1 处的速度大很多，气流动能大大提高，导致该处的压力能降低，甚至达到出现真空的程度。由于这个真空的作用，液体被吸入喷管，与气流混合后从喷口以雾状喷出。

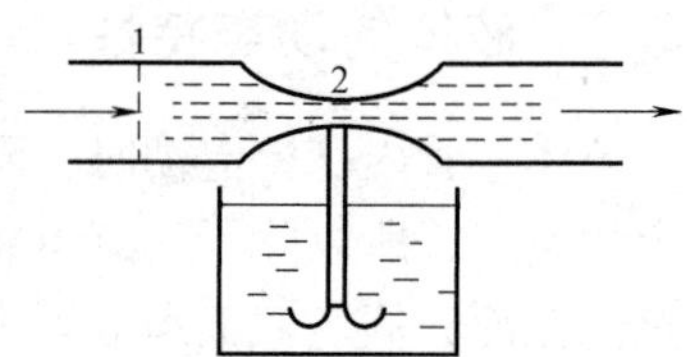

图 1-10 自吸式喷雾器

1.6 液体流经缝隙的流量计算

1.6.1 平行平板的间隙流动

液体在两固定平行平板间流动是由压差引起的，故也称压差流动。如图 1-11 所示，平板长为 L、宽度为 b（图中未画出）、缝隙高度为 h，且 $L > h$，在压差 Δp 作用下通过平行平

板缝隙的流量为

$$q = \frac{bh^3}{12\mu L}\Delta p \tag{1-19}$$

式中　μ——液体的粘度。

式（1-19）表明，通过缝隙的流量与缝隙高度的3次方成正比，可见液压元件内的间隙大小对泄漏的影响很大，故要尽量提高液压元件的制造精度，以便减少泄漏。

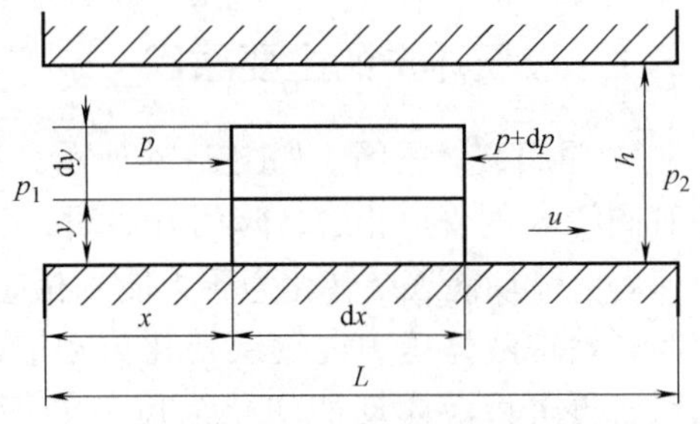

图1-11　平行板缝隙流量计算简图

1.6.2　液体流经环形缝隙的流量

如图1-12所示，当液体在压差作用下流经同心环形缝隙时，流量计算公式为

$$q = \frac{dh^3}{12\mu l}\Delta p \tag{1-20}$$

在实际工作中，圆柱体与孔的配合很难保持同心圆，往往带有一定偏心，如图1-13所示。偏心环形缝隙在压差作用下流动的流量计算公式为

$$q = \frac{\pi dh^3}{12\mu l}\Delta p(1 + 1.5\varepsilon^2) \tag{1-21}$$

式中　ε——偏心率，$\varepsilon = \frac{e}{h}$；

h——同心时的缝隙量；

l——缝隙长度。

由式（1-21）可见，偏心 e 越大，泄漏量也越大，故在液压元件的设计制造和装配中，应采取适当措施，以保证较高的配合同轴度公差。

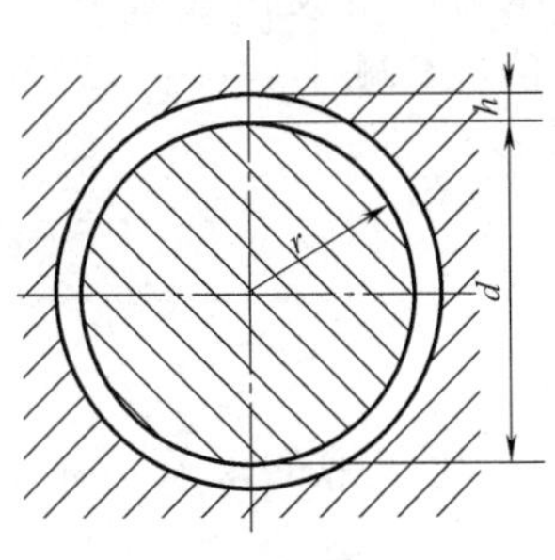

图1-12　同心环形缝隙

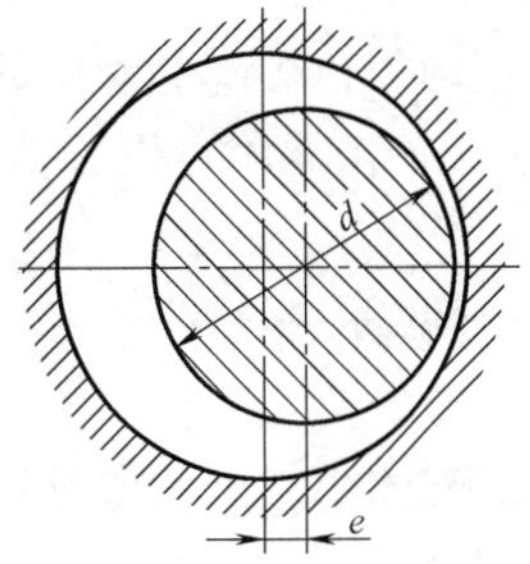

图1-13　偏心缝隙

1.7　液压冲击

在液压系统中，由于某种原因引起液体压力在某一瞬间突然急剧上升，而形成很高的压力峰值，这种现象称为液压冲击。

1.7.1 液压冲击的主要原因

1. 阀门突然关闭 如图 1-14 所示，有一较大容腔（如液压缸，蓄能器等）和在另一端装有阀门 K 的管道相通，阀门开启时，管内液体流动。当阀门突然关闭时，从阀门处开始迅速将液体动能逐层转化为压力能，相应产生一从阀门向容腔推进的高压冲击波；此后又从容腔开始将液体压力能逐层转化为动能，液体反向流动；然后，再次将液体动能转化为压力能而形成一高压冲击波，如此反复地进行能量转化，在管道内形成压力振荡。由于液体内摩擦力和管道弹性变形等的影响，振荡过程会逐渐衰减而趋于稳定。

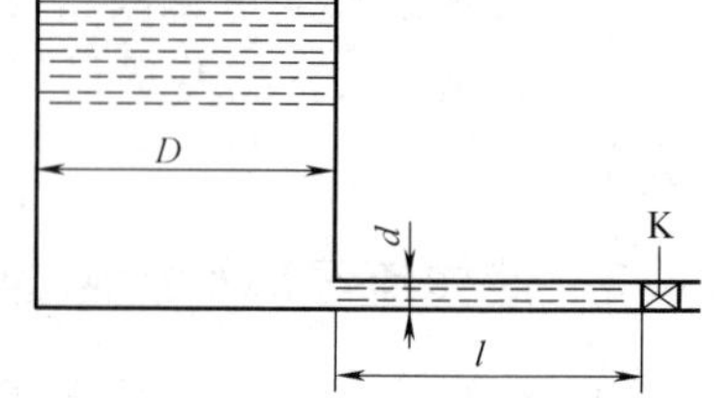

图 1-14 阀门关闭引起液压冲击

2. 运动部件突然制动或换向 换向阀突然关闭液压缸的回油通道而使运动部件制动时，这一瞬间运动部件的动能会转化为封闭油液的压力能，使压力急剧上升，出现液压冲击。

1.7.2 液压冲击的危害

1）巨大的瞬时压力峰值使液压元件，尤其是液压密封件遭受破坏。

2）系统产生强烈振动及噪声，并使油温升高。

3）压力控制元件（如压力继电器、顺序阀等）产生误动作，造成设备故障及事故。

1.7.3 减小液压冲击的措施

1）延长阀门关闭和运动部件换向制动时间。当阀门关闭和运动部件换向制动时间大于 0.3s 时，液压冲击就大大减小。为控制液压冲击可采用换向时间可调的换向阀。

2）限制管道内液体的流速和运动部件速度。如机床液压系统常常将管道内液体的流速限制在 5.0 m/s 以下，运动部件速度一般小于 10m /min 等。

3）适当加大管道内径或采用橡胶软管。这样可减小压力冲击波在管道中的传播速度，同时加大管道内径也可降低液体的流速，相应瞬时压力峰值也会减小。

4）在液压冲击源附近设置蓄能器。

1.8 空穴现象

在流动的液体中，因某点处的压力低于空气分离压而产生气泡的现象，称之为空穴现象。

1. 油液的空气分离压和饱和蒸气压 油液中都溶解有一定量的空气，一般溶解 5% ~ 6% 体积的空气，油液能溶解的空气量与绝对压力成正比，在大气压下，正常溶解于油液中的空气，当压力低于大气压时，就成为过饱和状态，在一定的温度下，如压力降低到某一值时，过饱和的空气将从油液中分离出来形成气泡，这一压力值称为该温度下的空气分离压。所含的气泡越多，液压油的体积弹性模量将越低。

当液压油在某温度下的压力低于某一数值时，油液本身迅速汽化，产生大量蒸气气泡，这时的压力称为液压油在该温度下的饱和蒸气压。一般来说，液压油的饱和蒸气压比空气分离压小得多，因此，要使液压油不产生大量气泡，它的压力最低不得低于液压油所在温度下的空气分离压。

2. 节流口处的空穴现象 当液压油流经如图1-15所示的节流口的喉部位置时，速度增大，根据伯努利方程，该处的压力要降低。如果压力低于液压油工作温度下的空气分离压，溶解在油液中的空气将迅速地大量分离出来，变成气泡。这些气泡随着液流流到下游压力较高的部位处时，会因承受不了高压而破灭，产生局部的液压冲击，发出噪声并引起振动。当附着在金属表面上的气泡破灭时，所产生的局部高温和高压会使金属剥落，使表面粗糙，或出现海绵状的小洞穴，节流口下游部位常可发现这种腐蚀的痕迹，这种现象称为气蚀。

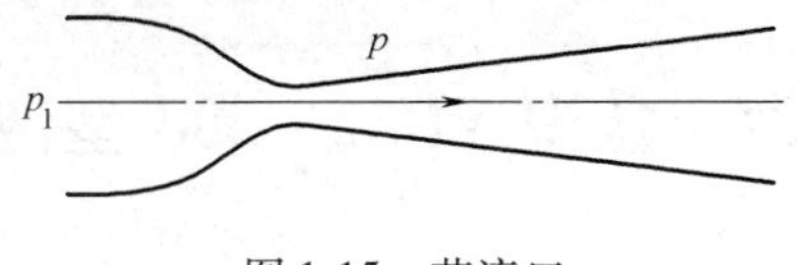

图1-15 节流口

在液压传动中，当液压泵吸油管直径太小，吸油管阻力太大，滤网堵塞，或液压泵转速过高，因而使其吸油腔的压力低于液压油工作温度下的空气分离压时，液压泵便产生空穴现象，使液压泵吸油不足，流量下降，噪声激增，输出流量和压力剧烈波动，系统无法稳定地工作，严重时使泵的机件腐蚀，出现气蚀现象。对于液压泵装置（见图1-9），当$H>0$时，泵进油口处具有真空，但真空度不能太大。这是因为若p_2低于油液工作温度下的空气分离压时，会出现空穴现象；低于饱和蒸气压时，油液还会汽化，产生振动和噪声，影响液压泵和系统的工作性能。因此，一般要求$H<0.5\text{m}$。

3. 减小空穴现象的措施 为了防止空穴现象的产生，就是要防止液压系统中的压力过度降低。其具体措施有：

1）减小流经节流小孔前后的压力差，一般希望小孔前后的压力比$p_1/p<3.5$。

2）正确设计液压泵的结构参数。适当加大吸油管内径，使吸油管中液流速度不至于太高；尽量避免急剧转弯或存在局部狭窄处；接头应有良好密封；过滤器要及时清洗或更换滤芯以防堵塞；对高压泵宜设置辅助泵向液压泵的吸油口供应足够的低压油。

3）提高零件的抗气蚀能力。采用抗腐蚀能力强的金属材料；增加零件的机械强度；提高零件的表面加工质量等。

习题与训练

1-1 试述液压千斤顶的工作原理。

1-2 液压传动系统由哪些元件组成？这些元件在液压系统中各起什么作用？

1-3 简述压力的定义和表述方法。

1-4 什么是液体的粘性？

1-5 常用的粘度表示方法有哪些？

1-6 举例说明粘度与温度的关系。

1-7 举例说明油温变化对流量的影响。

1-8 什么是液体的可压缩性？

1-9 液压油有哪几种类型？如何选用液压油？

1-10 液体流动中为什么会有压力损失？压力损失有哪几种？各是由什么原因引起的？

1-11 什么叫液压冲击？产生液压冲击的原因是什么？有些什么危害？减小液压冲击的措施有哪些？

1-12 什么是节流口处空穴现象？举例说明空穴现象。减小空穴现象的措施有哪些？

1-13 拆装液压千斤顶，分析其工作过程。

项目 2　液压压力机的液压系统

本项目主要介绍柱塞泵、压力控制阀、方向控制阀、液压缸等液压元件，并介绍调压、顺序加载、减压、电液换向快进和工进、保压、预泄释放后快退、过载保护等基本液压回路以及液压压力机液压系统回路。

2.1　认识 YB32—200 型液压压力机

2.1.1　用途和组成

液压压力机是一种用静压来加工金属、塑料、橡胶、粉末制品的机械，在许多工业部门得到了广泛应用。液压压力机的类型很多，按其机体的结构来分，有单臂式、柱式、框架式几种。其中，以柱式的液压压力机应用较广泛，柱的数目有 2 条、3 条或 4 条等几种形式。四柱式液压压力机最为典型。按其工作缸的数目来分，有单缸、双缸、三缸及多缸几种。按工作缸的位置来分，有立式和卧式两种。按液压系统所用的传动方式来分，有液压泵直接传动、液压泵—蓄能器传动和增压器传动几种。

液压压力机所用的工作液体，有液压油（矿物油）和水（水乳液）两种，但一般多用液压油。用液压油作为工作液体，零件不会生锈，有良好的润滑作用，粘性较大，密封性较好，各种液压元件的制造精度不像用水作工作液体而工作压力相同时那么高，并且可以采用滑阀式的各种液压阀，而不需要用阀门式的各种液压阀，因而易于实现液压系统的自动工作循环。

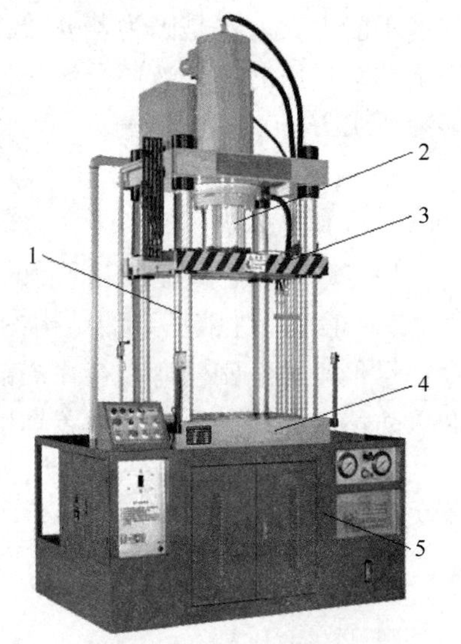

图 2-1　YB32—200 型液压压力机实物图
1—立柱　2—上液压缸　3—上滑块　4—工作台　5—底座

YB32—200 型液压压力机是一种四柱式压力机，以液压油为工作介质，压制力为 2MN。其实物如图 2-1 所示。4 个主柱之间安置着上、下两个液压缸，其中主缸（上液压缸）是工作缸，利用它来对工件加压。此缸的缸体固定在上横梁上，活塞固定在上滑块（又称活动横梁）上。液压泵输出的压力油进入主缸，推动活塞和上滑块向下压制工件。下缸（又称顶出缸）装于工作台中心孔内，其中的活塞可从工作台中心孔顶出，推动下滑块，供取出工件或与主缸配合完成某些工件的压制工艺。下液压缸和下滑块在底座内。

2.1.2　工作要求

YB32—200 型液压压力机的工作要求是：

1）上滑块能实现“快速下行→慢速加压→保压延时→快速返回→原位停止”的工作循环；下滑块能实现“向上顶出→停留→向下退回→原位停止”的工作循环，如图 2-2 所示。

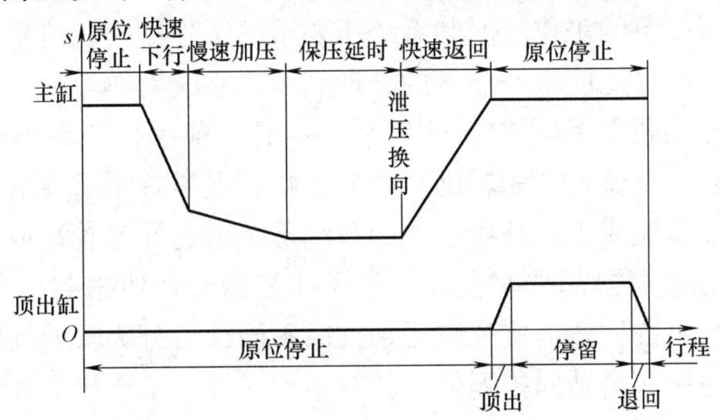

图 2-2　液压压力机工作循环图

2）液压系统中的压力要能经常变换和调节，并能产生较大的压制力，以满足工作要求。

3）流量大、功率大、空行程和加压行程的速度差异大。因此要求功率利用合理，工作平稳性和安全可靠性高。

2.2　液压元件

YB32—200 型液压压力机液压系统是由若干基本回路组成。各基本回路是由相关液压元件组成，用来完成某一特定功能。目前，国外知名液压元件品牌主要有 DENISON（丹尼逊）、Rexroth（力士乐）、HAWE（哈威）等。

2.2.1　柱塞泵

液压泵是液压系统的动力元件，常用的液压泵有柱塞泵、叶片泵、齿轮泵等。

1. 液压泵的性能参数　液压泵的主要性能参数有压力、排量和流量。

（1）压力　压力包括工作压力和额定压力。

1）工作压力是指液压泵实际工作时的输出压力。工作压力的大小取决于外负载的大小和排油管上的压力损失，而与液压泵的流量无关。

2）额定压力是指液压泵在正常工作条件下，按试验标准规定连续运转的最高压力。

（2）排量　排量 V 是指液压泵每转一周，由其密封容积几何尺寸变化计算而得的排除液体的体积。排量可调节的液压泵称为变量泵；排量为常数的液压泵则称为定量泵。

（3）流量

1）理论流量 q_i 是指在不考虑液压泵的泄漏流量的情况下，单位时间内所排出的液体体积的平均值。如果泵的排量为 V，其主轴转速为 n，则该泵的理论流量 q_i 为

$$q_i = Vn \tag{2-1}$$

2）实际流量 q 是指液压泵在某一具体工况下，单位时间内所排出的液体体积，它等于理论流量 q_i 减去泄漏流量 Δq，即

$$q = q_i - \Delta q \tag{2-2}$$

3）额定流量 q_n 是指液压泵在正常工作条件下按试验标准规定（如在额定压力和额定转速下）必须保证的流量。

通常，应根据液压设备的工作情况和系统所要求的工作压力、流量和工作性能等来确定液压泵的种类和型号，同时还应考虑能量的合理利用和系统发热等问题。负载大、功率大的设备（如工程机械、压力机等）可选用柱塞泵；一般负载小、功率小的液压设备，可选用齿轮泵、双作用叶片泵；机械设备的辅助装置如送料、夹紧等不重要的场合，可选用价格低廉的齿轮泵；对于野外作业或工作环境较差的系统可考虑选择齿轮泵或柱塞泵。

2. 柱塞泵种类　柱塞泵是靠柱塞在缸体中作往复运动造成密封容积的变化来实现吸油与排油的液压泵。柱塞泵按柱塞的排列和运动方向不同，可分为轴向柱塞泵和径向柱塞泵两大类。轴向柱塞泵中的柱塞是轴向排列的，具有结构紧凑、工作压力高、容易实现变量等优点，被广泛应用。轴向柱塞泵又分为直轴式和斜轴式两类。

（1）带滑靴型直轴式轴向柱塞泵　目前，常用的是 CY 系列带滑靴型直轴式轴向柱塞泵，它的额定工作压力可达 32MPa。在 YB32—200 型液压压力机液压系统中采用的柱塞泵多为 CY14—1B 型高压泵，该泵是由主体和变量机构两部分组成，根据泵的不同工作要求，其变量机构有多种形式。YB32—200 型液压压力机柱塞泵的变量机构为手动变量或压力补偿变量。CY 系列轴向柱塞泵型号意义为

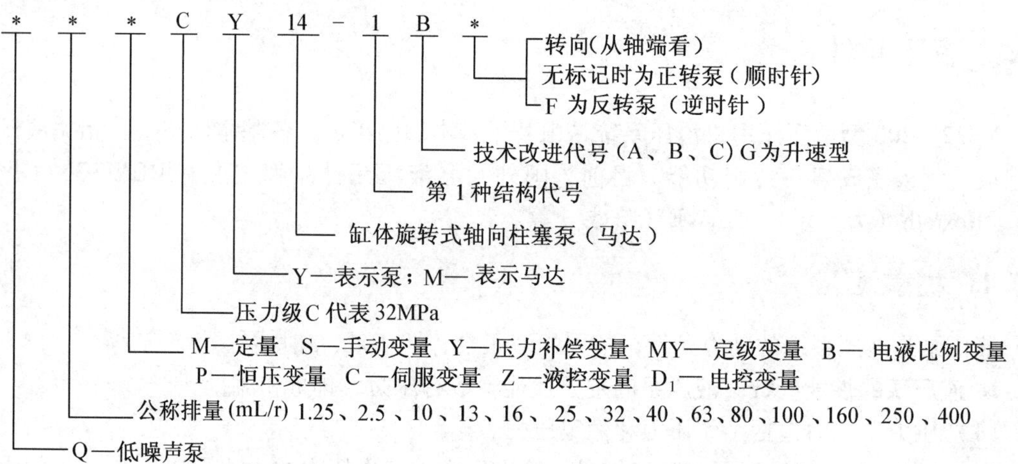

1）手动变量泵。SCY14—1B 型直轴式轴向柱塞泵是一种采用手动变量机构的高压变量泵，额定工作压力可达 32MPa。其实物如图 2-3 所示。它由手动变量机构 1 和主体 2 组成。

将 SCY14—1B 型柱塞泵拆开，得到变量机构、泵体、前泵体、传动轴等 4 个主要组成部分，如图 2-4 所示。再将泵体内的部件拆开，得到钢球、内套、弹簧、外套、缸体等组成部分，如图 2-5 所示。柱塞的球状头部装在滑靴内，与回程盘装配在一起，放在缸体内的均匀分布的柱塞孔中，各部分实物如图 2-6 所示。除此之外，该泵的主要部件还有斜盘、配油盘、变量机构主体等，如图 2-7 所示。

图 2-3　SCY14—1B 型直轴式轴向柱塞泵实物图
1—手动变量机构　2—主体

SCY14—1B 型直轴式轴向柱塞泵的结构如图 2-8 所示，原动机带动传动轴 9，再通过花键带动缸体 6 旋转。以缸体 6 为

图 2-4　SCY14—1B 型直轴式轴向柱塞泵的组成

1—变量机构　2—泵体　3—前泵体　4—传动轴

图 2-5　SCY14—1B 型直轴式轴向柱塞泵零部件实物图 1

1—钢球　2—内套　3—弹簧　4—外套　5—缸体

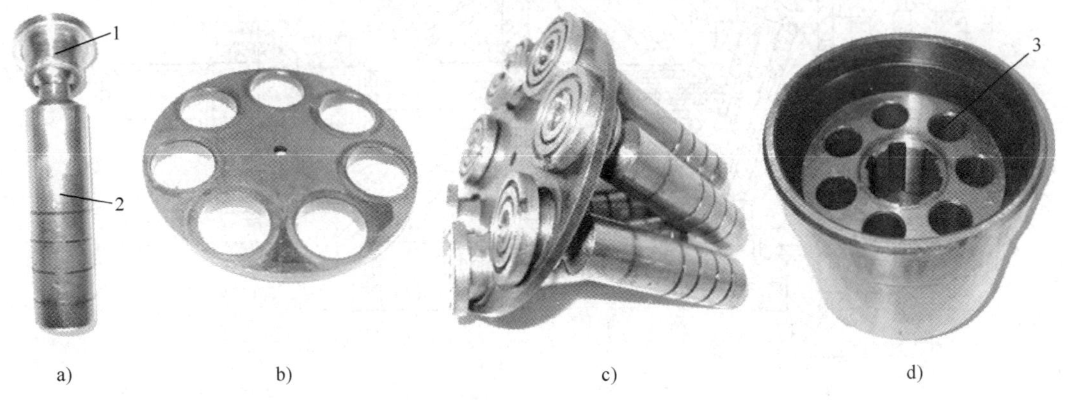

图 2-6　SCY14—1B 型直轴式轴向柱塞泵零部件实物图 2

a）带滑靴的柱塞　b）回程盘　c）带滑靴的柱塞和回程盘装配关系　d）缸体

1—滑靴　2—柱塞　3—柱塞孔

支撑的弹簧 4 通过钢球 2 推压回程盘 13。回程盘和滑靴柱塞随缸体 6 一同转动。由于滑靴 12 紧贴在斜盘 14 表面上，柱塞在随缸体旋转的同时在缸体中作往复运动，使密闭容积发生周期性的变化。在吸油时依靠回程盘、钢球和弹簧组成的回程装置将滑靴紧紧压在斜盘表面上滑动，所以弹簧 4 被称为回程弹簧，这种泵具有自吸能力。在排油过程中借助斜盘 14 推动柱塞作轴向运动，滑靴与斜盘相接触的部分有一油室，它通过柱塞中间的小孔与缸体中的工作腔相连，压力油进入油室后在滑靴与斜盘的接触面间形成了一层油膜，起着静压支承作

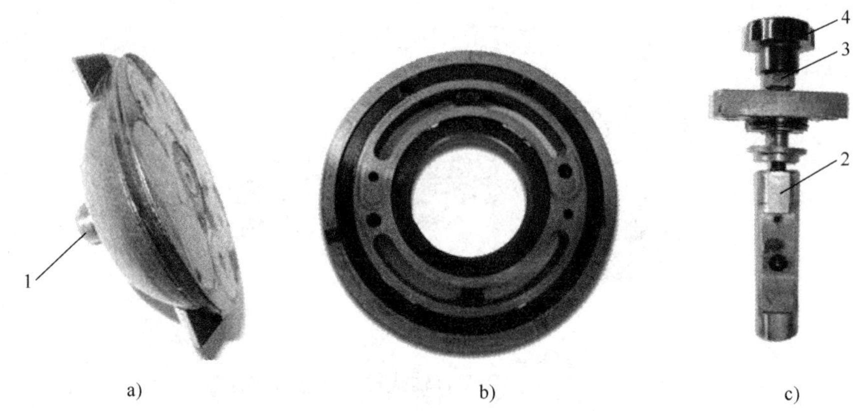

图 2-7　SCY14—1B 型直轴式轴向柱塞泵零部件实物图

a）斜盘　b）配油盘　c）变量机构主体

1—轴销　2—变量活塞　3—螺母　4—手轮

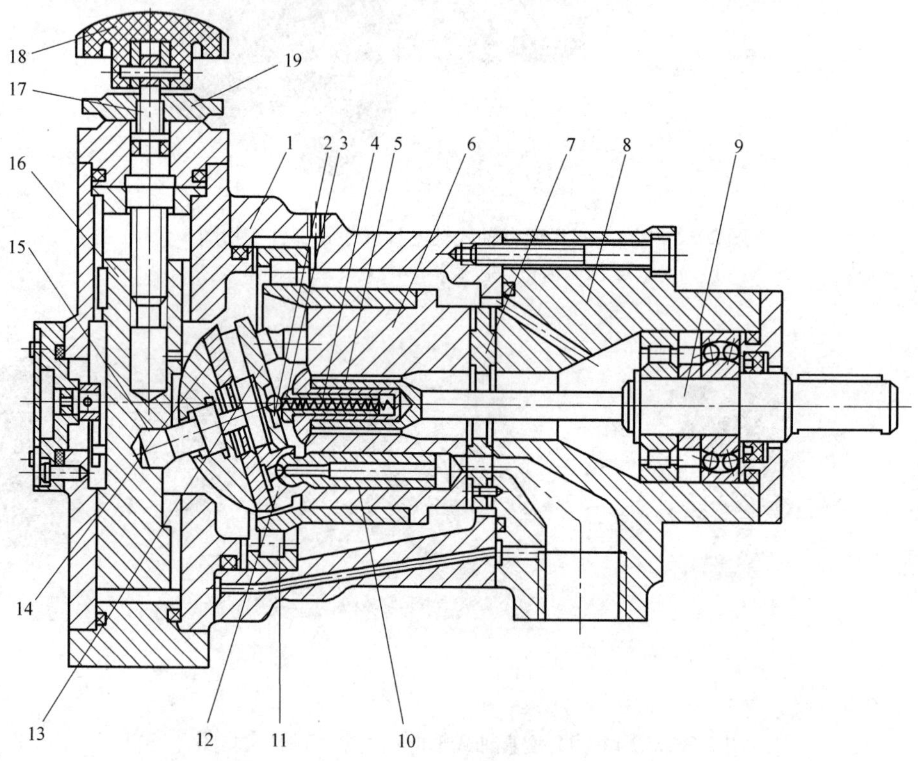

图 2-8　SCY14—1B 型直轴式轴向柱塞泵结构图

1—泵体　2—钢球　3—内套　4—弹簧　5—外套　6—缸体　7—配油盘　8—前泵体　9—传动轴　10—柱塞　11—轴承　12—滑靴　13—回程盘　14—斜盘　15—轴销　16—变量活塞　17—丝杠　18—手轮　19—螺母

用，使滑靴作用在斜盘上的力大大减小，因而磨损也减小。缸体中柱塞底部的密封工作容积是通过配油盘 7 与泵的进、出口相通的。随着传动轴的转动，液压泵就连续地吸油和排油。

由于缸体 6 的轴线和传动轴 9 的轴线重合，故称为直轴式轴向柱塞泵。由于斜盘 14 的中心线与缸体6的中心线斜交成一定角度，故又称为斜盘式轴向柱塞泵。

若改变轴向柱塞泵的输出流量，只要改变斜盘的倾角γ，即可改变轴向柱塞泵的排量和输出流量。可通过调节手轮18直接改变斜盘倾角，以改变泵的排量。转动手轮18，使丝杠17转动，带动变量活塞16作轴向移动（因导向键的作用，变量活塞只能作轴向运动，不能转动）。通过轴销15使斜盘14绕变量机构壳体上的圆弧导轨面的中心（即钢球中心）旋转，从而使斜盘倾角改变，达到变量的目的。当流量达到要求时，可用锁紧螺母19锁紧。这种变量机构结构简单，但操纵不轻便，且不能在工作过程中变量。

2）压力补偿变量泵。除了手动变量机构以外，轴向变量泵还有很多种变量机构，如伺服变量机构、压力补偿变量机构、恒压变量机构等。这些变量机构与轴向柱塞泵的泵体部分组合就成为各种不同变量方式的轴向柱塞泵。

YB32—200型液压压力机除了采用上述的SCY14—1B型泵外，还常使用YCY14—1B型压力补偿变量泵。YCY14—1B型直轴式轴向柱塞泵由主体和泵的压力补偿变量机构组成。该类泵在压力升高时，流量会减小；在压力减小时，流量会增大，始终大致保持流量与压力的乘积不变。其实物如图2-9所示，主要零部件实物如图2-10所示。

图2-9　YCY14—1B型直轴式轴向柱塞泵实物图
1—压力补偿变量机构　2—主体

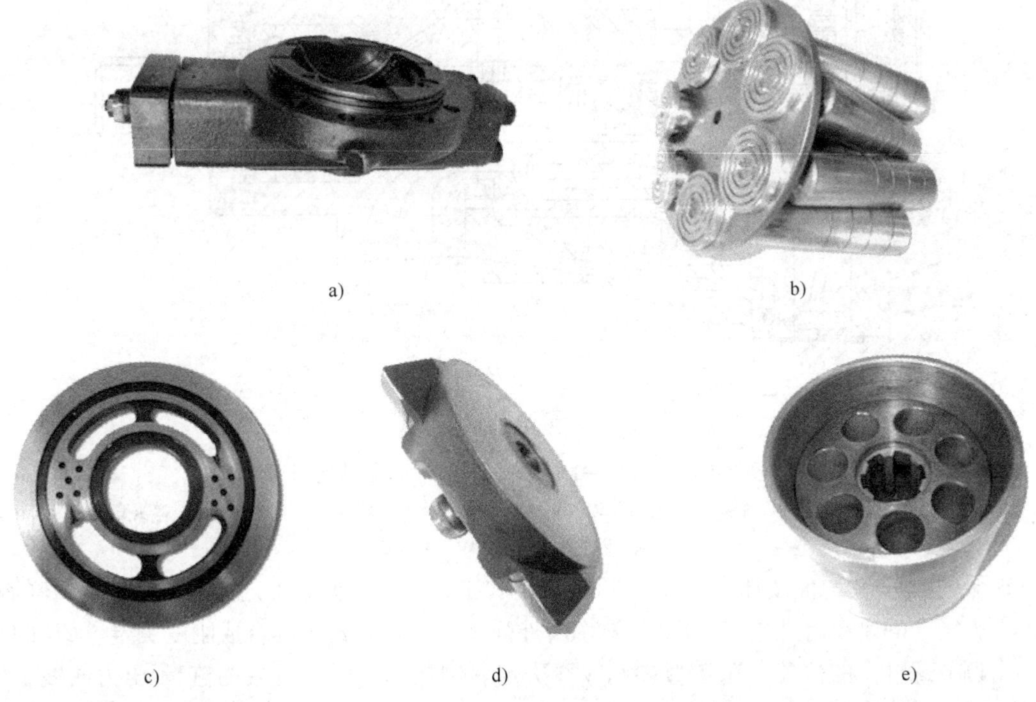

图2-10　YCY14—1B型直轴式轴向柱塞泵的主要零部件实物图
a）压力补偿变量机构　b）带滑靴的柱塞和回程盘　c）配油盘　d）斜盘　e）缸体

YCY14—1B 型泵的结构图如图 2-11 所示。从液压泵的出口排出的高压油经通道 a、b、c 再经单向阀 1 进入变量壳体 3 的下腔 d 并由此经通道 e 分别进入通道 f 和 g。当弹簧 5、6 的推力大于通道 f 进入伺服活塞 4 下端所产生的推力时，则高压油经通道 g 进入上腔 h 推动变量活塞 2 向下移动，这样通过轴销使支撑在变量壳体上的变量头绕中心点转动，使倾斜角 γ 变大，从而使泵的流量增加。当伺服活塞 4 下端的推力大于弹簧推力时，则伺服活塞向上移动，关闭了通道 g，并使 h 腔的油液经过通道 i 而卸压，故使变量活塞向上移动，流量相应减少。由上述可知，当压力升高，开始变量以后，泵从大摆角向小摆角变化，流量减小；相反，当压力减小，则泵从小摆角向大摆角变化，流量增大，始终大致保持流量与压力的乘积不变，即泵的输出功率近似不变，所以被称为恒功率泵。

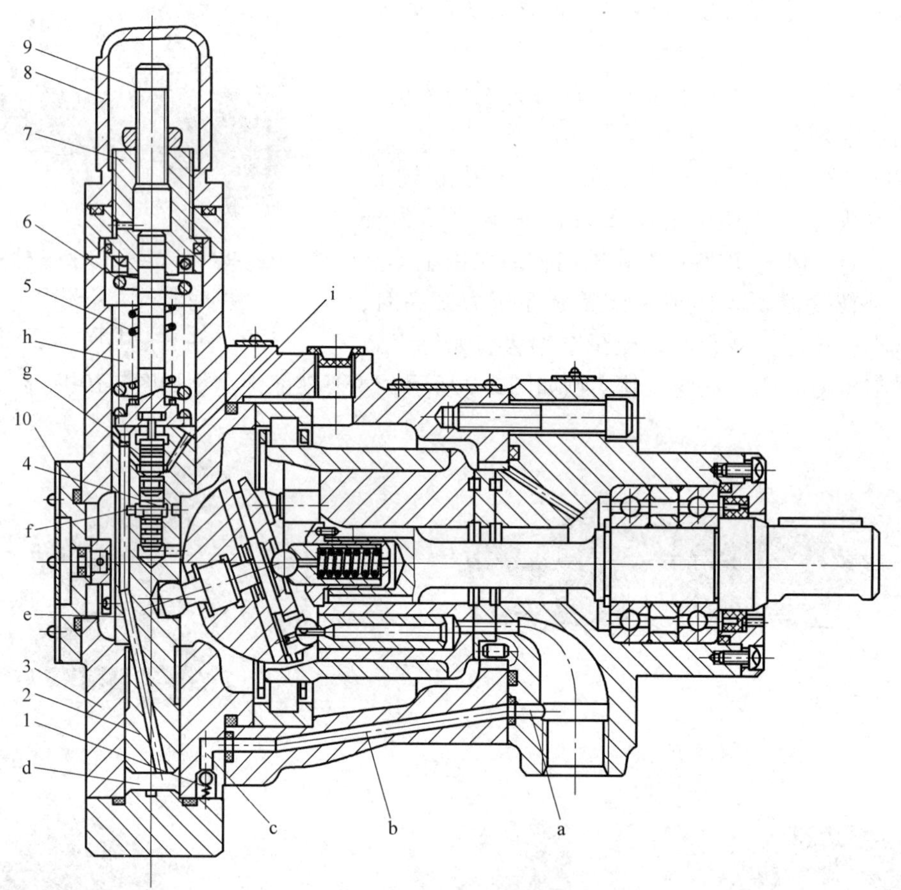

图 2-11　YCY14—1B 直轴式轴向柱塞泵结构图

1—单向阀　2—变量活塞　3—变量壳体　4—伺服活塞　5—内弹簧　6—外弹簧　7—弹簧套　8—盖　9—调节螺杆　10—刻度盘

该泵的流量-压力曲线如图 2-12 所示。流量和压力是可以根据工艺需要调节的。*AB* 的斜率由外弹簧 6 的刚度特性决定，*BC* 的斜率由外弹簧 6 和内弹簧 5 的合成刚度决定。*CD* 的长短则由调节螺杆 9 的位置（限制倾斜角 γ）决定。例如，需要调节泵的流量-压力曲线，使其按 *EFGH* 规律变化，应首先将调节螺杆 9 拧至上端位置，然后调节弹簧套 7，同时观察压力表，使指示刻度盘 10 的指针开始转动时，压力表所指示的压力与 E' 点所要求的压力相符合时停止。再调节螺杆9至G'点所要求的流量值，H'点的流量可从刻度盘10上读出，刻度盘10上共分10格，每一格表示泵公称流量的10%。可采用作平行线的方法求出自己需要的流量-压力特性。

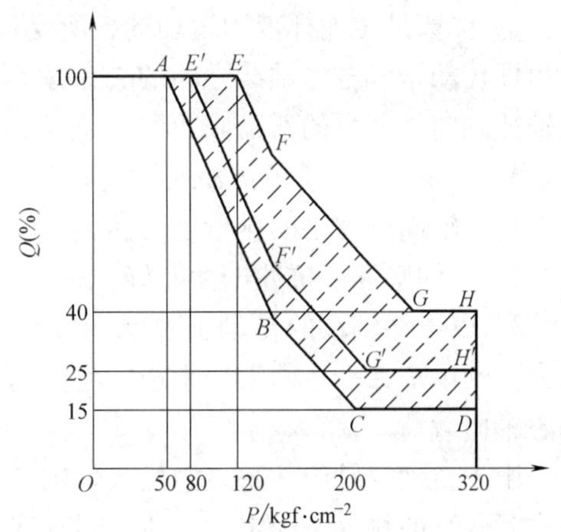

图2-12 YCY14—1B型柱塞泵的流量压力曲线图

近年来，对较大功率的变量泵发展了功率匹配的控制方式，使变量泵的工作压力及输出流量同时与系统的需求相适应，以提高系统效率，减少能量损失及系统发热。对于大功率系统，这种控制方式是很有利的。

综上所述，柱塞泵是由柱塞和缸体孔构成密封容积，这种结构加工方便，可得到较高的配合精度，密封性能好，在高压下工作仍有较高的容积效率；此外，通过改变柱塞的工作行程就能改变流量，易于实现变量。所以柱塞泵适合应用于高压、大流量、大功率的系统中和流量需要调节的场合，如龙门刨床、拉床、液压机、工程机械、矿山冶金机械、船舶机械等。

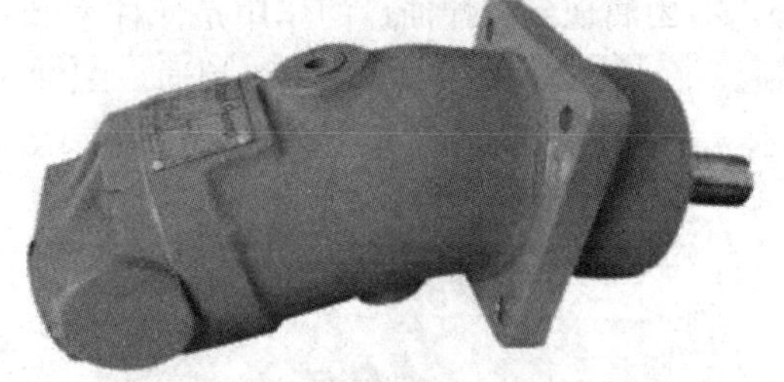

图2-13 斜轴式轴向柱塞泵实物图

（2）斜轴式轴向柱塞泵 当缸体轴线和传动轴轴线不在一条直线上，而成一个夹角时，称为斜轴式轴向柱塞泵（见图2-13）。其主要零件如图2-14所示。斜轴式轴向柱塞泵从结构上分为双铰式和无铰式两种形式。双铰式轴向柱塞泵结构比较复杂，除大流量场合外，目前已经较少采用。

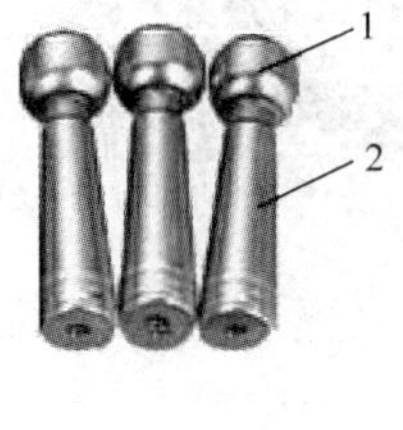

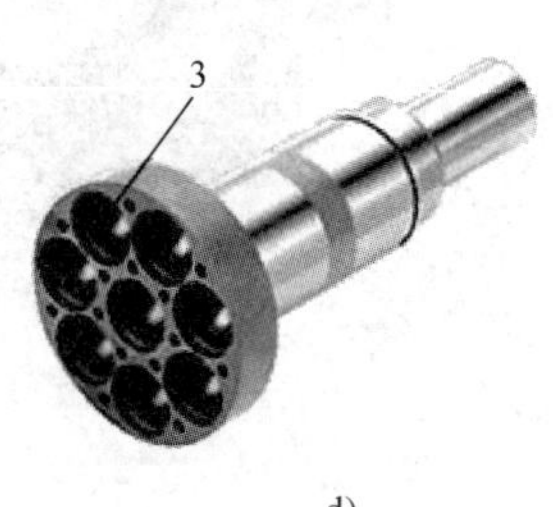

图2-14 斜轴式轴向柱塞泵的主要零件

a）配油盘 b）回程盘 c）连杆柱塞副 d）主轴

1—连杆 2—柱塞 3—主轴的球窝

斜轴式轴向柱塞泵的连杆柱塞副是由连杆和柱塞两个零件经滚压而连接在一起的，即连杆的小球头与柱塞里的球窝相配合，连杆的大球头由回程盘压在主轴的球窝里，当原动机通过主轴、连杆柱塞副带动缸体旋转时，柱塞在缸体柱塞孔中既随缸体一起旋转又沿缸体轴线作往复运动，通过配油盘完成吸、排油的过程。

A2F系列斜轴式轴向柱塞泵是目前国内外较先进的液压元件，采用无铰式，与国外相同型号、规格的产品能完全互换。该泵的主要特点是：

1）柱塞是由连杆带动运动的，所受径向力很小，因此允许缸体有较大弯轴角，最大弯轴角即传动轴和缸体轴线之间的夹角 γ 可达25°，个别甚至达40°，因而泵的排量较大。而直轴式轴向柱塞泵的斜盘倾角受径向力的限制，一般不超过20°。目前，德国 Rexroth（力士乐）公司生产的某些斜轴式轴向柱塞泵，其排量可达2000mL/r，最高压力为35MPa；国产斜轴式轴向柱塞泵的排量也可达到500mL/r。

2）结构坚固，抗冲击性能好。

3）由于斜轴泵的传动轴要承受相当大的轴向力和径向力，轴承寿命低，须采用承载能力大的推力轴承来承受偏心轴向载荷。

由于斜轴式轴向柱塞泵的最大弯轴角是确定的，当泵工作时，泵的排量是固定的，所以斜轴式轴向柱塞泵是定量泵。单向定量泵的图形符号如图2-15a所示。而前述的直轴式轴向柱塞泵的排量可以通过调节变量机构来改变，故为单向变量泵。其图形符号如图2-15b所示。

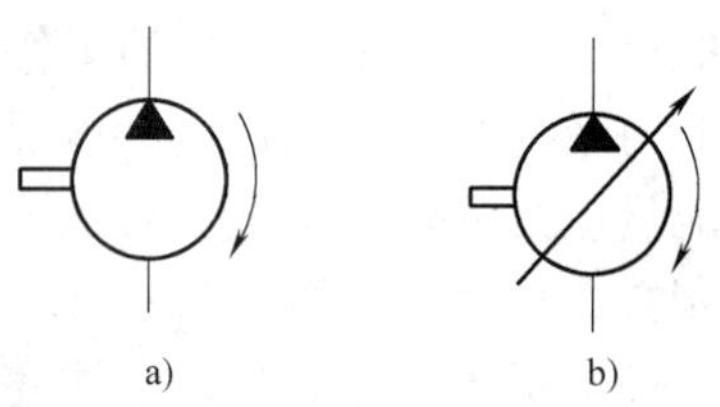

图2-15 泵的图形符号
a）单向定量泵 b）单向变量泵

3. 困油现象 配油盘的作用是使柱塞和缸孔组成的工作容腔在其容积减小时与排油腔相通，在其容积增大时与吸油腔相通。配油盘有排油槽和吸油槽（见图2-16a），腰形孔为缸体底部的通油孔道（见图2-16b）。柱塞从缸孔中外伸时，工作容腔增大，通过这一通油

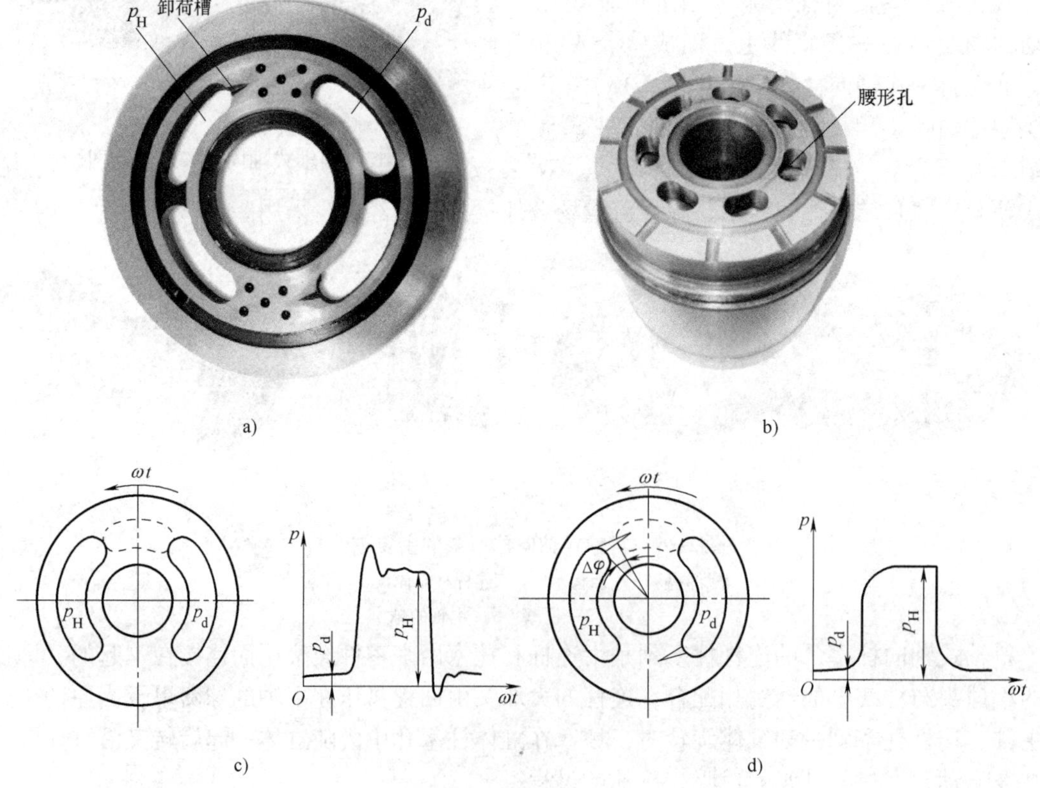

图2-16 配油盘困油现象分析
a）有减振槽的配油盘 b）缸体底部 c）无减振槽配油盘困油现象分析 d）有减振槽配油盘困油现象分析

孔道从吸油槽吸油；当此孔道处于吸、排油槽之间时，工作容腔与排油槽、吸油槽均不沟通；当柱塞内缩时，工作容腔减小，通过孔道向排油槽排油。

为了保证密封，配油盘吸、排油槽的间隔角应该等于或略大于缸体底部腰形孔所对应的中心角。柱塞在偏离上、下死点位置时，柱塞在缸体中的往复运动会使工作容积发生变化。如果配油盘吸、排油槽的间隔角大于缸体底部腰形孔道的包角，就会在这一区域内产生困油现象。

在配油槽的端部开设卸荷槽，即减振槽可以缓解这一困油现象。为了减少液压冲击，可以使柱塞工作容腔离开吸油槽后并不立即与排油槽相通，利用困油现象对工作容腔中的油液进行一定的预压缩，然后再与排油槽相通。用同样方法可以使柱塞工作容腔从排油槽过渡到吸油槽的过程中进行预卸压。减振槽可以使液压冲击大为改善。

2.2.2　压力控制阀

液压控制元件包括压力控制阀、流量控制阀和方向控制阀。压力控制阀是用来控制液压系统中液体压力的阀类。压力控制阀按功能用途可以分为溢流阀、顺序阀、减压阀等。

1. 溢流阀　溢流阀主要用来稳定液压系统中某处的压力值，有直动式和先导式两种。

（1）直动式溢流阀　直动式溢流阀实物如图2-17所示。图2-17a为板式安装，图2-17 b为插装式安装，虽然它们的安装形式不同，但工作原理是相同的。

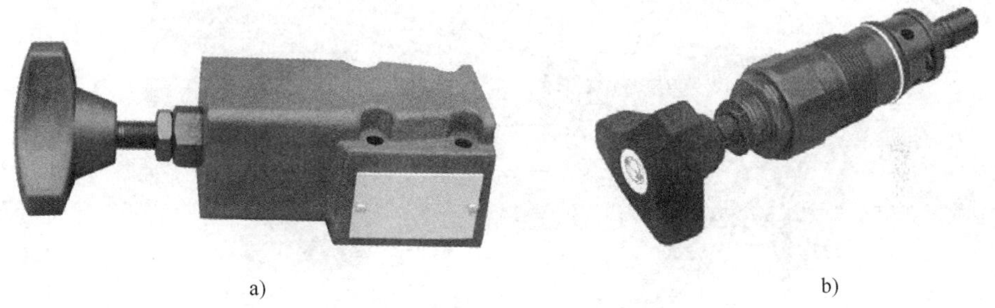

a)　　b)

图2-17　直动式溢流阀实物图

a）板式　b）插装式

以锥阀芯直动式溢流阀为例，来了解直动式溢流阀的工作原理。图2-18a所示为锥阀芯直动式溢流阀的结构。它主要由调节螺钉1、弹簧2、锥阀芯3、阀体4、小孔座5等组成。阀体上有进油口P和出油口T。锥阀芯在弹簧力作用下压在小孔上。当压力p作用在小孔截面上产生的推力小于弹簧力时，孔口封闭；当推力大于弹簧力，锥阀芯左移孔口打开，多余的油经孔缝隙从T口回油箱。从而保证进口P压力基本恒定。通过调节螺钉1改变弹簧2的预紧力可以获得不同的溢流压力。更换不同的弹簧可以得到不同的调压范围。

若用直动式溢流阀控制较高压力，必然要加粗弹簧，以增大弹簧刚度，这样在相同的滑阀位移下，弹簧力的变化较大。因此，只有溢流阀进口压力变化量较大时阀芯才能移动，即阀控制的压力灵敏度较低。因而，这种直动式溢流阀主要用于低压小流量场合。图2-18b所示为直动式溢流阀的图形符号。目前，国外公司已生产出用于高压大流量场合的直动式溢流阀。例如，德国Rexroth公司开发的通径为6～20mm、压力为40～63MPa；通径为25～30mm、压力为31.5MPa的DBD型直动式溢流阀，最大流量可达330L/min。该阀还可以作为先导式溢流阀的远程控制先导阀。

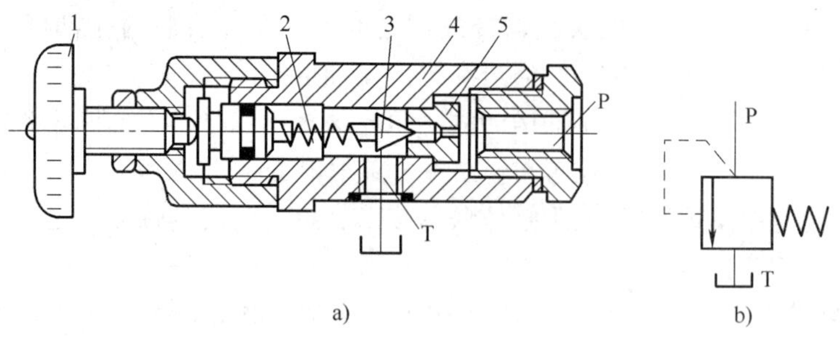

图 2-18　直动式溢流阀

a）锥阀芯直动式溢流阀结构图　b）直动式溢流阀图形符号

1—调节螺钉　2—弹簧　3—锥阀芯　4—阀体　5—小孔座

（2）先导式溢流阀　先导式溢流阀有 DB/DBW 型二级同心式和 YF 型三级同心式。

DB/DBW 型二级同心先导式溢流阀如图 2-19 所示。DB 型先导式溢流阀是由先导阀和主阀两部分组成，主要用于控制系统的压力；DBW 型先导式溢流阀主要由 5 通径二位三通电磁阀、先导阀和主阀组成，也可以控制系统的压力。其工作原理与 DB 型基本相同，不同之处在于它可以通过电磁阀使系统在任意时刻卸荷。DB/DBW 型先导式溢流阀的先导阀和主阀均为锥阀式结构，其先导阀实际上是一个小流量的直动式溢流阀。将 DBW 型先导式溢流阀拆开，主要零部件如图 2-20 所示。

图 2-19　二级同心先导式溢流阀实物图

a）DB 型先导式溢流阀　b）DBW 型先导式电磁溢流阀

如图 2-21 所示，在 DB 型先导式溢流阀中，为使主阀关闭时有良好的密封性，要求主阀芯 1 的圆柱导向面、圆锥面与主阀阀套 11 配合良好，两处的同心度要求较高，故称二级同心。P 腔的压力油作用在主阀芯 1 下端的同时，通过阻尼孔 2、3 及通道 a、b 作用在先导阀的前腔，再通过通道 c 和阻尼孔 4 作用在主阀芯上端。当系统压力超过先导阀调压弹簧 8 调定压力时，先导阀芯 7 被打开。同时主阀芯上端的压力油通过阻尼孔 4、通道 c、弹簧腔 d 及通道 e 流回 T 腔（控制油内排型）或通过外排口流回油箱（控制油外排型）。这样压力油在主阀芯 1 上产生一个压力差，主阀芯在此压力差的作用下打开，此时在调定的工作压力下压力油从 P 腔流到 T 腔然后回油箱。也可用控制油外部供油的遥控口 K 控制卸荷。

DB/DBW 先导式溢流阀均设有控制油内部供油通道、内部排油通道、控制油外部供油遥控口和外排口。这样根据需要可以选择不同的组合形式有内供内排、内供外排、外供内排和外供外排。DB/DBW 型先导式溢流阀采用铸造内流道，具有通流能力强、流量大、结构简单噪声低、启闭特性好、性能稳定等优点。

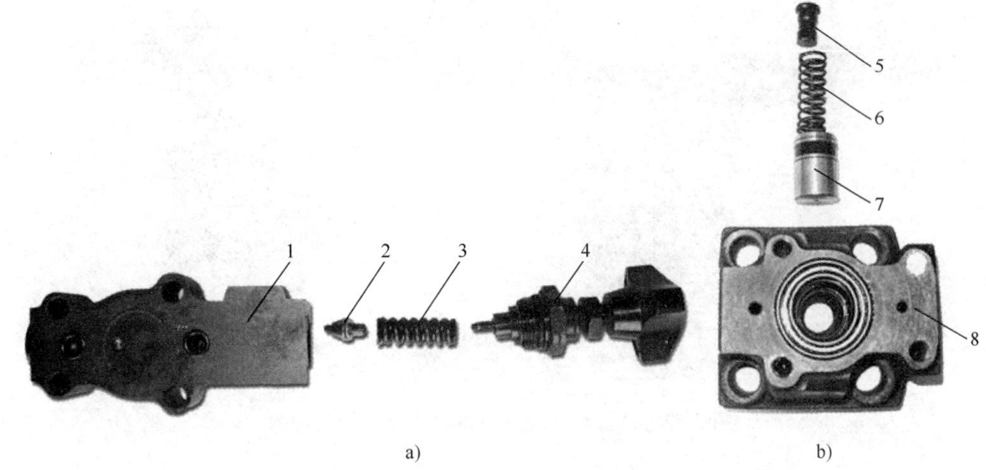

图 2-20　DBW 型先导式溢流阀的主要零部件

a）DBW 型阀先导阀的主要零部件实物图　b）DBW 型阀主阀的主要零部件实物图

1—先导阀体　2—先导阀阀芯　3—调压弹簧　4—调节机构　5—弹簧垫　6—主阀弹簧　7—主阀阀芯　8—阀体

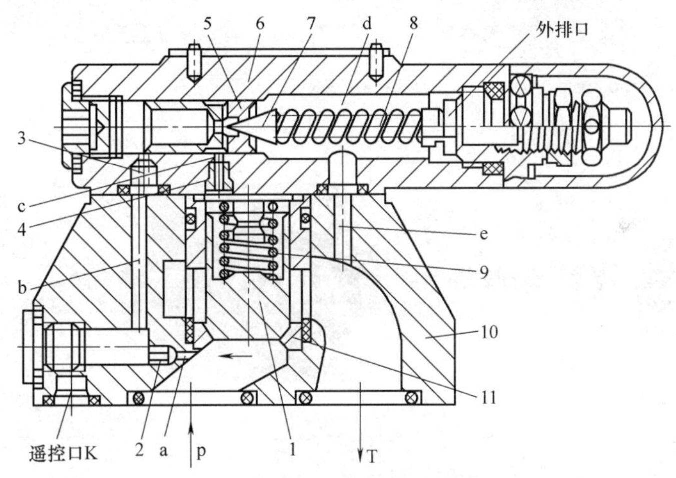

图 2-21　DB 型先导式溢流阀结构图

1—主阀芯　2、3、4—阻尼孔　5—先导阀座　6—先导阀体　7—先导阀芯

8—调压弹簧　9—主阀弹簧　10—主阀阀体　11—主阀阀套

DB 型先导式溢流阀主要用作溢流阀、安全阀、远程调压阀等。DBW 型先导式溢流阀主要用于系统卸荷和多级压力控制。DB/DBW 型先导式溢流阀广泛应用在轻工、机床、冶金、航天等各领域中，是替代进口元件的优选元件。

YF 型三级同心先导式溢流阀实物如图 2-22 所示。将板式 YF 型先导式溢流阀拆开，其主要零部件实物如图 2-23 所示。

图 2-24 所示是一种典型的三级同心结构先导式溢流阀的结构，它由先导阀和主阀两部分组成，先导阀和主阀均为锥阀式结构，其先导阀也是一个小流量的直动式溢流阀。主阀芯 6 有 3 处分别与阀盖 3、阀体 4 和主阀座 7 有同心配合要求，因此称为三级同心式。

当溢流阀的主阀的进口油压力为 p_1 时，压力油除直接作用在主阀芯 6 的下腔作用面积 A_1，还分别经过主阀芯 6 上的阻尼孔 5 引到先导阀芯 1 的前端，对先导阀芯 1 形成一个液压

a)　　b)

图 2-22　YF 型三级同心先导式溢流阀实物图

a）板式　b）管式

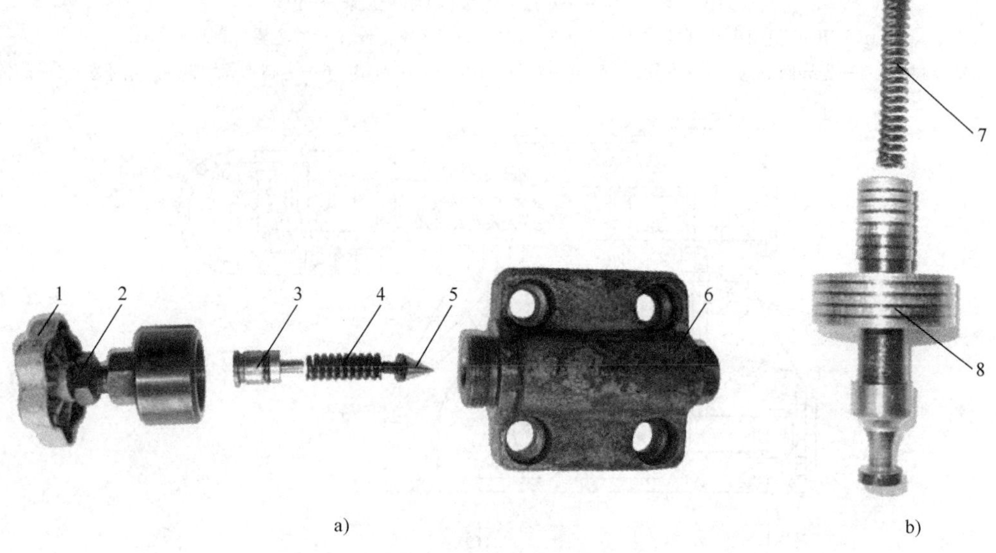

图 2-23　YF 型三级同心先导式溢流阀的主要零部件

a）YF 型阀先导阀的主要零部件实物图　b）YF 型阀主阀的主要零部件实物图

1—调节手轮　2—调节螺钉　3—弹簧垫　4—调压弹簧　5—先导锥阀　6—阀盖　7—主阀弹簧　8—主阀芯

力，若此液压力小于先导阀芯另一端弹簧力时，先导阀关闭，主阀上腔为密闭静止空腔，无油液流动，主阀芯 6 上、下两腔压力相等，因上腔作用面积 A_2 稍大于下腔作用面积 A_1，作用于主阀芯 6 上、下腔的油液压力差与弹簧力共同作用，将主阀芯 6 紧压在主阀座 7 上，主阀芯 6 处于最下端位置，阀口关闭。当溢流阀的进口压力 p_1 增大到使先导阀阀口开启时，压力油经主阀芯上的阻尼孔 5、阀盖上的通道 a、先导阀阀口、主阀芯中心泄油孔 b 流回油箱。由于液流通过阻尼孔 5 时将在两端产生压力差，使主阀上腔压力 p_2 低于主阀下腔压力 p_1，当压差足够大时，因压差形成向上的液压力克服主阀弹簧力推动阀芯上移，主阀阀口开启，溢流阀进口压力油经主阀阀口溢流至回油口 T，然后回油箱。主阀阀口开度一定时，先导阀芯和主阀芯分别处于平衡状态。遥控口 K 与外界相通，不用时可用螺塞堵住。这时主阀芯上腔的油压只能由自身的先导阀来控制，但当用一油管将遥控口 K 与其他压力控制阀相连时，主阀芯上腔的油压就可以由安装在别处的另一个压力阀控制，而不受自身的先导阀调控，从而实现溢流阀的远程控制。但此时远程控制阀的调整压力要低于自身先导阀的调整压力。

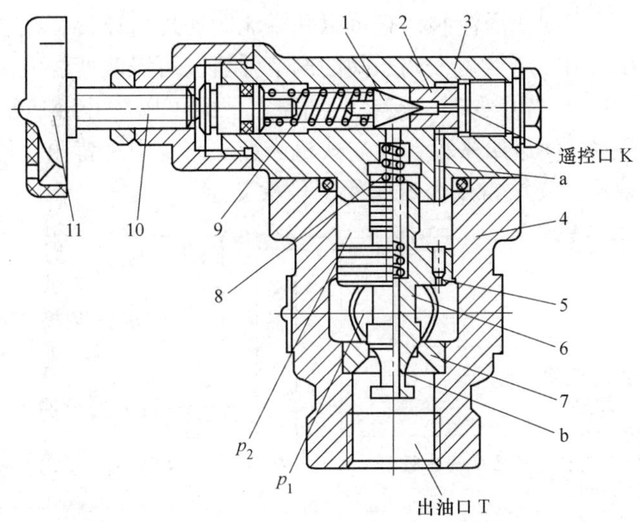

图 2-24　YF 型三级同心先导式溢流阀的结构图

1—先导阀芯　2—先导阀座　3—阀盖　4—阀体　5—阻尼孔　6—主阀芯　7—主阀座　8—主阀弹簧　9—调压弹簧　10—调节螺钉　11—调节手轮

三级同心式先导式溢流阀的优点是阀芯面积较大，对微小的压力变化反应敏感，当使用环境波动小时，压力平稳，对进给稳定性有利。它的缺点是使用环境急剧振荡时，反应敏感容易产生谐振。三级同心对阀芯、阀体加工都提出了严格要求，某一环节达不到要求，阀芯就不灵活。同时对油的清洁度要求较高，细微的垃圾也可使阀芯卡死。

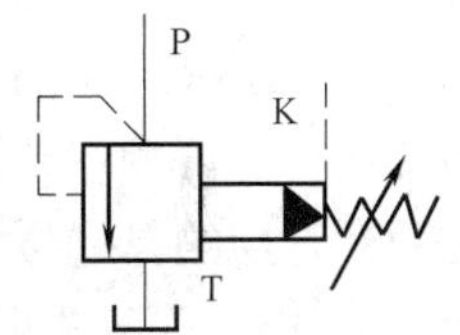

图 2-25　先导式溢流阀图形符号

先导式溢流阀的图形符号如图 2-25 所示。

(3) 溢流阀的作用

1) 起溢流作用。为了维持液压系统压力恒定，溢流阀在正常工作时为常开，通过溢流将多余油液排回油箱而维持液压系统压力基本恒定。例如，在机床准备工作中，定量泵起动，油压升高至调定值后，全部流量经过溢流阀回油箱；在滑台工进过程中，少量油液经过调速阀进入液压缸，其余大量油液通过溢流阀流回油箱。

2) 起安全作用。为了限制液压系统的最高压力，以保证系统的安全。在系统正常工作情况下，阀关闭不溢流，系统的工作压力决定于外载荷。当系统压力达到阀的调定压力时，阀开启溢流，此时系统压力就决定于溢流阀的调定压力。例如，对于大型设备，定量泵的压力由溢流阀调定；变量柱塞泵的压力由本身的变量机构调定，为了保险起见，设置了溢流阀，一旦变量柱塞泵调压机构出现故障，溢流阀则溢油，保护设备安全。溢流阀压力比系统的工作压力调高 0.5MPa，平时不溢油，仅起安全保护作用。

3) 起卸荷作用。先导式溢流阀的远程控制口直接通油箱，控制压力为零，系统压力无法建立，液压泵的流量通过主阀芯回油箱，实现卸荷。DBW 型先导式电磁溢流阀利用本身的电磁换向阀就可实现系统卸荷，而一般的先导式溢流阀，需另加小流量电磁换向阀，使其控制口直通油箱，实现卸荷。

4）起远程调压作用。在先导式溢流阀的远程控制口上接远程调压阀，能实现远程调压。远程调压阀是一种直动式溢流阀，它可以和溢流阀遥控口连接，在主溢流阀压力设定范围内，实现远程压力控制。更换远程调压阀的调节弹簧，可以改变溢流阀的压力调节范围。

5）起背压阀作用。作背压阀时，接在回油路上，既可以防止液压缸回油腔泄漏，又可以产生恒定的附加阻力，使进给平稳，在立式机床液压系统中，背压还可以防止滑台下滑。

（4）溢流阀的型号意义　常用溢流阀的型号意义为

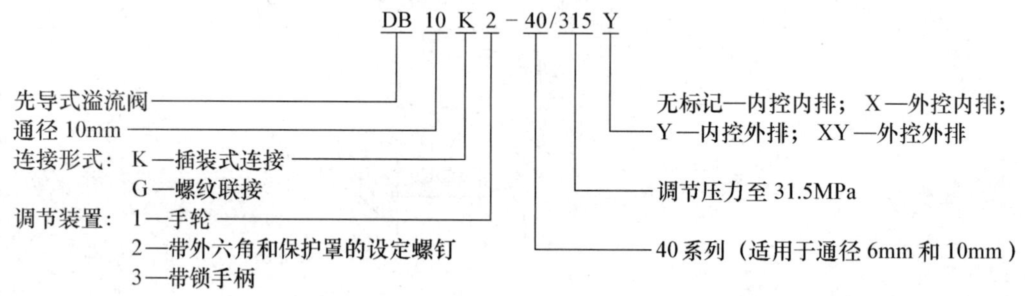

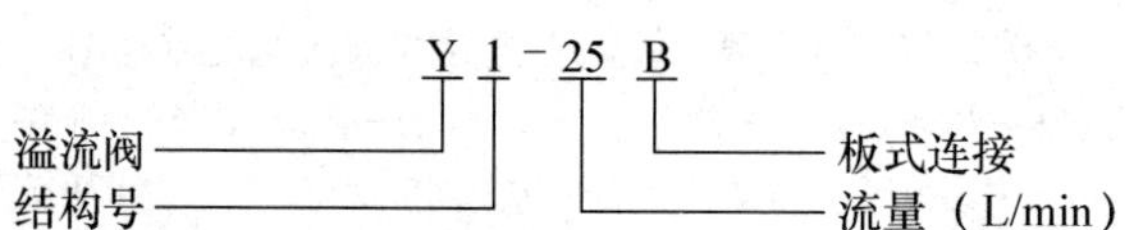

2. 顺序阀　顺序阀也是一种压力控制阀，是利用油路中压力的变化控制阀口启闭，以实现执行元件顺序动作的液压元件。顺序阀有直动式和先导式两种，常用的是先导式顺序阀。直动式顺序阀的最大调整压力为2. 5MPa；先导式顺序阀的最大调整压力为6. 3MPa。先导式顺序阀实物如图2-26所示。根据控制压力来源的不同，顺序阀有内控式和外控式之分；根据泄油方式不同，顺序阀有内泄式和外泄式两种。以板式先导式顺序阀为例，先导阀泄漏油通过主阀体上单独的过渡孔回油箱叫内泄；先导阀弹簧腔泄漏油通过其泄油口上内螺纹单独外接小油管回油箱称为外泄。

图2-26　先导式顺序阀实物图

图2-27b所示为内控外泄先导式顺序阀的结构。P_1为进油口，P_2为出油口。遥控口K用螺塞堵住，控制油直接由进油口P_1引入，泄油口L单独接回油箱，这种控制形式即为内控外泄式。当进油口P_1处压力较低时，先导阀关闭，主阀芯4在弹簧力作用下处于下端位置，进油口和出油口不相通。当进油口P_1的压力较大时，作用在主阀芯下端的压力油通过主阀芯中心孔道，经通道a顶开先导阀锥阀芯开始溢油，并由先导阀弹簧腔泄油口L单独回油箱。此时主阀芯4上下两端产生压力差，克服弹簧力，推动主阀芯上移，主阀阀口开启，进油口P_1处压力油经主阀阀口流至出油口P_2。由此可见，当顺序阀的进油口P_1压力低于顺序阀调定压力时，阀口关闭；当进油口压力超过调定压力时，阀口开启，顺序阀输出压力油使其下游的执行元件动作。调整弹簧的预压缩量，即能调节打开顺序阀所需的压力。

外控式顺序阀阀口开启与否，与阀的进口压力的大小无关，取决于外控口处控制压力和先导阀调整压力的大小。

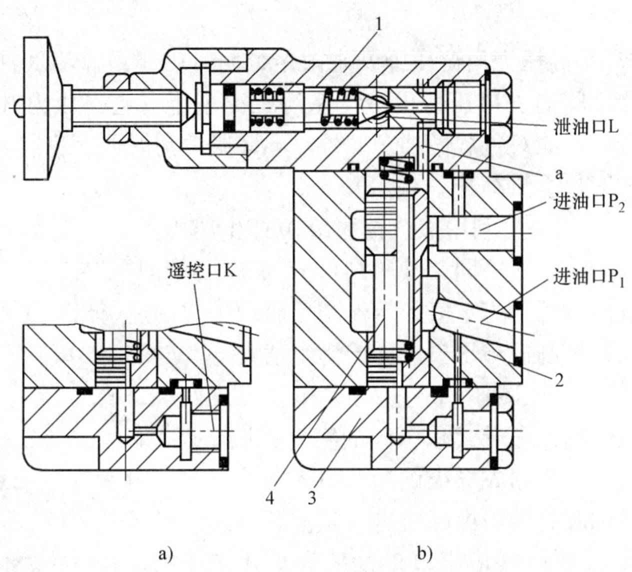

图 2-27　先导式顺序阀结构图

a）外控式　b）内控式

1—先导阀　2—主阀阀体　3—端盖　4—主阀芯

顺序阀有多种用途。例如，内控内泄先导式顺序阀在系统中可用于背压、加载、顺序控制；内控外泄先导式顺序阀可用于加载、顺序控制；外控内泄先导式顺序阀可用作卸荷阀；外控外泄先导式顺序阀常用于顺序控制。先导式顺序阀最大的缺点是外泄漏量过大，因为先导阀是按顺序阀的压力调整的，当执行元件达到顺序动作后，压力将同时升高，将先导阀口开得很大，导致流量从先导阀处大量外泄，故在小流量液压系统中不宜采用这种阀。

在顺序阀的阀体内并联装设单向阀，可构成单向顺序阀。其作用与顺序阀相同，当油液正向通过时，单向阀关闭，顺序阀工作；当液流反向通过时，油液经单向阀自由通过，顺序阀不工作。单向顺序阀也有内外控之分。各种先导式顺序阀的图形符号见表 2-1。直动式顺序阀图形符号如图 2-28 所示。

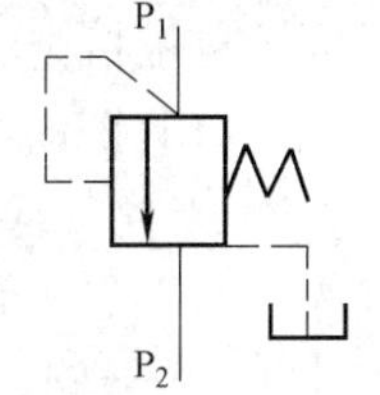

图 2-28　直动式顺序阀图形符号

直动式顺序阀和先导式顺序阀分别与直动式低压溢流阀、先导式中压溢流阀相似。其主要差别是：

1）溢流阀的出油口接油箱，而顺序阀的出油口与压力油路相通。

表 2-1　各种先导式顺序阀的图形符号

控制与泄油方式	内控外泄	外控外泄	内控内泄	外控内泄	内控内泄加单向阀	外控内泄加单向阀
图形符号	P_1 P_2 L	K P_1 P_2 L	P_1 P_2 L	K P_1 P_2 L	P_1 P_2	K P_1 P_2

2）溢流阀的弹簧腔可以与出油口沟通，而顺序阀的泄油口应单独接回油箱，以免使弹

簧腔有油压。

3）溢流阀的进口最高压力由调压弹簧来限定，而且由于液流溢回油箱，所以损失了液体的全部能量。而顺序阀的进口压力由液压系统工况来定，进口压力升高时阀口将不断增大，直至全开，出口压力油对负载做功。此外，顺序阀关闭时要有良好的密封性能，因此阀芯和阀体间的封油长度较溢流阀长。

3. 减压阀　减压阀是一种利用液流流过缝隙产生压力损失，使其出口压力低于进口压力的压力控制阀。按调节方式不同，减压阀可分为定压减压阀、定比减压阀和定差减压阀。定压减压阀用于控制出口压力为定值；定比减压阀用来控制进、出口压力保持调定不变的比例；定差减压阀则用来控制进、出口压力差为定值。

（1）定压减压阀　定压减压阀有直动式和先导式两种，直动式减压阀较少单独使用，先导式减压阀的实物如图 2-29 所示，它由先导阀和主阀组成。根据先导级供油的引入方式不同，分为先导级由减压出口供油和先导级由减压进口供油两种结构形式。

图 2-29　先导式定压减压阀实物图

图 2-30 所示为先导级由减压出口供油的先导式定压减压阀的结构图。该阀由先导阀调压，主阀减压。先导阀和主阀分别为锥阀和滑阀结构。进入减压阀的压力油的压力为 p_1，经减压口减压后降低为 p_2，从减压阀出油口 P_2 流出。同时 p_2 还通过 U 形通道进入主阀芯 7 底部并穿过阻尼孔 9 与主阀弹簧腔相通。油压作用在主阀芯 7 两端并同时作用在先导锥阀 3 上。当出口压力 p_2 小于先导阀的调定压力时，锥阀 3 关闭，阻尼孔 9 无油流通，主阀芯 7 两端液压力相等（均为 p_2），而主阀芯在主阀弹簧 10 的作用下处于最下端位置，减压口全开，不起减压作用，$p_2 \approx p_1$，这时减压阀没有工作。当出口压力 p_2 大于先导阀的调定压力时，先导锥阀 3 打开，出油口 P_2 部分液体经阻尼孔 9、先导阀口、阀盖 5 上的泄油口 L 流回油箱。由于阻尼孔 9 的作用，主阀芯 7 弹簧腔的压力 p_3 低于 p_2，造成阀芯 7 两端的压力不平衡，当此压差所产生的作用力大于主阀弹簧力时，主阀芯 7 上移，进而使减压口关小，减压作用增强，出口压力 p_2 减至某调定值。出口处保持调定压力时，阀芯 7 处于某一平衡位置上，此时减压口保持一定的开口度，减压阀处于工作状态。若由于某种原因进口压力发生变化，当减压口还没有来得及变化时，p_2 则相应发生变化，造成阀芯 7 两端的受力状况发生变

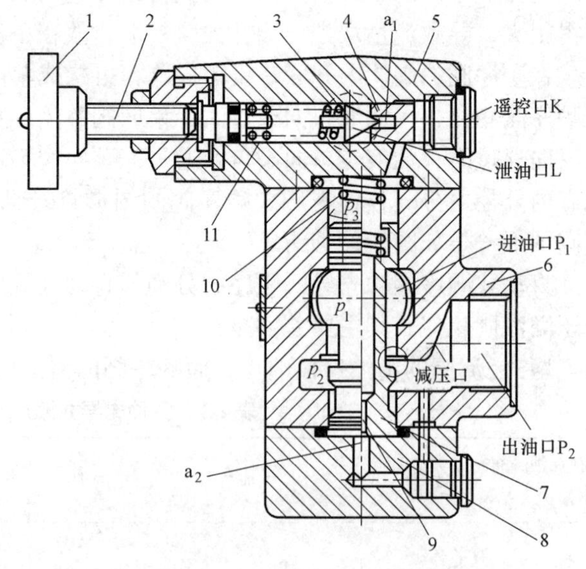

图 2-30　先导式定压减压阀（先导级由减压出口供油）结构图

1—调压手轮　2—调节螺钉　3—先导锥阀　4—锥阀座　5—阀盖　6—阀体　7—主阀芯　8—端盖　9—阻尼孔　10—主阀弹簧　11—调压弹簧

化，从而打乱原来的平衡状态，使阀芯到达另一平衡状态，以保持 p_2 的稳定。阻尼孔 9 起稳定主阀芯 7 的作用。定压减压阀图形符号如图 2-31 所示。

先导式定压减压阀和先导式溢流阀的不同之处在于：

1）定压减压阀保持出口压力基本不变，而溢流阀保持进口压力基本不变。

2）在不工作时，减压阀进、出油口互通，而溢流阀进出油口不通。

3）为保证减压阀出口压力调定值恒定，它的先导阀弹簧腔需通过泄油口单独外接油箱，而溢流阀的出油口是通油箱的，所以它的先导阀的弹簧腔和泄漏油可通过阀体上的通道和出油口相通，不必单独外接油箱。

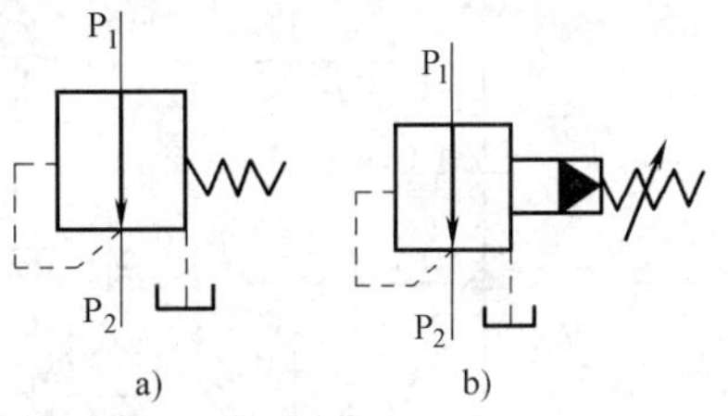

图 2-31　定压减压阀图形符号
a）直动式　b）先导式

（2）定差减压阀　定差减压阀是使进、出油口之间的压力差等于或近似于不变的减压值。其工作原理如图 2-32a 所示，高压油经 p_1 经节流口 x 减压后以低压 p_2 流出，同时，低压油经阀芯中心孔将压力传到阀芯上腔，则其进、出油液压力在阀芯有效作用面积上的压力差与弹簧力相平衡，只要尽量减少阀口开度 x 的变化量，就可以使压力差近似地保持为定值 Δp。定差减压阀图形符号如图 2-32b 所示。

图 2-33a 所示为一个特制的定差减压阀，设弹簧力为 F，控制压力 k_1 经通道 a 作用在阀芯右端小端面 A_1 上，并经通道 b 作用在左端大圆柱的右端面的环形面 A_2 上。控制压力 k_2 作用在左端大圆柱左端面 A 上。设弹簧预压紧力为 F，由于 $A = A_1 + A_2$，则 $k_1A = k_2A + F$，$k_1 - k_2 = F/A$，由于 F 基本不变，A 不变，所以 $k_1 - k_2$ 基本不变，再由 k_1、k_2 控制节流阀进、出油口压力，所以节流阀进、出油口的压力差保持基本不变。定差减压阀的进油口压力 p_1 和出油口压力 p_2 之间的压力损失由 k_1 决定。而定差减压阀阀芯压力控制端面处 k_1 压力增加，缝隙 h 减小，压力损失增加，定差减压阀的出口压力 p_2 下降，k_1 下降，则缝隙 h 增大，压力损失减少，p_2 增加。图 2-33b 所示为该种定差减压阀的图形符号。图中 P_1、P_2 分别表示定差调压阀的进油口和出油口。K_1、K_2 分别表示定差减压阀两个控制口。

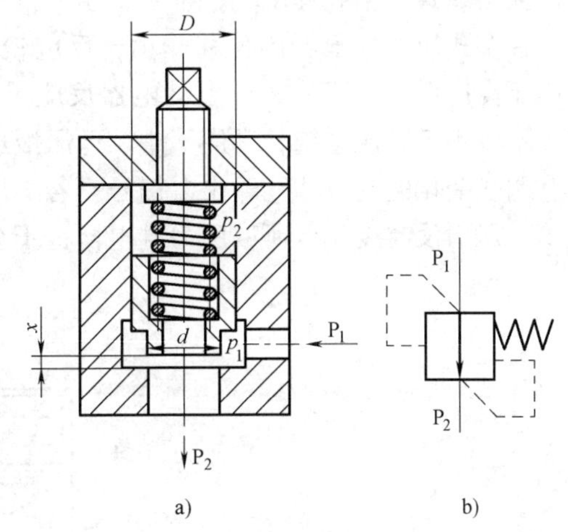

图 2-32　定差减压阀
a）工作原理图　b）图形符号

（3）定比减压阀　图 2-34 所示为定比减压阀图形符号，减压比为 1/3。

4. 压力继电器　压力继电器又称压力开关，是一种将油液的压力信号转换成电信号的电液控制元件。当油液压力达到压力继电器的调定压力时，即发出电信号，接通或切断电路，控制电气元件（如电磁铁、电动机等）动作，以实现油路卸压、换向、执行元件顺序动作、安全保护或泵的启闭、泵的卸荷等作用。

压力继电器按其结构不同，有膜片式、柱塞式、弹簧管式和波纹管式 4 类。图 2-35 所

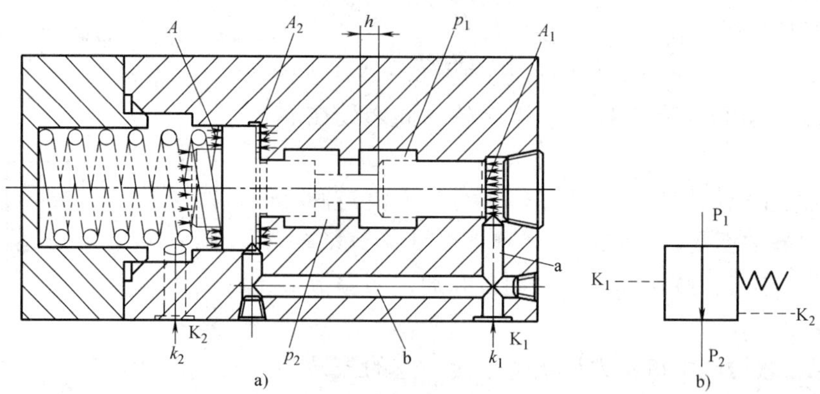

图 2-33　特制定差减压阀

a）工作原理图　b）图形符号

示为常用柱塞式压力继电器。当从压力继电器下端进油口通入的油液压力达到调定压力值时，推动柱塞 1 上移，此位移通过杠杆 2 放大后推动开关 4 动作。改变弹簧 3 的压缩量即可以调节压力继电器的动作压力。

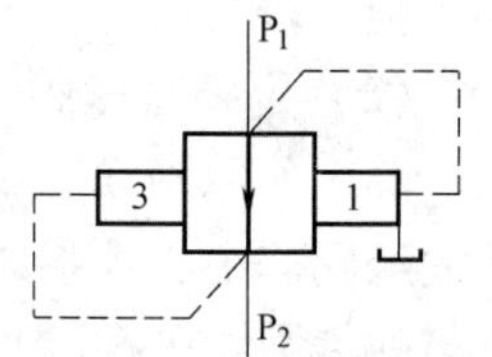

图 2-34　定比减压阀图形符号

压力继电器选型时需要考虑到的主要参数有测压范围、设定方式、输出模式、精确程度、正常工作温度范围等。

柱塞式压力继电器因位移较大，反应较慢，不宜用在低压系统，常用于高压系统。膜片式压力继电器反应灵敏，重复精度高，其缺点是易受压力波动的影响，不宜用于高压系统，常用于中、低压液压系统。需要注意的是，压力继电器必须放在压力有明显变化的地方才能输出电信号。若将压力继电器放在回油路上，由于回油路直接接回油箱，压力没有变化，所以压力继电器也不会工作。

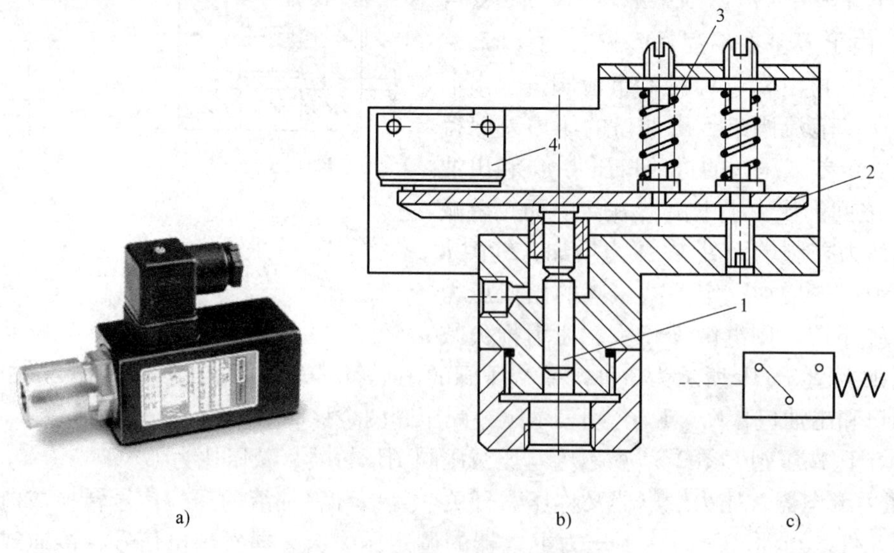

图 2-35　柱塞式压力继电器

a）实物图　b）结构图　c）图形符号

1—柱塞　2—杠杆　3—弹簧　4—开关

溢流阀、减压阀等液压阀可以稳定液压系统中某处的压力值（或者压力差、压力比等），而顺序阀、压力继电器是利用液流压力作为信号控制其动作。它们的共同特点是根据阀芯受力平衡的原理，利用受控液流的压力对阀芯的作用力与其他作用力（如弹簧力等）的平衡条件，来调节阀的开口量以改变液阻的大小，从而达到控制液流压力的目的。

2.2.3　方向控制阀

方向控制阀作为一种液压控制元件，用来控制液压油的通、断和流向，按其用途分为单向阀和换向阀。

1. 单向阀　单向阀包括普通单向阀和液控单向阀。

（1）普通单向阀　单向阀的主要作用是控制油液的单向流动，反向即切断。其主要性能要求是，正向流动阻力损失小，反向时密封性能好，动作灵敏。其实物如图 2-36 所示。图 2-37a 所示为一种管式普通单向阀的结构。压力油从阀体左端的进油口 P_1 流入时，克服弹簧 3 作用在阀芯 2 上的力，使阀芯向右移动，打开阀口，并通过阀芯上的径向孔 a、轴向孔 b 从阀体右端的出油口 P_2 流出。当压力油从阀体右端的出油口 P_2 流入时，液压力和弹簧力一起使阀芯压紧在阀座上，阀口关闭，油液无法通过。

图 2-36　单向阀实物图

为了使单向阀工作灵敏可靠，普通单向阀的弹簧刚度一般都选得较小，以免油液流动时产生较大的压力降。一般单向阀的开启压力在 0.035～0.05MPa 之间，当通过其额定流量时的压力损失不应超过 0.1～0.3MPa。若将单向阀中的弹簧换成较大刚度的弹簧时，可将其置于回油路中作背压阀使用，此时阀的开启压力约为 0.2～0.6MPa。单向阀的作用是：

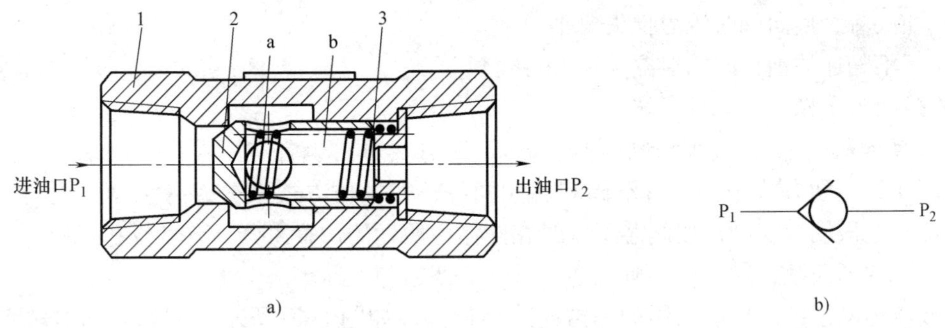

图 2-37　单向阀
a）结构图　b）图形符号
1—阀套　2—阀芯　3—弹簧

1）单向阀安装在液压泵出口，不仅可以防止系统压力突然升高而损坏液压泵，而且可以防止系统中的油液在泵停机时倒流回油箱。

2）安装在回路中作为背压阀。

3）与其他阀组合成单向控制阀。

（2）液控单向阀　图 2-38 所示为液控单向阀实物。图 2-39a 所示为一种液控单向阀的结构，当控制口 K 处无压力油通入时，它的工作和普通单向阀一样，压力油只能从进油口 P_1 流向出油口 P_2，不能反向流动。当控制口 K 处有压力油通入时，控制活塞 1 右侧 a 腔通泄油口（图中未画出），在液压力作用下活塞向右移动，推动顶杆 2 顶开阀芯，使油口 P_1

和 P_2 接通，油液就不仅可以从 P_1 口流向 P_2 口，还可以从 P_2 口流向 P_1 口。对于图 2-39a 所示的液控单向阀，K 处通入的控制压力最小为主油路压力的 30% ~50% ，而在高压系统中使用的，带卸荷阀芯的液控单向阀的最小控制压力约为主油路压力的 5% 。

图 2-38　液控单向阀实物图

2. 换向阀　换向阀是利用阀芯对阀体的相对运动、使油路接通、关断或变换油流的方向，从而实现液压执行元件及其驱动机构的起动、停止或变换运动方向。

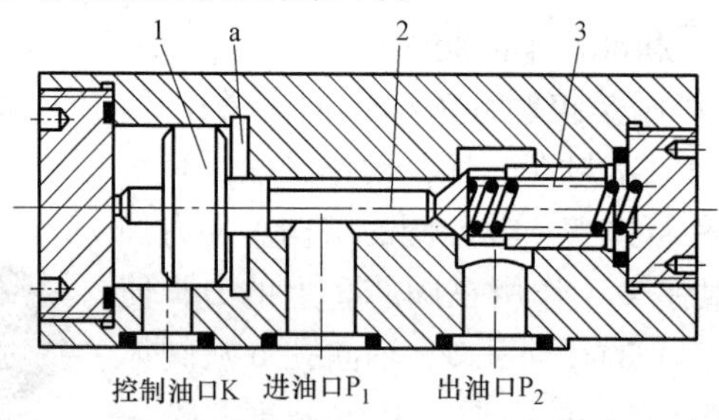

a)

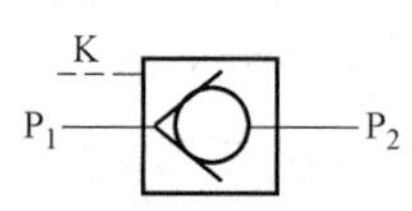

b)

图 2-39　液控单向阀

a）结构图　b）图形符号

1—活塞　2—顶杆　3—阀芯

（1）主要性能要求：

1）油液流经换向阀时压力损失要小。

2）互不相通的油口间的泄漏要小。

3）换向要平稳、迅速且可靠。

（2）换向阀的种类　换向阀的种类很多，其分类方式也各有不同，一般来说，按阀芯相对于阀体的运动方式来分，有滑阀和转阀两种；按操作方式来分，有手动、机动、电磁动、液动和电液动等多种；按阀芯工作时在阀体中所处的位置来分，有二位和三位等；按换向阀所控制的通路数不同来分，有二通、三通、四通和五通等。

在液压传动系统中广泛采用的是滑阀式换向阀。如图 2-40 所示，当阀芯向右移动一定的距离时，由液压泵输出的压力油从阀的 P 口经 A 口输向液压缸左腔，液压缸右腔的油经 B 口流向 T_2 口，液压缸活塞向右运动；反之，若阀芯向左移动某一距离时，油液反向，活塞向左运动。

如图 2-40b 所示，由于该换向阀阀芯相对于阀体有 3 个工作位置，通常用一个粗实线方框符号代表一个工作位置，因而有 3 个方框。而该换向阀共有 P、A、B、T_1 和 $T_2$5 个口，所以每一个方框中表示油路的通路与方框共有 5 个交点。在中间位置，由于各油口之间互不相通，用“⊥”或“⊤”来表示，而当阀芯向右移动时，表示该换向阀左位工作，即 P 与 A、B 与 T_2 相通；反之，则 P 与 B、A 与 T_1 相通。因此该换向阀被称为三位五通换向阀。

图 2-41 所示为常用的二位和三位换向阀的位和通路符号。换向阀中阀芯相对于阀体的运动需要有外力操纵来实现，各类操纵方式的符号如图 2-42 所示。不同的操纵方式与图 2-41 所示的换向阀的位和通路符号组合就可以得到不同的换向阀，如三位五通电磁换向阀、

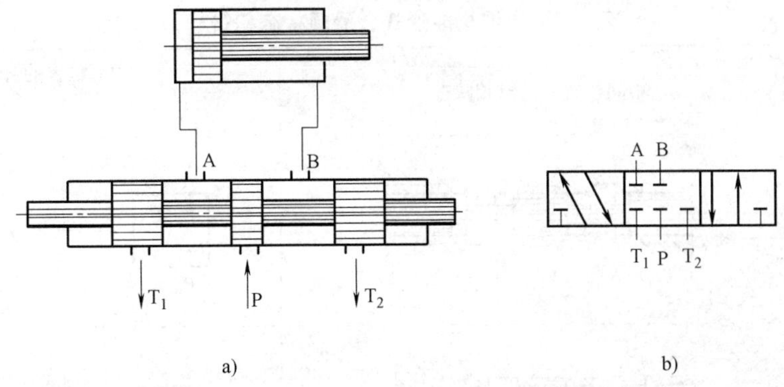

图 2-40　滑阀式换向阀的工作原理图

a）工作原理图　b）图形符号

三位四通液动换向阀、三位四通手动换向阀等。

对于各种操纵方式的三位四通和五通的换向滑阀，阀芯在中间位置时各油口的连通情况称为换向阀的中位机能。不同的中位机能，可以满足液压系统的不同要求，常见的三位四通、三位五通换向阀的中位机能的形式、滑阀状态和符号见表 2-2。不同的中位机能是通过改变阀芯的形状和尺寸得到的。

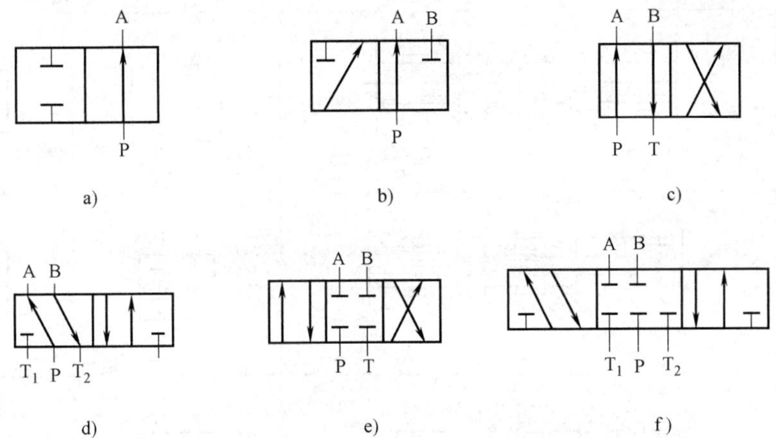

图 2-41　换向阀的位和通路符号

a）二位二通　b）二位三通　c）二位四通　d）二位五通　e）三位四通　f）三位五通

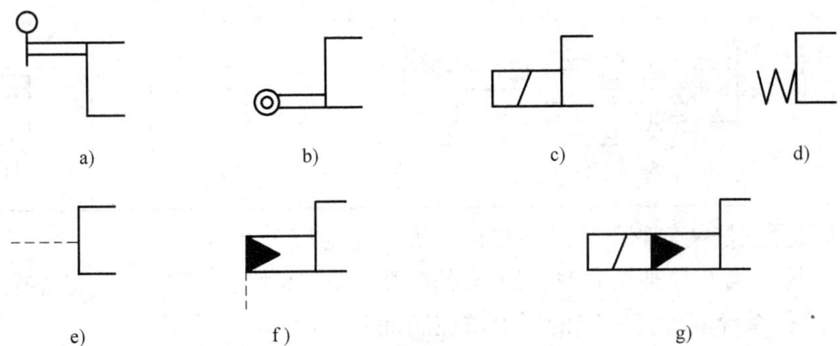

图 2-42　换向阀操纵方式符号

a）手柄式　b）机动（滚轮式）　c）电磁　d）弹簧　e）液压　f）液压先导控制　g）电磁—液压先导控制

表 2-2　中位机能形式、滑阀状态和符号

中位机能形式	中间位置时的滑阀状态	中间位置的符号	
		三位四通	三位五通
O	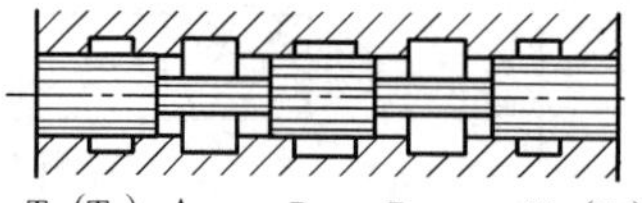 T (T_1) A P B T (T_2)	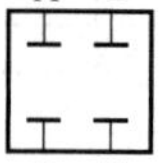 A B P T	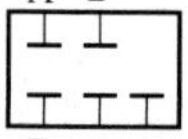 A B T_1 P T_2
H	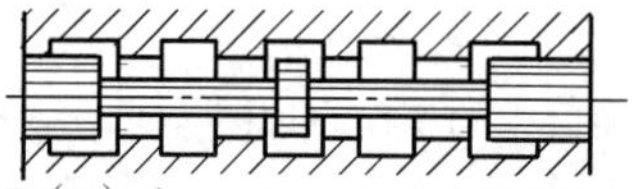 T (T_1) A P B T (T_2)	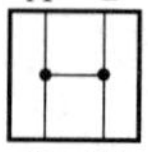 A B P T	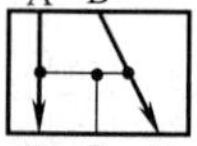 A B T_1 P T_2
Y	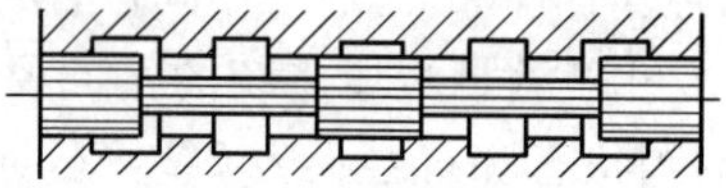 T (T_1) A P B T (T_2)	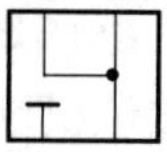 A B P T	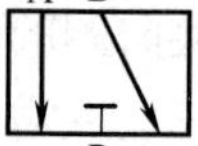 A B T_1 P T_2
P	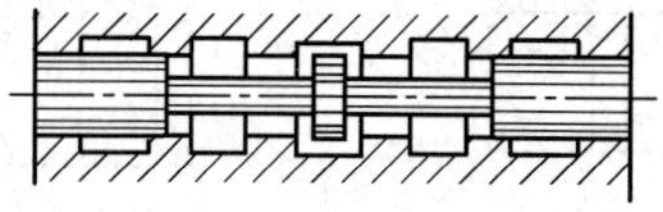 T (T_1) A P B T (T_2)	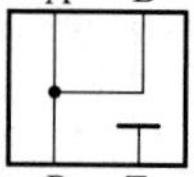 A B P T	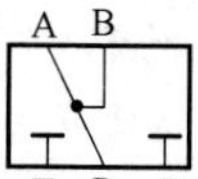 A B T_1 P T_2
K	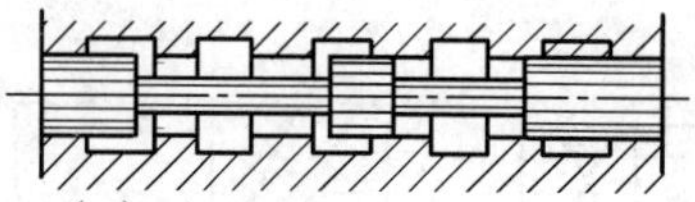 T (T_1) A P B T (T_2)	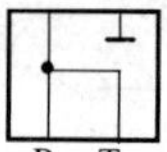 A B P T	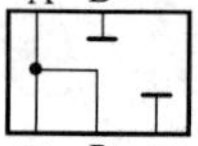 A B T_1 P T_2
X	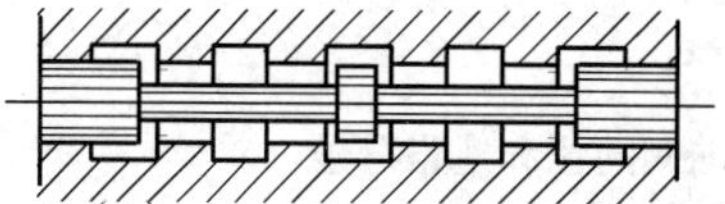 T (T_1) A P B T (T_2)	 A B P T	 A B T_1 P T_2
M	 T (T_1) A P B T (T_2)	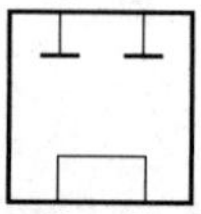 A B P T	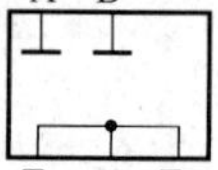 A B T_1 P T_2

在分析和选择三位换向阀的中位机能时，通常考虑以下几点：

1）系统保压。当 P 口被堵塞时，液压泵能用于多缸系统；当 P 口不太通畅地与 T 口相通时（如 X 型），系统能保持一定的压力供控制油路使用。

2）系统卸荷。当 P 口通畅地与 T 口相通时，系统卸荷。

3）换向平稳性与精度。当液压缸 A、B 两口都堵塞时，换向过程中易产生液压冲击，

换向不平稳，但换向精度高；反之，A、B两口都通T口时，换向过程中工作部件不易制动，换向精度低，但液压冲击小。

4）起动平稳性。阀在中位时，液压缸某腔如通油箱，则起动时该腔内因无足够的油液起缓冲作用，起动不平稳。

5）液压缸“浮动”和在任意位置上的停止。阀在中位时，当A、B两油口互通时，卧式液压缸呈“浮动”状态，可利用其他机构移动工作台，调整其位置。当A、B两口堵塞或与P口连接（在非差动情况下），则可以使液压缸在任意位置处停下来。

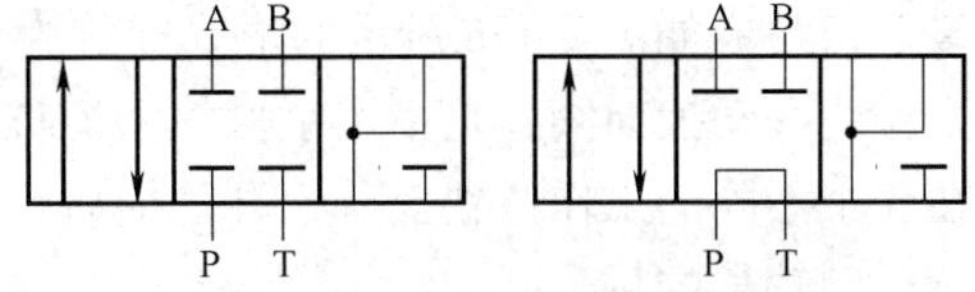

图2-43　OP型、MP型中位机能符号

三位换向阀除了在中间位置时有各种滑阀机能外，有时也把阀芯在其一端位置时的油口连通情况设计成特殊的机能，这时分别用两个字母来表示滑阀在中间状态和一端状态的滑阀。

换向阀机能常用的有OP型和MP型等，它们的符号如图2-43所示。OP和MP型滑阀机能主要用于差动连接回路，以得到快速行程。

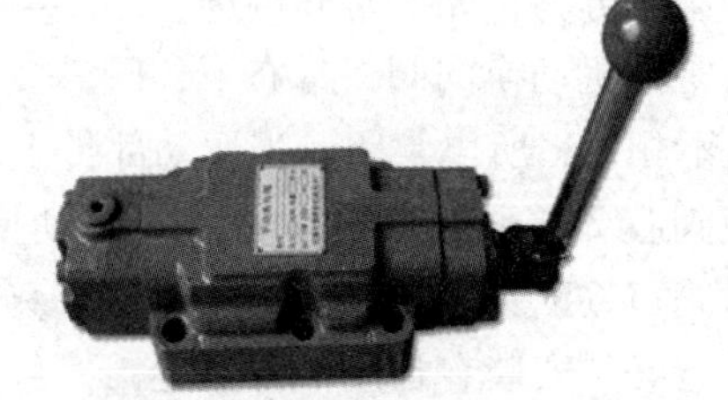
图2-44　手动换向阀实物图

（3）不同操纵方式的换向阀。几种换向阀的动作原理及结构如下：

1）手动换向阀。手动换向阀（见图2-44）是利用

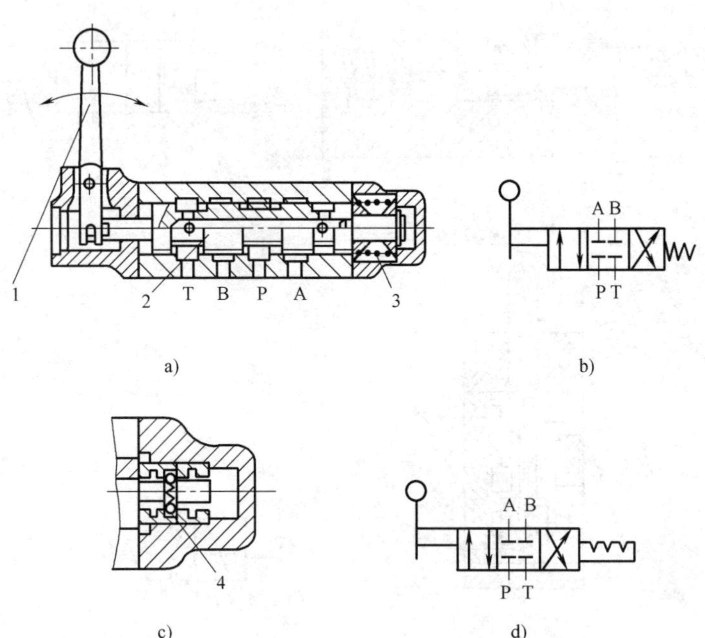

图2-45　三位四通手动换向阀

a）弹簧自动复位式手动换向阀结构　b）弹簧自动复位式三位四通手动换向阀图形符号

c）钢珠定位式　d）钢珠定位式三位四通手动换向阀图形符号

1—手柄　2—阀芯　3—弹簧　4—钢球

手动杠杆来改变阀芯位置实现换向的，主要有弹簧复位和钢珠定位两种形式。图 2-45a 所示为弹簧自动复位式手动换向阀结构，通过手柄 1 推动阀芯 2 后，使换向阀左位或右位工作，要想维持在极端位置，必须用手扳住手柄不放，一旦松开了手柄 1，阀芯 2 会在弹簧 3 的作用下，自动弹回中位。该阀适用于动作频繁、工作持续时间短的场合，操作比较安全。如将弹簧部位改成如图 2-45c 所示的形式即成为可在 3 个位置定位的钢珠定位式手动换向阀。钢珠定位式手动换向阀，是指用手操纵手柄推动阀芯相对阀体移动后，可以通过钢球使阀芯稳定在 3 个不同的工作位置上。松开手柄后，阀仍保持在所需的工作位置上，因而可用于工作持续时间较长的场合。

2）行程换向阀。行程换向阀又称为机动换向阀。其实物如图 2-46 所示。它借助于安装在工作台上的挡块或凸轮来迫使阀芯移动，从而控制油液的流动方向。机动换向阀通常是二位的，有二通、三通、四通和五通几种，其中二位二通行程阀又分为常闭、常开两种。图 2-47a 所示为滚轮式二位二通常闭机动换向阀，常态下，阀芯 2 在弹簧 3 作用下，P 与 A 不相通，所以常闭；当运动部件上的行程挡块压住滚轮 1 使阀芯 2 右移，P 与 A 相通。机动换向阀结构简单，换向时阀口逐渐关闭或打开，故换向平稳、可靠、位置精度高。但它必须安装在运动部件附近，一般油管较长。该阀常用于控制运动部件的行程，或快、慢速度的转换。其缺点是长时间使用以后，阀芯受到侧向力，造成阀芯磨损，导致泄漏严重。

图 2-46　行程换向阀实物图

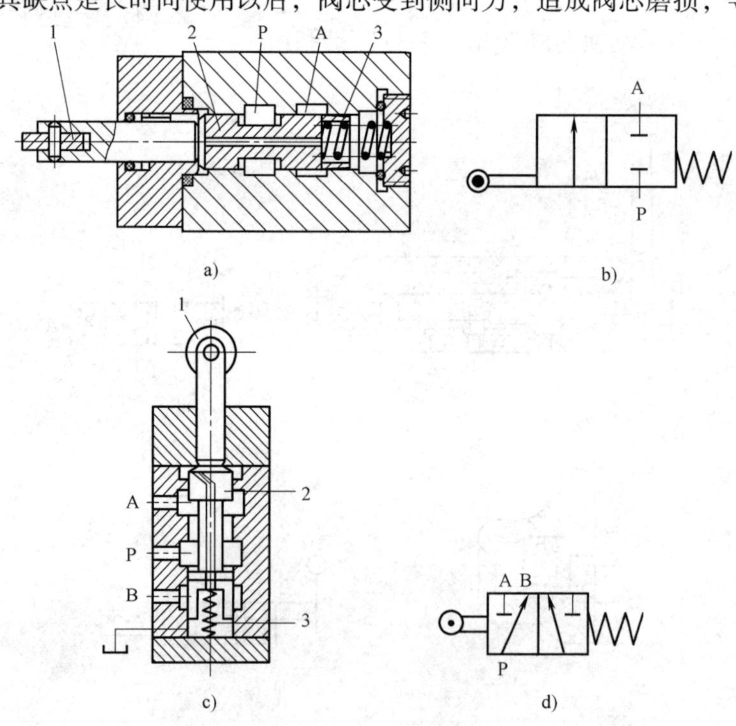

图 2-47　行程换向阀

a）二位二通常闭机动换向阀结构　b）二位二通常闭机动换向阀图形符号

c）二位三通机动换向阀结构　d）二位三通机动换向阀图形符号

1—滚轮　2—阀芯　3—弹簧

图 2-47c 所示为滚轮式二位三通机动换向阀结构图，在图示位置阀芯 2 被弹簧 3 压向上端，油腔 P 和 A 相通，B 口关闭。当挡块或凸轮压住滚轮 1，使阀芯 2 移动到下端时，就使油腔 P 和 A 断开，P 和 B 接通，A 口关闭。

3）电磁换向阀。电磁换向阀（见图 2-48）是利用电磁铁的通电吸合与断电释放来控制液流方向的，是电气系统与液压系统之间的信号转换元件。电磁铁按使用电源的不同，可分为交流和直流两种。电磁铁按衔铁工作腔是否有油液分为干式和湿式两种。

交流电磁铁启动力较大，不需专门的电源，吸合、释放快，动作时间约为 0.01 ~ 0.03s，其缺点是若电源电压下降 15% 以上，则电磁铁吸力明显减小。若衔铁不动作，干式电磁铁会在 10 ~ 15min 后烧坏线圈（湿式电磁铁为 1 ~ 1.5h），且冲击及噪声较大、寿命低，因而在实际使用中交流电磁铁允许的切换频率一般为 10 次/min，不得超过 30 次/min。直流电磁铁工作较可靠，吸合、释放动作时间约为 0.05 ~ 0.08s，允许使用的切换频率较高，一般可达 120 次/min，最高可达 300 次/min，且冲击小、体积小、寿命长，但需有专门的直流电源，成本较高。

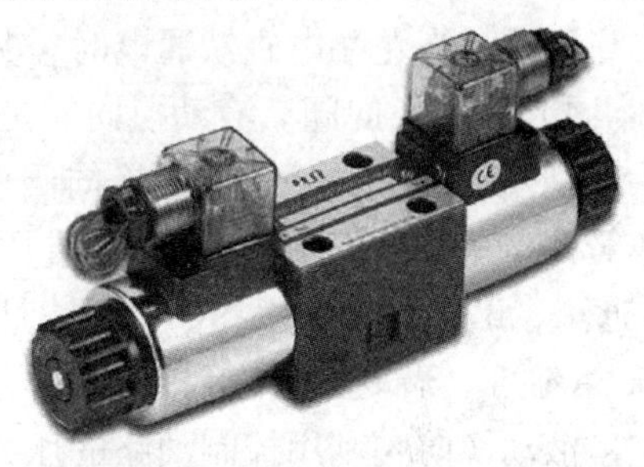

图 2-48　电磁换向阀实物图

此外，还有一种本整型电磁铁，其电磁铁是直流的，但电磁铁本身带有整流器，通入的交流电经整流后再供给直流电磁铁。

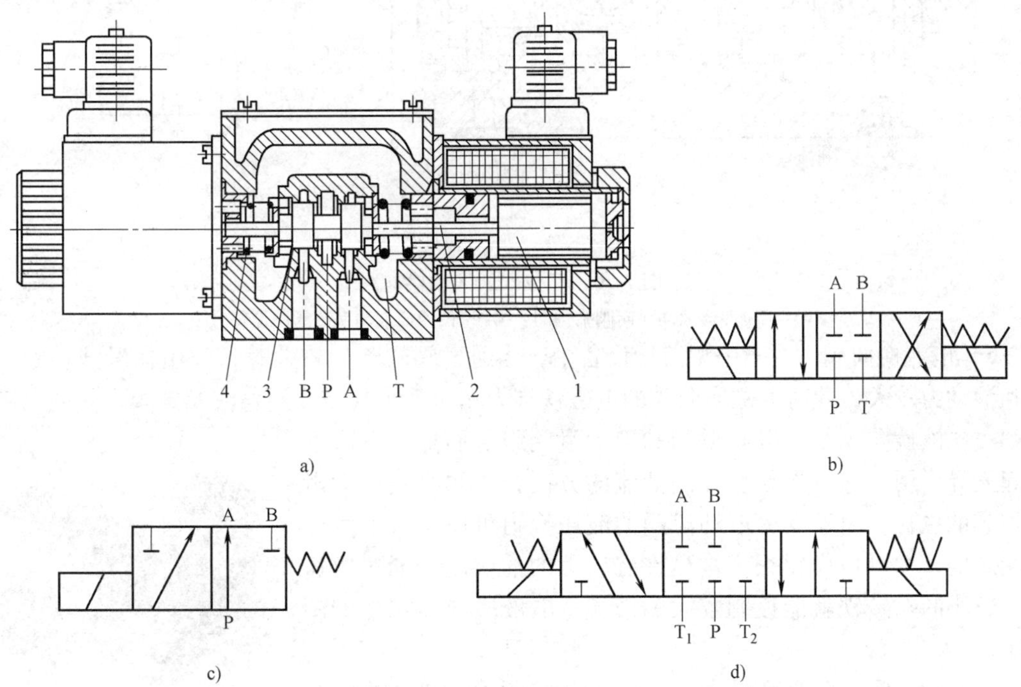

图 2-49　电磁换向阀

a）三位四通电磁换向阀结构　b）三位四通电磁换向阀图形符号　c）二位三通电磁换向阀图形符号　d）三位五通电磁换向阀图形符号

1—衔铁　2—推杆　3—阀芯　4—弹簧

电磁阀操纵方便，布置灵活，它的电气信号由液压设备中的按钮、限位开关、行程开关等电气元件发出，易于实现动作转换的自动化。但电磁铁吸力有限，所以电磁换向阀只适用于流量不大的场合。

图 2-49 所示为三位四通电磁换向阀，采用湿式直流电磁铁。阀两端有两根对中弹簧 4，使阀芯 3 在常态时（两端电磁铁均断电时）处于中位，P、A、B、T 互不相通。当右端电磁铁通电时，右衔铁 1 通过推杆 2 将阀芯 3 推至左端，换向阀右位工作，控制油口 P 与 B 通，A 与 T 通；当左端电磁铁通电时，其阀芯移至右端，换向阀左位工作，油口 P 通 A、B 通 T。

4）液动换向阀。液动换向阀是利用控制油路的压力油来改变阀芯位置的换向阀，如图 2-50 所示。当三位四通液动换向阀两端控制油口 K_1 和 K_2 均不通入压力油时，阀芯在两端弹簧的作用下处于中位。当 K_1 进压力油，K_2 接回油时，阀芯移至右端，换向阀左位工作，P 通 A，B 通 T；反之，K_2 进压力油，K_1 接回油时，阀芯移至左端，换向阀右位工作，P 通 B，A 通 T。当 K_1、K_2 都接回油时，阀芯在两端弹簧和定位套作用下回到中位。

液动换向阀利用控制油路的压力油推动阀芯实现换向，结构简单、动作可靠、平稳，由于液压驱动力大，故可用于流量大的液压系统中，但它不如电磁阀控制方便。

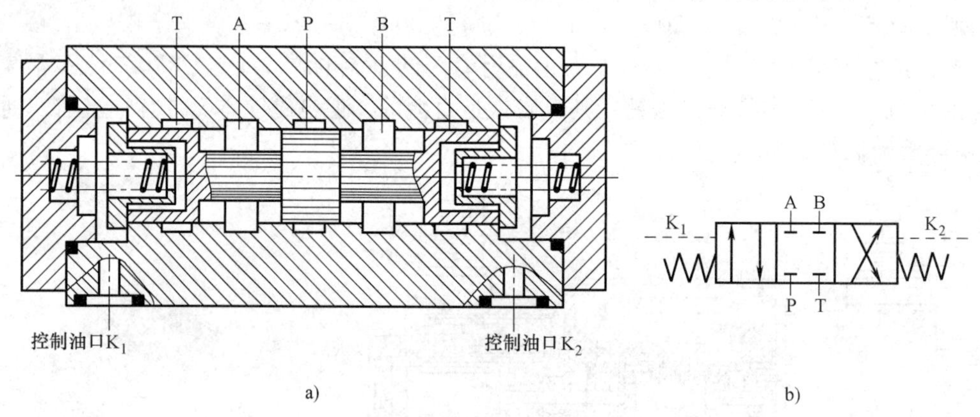

图 2-50　三位四通液动换向阀

a）三位四通液动换向阀结构图　b）三位四通液动换向阀图形符号

5）电液换向阀。在大中型液压设备中，当通过阀的流量较大时，作用在滑阀上的摩擦力和液动力较大，此时电磁换向阀的电磁铁推力相对太小，需要用电液换向阀来代替电磁换向阀。电液换向阀是由电磁滑阀和液动滑阀组合而成。电磁滑阀起先导作用，它可以改变控制液流的方向，从而改变液动滑阀阀芯的位置。由于操纵液动滑阀的液压推力可以很大，所以主阀芯的尺寸可以做得很大，允许有较大的油液流量通过。这样用较小的电磁铁就能控制较大的液流。电液换向阀实物如图 2-51 所示。

图 2-51　电液换向阀实物图

图 2-52a 所示为弹簧对中型三位四通电液换向阀的结构，当先导阀的电磁铁 1YA 和 2YA 都断电时，电磁阀芯在两端弹簧力作用下处于中位，控制油口 P′关闭。这时主阀芯两侧的油经两个小节流阀及电磁换向阀的中位通路 A′、B′两油口与先导阀 T′相通至油箱，因而主阀芯也在两端弹簧的作用下准确回到中位，主油路中，P、A、B、T 互不相通。当 1YA 通电、

2YA 断电时，电磁阀芯移至右端，电磁阀左位工作，控制压力油经过 P′→A′→单向阀→主阀芯左端油腔，而回油经主阀芯右端油腔→节流阀→B′→T′→油箱。于是，主阀芯在左端液压推力的作用下移至右端，即主阀左位工作，主油路 P 通 A，B 通 T；同理，2YA 通电、1YA 断电时，电磁阀处于右位，控制主阀芯右位工作，主油路 P 通 B，A 通 T。液动换向阀的换向速度可由两端节流阀调整，因而可使换向平稳，无冲击。

a)

b)

c)

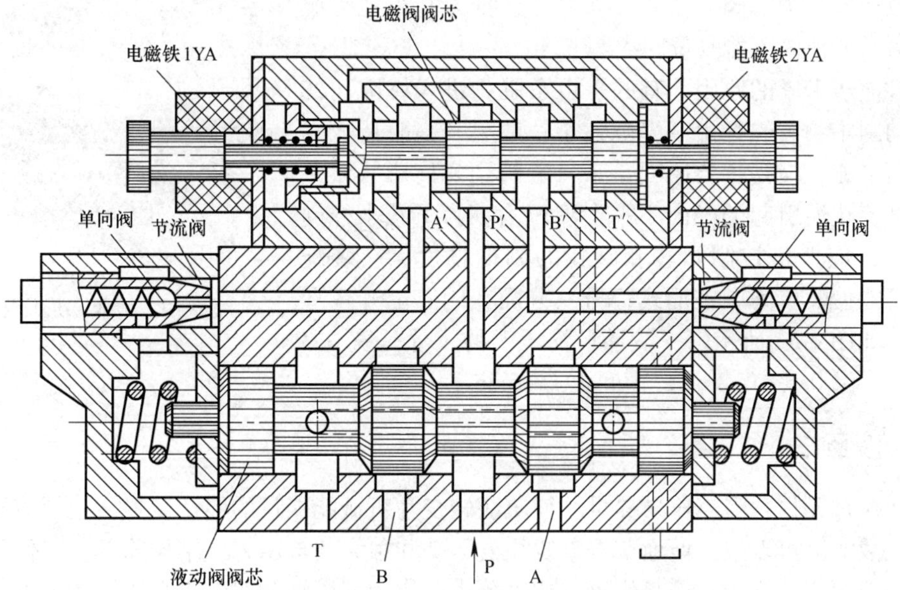

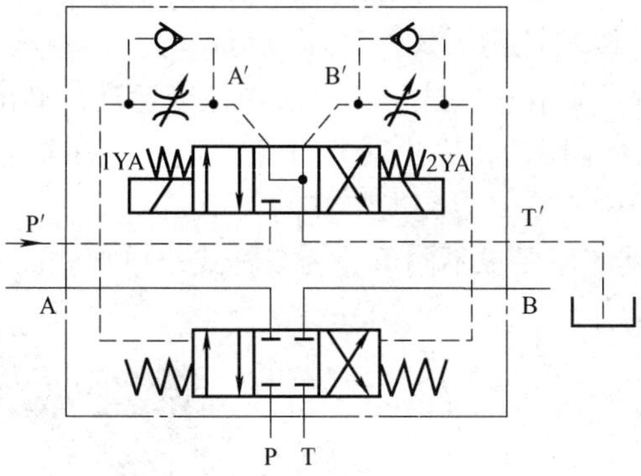

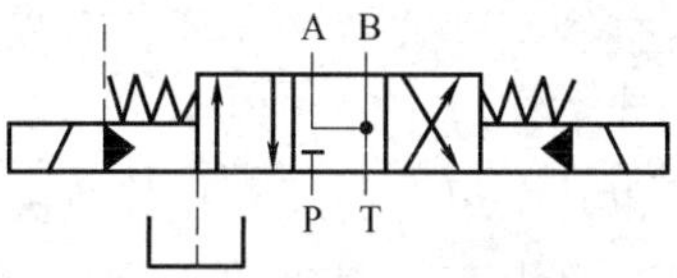

图 2-52　三位四通电液换向阀结构及图形符号

a）三位四通电液换向阀结构图　b）三位四通电液换向阀图形符号　c）三位四通电液换向阀简化图形符号

三位四通电液换向阀型号意义为

3　4　E　Y - 63　B　ZZ

- 3：三位
- 4：四通
- E：直流电磁
- Y：液控
- 63：流量（L/min）
- B：板式
- ZZ：双阻尼

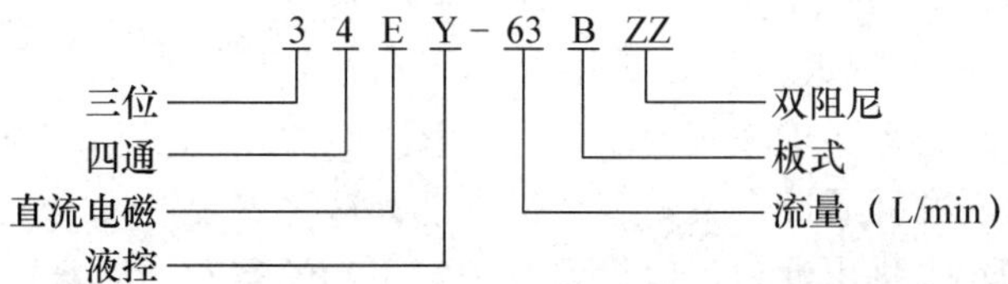

在上述介绍的各种换向阀中滑阀的阀孔和阀芯之间有很小的间隙，当缝隙均匀且缝隙中

有油液时，移动阀芯所需的力只需克服粘性摩擦力，数值是相当小的。但在实际使用中，特别是在中、高压系统中，当阀芯停止运动一段时间后（一般约5min以后），这个阻力可以大到几百牛顿，使阀芯重新移动十分费力，这就是液压卡紧现象。滑阀的液压卡紧现象不仅在换向阀中有，其他的液压阀也普遍存在，在高压系统中更为突出，特别是滑阀的停留时间越长，液压卡紧力越大，以致造成移动滑阀的推力（如电磁铁推力）不能克服卡紧阻力，使滑阀不能复位。

图2-53　滑阀环形均压槽

引起液压卡紧的原因，有的是由于脏物进入缝隙而使阀芯移动困难，有的是由于缝隙过小，油温升高时造成阀芯膨胀而卡死，但是主要原因是来自滑阀副几何形状误差和同轴度变化所引起的径向不平衡液压力。为了减小径向不平衡力，应严格控制阀芯和阀孔的制造精度，在装配时，尽可能使其成为顺锥形式；另一方面在阀芯上开环形均压槽，如图2-53所示。一般环形均压槽的尺寸是宽0.3～0.5mm、深0.5～0.8mm、槽间距1～5mm。

2.2.4　液压缸

液压执行元件是将液压泵提供的液压能转变为机械能能量的转换装置，包括液压缸和液压马达。液压缸可以很方便地获得直线往复运动和很大的输出力，结构简单、工作可靠、制造容易，因此应用广泛。按其作用方式可分为单作用液压缸和双作用液压缸两大类。单作用液压缸利用液压力推动活塞向一个方向运动，而反向运动则靠外力实现。双作用液压缸则是利用液压力推动活塞实现两个方向的运动。按其结构形式，液压缸可以分为活塞式液压缸、柱塞式液压缸和摆动式液压缸等。活塞式液压缸和柱塞式液压缸实现往复运动，输出推力和速度，摆动式液压缸则能实现小于360°的往复摆动，输出转矩和角速度。液压缸除单个使用外，还可以几个组合起来或和其他机构组合起来，以完成特殊的功用。

1. 活塞式液压缸　活塞式液压缸根据其使用要求不同可分为双杆式、单杆式两种。

（1）双杆式活塞缸　双杆式活塞缸实物如图2-54所示。双杆式活塞缸的活塞两端都有一根直径相等的活塞杆伸出，根据安装方式不同又可以分为缸筒固定式和活塞杆固定式两种。图2-55a所示为缸筒固定式的双杆活塞缸。它的进、出油口布置在缸筒两端，活塞通过活塞杆带动工作台移动，当活塞的有效行程为l时，整个工作台的运动范围为$3l$，占地面积大，一般适用于小型机床。当工作台行程要求较长时，可采用图2-55b所示的活塞杆固定的形式，这时，缸体与工作台相连，活塞杆通过支架固定在机床上，这种安装形式中，工作台的运动范围只有$2l$，因此占地面积小。进出油口可以设置在固定不动的空心的活塞杆的两端，使油液从活塞杆中进出，也可设置在缸体的两端，但必须使用软管连接。

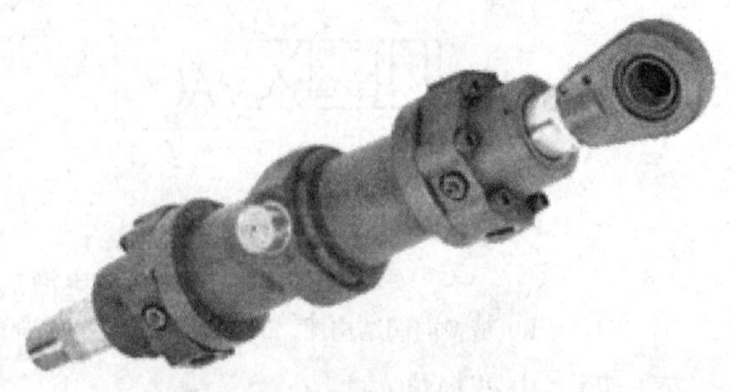
图2-54　双杆式活塞缸实物图

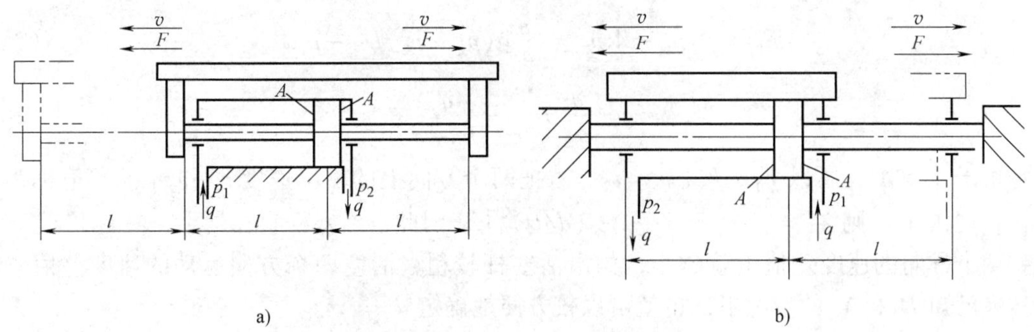

图 2-55　双杆式活塞缸不同安装方式

a）缸筒固定式　b）活塞杆固定式

由于两端的活塞杆直径通常是相等的，因此它左、右两腔的有效面积也相等。当分别向左、右腔输入相同压力和相同流量的油液时，液压缸左、右两个方向的推力和速度相等。当活塞的直径为 D，活塞杆的直径为 d，液压缸进、出油腔的压力为 p_1 和 p_2，输入流量为 q 时，双杆式活塞缸的推力 F 和速度 v 为

$$F = A(p_1 - p_2) = \frac{\pi}{4}(D^2 - d^2)(p_1 - p_2) \tag{2-3}$$

$$v = \frac{q}{A} = \frac{4q}{\pi(D^2 - d^2)} \tag{2-4}$$

式中　A ——活塞的有效工作面积。

（2）单杆式活塞缸　单杆式活塞缸实物如图 2-56 所示。活塞只有一端带活塞杆，单杆式活塞缸也有缸体固定和活塞杆固定两种形式，但它们工作台移动范围都是活塞有效行程的 2 倍。

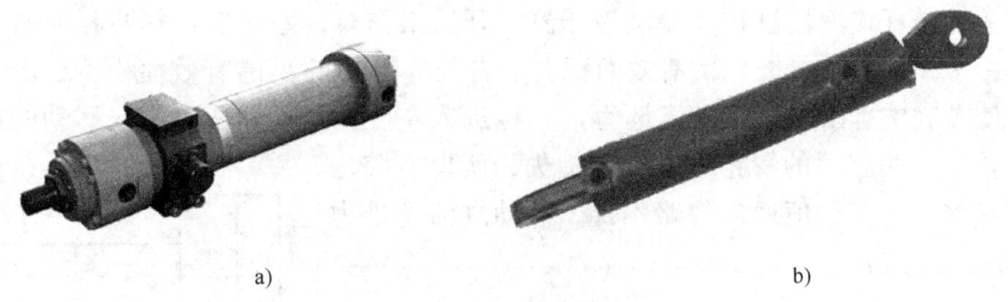

图 2-56　单杆式活塞缸实物图

单杆式活塞缸由于活塞两端有效工作面积 A_1 和 A_2 不等，当油液从图 2-57a 所示的左腔（无杆腔）输入且输入液压缸的油液流量为 q，液压缸进、出油口压力分别为 p_1 和 p_2 时，其活塞上所产生的推力 F_1 和速度 v_1 为

$$F_1 = A_1p_1 - A_2p_2 = \frac{\pi}{4}[(p_1 - p_2)D^2 + p_2d^2] \tag{2-5}$$

$$v_1 = \frac{q}{A_1} = \frac{4q}{\pi D^2} \tag{2-6}$$

当油液从图 2-57b 所示的右腔（有杆腔）输入时，其活塞上所产生的推力 F_2 和速度 v_2 为

$$F_2 = A_2p_1 - A_1p_2 = \frac{\pi}{4}[(p_1 - p_2)D^2 - p_1d^2] \tag{2-7}$$

$$v_2 = \frac{q}{A_2} = \frac{4q}{\pi(D^2 - d^2)} \tag{2-8}$$

由于 $A_1 > A_2$，所以 $F_1 > F_2$，$v_1 < v_2$。若把两个方向上的输出速度 v_2 和 v_1 的比值称为速度比，记作 λ_v，则 $\lambda_v = v_2/v_1 = 1/[1-(d/D)^2]$。因此，活塞杆直径越小，$\lambda_v$ 越接近于1，活塞两个方向的速度差值也就越小，如果活塞杆较粗，活塞两个方向运动的速度差值就较大。在已知 D 和 λ_v 的情况下，也就可以较方便地确定 d。

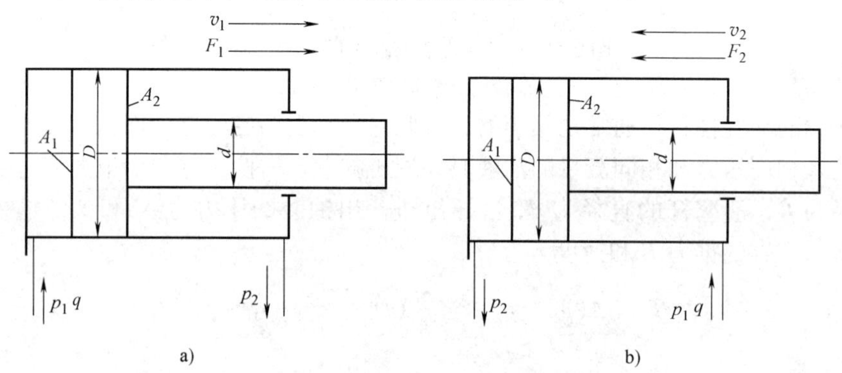

图 2-57　单杆式活塞缸输入油液的不同方式

a）左腔（无杆腔）输入油液　b）右腔（有杆腔）输入油液

如果以相同流量的压力油分别进入液压缸的左、右腔，活塞移动的速度与进油腔的有效面积成反比，即油液进入无杆腔时有效面积大，速度慢；进入有杆腔时有效面积小，速度快。

如果向单杆式活塞缸的左、右两腔同时通压力油，如图 2-58 所示，则形成差动连接，作差动连接的单杆式液压缸称为差动液压缸。开始工作时，差动缸左右两腔的油液压力相同，但是由于左腔（无杆腔）的有效面积大于右腔（有杆腔）的有效面积，故活塞向右运动，同时使右腔中排出的油液（流量为 q'）也进入左腔，从而加快了活塞移动的速度。实际上由于差动缸两腔间的管路中有压力损失，所以右腔压力略高于左腔，这个差值通常忽略不计。差动缸活塞推力 F_3 和运动速度 v_3 为

$$F_3 = p_1(A_1 - A_2) = p_1\frac{\pi}{4}d^2 \tag{2-9}$$

$$v_3 = \frac{q + q'}{A_1} = \frac{q + \frac{\pi}{4}(D^2 - d^2)v_3}{\frac{\pi}{4}D^2} \tag{2-10}$$

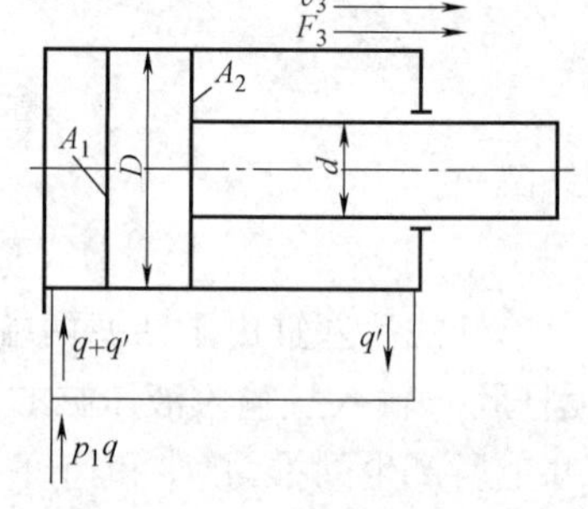

图 2-58　差动缸

即

$$v_3 = \frac{4q}{\pi d^2} \tag{2-11}$$

由此可知，差动连接时液压缸的推力比非差动连接时小，速度比非差动连接时大，利用这一点，可使在不加大油液流量的情况下得到较快的运动速度。这种连接方式被广泛应用于组合机床的液压动力滑台和其他机械设备的快速运动中。

如果要求快速运动和快速退回速度相等，即 $v_2=v_3$，可得 $D=\sqrt{2}d$，则 $v_3=8q/\pi D^2$，即有杆腔面积近似为无杆腔面积的1/2，标准液压滑台通常采用这种结构形式，如 $D=\phi100\text{mm}$，则 $d=\phi70\text{mm}$。

2. 柱塞式液压缸　柱塞式液压缸是一种单作用液压缸，其实物如图2-59所示，其工作原理如图2-60所示。如图2-60a所示，柱塞与工作部件连接，缸筒固定在机体上。当压力油进入缸筒时，推动柱塞带动运动部件向右运动，但反向退回时必须靠其他外力或自重驱动。柱塞式液压缸通常成对反向布置使用，如图2-60b所示。当柱塞的直径为 d，柱塞的有效工作面积为 A 输入液压油的流量为 q，压力为 p 时，柱塞上所产生的推力 F 和速度 v 分别为

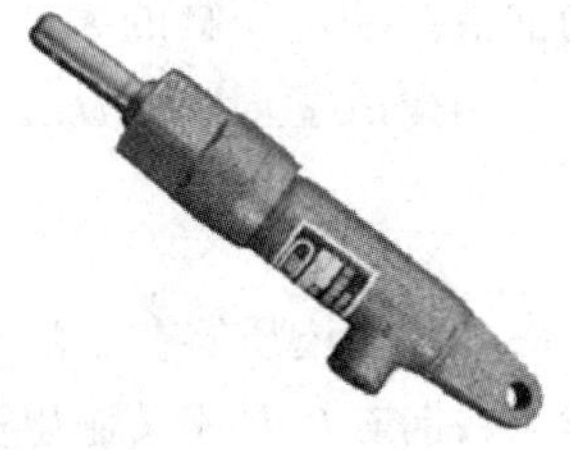
图2-59　柱塞式液压缸实物

$$F=pA=p\frac{\pi}{4}d^2 \quad (2\text{-}12)$$

$$v=\frac{q}{A}=\frac{4q}{\pi d^2} \quad (2\text{-}13)$$

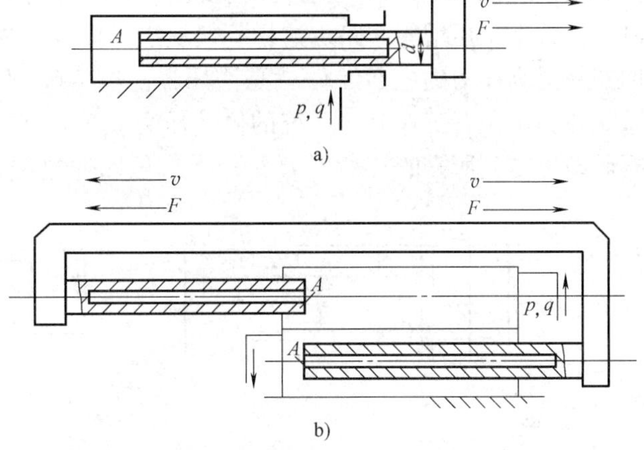

图2-60　柱塞缸工作原理图

柱塞式液压缸的主要特点是柱塞与缸筒无配合要求，缸筒内孔不需精加工，甚至可以不加工。运动时由缸盖上的导向套来导向，所以它特别适用在行程较长的场合，如用在联合收割机上。

3. 摆动液压缸　当摆动液压缸通入压力油时，它的主轴能输出小于360°的摆动运动，常用于夹紧装置、送料装置、转位装置以及需要周期性进给的系统中。

叶片式摆动液压缸实物如图2-61所示，它常用于伺服回转台中，其特征是内部有一段固定的装置，即叶片。叶片式摆动液压缸分为单叶片式和双叶片式两种。图2-62所示为单叶片式摆动液压缸，一个叶片牢牢地固定在外壳上，活塞部分则牢牢地固定在驱动轴上。它的摆动角度较大，可达300°。双叶片式摆动缸的摆动角度较小，可达150°，它的输出转矩是单叶片式的2倍，而角速度则是单叶片式的一半。摆动液压缸的图形符号如图2-63所示。

图2-61　叶片式摆动液压缸的实物图

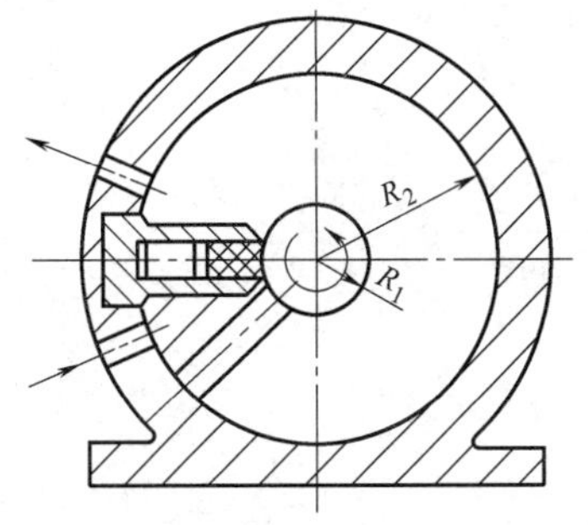

图2-62　单叶片式摆动液压缸工作原理图

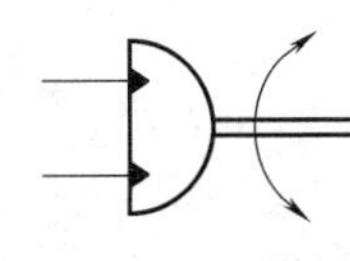
图2-63　摆动液压缸图形符号

4. 其他液压缸

（1）增压器　增压器俗称为增压液压缸，常与低压大流量泵配合，用在某些短时或局部需要高压液体的液压系统中，有单作用和双作用两种形式。如图 2-64a 所示，当低压为 p_1 的油液推动增压缸的大活塞时，大活塞推动与其连成一体的小活塞输出压力为 p_2 的高压液体，当大活塞直径为 D，小活塞直径为 d 时

$$p_2 = p_1\left(\frac{D}{d}\right)^2 \tag{2-14}$$

单作用增压器在小活塞运动到终点时，不能再输出高压液体，需要将活塞退回到左端位置，再向右行时才又输出高压液体，即只能在一次行程中输出高压液体，为了克服这一缺点，可采用双作用增压器，如图 2-64b 所示。其由两个高压端连续向系统供油。

如果系统或系统的某一支油路需要压力较高但流量又不大的压力油，而采用高压泵又不经济时，就常采用增压回路，这样不仅易于选择液压泵，而且系统工作较可靠，噪声小。增压回路中提高压力的主要元件就是增压器。图 2-65 所示为由单作用增压器形成增压回路。当系统在图示位置工作时，系统的供油压力 p_1 进入单作用增压器 3 的大活塞腔，此时在小活塞腔即可得到所需的较高压力 p_2；当二位四通电磁换向阀 2 右位接入系统时，增压器返

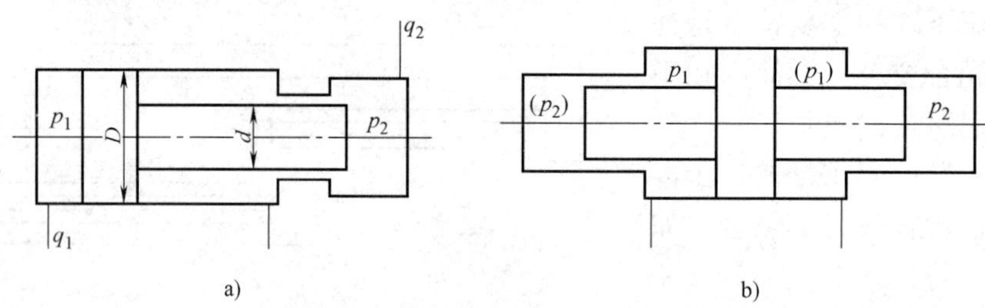

图 2-64　增压器工作原理图

a）单作用增压器　b）双作用增压器

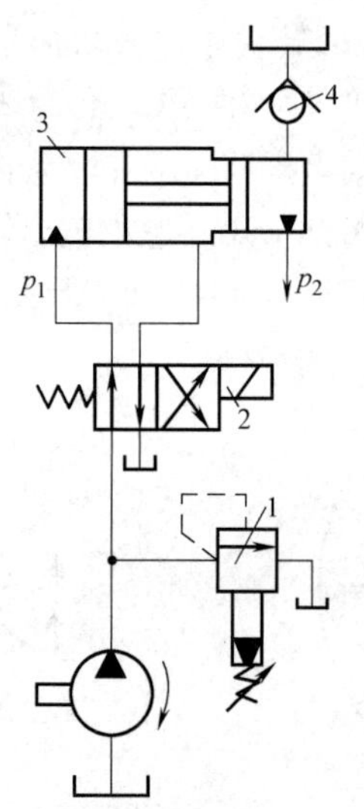

图 2-65　单作用增压器形成增压回路

1—先导溢流阀　2—二位四通电磁换向阀　3—单作用增压缸　4—单向阀

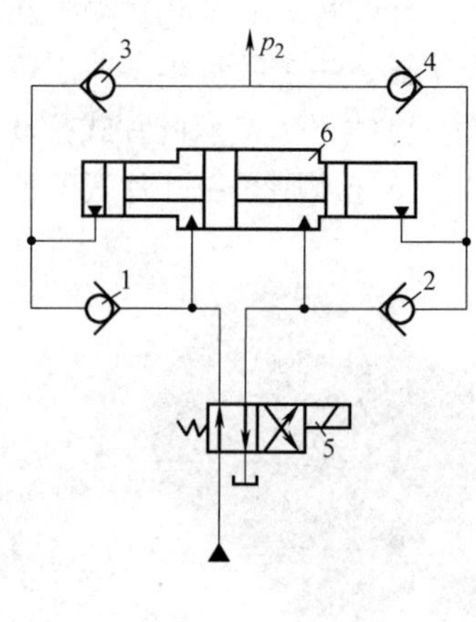

图 2-66　双作用增压器形成增压回路

1、2、3、4—单向阀　5—二位四通电磁换向阀　6—双作用增压器

回，辅助油箱中的油液经单向阀4补入小活塞。该回路只能间歇增压，所以称之为单作用增压回路。若需获得连续输出的高压油，则可采用图2-66所示的双作用增压器的增压回路。

如图2-66所示，液压泵输出的压力油经换向阀5和单向阀1进入双作用增压器6左端大、小活塞腔，增压器活塞向右移动，右端大活塞腔的回油通油箱，右端小活塞腔增压后的高压油经单向阀4输出，此时单向阀2、3被关闭。当增压器活塞移到右端时，换向阀通电换向，增压器活塞向左移动。同理，左端大活塞腔的回油通油箱，左端小活塞腔输出的高压油经单向阀3输出。这样，增压缸的活塞不断往复运动，两端便交替输出高压油，从而实现了连续增压。

（2）伸缩式液压缸　伸缩式液压缸由两个或多个活塞式液压缸套装而成，前一级活塞缸的活塞是后一级活塞缸的缸筒。伸出时可获得很长的工作行程，缩回时可保持很小的结构尺寸，伸缩式液压缸被广泛用于起重运输车辆上。

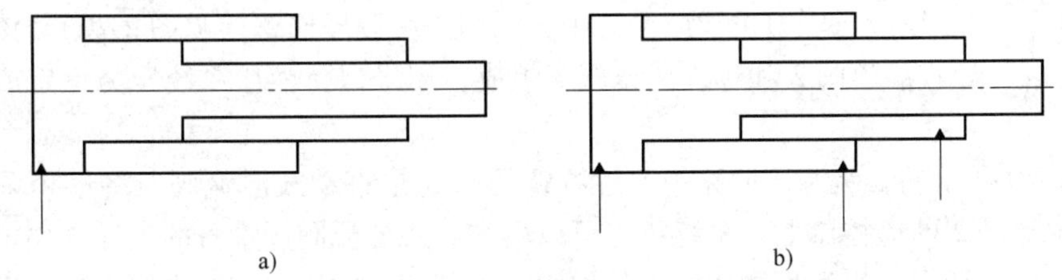

图2-67　套筒式伸缩缸

a）单作用套筒式伸缩液压缸　b）双作用套筒式伸缩液压缸

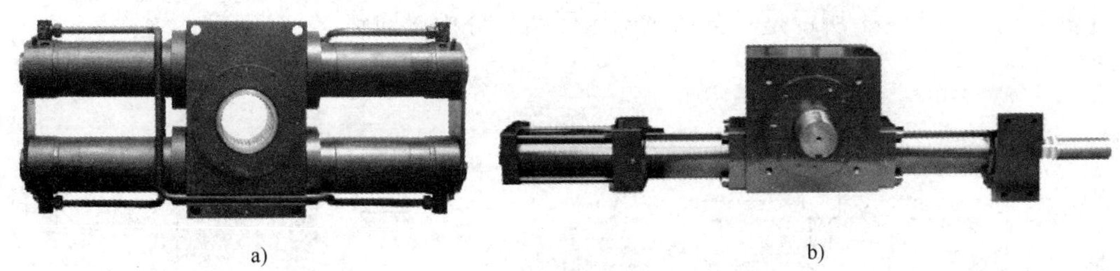

图2-68　齿轮液压缸实物图

a）双杆　b）单杆

伸缩式液压缸可以是单作用式（见图2-67a），也可以是双作用式（见图2-67b）。外伸动作是逐级进行的，首先是最大直径的缸筒以最低的油液压力开始外伸，当到达行程终点后，稍小直径的缸筒开始外伸，直径最小的末级最后伸出。随着工作级数增多，外伸缸筒直径越来越小，工作油液压力随之升高，工作速度变快。单作用式靠外力回程，而双作用式靠液压回程。

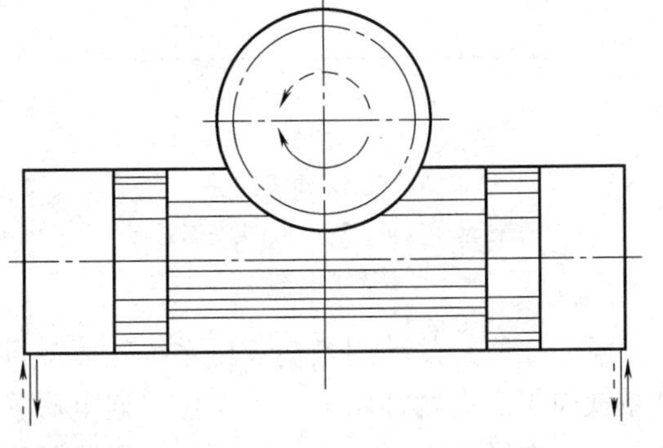

图2-69　单杆齿轮液压缸的工作原理图

（3）齿轮液压缸　齿轮液压缸有双杆和单杆的不同形式，其实物如图2-68所示。单杆齿轮液压缸的工作原理如图2-69所示，当压力油推动活塞左右往复运动时，齿条就推动齿轮往复旋转，从而使齿轮驱动工作部件（如组合机床中的旋转工作台）作周期性的往复旋转运动。

2.3　YB32—200 型液压压力机液压系统基本回路

YB32—200 型液压压力机液压系统由调压回路、顺序加载回路、减压回路、电液换向快进和工进回路、保压回路、预泄释放后快退回路、顶出缸换向回路、过载保护回路 8 个基本回路组成。

2.3.1　调压回路

调压回路的功用在于调定或限制液压系统的最高工作压力，一般由溢流阀来实现这一功能。在 YB32—200 型液压压力机液压系统中，采用二级调压回路（见图 2-70）。该回路由柱塞变量泵 1、先导式溢流阀 2 和远程调压阀 3 组成，用来保持液压系统压力恒定或不超过某个值。

在图 2-70 所示的二级调压回路中，远程调压阀 3 是直动式溢流阀，将远程调压阀 3 接在先导式溢流阀 2 的遥控口上，系统压力可以由先导式溢流阀 2 本身的先导阀调定，也可以由远程调压阀 3 调定。当远程调压阀 3 起作用时，其调整的压力应至少比先导式溢流阀 2 调定压力低 0.5 MPa。液压泵的溢流量通过先导式溢流阀 2 的主阀芯回油箱。柱塞变量泵的压力可以调至 32MPa，但一般最高工作压力采用 25MPa 左右，目的是保持液压泵使用寿命。

【例 2-1】　图 2-71 所示是一个二级调压回路。分析该回路。

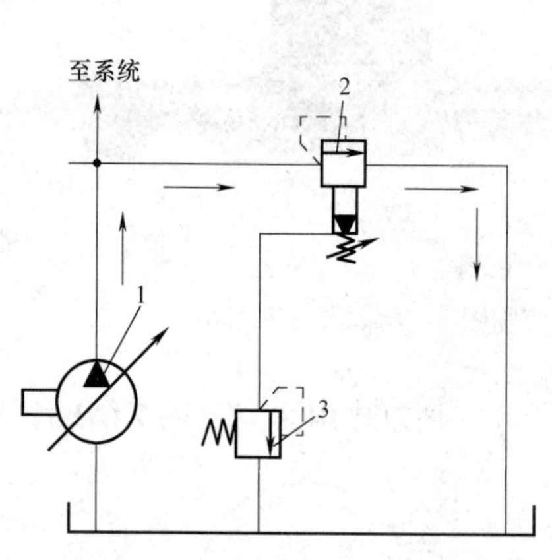

图 2-70　二级调压回路
1—柱塞变量泵　2—先导式溢流阀
3—远程调压阀

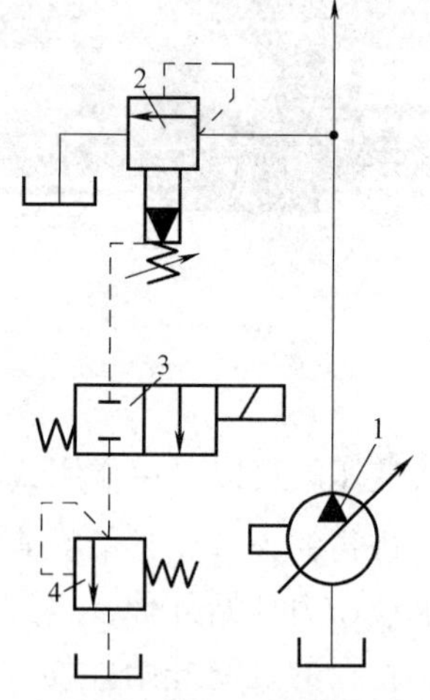

图 2-71　调压回路
1—柱塞泵　2—先导式溢流阀　3—二位二通电磁换向阀　4—远程调压阀

解　该回路的功用是使液压系统整体或部分压力保持恒定或不超过某个数值。二位二通电磁换向阀 3 有两种状态，当二位二通电磁换向阀 3 不通电时，阀 3 处于图示位置，远程调压阀 4 与先导式溢流阀 2 油路不通，远程调压阀 4 不起作用，系统压力由先导式溢流阀 2 调定。当二位二通电磁阀 3 通电处于右位时，系统压力由远程调压阀 4 调定。远程调压阀 4 调定压力要小于先导式溢流阀 2 调定压力，否则不能实现。液压泵溢流量经先导式溢流阀 2 的主阀芯回油箱。

2.3.2　顺序加载回路

在 YB32—200 型液压压力机液压系统中，采用的顺序加载回路如图 2-72 所示。其功用由先导式顺序阀 4 对回路进行加载建立起始压力，其大小为 2.5MPa，目的是在系统未正常工作之前为控制油路提供压力。顺序阀常用来控制顺序动作回路。例如，在机械加工、夹紧过程中，采用顺序阀来达到先定位后夹紧的顺序动作。

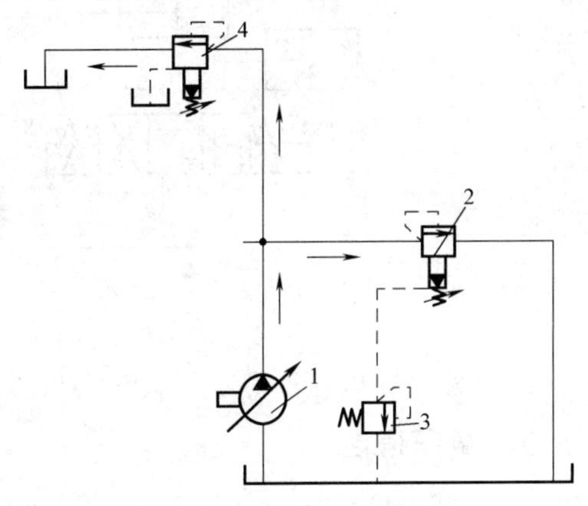

图 2-72　顺序加载回路

1—柱塞变量泵　2—先导式溢流阀
3—远程调压阀　4—先导式顺序阀

【例 2-2】　图 2-73 所示是采用单向顺序阀实现的顺序动作回路。分析该回路。

解　如图 2-73 所示，当换向阀 1 左位接入回路且顺序阀 3 的调定压力大于液压缸 4 的最大前进工作压力时，压力油先进入液压缸 4 的左腔，实现动作①；压力油打开顺序阀 3 进入液压缸 5 的左腔，实现动作②；同理，当换向阀 1 右位接入回路且顺序阀 2 的调定压力大于液压缸 5 的最大返回工作压力时，两液压缸则按③和④的顺序返回。显然这种回路动作的可靠性取决于顺序阀的性能及其压力调定值，即它的调定压力应比前一个动作的压力高 0.8 ~ 1.0MPa，在实际应用中，若液压泵流量小、液压缸容积大，则顺序阀可以使液压缸动作有先后。一般来说，使用顺序阀达到顺序动作是可靠的，然而在机械加工定位、夹紧过程中，由于定位、夹紧液压缸直径比较小，行程短，所需容量小，在大批量生产中生产节拍短，采用液压泵流量大，定位夹紧所花时间极短，在工件定位过程中，工件还没有移动到位，夹紧液压缸便开始夹紧并发出信号，刀具开始切削，常出现加工废品，此动作是不可靠的。该回路的改进方法是定位、夹紧由各自独立的电磁换向阀控制，当定位插销动作完成以后，由压力继电器或行程开关发出信号指令夹紧动作。

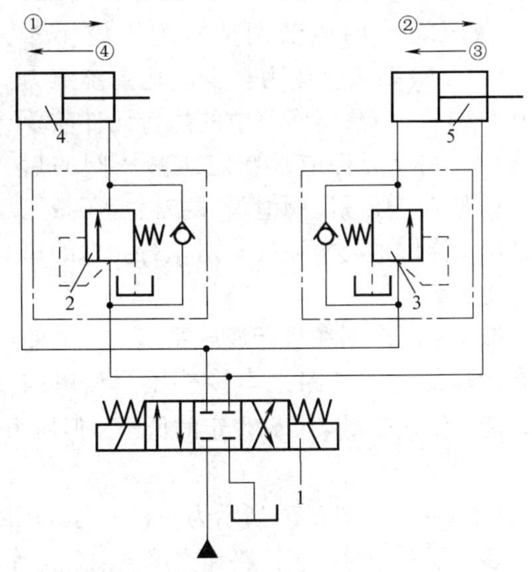

图 2-73　用顺序阀来控制顺序动作回路

1—三位四通电磁换向阀　2、3—单向顺序阀　4、5—液压缸

【例 2-3】　图 2-74 所示的回路是图 2-73 所示的回路的改进回路。试分析该回路。

解　如图 2-74 所示，当电磁铁 1YA 通电后，液压缸 3 活塞按箭头①方向运动，到达终点压力升高后，压力继电器 1 动作使电磁铁 3YA 通电，液压缸 4 活塞按箭头②方向运动。当电磁铁3YA断电，电磁铁4YA通电时，液压缸4活塞按箭头③方向退回后，到达终点压力升高后，压力继电器2动作使电磁铁1YA断电，电磁铁2YA通电，液压缸3活塞按箭头④方向退回，以达到图示顺序动作的目的。

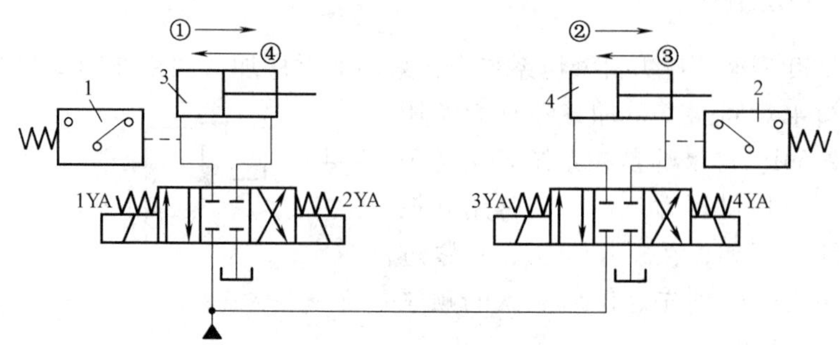

图2-74 用压力继电器控制顺序动作回路

1、2—压力继电器 3、4—液压缸

2.3.3 减压回路

在液压系统中，当某个执行元件或某个支路所需的工作压力低于溢流阀所调定的稳定值，或要求可调的稳定的低压输出时，就要采用减压回路。减压回路主要由减压阀构成。

如图2-75所示，在YB32—200型液压压力机液压系统中，通过定压减压阀5对前面的压力进行减压，使其达到所需要的稳定压力，以提供给电液换向阀中先导电磁阀及预泄换向阀组控制油路使用（见图2-82），压力为2MPa。为了使减压回路工作可靠，定压减压阀5的最低调整压力不应小于0.5MPa，最高调整压力至少应比系统压力小0.5 MPa。当减压回路中的执行元件需要调速时，调速元件应放在定压减压阀的后面，以避免定压减压阀泄漏（指由定压减压阀泄油口流回油箱的油液）对执行元件的速度产生影响。

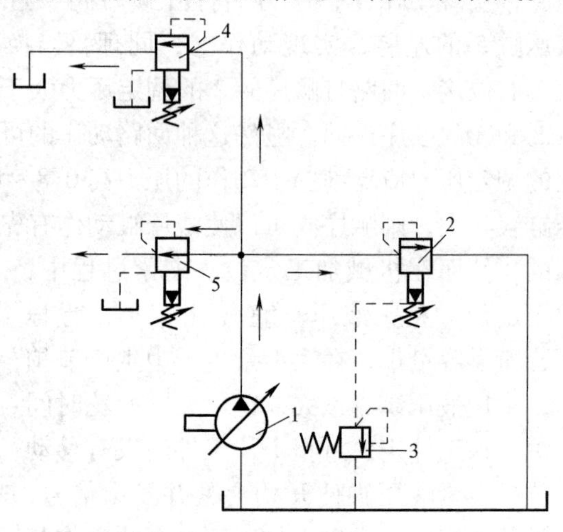

图2-75 减压控制回路

1—柱塞变量泵 2—先导式溢流阀 3—远程调压阀 4—先导式顺序阀 5—定压减压阀

减压回路应用在机床液压系统中，一般是在所需低压的支路上串接减压阀和单向阀，能方便地获得某支路稳定的低压，但压力油经减压阀口时要产生压力损失，这是它的缺点。

【例2-4】 图2-76所示为一种实用减压回路。试分析该回路。

解 泵1同时向主油路和支路供油，工作时主油路的压力较高（即为泵的压力），支路所需的较低压力由定压减压阀3调节获得，减压回路通过定压减压阀3与主油路相连。单向阀4用于当主油路压力低于定压减压阀3的调定值时，防止产生倒流，起短时间保压作用。对于铣削加工、精加工机床夹紧系统要加蓄能器5，以补偿主油路压力降低和液压缸的泄漏，增加保压时间。

2.3.4　电液换向快进和工进回路

在 YB32—200 型液压压力机液压系统中，电液换向快进和工进回路如图 2-77 所示。

1）1YA 通电，经定压减压阀 5 减压后的控制油路压力油→电磁换向阀 6（作先导阀用）左位→液动换向阀 7（主换向阀）左端推动阀芯向右移动。

2）主油路压力油→先导式顺序阀 4→液动换向阀 7 左位→单向阀 8→上液压缸 9 上腔。

上液压缸 9 下腔的油→液控单向阀 10→液动换向阀 7 左位→回油箱。

3）由于上液压缸 9 下腔油零压回油箱，上液压缸上滑块在自重作用下快速下行，上腔产生负压，因柱塞泵 1 流量小，所以液压压力机顶部充液筒中的油液经液控单向阀 11 快速流入上液压缸 9 上腔，形成快进。

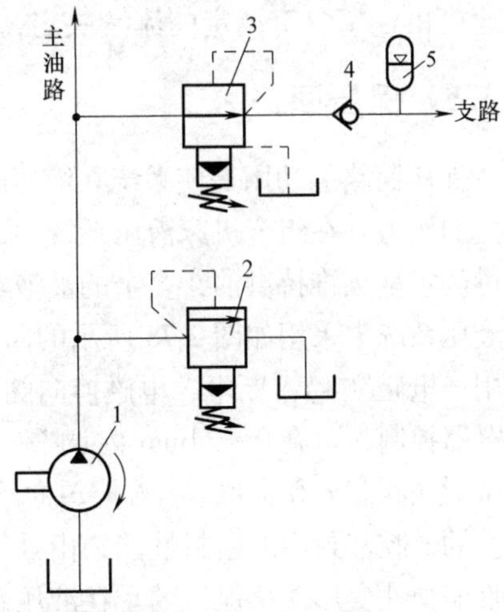

图 2-76　单级减压回路

1—液压泵　2—先导式溢流阀　3—定压减压阀　4—单向阀　5—蓄能器

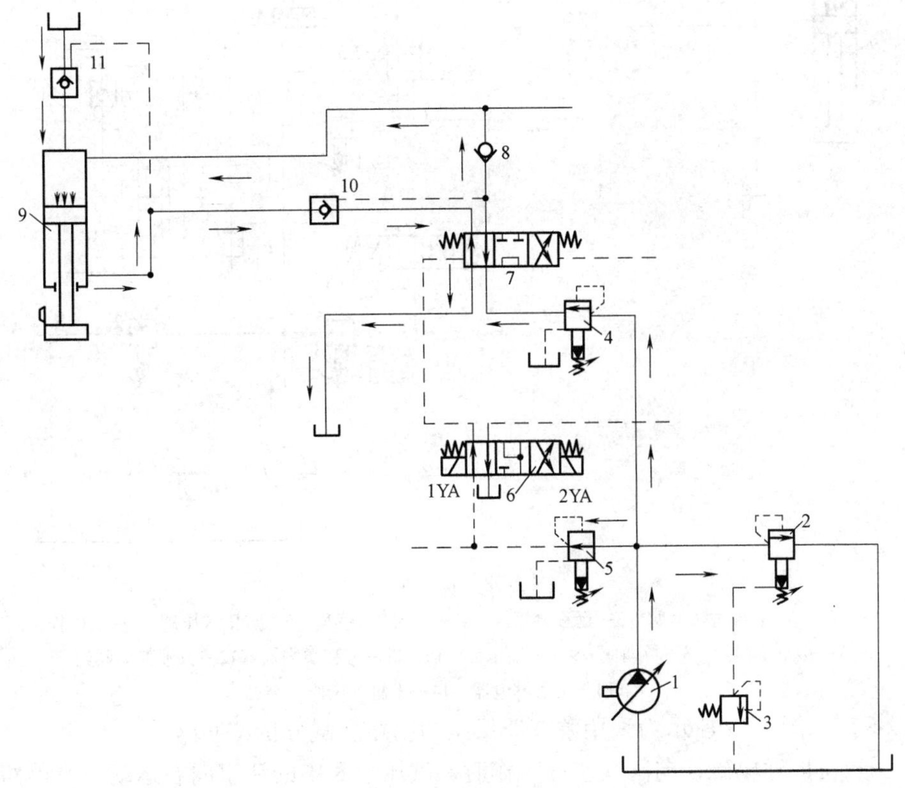

图 2-77　电液换向快进和工进回路

1—柱塞泵　2—先导式溢流阀　3—远程调压阀　4—先导式顺序阀　5—定压减压阀　6—电磁换向阀　7—液动换向阀　8—单向阀　9—上液压缸　10、11—液控单向阀

4）当上滑块运行中接触到工件，这时上液压缸上腔压力升高，液控单向阀 11 关闭，加压速度由柱塞泵 1 调定的流量决定，转为工进。

2.3.5 保压回路

保压回路的功用是使系统在液压缸不动或因工件变形而产生微小位移的工况下能保持稳定不变的压力。在组合机床液压系统中，变量泵根据系统需要提供高压小流量的压力油，或由小流量的定量泵维持供油，多余的油液经溢流阀回油箱，但发热严重。在 YB32—200 型液压压力机液压系统中采用如图 2-78 所示的回路，保压延时是当系统中压力升高到使压力继电器 13 起作用，电磁铁 1YA 断电，电磁换向阀 6 和液动换向阀 7 都处于中位时出现的。保压时间由时间继电器控制，可在 0～24min 内调节。YB32—200 型液压压力机液压系统靠的是液动换向阀 7 处于封闭状态，单向阀 8、液控单向阀 11、预泄换向阀组 12 中的液控单向阀 I_3、上液压缸 9 活塞上的上腔密封圈的密封性能，由处于高压状态的液压油压缩之后膨胀及液压缸、油管膨胀之后收缩弹性变形能量保压的。在液压系统中，还可以采用蓄能器保压。

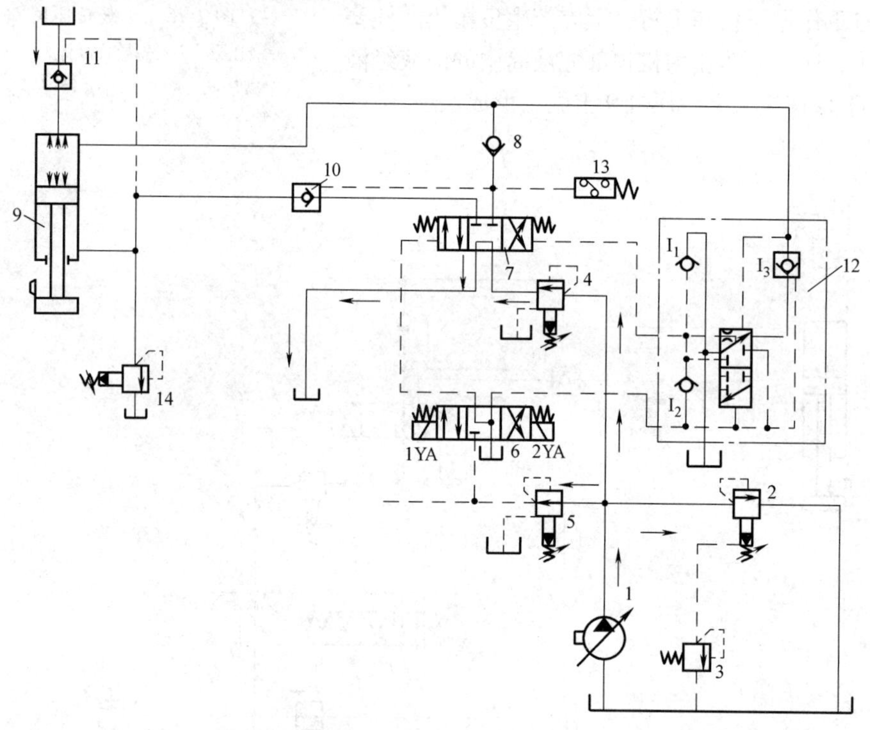

图 2-78 保压回路

1—柱塞泵 2—先导式溢流阀 3—远程调压阀 4—先导式顺序阀 5—定压减压阀 6—电磁换向阀 7—液动换向阀 8—单向阀 9—上液压缸 10、11—液控单向阀 12—预泄换向阀组 13—压力继电器 14—上缸安全阀

【例 2-5】 图 2-79 所示为采用蓄能器保压的回路。试分析该回路。

解 当三位四通电磁换向阀 6 左位工作时，液压缸 8 中的活塞向右运动，进油路压力升高至调定值，压力继电器 5 发信号使二位二通阀 7 通电，泵即卸荷，单向阀 3 自动关闭，液压缸 8 则由蓄能器 4 保压。在液压缸 8 压力不足时，压力继电器 5 复位使泵重新工作。保压时间的长短取决于蓄能器容量，调节压力继电器的工作区间即可调节液压缸中压力的最大值和最小值。

2.3.6　预泄释放后快退回路

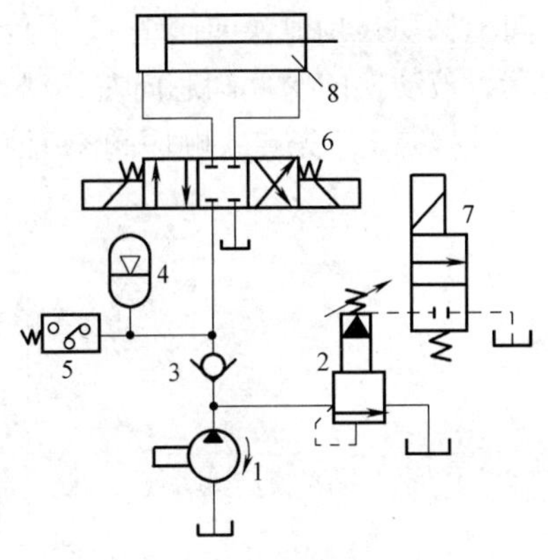

图2-79　蓄能器保压回路

1—定量泵　2—先导式溢流阀　3—单向阀　4—蓄能器　5—压力继电器　6—三位四通电磁换向阀　7—二位二通电磁换向阀　8—液压缸

如图2-80所示，处于保压状态的上液压缸上腔不能立刻换向。因为高压快速换向会引起剧烈振动，不但损坏机床精度，还会影响产品质量，所以采用预泄换向阀组12。

1）在保压阶段，预泄换向阀组12以上位接入系统。当电磁铁2YA通电，电磁换向阀6右位接入系统时，控制油路中的压力油虽到达预泄换向阀组12阀芯的下端，但上液压缸9上腔压力油的压力未曾卸除，压住预泄换向阀阀芯上端，预泄换向阀阀芯不能上移换向。

2）由于控制油路的压力油可以到达液控单向阀 I_3 控制腔，而液控单向阀的控制腔的活塞面积大，其推力可以打开液控单向阀 I_3 的阀芯。这时上液压缸上腔的高压油可以通过 I_3 经预泄换向阀组12的上位回油箱。

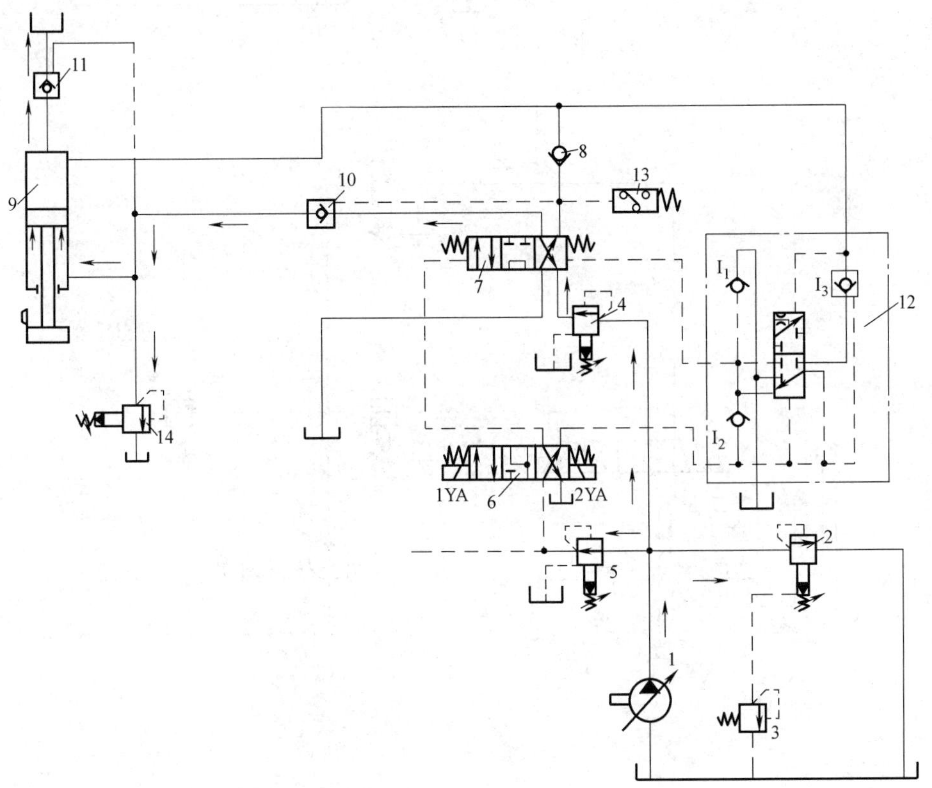

图2-80　预泄释放后快退回路

1—柱塞泵　2—先导式溢流阀　3—远程调压阀　4—先导式顺序阀　5—定压减压阀　6—电磁换向阀　7—液动换向阀　8—单向阀　9—上液压缸　10、11—液控单向阀　12—预泄换向阀组　13—压力继电器　14—上液压缸安全阀

3）等上液压缸上腔压力释放低下来之后，预泄换向阀阀芯在下端控制油路压力油作用下向上移动，预泄换向阀组 12 下位接入系统，控制油路的油才可以到达液动换向阀 7 阀芯右端，液动换向阀 7 阀芯向左移动，该阀右位接入系统。此时，主油路油液流动情况为：

柱塞泵 1→先导式顺序阀 4→液动换向阀 7 右位→液控单向阀 10→上液压缸 9 下腔。

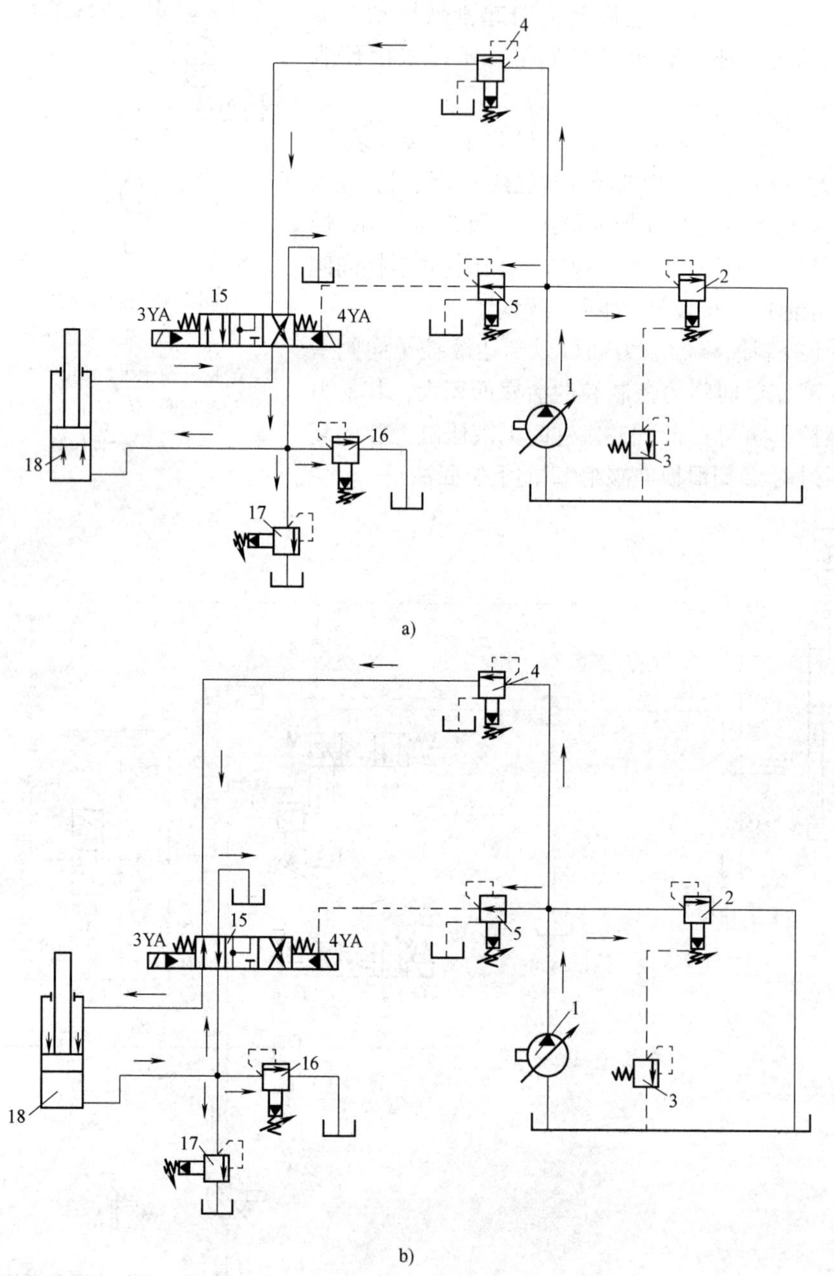

图 2-81 顶出缸换向回路

a）顶出缸顶出回路 b）顶出缸返回回路

1—柱塞泵 2—先导式溢流阀 3—远程调压阀 4—先导式顺序阀 5—定压减压阀 15—电液换向阀 16—下缸溢流阀 17—下缸安全阀 18—下液压缸（顶出缸）

上液压缸 9 上腔→液控单向阀 11→充液筒。所以上滑块快速返回。进入充液筒中的油液若超过预定位置可从充液筒中的溢流管流回油箱。

4）当上液压缸 9 的液动换向阀 7 在由左位切换到中位时，阀芯右端由油箱经单向阀 I_1 补油，在由右位切换到中位时，阀芯右端的油经单向阀 I_2 流回油箱。

2.3.7　顶出缸换向回路

如图 2-81a 所示，4YA 通电，压力油经电液换向阀 15 右位到达下液压缸（顶出缸）18 下腔。下液压缸 18 上腔的油液经电液换向阀 15 右位回油箱。如图 2-81b 所示，3YA 通电，压力油经电液换向阀 15 左位到达下液压缸 18 上腔，下液压缸 18 下腔的油液经电液换向阀 15 左位回油箱。

2.3.8　过载保护回路

如图 2-82 所示，上缸安全阀 14 的作用是上滑块在到达预定位置之前对液压缸起安全保护作用。在上滑块到达预定位置之后，上缸液动换向阀 7 处于中位，液压泵低压卸荷，上缸安全阀 14 和液控单向阀 10 起支承上滑块作用。

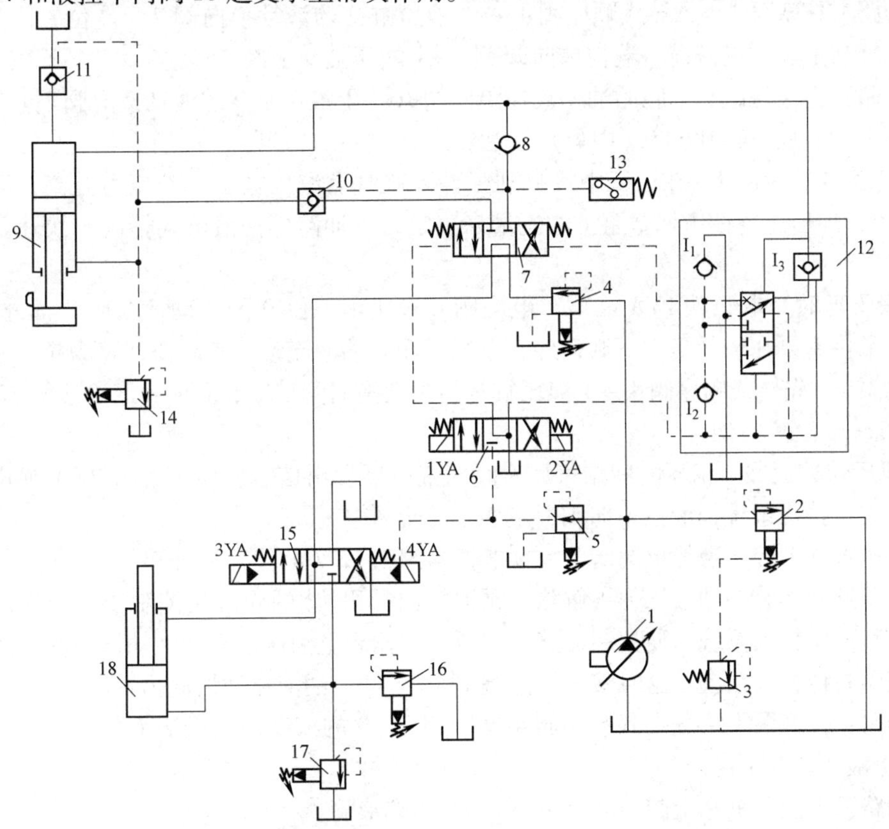

图 2-82　YB32—200 型液压压力机液压系统工作原理图

1—柱塞泵　2—先导式溢流阀　3—远程调压阀　4—先导式顺序阀　5—定压减压阀　6—电磁换向阀　7—液动换向阀　8—单向阀　9—上液压缸　10，11—液控单向阀　12—预泄换向阀组　13—压力继电器　14—上液压缸安全阀　15—电液换向阀　16—下液压缸溢流阀　17—下液压缸安全阀　18—下液压缸（顶出缸）

下液压缸溢流阀 16、下液压缸安全阀 17 起过载保护作用。一般阀 17 压力比阀 16 高 0.5MPa，阀 16 起作用。当 4YA 通电时，下液压缸溢流阀 16 可调节下液压缸 18 的顶出压力。当 3YA 通电时，下液压缸溢流阀 16 不溢油。当上下液压缸 9、18 实现拉深压边时，3YA 通电，下液压缸溢流阀 16 可以调节下液压缸 18 顶托压边的压力，工件即被压着又参与拉深。这时电磁换向阀 15 回油处关闭。当下液压缸溢流阀 16 出故障时，下液压缸安全阀 17 就起溢流作用。

2.4　YB32—200 型液压压力机液压系统总回路

2.4.1　YB32—200 型液压压力机液压系统回路分析

图 2-82 所示为 YB32—200 型液压压力机液压系统工作原理图。该系统由一个高压柱塞泵供油，控制油路的压力油是经主油路由定压减压阀 5 减压后所得到。现以一般的定压成形压制工艺为例，说明该液压压力机液压系统的工作原理。

1. 快速下行　电磁铁 1YA 通电，作先导阀用的电磁换向阀 6 左位接入系统。

进油路：柱塞泵 1→先导式顺序阀 4 →上液压缸 9 的液动换向阀 7（左位）→单向阀 8 →上液压缸 9 上腔，充液筒→液控单向阀 11 →上液压缸 9 上腔。

回油路：上液压缸 9 下腔的油→液控单向阀 10→上液压缸 9 的液动换向阀 7（左位）→下液压缸 18 的电液换向阀 15（中位）→油箱。

2. 慢速加压　上滑块在运行中接触到工件，这时上液压缸 9 上腔压力升高，液控单向阀 11 关闭，加压速度便由柱塞泵 1 的流量来决定，主油路的油液流动情况与快速下行时相同。

3. 保压延时　电磁铁 1YA 断电，电磁阀 6 和上液压缸 9 的液动换向阀 7 都处于中位，保压时除了柱塞泵在较低压力下卸荷外，系统中没有油液流动。其卸荷油路为：

柱塞泵 1→先导式顺序阀 4→上液压缸 9 的液动换向阀 7（中位）→下液压缸 18 的电液换向阀 15（中位）→油箱。

4. 泄压快速返回　保压时间结束后，时间继电器发出信号，使电磁铁 2YA 通电，电磁换向阀 6 右位接入系统，液控单向阀 I_3 打开，于是有：

上液压缸 9 上腔→液控单向阀 I_3→预泄换向阀组 12（上位）→油箱。

上液压缸 9 上腔的油液压力被解除，预泄换向阀组 12 的阀芯在控制压力油作用下向上移动，以其下位接入系统，使控制油路中的压力油输到上液压缸 9 的液动换向阀 7 阀芯的右端，使该阀右位接入系统。这时液控单向阀 11 被打开，油液流动情况为：

进油路：柱塞泵 1 →先导式顺序阀 4→上液压缸 9 的液动换向阀 7（右位）→液控单向阀 10 →上液压缸 9 下腔。

回油路：上液压缸 9 上腔→液控单向阀 11 →充液筒。

所以，上滑块快速返回。

5. 原位停止　原位停止是上滑块上升至预定高度，挡块压下行程开关，电磁铁 2YA 断电，电磁阀 6 和上液压缸 9 的液动换向阀 7 均处于中位时得到的，这时上液压缸停止运动，柱塞泵在较低压力下卸荷，由于液控单向阀 10 和上液压缸安全阀 14 的支承作用，上滑块悬空停止。

6. 下液压缸的顶出和返回　下滑块向上顶出时，电磁铁 4YA 通电，这时有：

进油路：柱塞泵 1 →先导式顺序阀 4→液动换向阀 7（中位）→下液压缸 18 的电液换向阀 15（右位）→下液压缸 18 下腔。

回油路：下液压缸 18 上腔→下缸换向阀 15（右位）→油箱。

下滑块向上移动至下液压缸中活塞碰上缸盖时，便停留在这个位置上。向下退回是在电磁铁 4YA 断电、3YA 通电时发生的，这时有：

进油路：柱塞泵 1→先导式顺序阀 4 →液动换向阀 7（中位）→下液压缸 18 的电液换向阀 15（左位）→下液压缸 18 上腔。

回油路：下液压缸 18 下腔→下液压缸 18 的电液换向阀 15（左位）→油箱。

原位停止是在电磁铁 3YA、4YA 均断电，下液压缸 18 的电液换向阀 15 处于中位时得到的。

该液压机完成上述动作的电磁铁及预泄阀动作顺序见表 2-3。

表 2-3　电磁铁及预泄阀动作顺序表

电磁铁 预泄阀		信号来源	液压压力机液压缸工作循环								
			上滑块					下滑块			
			快速 下行	慢速 加压	保压 延时	快速 返回	原位 停止	向上 顶出	停留	返回	原位 停留
		v 主缸 顶出缸 O									t
1YA	+ −	按钮起动									
2YA	+ −	继电器控制									
预泄阀	上 下										
3YA	+ −	按钮控制									
4YA	+ −	按钮起动									

注：+为通电，−为断电。

2.4.2　YB32—200 型压力机液压系统特点

1）系统中使用一个轴向柱塞式高压变量泵供油，系统工作压力由远程调压阀 3 调定。

2）系统中的先导顺序阀 4 调定压力为 2.5MPa，从而保证了柱塞泵的卸荷压力不致太低，也使控制油路具有一定的工作压力（大于 2.0MPa）。

3）系统中采用了专用的预泄换向阀组 12 来实现上滑块快速返回前的泄压，保证动作平稳，防止换向时的液压冲击和噪声。

4）系统利用管道和油液的弹性变形来保压，方法简单，但对液控单向阀和液压缸等元件密封性能要求较高。

5）系统中上、下两液压缸的动作协调由液动换向阀 7 和电液换向阀 15 的互锁来保证，一个液压缸必须在另一个液压缸静止时才能动作。但是，在拉深操作中，为了实现“压边”这个工序，上液压缸活塞必须推着下液压缸活塞移动，这时上液压缸下腔的液压油进入下液压缸的上腔，而下液压缸下腔中的液压油则经下缸溢流阀排回油箱，这时虽两缸同时动作，但不存在动作不协调的问题。

6）系统中的两个液压缸各有一个安全阀进行过载保护。

习题与训练

2-1　CY 系列轴向柱塞泵的变量形式有哪几种?

2-2　为什么要在配油盘上开设卸荷槽?

2-3　简述先导式溢流阀的工作原理。

2-4　简述先导式顺序阀（内控外泄式）的工作原理。

2-5　简述定压减压阀的工作原理。

2-6　画出先导式溢流阀、定压减压阀、先导式顺序阀的图形符号，并分析这三者之间的异同点。

2-7　简要说明普通单向阀和液控单向阀的区别。

2-8　何谓换向阀的“位”和“通”?

2-9　什么是液压缸的差动连接? 差动连接应用在什么场合?

2-10　YB32—200 型液压压力机液压系统由哪些基本回路组成?

2-11　YB32—200 型液压压力机液压系统工作原理是什么?

2-12　分析如图 2-83 所示液压回路，若阀 1 的调定压力为 4MPa，阀 2 的调定压力为 2 MPa，试填空：

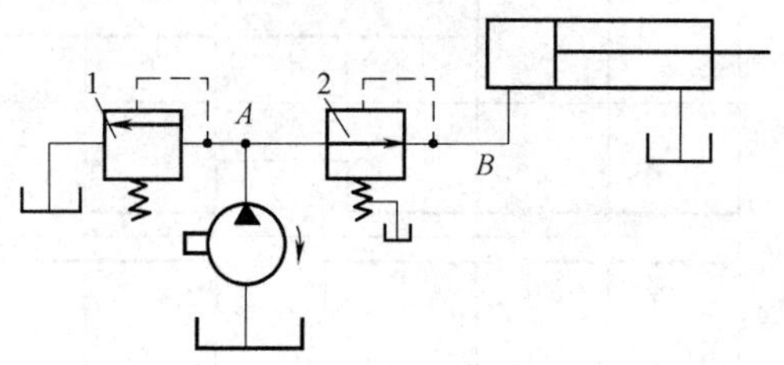

图 2-83　题 2-12 图

1）阀 1 是（　　）阀，阀 2 是（　　）阀。

2）当液压缸运动时（无负载），A 点的压力值为（　　）、B 点的压力值为（　　）。

3）当液压缸运动至终点，碰到挡块时，A 点的压力值为（　　）、B 点的压力值为（　　）。

2-13　拆装 CY 系列轴向柱塞泵，识别其零部件。

2-14　拆装 YF 三级同心先导式溢流阀，识别其零部件。

2-15　在液压试验台上组装并调试 YB32—200 型液压压力机液压系统回路，并分析其工作过程。

项目3 专用机床的液压系统

本项目主要介绍叶片泵、流量控制阀、液压马达等液压元件和差动连接快进、调速、电液换向快退、卸荷等基本液压回路，以及气缸体精铣-精镗-刮止口专用机床液压系统回路。

3.1 认识气缸体精铣-精镗-刮止口专用机床

3.1.1 用途和组成

精铣-精镗-刮止口专用机床是一台复合型高精度专用机床，在同一台机床上先精铣气缸体顶面，再精镗气缸孔，最后刮止口，从而保证了气缸孔与气缸体顶面的垂直度公差，止口平面与气缸体顶面的平行度公差。如图3-1所示，精铣-精镗-刮止口专用机床由立式镗床1、立式铣床2、电气箱3、工件输送装置4、液压站5共5个部分组成。

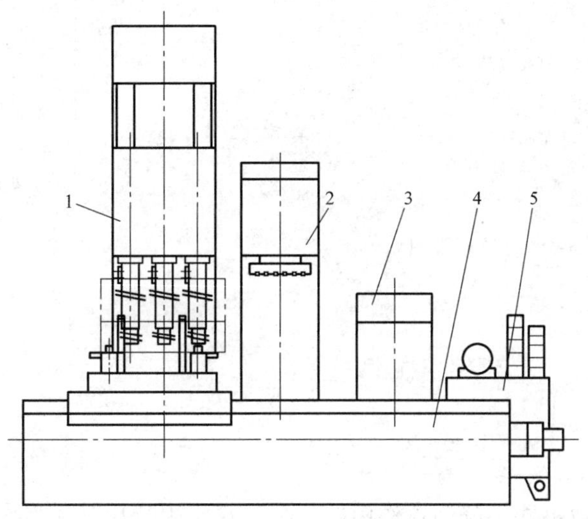

图3-1 气缸体精铣-精镗-刮止口专用机床总图

1—立式镗床 2—立式铣床 3—电气箱 4—工件输送装置 5—液压站

3.1.2 工作要求

立式铣床2由立柱、铣头、铣刀盘组成，用于完成精铣气缸体顶面工序。

工件输送装置4由水平床身（包含水平导轨）、带丝杠螺母的水平滑台、滚珠丝杠、液压马达、减速器、夹具、限位机构组成，用于完成在精铣气缸体顶面时的进给工序，同时将工件分别输送到立式镗床Ⅰ工位、Ⅱ工位的位置上。

立式镗床 1 由立柱、镶钢导轨、液压缸、立式滑台、镗排及传动机构组成，用于完成对气缸体上、下气缸孔粗、精镗以及刮止口工序。

加工工序图如图 3-2 所示；刀具布置图如图 3-3 所示。

气缸体精铣-精镗-刮止口专用机床包括水平滑台和立式滑台。该专用机床满足的动作循环（见图 3-4）是：

水平滑台工进精铣顶面→立式滑台快进→立式滑台Ⅰ工进→立式滑台Ⅱ工进→立式滑台止挡块停留→立式滑台快退→水平滑台快退→原位。

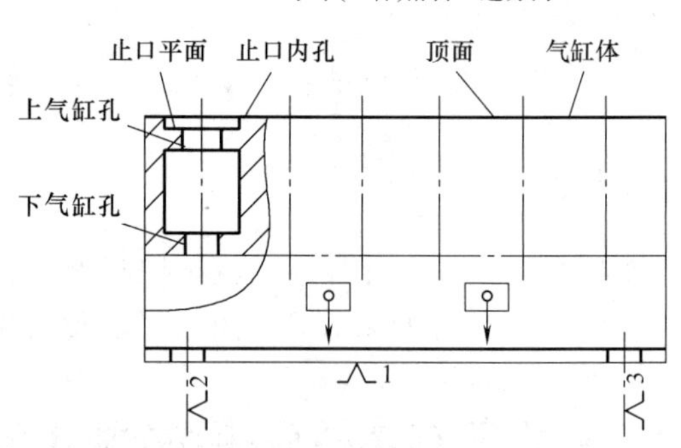

图 3-2　加工工序图

—定位标记　↓—夹紧标记

注：图中粗实线为加工面

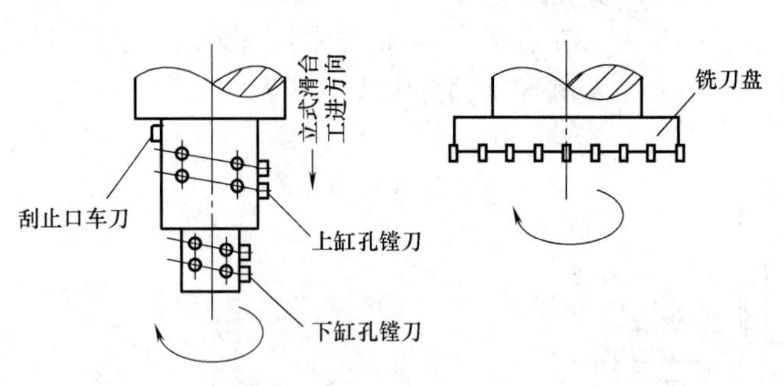

图 3-3　刀具布置图

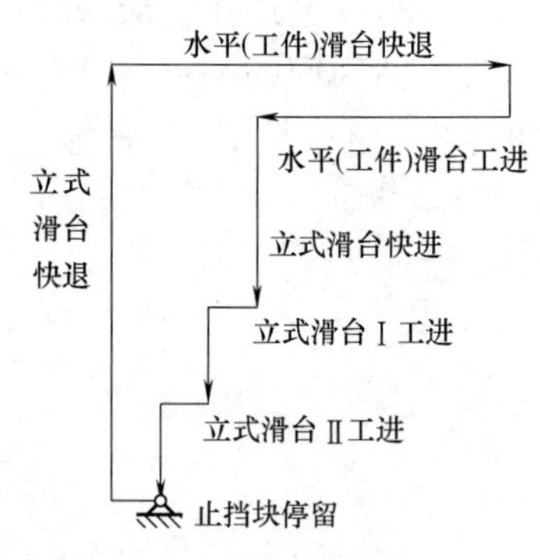

图 3-4　简化动作循环图

3.2　液压元件

3.2.1　叶片泵

叶片泵按作用次数不同，分为单作用叶片泵、双作用叶片泵和多作用叶片泵；按排量是否可变，分为定量泵和变量泵；按压力等级不同，分为中低压叶片泵（7MPa 以下）、中高压叶片泵（16MPa 以下）和高压叶片泵（20 ~ 30MPa 以下）。叶片泵的优点是流量脉动小、工作平稳、噪声低、轴承受力平衡、使用寿命长、体积小、质量轻，被广泛用于专业机床、自动生产线、船舶、压铸及冶金设备等中低压液压系统中。缺点是自吸能力较差，适用工况范围较窄，对污染物比较敏感，制造工艺较复杂。

1. 单作用叶片泵　图 3-5 所示为单作用叶片泵的工作原理。单作用叶片泵由定子、转子、叶片、配油盘和端盖等零件组成。定子具有圆柱形内表面，定子轴线相对于转子轴线有偏心距 e。叶片装在转子槽中，并可在槽内移动。当转子回转时，离心力的作用使叶片紧靠在定子的内壁，这样在定子、转子、叶片和两侧配油盘间就形成若干个密封的工作空间。当转子按图示方向回转时，在图的右部，叶片逐渐伸出，叶片间的工作空间逐渐增大，产生局部真空，在大气压作用下吸入油液，这就是吸油腔。在图的左部，叶片被定子内壁逐渐压进槽内，工作空间逐渐减小，将油从排油窗口压出，这就是排油腔。在吸油腔和排油腔间有一段封油区，把吸油腔和排油腔隔开。转子每转1周，每个工作空间完成1次吸、排油，故此类泵称为单作用叶片泵。

通过改变偏心距 e 的大小，能改变单作用叶片泵的排量，排量正比于偏心距。所以，这种单作用叶片泵又被称为变量叶片泵。若改变偏心的方向，还能改变输油方向（即改变泵吸、排油口）。变量叶片泵有单向及双向变量两类，前者只改变泵的排量，后者不仅改变泵的排量，还能改变泵的输油方向。

目前，变量叶片泵应用最广泛的是限压式变量叶片泵，它能借助输出压力大小自动改变偏心距 e 的大小来改变输出流量。图3-6所示为限压式变量叶片泵实物。将限压式变量叶片泵拆开，可以见到如图3-7～图3-10所示的零部件。

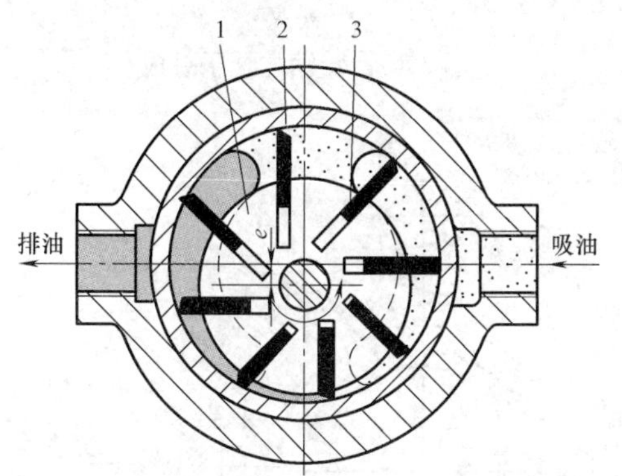

图3-5　单作用叶片泵工作原理

1—转子　2—定子　3—叶片

图3-6　限压式变量叶片泵实物图

图3-7　限压式变量叶片泵的壳体和变量机构

1—壳体　2—变量机构

图3-8　限压式变量叶片泵内部总成

1—定子　2—转子　3—转轴　4—配油盘

限压式变量叶片泵是单作用叶片泵，可以通过改变定子和转子间的偏心距 e 的大小来改变其输出流量。限压式变量叶片泵的工作原理如图3-11所示。图中，1为转子，在转子槽中装有叶片，2 为定子，3 为配油盘上的吸油窗口，4 为柱塞，5 为调节流量螺钉，泵的出口经油路 7 与柱塞缸 6 相通，8 为排油窗口，9 为调压弹簧，10 为调压螺钉。在叶片泵未运转时，定子 2 在调压弹簧 9 的作用下，紧靠柱塞 4，并使柱塞 4 靠在螺钉 5 上。这时，定子和转子有一偏心量 e_o，调节流量螺钉 5 的位置，便可改变 e_o。

图 3-9　定子

图 3-10　转轴与转子总成

当叶片泵的出口压力 p 较低时则作用在柱塞 4 上的液压力也较小，若此液压力小于上端的调压弹簧 9 作用力（弹簧有一定的预压缩量 x_0），定子 2 相对于转子 1 的偏心量最大，输出流量最大。随着外负载的增大，液压泵的出口压力 p 也将随之提高，当压力升至与调压弹簧 9 作用力相平衡的限定压力 p_B 时，则有

$$p_B A = K_s x_0 \qquad (3\text{-}1)$$

式中　A——柱塞的面积；

K_s——调压弹簧的刚度。

当压力进一步升高，就有 $pA > K_s x_0$，这时若不考虑定子移动时的摩擦力，液压作用力就要克服调压弹簧力推动定子向上移动，随之叶片泵的偏心量减小，叶片泵的输出流量也减小。可见，限压式变量泵能借助输出压力大小自动改变偏心距 e 的大小来改变输出流量。p_B 称为泵的限定压力，即叶片泵处于最大流量时所能达到的最高压力。调节调压螺钉 10，可改变调压弹簧的预压缩量 x_0，即可改变 p_B 的大小。其压力-流量特性如图 3-12 所示。当叶片泵的工作压力形成时，偏心距保持在最大值，不随工作压力的变化而变化。由于泄漏，叶片泵的实际流量随其压力增加而稍有下降（见图 3-12 中的线 AB）。当叶片泵的工作压力超过 p_B 值后，调节压力大于调压弹簧预紧力，随着工作压力的增加，调节压力增加，偏心距减小，

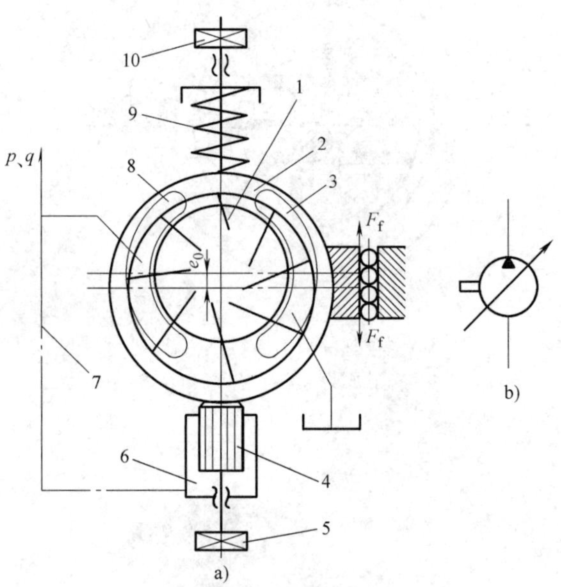

图 3-11　限压式变量叶片泵工作原理图

a）原理图　b）图形符号

1—转子　2—定子　3—吸油窗口　4—柱塞　5—调节流量螺钉　6—柱塞缸　7—油路　8—排油窗口　9—调压弹簧　10—调压螺钉

叶片泵的流量开始下降。当工作压力到达 p_C 时，定子环的偏心量所对应的叶片泵的理论流量等于其泄漏量，叶片泵的实际流量为零。此时叶片泵的输出压力为最大。

改变调压弹簧的预紧力可以改变叶片泵的特性曲线。增加调压弹簧的预紧力使 p_B 点向右移，因而 BC 线平行右移；更换调节弹簧，改变其弹簧刚度，可以改变 BC 段的斜率。调节弹簧刚度增加，BC 线变平坦（即 B 点不动，C 点右移）；调压弹簧刚度减弱，BC 线变陡（即 B 点不动，C 点左移）。调节最大流量调压螺钉5，相当于改变最大偏心距，可调节曲线 A 点的位置。

显然，以上所述变量叶片泵是利用叶片泵本身的排油压力来推动变量机构。故称为“内反馈式”。在叶片泵的排量接近零的工况，叶片泵的输出流量为零时，因此便不可能继续推动变量机构使叶片泵的流量反向，所以内反馈式变量叶片泵仅能用于单向变量，如YBN型变量叶片泵。限压式变量叶片泵虽有径向不平衡力，但它能按负载压力自动调节流量，功率使用较合理，可减小油液发热，对既要实现快进，又要实现工进的执行元件是一种合适的动力元件。如图3-12所示，AB 段曲线对应快速低压大流量段，BC 段曲线对应工进高压小流量段。若利用外来油源推动变量机构，能使叶片泵的变量机构通过零排量工况点，实现双向变量，这就是外反馈式变量叶片泵。由于外反馈式变量叶片泵采用外来油源（通常为专用控制油源），故控制油压稳定，叶片泵变量的稳定性好，缺点是要有一套专用油源。

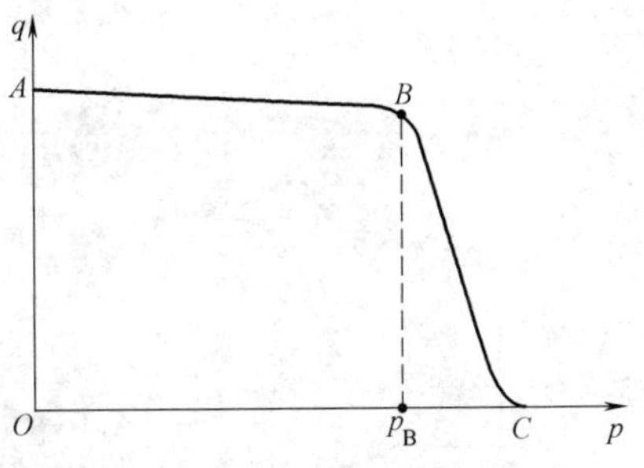

图3-12　限压式变量叶片泵压力－流量特性图

常用的内反馈式变量叶片泵有YBN型和YBX型，其功能和特点基本相同，而YBX型由于改进了叶片泵的部分结构，使其额定压力高于YBN型。YBX型变量叶片泵型号意义为

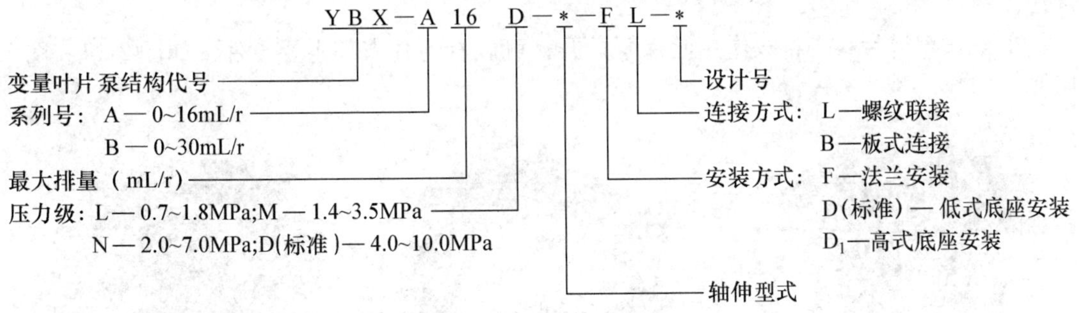

单作用叶片泵的特点是：

（1）叶片槽做成后倾　在排油区叶片底部通高压油，在吸油区叶片底部通低压油。此时由于叶片顶部、底部的压力始终平衡。为了使叶片容易甩出叶片槽，叶片槽做成后倾（倾斜方向与转向相反），叶片只能靠离心力使其顶部后角与定子圆柱内表面接触增加摩擦力，摩擦力的分力使叶片紧贴定子内表面。

（2）存在困油现象　为了防止吸、排油腔沟通，配油盘（见图3-13）的吸、排油窗口间的密封角 α 应略大于两相邻叶片间的夹角，否则排油腔的油会窜到吸油腔，这是不允许的。但是，密封角大于叶片夹角，则会产生困油现象，产生振动和噪声。因为转子上相邻两个叶片所组成的密封容积在由吸油腔转到排油腔的过程中容积逐步缩小，压力逐步增大，到排油腔之后突然释放产生振动。为了解决这个问题，在密封容积达到排油腔之前采用三角形卸荷槽的形式，使该密封容积中压力油通过三角形卸荷槽提前释放到排油腔，以平稳过渡；当该组密封容积由排油腔转到吸油腔过程中，密封容积逐步增大，会产生部分真空并发出噪声。为了解决这个问题，在密封容积达到吸油腔之前，采用三角形卸荷槽的形式提前吸收吸油腔的油，保证吸油平稳过渡。可见，在配油盘上开卸荷槽是减小液压泵压力脉动的有效措施。

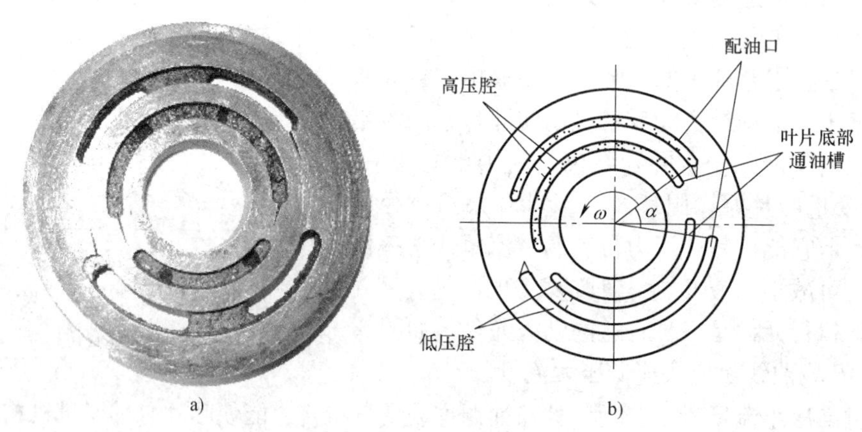

图 3-13　单作用叶片泵配油盘

a）实物图　b）工作原理图

（3）转子承受径向液压力　变量叶片泵转子上的径向液压力不平衡，轴承负荷较大，这使泵工作压力的提高受到限制。单作用叶片泵的流量存在脉动。分析表明，叶片数越多，脉动越小；且奇数个叶片比偶数个叶片的泵的脉动要小。因此，单作用叶片泵的叶片数均为奇数，一般为 13 片或 15 片。

2. 双作用叶片泵　将双作用叶片泵拆开，可以看到其内部主要零件，如图 3-14 ~ 图 3-16 所示。

图 3-14　定子与转子总成

图 3-15　定子

图 3-16　转子和叶片

1—转子　2—叶片

双作用叶片泵的工作原理如图 3-17 所示。它由定子、转子、叶片和配油盘等组成。转子和定子中心重合，定子内表面近似为椭圆柱形，该椭圆形由 2 段长半径圆弧、2 段短半径圆弧和 4 段过渡曲线所组成。当转子转动时，叶片在离心力和底部压力油的作用下，在转子槽内向外移动而压向定子内表面，由叶片、定子的内表面、转子的外表面和两侧配油盘间形成若干个密封空间。当转子按图示方向顺时针旋转时，处在小圆弧上的密封空间经过渡曲线而运动到大圆弧的过程中，叶片外伸，密封空间的容积增大，产生局部真空，在大气压作用下吸入油液，这就是吸油腔；再从大圆弧经过渡曲线运动到小圆弧的过程中，叶片被定子内壁逐渐压进槽内，密封空间容积变小，将油液从排油口排出，这就是排油腔。因而，转子每转 1 周，每个工作空间要完成 2 次吸油和排油，称之为双作用叶片泵。这种叶片泵由于有 2 个吸油腔和 2 个排油腔，并且各自的中心夹角是对称的，作用在转子上的油液压力相互平衡，因此双作用叶片泵又称为卸荷式叶片泵。为了要使径向力完全平衡，密封空间数（即叶片数）应当是偶数。

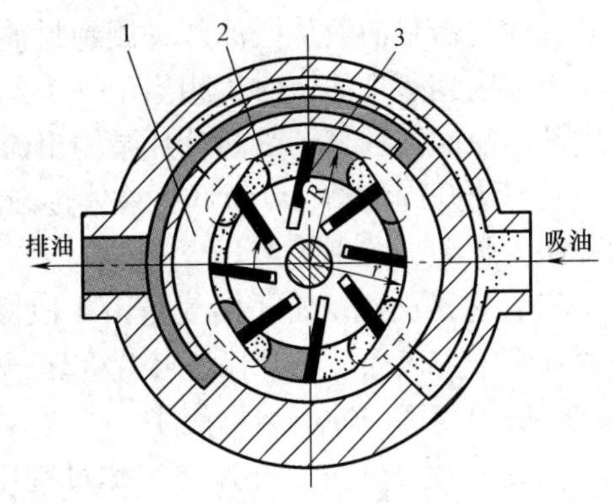

图 3-17　双作用叶片泵工作原理
1—定子　2—转子　3—叶片

双作用叶片泵的特点是：

（1）叶片与流量脉动关系　双作用叶片泵如不考虑叶片厚度，泵的输出流量是均匀的，但实际上叶片是有厚度的，长半径圆弧和短半径圆弧也不可能完全同心，尤其是叶片底部槽与排油腔相通，保证了叶片顶部与定子内表面密封，又因为是双作用，输油频率高，因此叶片泵的输出流量脉动小，且在叶片数为 4 的整数倍时最小，为此双作用叶片泵的叶片数一般为 12 片或 16 片。

（2）配油盘　配油盘是叶片泵的配油机构。如图 3-18 所示，1、3 为排油口，2、4 为吸油口，两口之间为封油区。为了保证配油盘的吸、排油口在工作中能隔开，避免漏油，就必须使配油盘上封油区对于中心角 α 稍大于或等于两个相邻叶片间的夹角 β。在配油盘的排油口上开有一个卸荷槽，它的作用主要是用来减小叶片泵的流量脉动和压力脉动。这是因为两

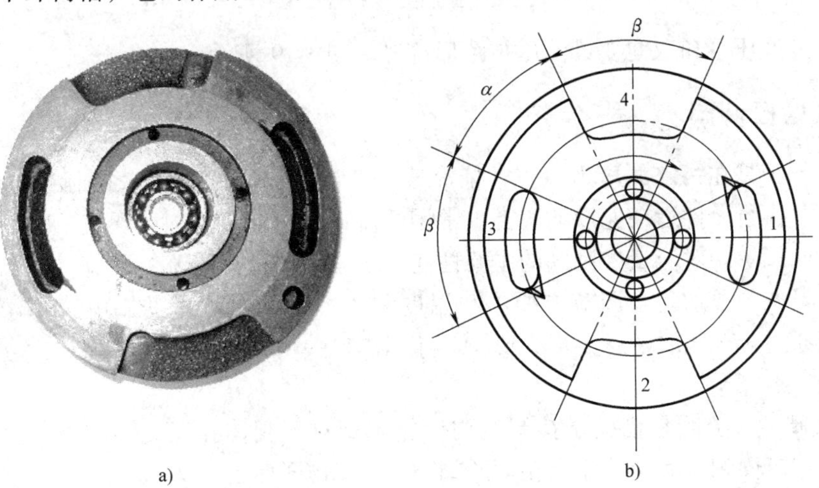

图 3-18　双作用叶片泵配油盘
a）实物图　b）工作原理图
1、3—排油口　2、4—吸油口

个叶片间的密封油液从吸油区过渡到封油区时，其压力基本与吸油区压力相同，当这部分液体从封油区到达排油口时，相当于一个低压区域突然和一个高压区域接通，这势必造成排油腔中的油液倒流进来，引起叶片泵输出流量和压力的脉动。在配油盘上叶片从封油区进入排油口的一边开卸荷槽，可使低压液体逐渐进入排油口，压力逐渐上升，从而降低泵的流量脉动和压力脉动，减小噪声。

（3）定子曲线　定子曲线是由 4 段圆弧和 4 段过渡曲线组成的。过渡曲线应保证叶片贴紧在定子内表面上，并保证叶片在转子槽中径向运动时速度和加速度的变化均匀，使叶片对定子的内表面的冲击尽可能小。

（4）叶片的倾角　叶片在工作过程中，受离心力和叶片底部压力油的作用，使叶片和定子内表面紧密接触。当叶片转至排油区时，定子内表面迫使叶片推向转子中心，叶片与定子内表面接触有一压力角，其大小是变化的，将叶片顺着转子回转方向前倾一个 θ 角，这样可使压力角减小，并减小侧向力，使叶片在槽中移动灵活，可减少磨损。叶片的倾角一般取 10°～14°。YB 型叶片泵叶片相对于转子径向连线前倾 13°。但近年的研究表明，叶片倾角并非完全必要，某些高压双作用叶片泵的转子槽是径向的，使用情况也良好。

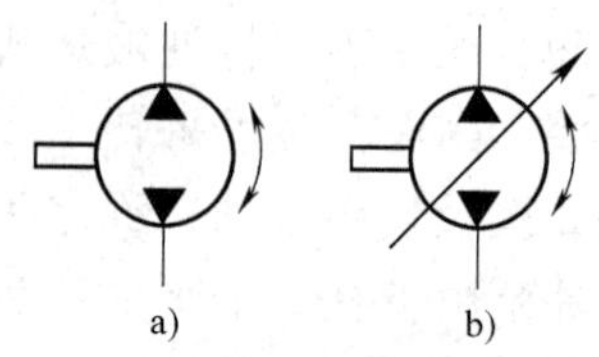

图 3-19　液压泵图形符号
a）双向定量液压泵
b）双向变量液压泵

双作用叶片泵叶片底部通压力油，在吸油区压力不平衡，造成此处定子内表面磨损严重，缩短了泵的使用寿命。双作用叶片泵是一种定量泵，采用定量泵的液压系统工进时有大量油从溢流阀溢出，做无用功，油液发热，因此定量泵的使用越来越少。YB_1 型定量叶片泵是 YB 型定量叶片泵的改进型，YB_1 型定量叶片泵型号意义为

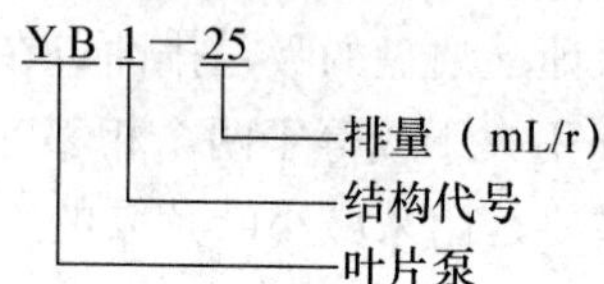

双向定量液压泵和双向变量液压泵图形符号如图 3-19 所示。

3.2.2　流量控制阀

流量控制阀是在一定的压力差下，依靠改变节流口液阻的大小来控制通过节流口的流量，从而调节执行元件运动速度的阀类。常用的流量阀包括节流阀、调速阀、溢流节流阀等。对流量控制阀的主要性能要求是：①较大的流量调节范围，且流量调节要均匀，调节方便。②温度和压力变化对流量的影响小。③液流通过全开阀时的压力损失要小。④当阀口关闭时，阀的泄漏量要小。

1. 节流阀　节流阀是借助于控制机构使阀芯相对于阀体孔运动，以改变阀口的过流面积从而调节输出流量的阀类。其实物图如图 3-20 所示。

图 3-20　节流阀实物图

（1）节流阀的工作原理　图 3-21a 所示为一种典型的节流阀结构图。压力油从进油口 P_1 流入，经节流口后从出油口 P_2 流出。节流口的形状为轴向三角槽式，压力油从进油口 P_1 流入孔道 b 和阀芯 1 左端的三角槽进入孔道 a，从 P_2 口流出。当调节节流

阀的手轮3时，可通过推杆2推动节流阀芯1左右移动，通过节流阀芯左右移动改变节流口的开口量，从而实现对流量的调节。节流阀芯的复位靠弹簧4的弹力来实现，阀芯1在弹簧4的作用下始终紧贴在推杆上。这种节流阀的进、出油口可互换。

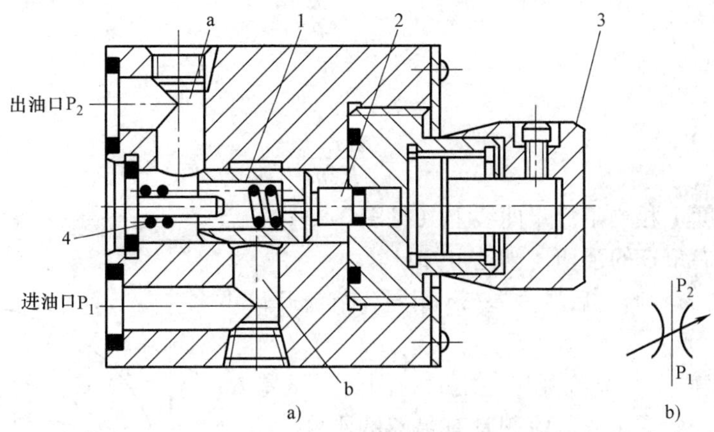

图3-21　节流阀

a）结构图　b）图形符号

1—阀芯　2—推杆　3—手轮　4—弹簧

（2）常用节流口的形式　图3-22a所示为针阀式节流口，当针阀作轴向移动时，就可以改变环形节流口的大小以调节流量。这种结构加工简单但节流口长度大，水力半径小，易堵塞，流量受油温影响较大，一般用于对性能要求不高的场合。

轴向三角槽式是在阀芯端部开有1个或2个斜的三角槽，轴向移动阀芯就可以改变三角槽过流面积从而调节流量。在变压阀中有时在轴端铣斜面来代替三角槽以改善工艺性。这种节流口结构简单，水力直径中等，可得到较小的稳定流量，且调节范围大，但节流通道有一定长度，油温变化对流量有一定的影响，目前被广泛应用。

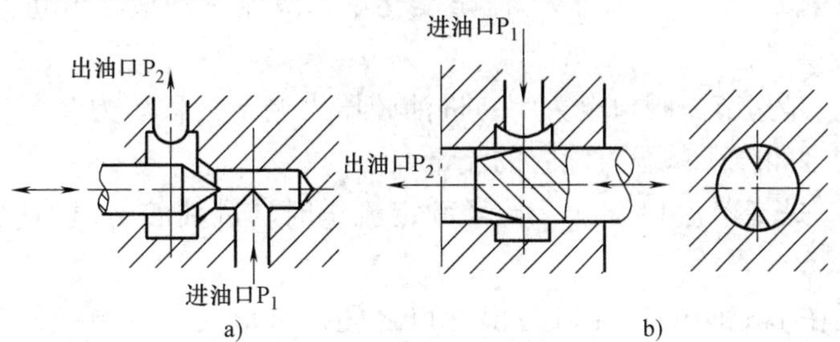

图3-22　节流口的形式

a）针阀式　b）轴向三角槽式

（3）节流阀的刚度　节流阀的刚度表示它抵抗负载变化的干扰，保持流量稳定的能力，即当节流阀开口量不变时，由于阀前后压力差Δp的变化，引起通过节流阀的流量发生变化的情况。通过节流阀的流量q及其前后压差的关系可表示为

$$q = KA\Delta p^m \tag{3-2}$$

式中　K——节流系数，一般可视为常数；

A——节流阀过流面积，其计算公式随阀口形式不同而异；

Δp——阀口前后压差；

m——由孔口形式决定的指数，$0.5 \leqslant m \leqslant 1$。

流量变化越小，节流阀的刚度越大；反之，其刚度则小。如果用 T 表示节流阀的刚度，则有

$$T = \frac{\mathrm{d}\Delta p}{\mathrm{d}q} \tag{3-3}$$

所以

$$T = \frac{\Delta p^{1-m}}{KAm} \tag{3-4}$$

节流阀的刚度 T 相当于流量曲线上（见图 3-23）某点的切线和横坐标夹角 β 的余切，于是可知：

1）同一节流阀，阀前后压力差 Δp 相同，节流开口小时，刚度大。

2）同一节流阀，在节流开口一定时，阀前后压差 Δp 越小，刚度越低。为了保证节流阀具有足够的刚度，节流阀只能在某一最低压力差 Δp 的条件下，才能正常工作，但提高 Δp 将引起压力损失的增加。

3）取小的指数 m 可以提高节流阀的刚度。

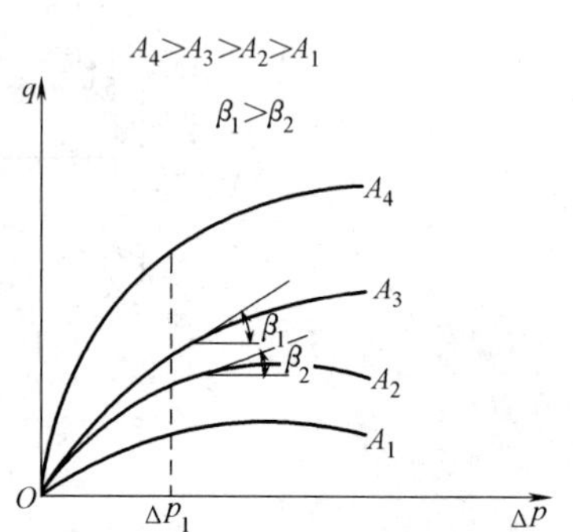

图 3-23　不同开口时节流阀的流量特性曲线

（4）节流阀的性能指标　节流阀的性能指标主要有流量调节范围、流量变化率、内泄漏量、压力损失等。

1）流量调节范围　是指当节流阀的进、出口压差为最小时（一般为 0.5MPa），由小到大改变节流口的过流面积，它所通过的最小稳定流量和最大流量之间的范围。

2）当节流阀进、出口压差为最小时，将节流阀的流量调至最小稳定流量，并保持进油腔油温为 50±5℃，每隔 5min 用流量计测量 1 次流量，共测量 6 次，将测得的最大和最小流量的差值，与流量的平均值之比称为流量变化率。节流阀的最小流量变化率一般不大于 10%。

3）内泄漏量　是指节流阀口全关闭，进油腔压力调至公称压力时，油液由进油腔经阀芯和阀体之间的配合间隙泄漏至出油腔的流量。

4）压力损失　是指节流口全开，流经额定流量时，进油腔与出油腔之间的压力差。

将单向阀并联在节流阀的进油口与出油口之间，可形成单向节流阀。其图形符号如图 3-24 所示。

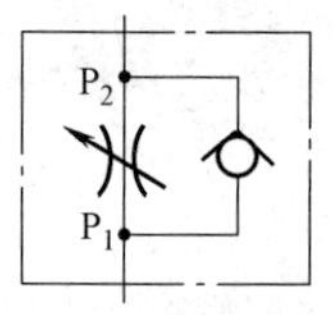

图 3-24　单向节流阀图形符号

当液压油从 P_1 口流向 P_2 口时，其节流过程与节流阀是一样的，当液压油从 P_2 口流向 P_1 口时，单向阀打开，可实现液压油的反向流动。

2. 调速阀和温度补偿调速阀　由式（3-2）可知，节流阀刚性差，在节流开口一定的条件下通过它的工作流量受工作负载（即其出口压力）变化的影响，不能保持执行元件运动速度的稳定，因此仅适用于负载变化不大和速度稳定性要求不高的场合。由于工作负载的变化很难避免，在对执行元件速度稳定性要求较高的场合，通常是对节流阀进行补偿，即采取措施使节流阀前后压力差在负载变化时始终保持不变。由式（3-2）可知，当 Δp 基本不变时，通过节流阀的流量只由其开口量大小来决定。使 Δp 基本保持不变的方

式有两种：①将定差减压阀与节流阀串联起来构成调速阀。②将溢流阀与节流阀并联起来构成溢流节流阀。这两种阀是利用流量的变化所引起的油路压力的变化，通过阀芯的负反馈动作来自动调节节流部分的压力差，使其保持不变。

调速阀的实物如图3-25所示，将其拆开，可以看到如图3-26所示的主要零部件。

图3-25　调速阀实物图

图3-27所示为定差减压阀在前，节流阀在后的一种调速阀形式，一般的调速阀均采用这种结构。液压泵的出口（即调速阀的进口）压力为 p_1，由溢流阀调定，基本上保持恒定。调速阀出口处的压力 p_3，由液压缸负载 F 决定。阀的进口压力 p_1 经定差减压阀阀口减压为 p_2，然后经节流阀阀口降为 p_3 输出。节流阀的出口压力 p_3 经反馈通道 a 作用到减压阀的上腔 b，若忽略液动力等因素的影响，当减压阀的阀芯在弹簧力 F_t、油液压力 p_2 和 p_3 作用下处于某一平衡位置时，则有

$$p_2A_1 + p_2A_2 = p_3A + F_t \tag{3-5}$$

式中，A、A_1 和 A_2 分别为b腔、c腔和d腔的压力油作用于阀芯的有效面积，且 $A = A_1 + A_2$，故

$$p_2 - p_3 = \Delta p = \frac{F_t}{A} \tag{3-6}$$

由于弹簧刚度较低，且工作过程中定差减压阀阀芯位移太小，近似认为 F_t 保持不变，故节流阀的两端压力差 $p_2 - p_3$ 也基本保持不变，从而保证了通过节流阀的流量稳定。

1）若系统工作负载增大导致调速阀的出口压 p_3 增大，在调速阀进口压力 p_1 不变的情况下，p_3 增大使定差减压阀阀芯受力平衡破坏，阀芯向下移动，阀口 h 增大，定差减压阀的减压作用减弱，于是 p_2 增大，直到 $p_2 - p_3$ 恢复到原来值，直至定差减压阀阀芯在新的位置达到受力平衡为止。

2）若系统工作负载变化导致调速阀的进口压力 p_1 增大，在调速阀出口压力 p_3 不变的情况下，由于一开始定差减压阀来不及运动，减压阀的液阻没有变化，故 p_2 在这一瞬间也增加，使定差减压阀阀芯失去平衡向上移动，阀口 h 减小，定差减压阀作用增强，使 p_2 减小，$\Delta p = p_2 - p_3$ 仍保持不变。因此节流阀进出口压力差保持不变，稳定了工作机构运动速度。

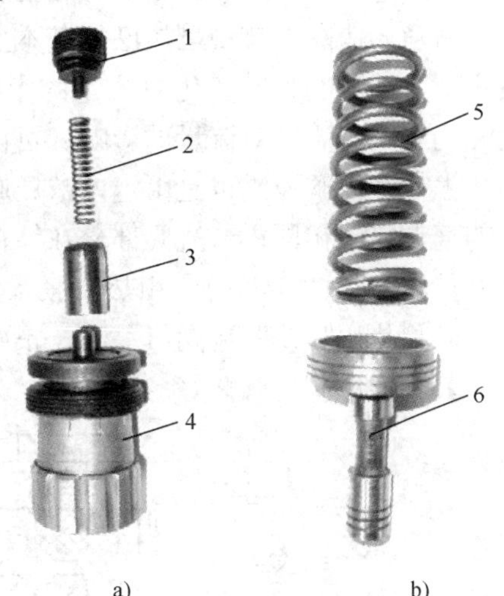

图3-26　调速阀主要零部件实物图
a）调速阀中节流阀主要零部件　b）调速阀中定差减压阀的主要零部件
1—螺塞　2—弹簧　3—节流阀阀芯　4—调节手柄　5—弹簧　6—定差减压阀阀芯

节流阀和调速阀的流量特性曲线如图3-27d所示。节流阀的流量随压力差变化较大，而调速阀在压力差大于一定数值后，流量基本上保持恒定。当压力差很小时，由于减压阀阀芯被弹簧推至最下端，减压阀阀口全开，不起稳定节流阀前后压差的作用，此时调速阀的性能与节流阀相同。因此，调速阀正常工作时至少要有0.4～0.5MPa以上的压力差。将单向阀

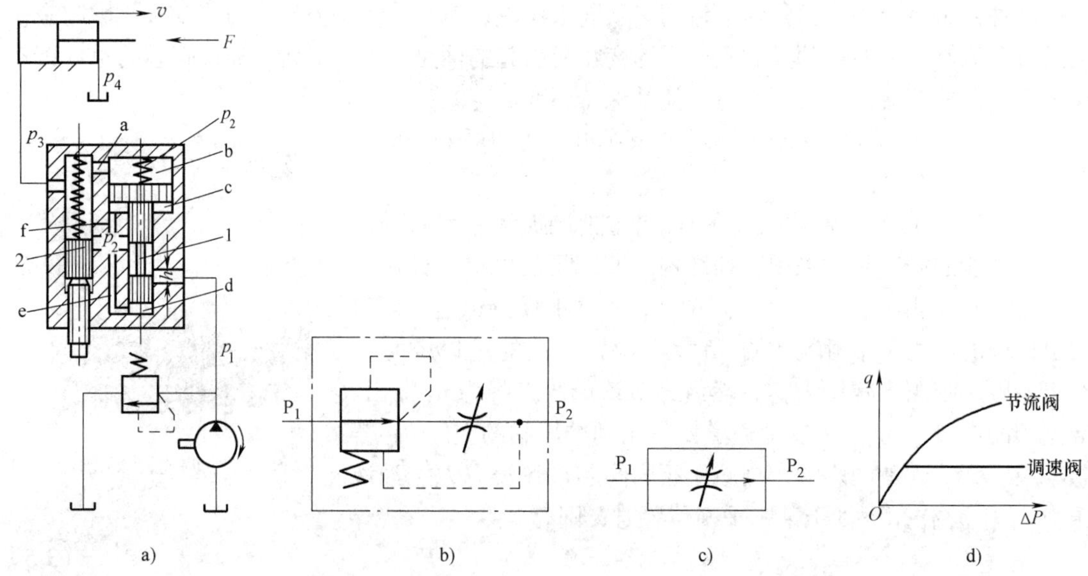

图 3-27　调速阀

a）工作原理图　b）详细图形符号　c）简化图形符号　d）流量特性曲线

1—定差减压阀　2—节流阀

并联在调速阀的进油口与出油口之间，可以使其具有单向调速功能。

普通调速阀的流量虽然已能基本上不受外部负载变化的影响，但是当节流口的过流面积较小时，油液的粘度变化对流量的影响也增大，所以油温升高，油的粘度变小，流量会增大。为了减小温度对流量的影响，可以采用温度补偿调速阀。

温度补偿调速阀也是由定差减压阀和节流阀两部分组成。其定差减压阀部分的工作原理和普通调速阀相同；节流阀部分在结构上采取了温度补偿措施，其特点是节流阀的芯杆为温度补偿杆（见图 3-28a），由热膨胀系数较大的材料（如聚氯乙烯塑料）制成，当油温升高时，芯杆热膨胀使节流阀口关小，正好能抵消由于粘度变小使流量增加的影响。在生产实践中，其性能比调速阀略好。

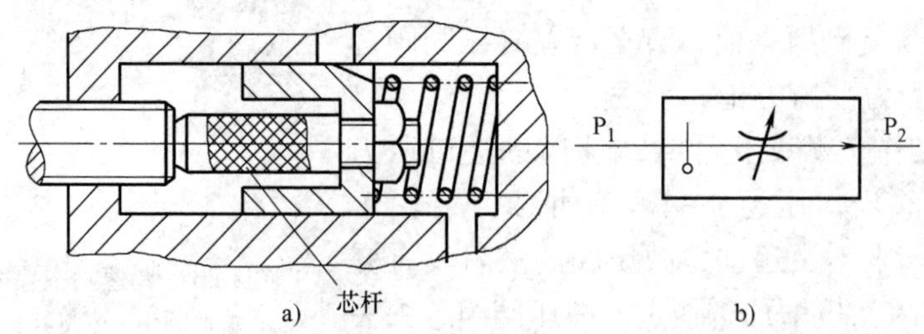

图 3-28　温度补偿调速阀

a）温度补偿调速阀节流阀部分结构图　b）图形符号

调速阀的型号意义为

Q　*　—10　B

调速阀——Q

结构号——*

流量（L/min）——10

板式连接——B

3. 溢流节流阀　将溢流阀与节流阀并联起来组合成溢流节流阀。溢流节流阀有一个进

油口 P_1、一个出油口 P_2 和一个溢流口 T。如图3-29a 所示，来自液压泵的压力油，一部分经节流阀4 进入液压缸左腔推动活塞向右运动，另一部分经溢流阀3 的溢流口回油箱，节流阀4 出口压力油 p_2 经 a 腔流向溢流阀3 阀芯的上端，液压泵的出口压力油，即溢流阀进口压力油 p_1 流向溢流阀3 阀芯的下端 b 腔和 c 腔，溢流阀阀芯在液压力和弹簧力的共同作用下处于某一平衡位置。当液压缸活塞上的负载力 F 增大时，压力 p_2 增加，于是作用在溢流阀阀芯上端的液压力增大，使阀芯下移，溢流口减小，溢流阻力增大，导致液压泵供油压力 p_1 增大，即作用于溢流阀阀芯下端的液压力随之增大，从而使溢流阀阀芯两端受力恢复平衡。由于节流阀口前后压差即为溢流阀阀芯两端的压差，节流阀口前后压差 $p_1 - p_2$ 基本保持不变，通过节流阀进入执行元件的流量可保持稳定，而不受负载变化的影响。这种溢流节流阀上还附有安全阀，以免系统过载。调节节流阀口过流面积，可以改变流量的大小。

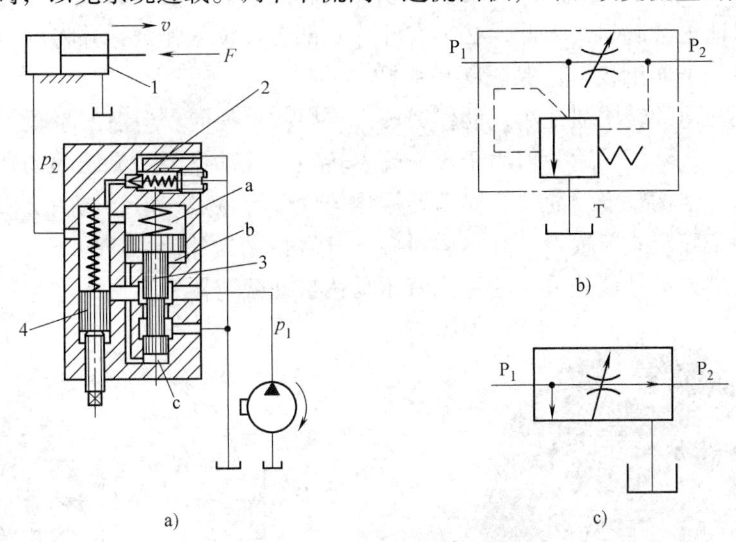

图3-29　溢流节流阀

a）工作原理图　b）详细图形符号　c）简化图形符号

1—液压缸　2—安全阀　3—溢流阀　4—节流阀

溢流节流阀是通过 p_1 随 p_2 的变化来使流量基本上保持恒定的，它能使系统压力随负载变化，且没有调速阀中减压阀口的压差损失。因而溢流节流阀具有功率损耗低、发热量小的优点。但是，溢流节流阀中流过的流量比调速阀大，阀芯运动时阻力较大，弹簧较硬，其结果使节流阀前后压差 Δp 增大（达0.3～0.5MPa），因此它的稳定性稍差。

3.2.3　液压马达

液压马达按其结构类型来分可以分为齿轮式、叶片式、柱塞式和其他形式；按其额定转速来分可以分为高速和低速两大类。额定转速高于500r/min 的属于高速液压马达；额定转速低于500r/min 的属于低速液压马达。高速液压马达的基本形式有齿轮式、叶片式、轴向柱塞式和螺杆式等。它们的主要特点是转速较高、转动惯量小，便于起动和制动，调节灵敏度高。通常高速液压马达输出转矩不大，所以又称为高速小转矩液压马达。低速液压马达的基本形式是径向柱塞式。此外在轴向柱塞式、叶片式和齿轮式液压马达中也有低速的结构形式。低速液压马达的主要特点是排量大、体积大、转速低，低速稳定性好，一般可在10r/

min 以下平稳运转，有的可低至 0.5r/min 以下，因此可直接与工作机构连接，不需要减速装置，使传动机构大为简化。通常低速液压马达输出转矩较大（可达几千牛·米到几万牛·米），所以又称为低速大转矩液压马达。

1. 叶片式液压马达 叶片式液压马达的结构通常是双作用定量马达，其壳体内主要零部件实物如图 3-30 所示。其工作原理如图 3-31 所示，当压力油输入到进油腔后，在叶片 1、3 和 5、7 上，一面作用有压力油，另一面则为回油腔的低压油，由于叶片 1、5 受力面积大于叶片 3 、7 ，从而由叶片受力差构成的转矩推动转子作顺时针方向旋转。改变压力油的输入方向，马达反向旋转。

为使叶片式液压马达正常工作，其结构与叶片泵有一些重要区别。根据液压马达有双向旋转的要求，叶片式液压马达的叶片既不前倾也不后倾，而是径向放置。叶片应始终紧贴定子内表面，以保证正常起动，因此，必须在叶片底部设置预紧弹簧，并将压力油通入叶片底部，使叶片始终处于伸出状态，保证良好密封。

叶片式液压马达的转子惯性小，动作灵敏，可以频繁换向，但泄漏量较大，不宜在低速下工作。因此叶片式液压马达一般用于转速高、转矩小、动作要求灵敏的场合。此外，叶片式液压马达还具有结构紧凑、简单、输出转矩均匀性好等特点，但结构的抗振冲击性能不够好，因此一般用于固定式装置上。在本项目中，气缸体精铣-精镗-刮止口专用机床在精铣气缸体顶面时，其进给运动就是采用叶片式液压马达带动减速器来实现的。

图 3-30 叶片式液压马达主要零部件实物图

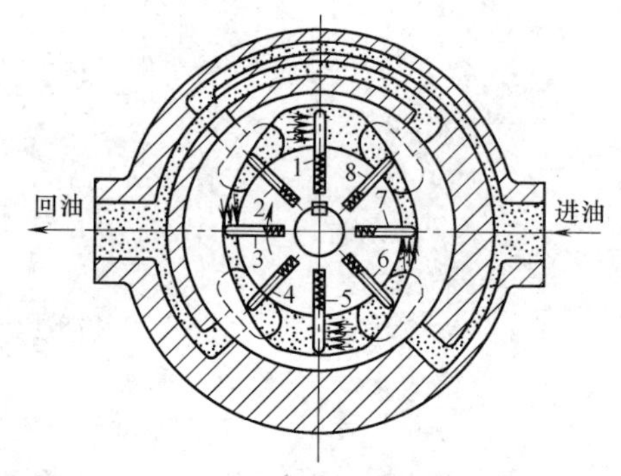

图 3-31 叶片式液压马达工作原理图

2. 轴向柱塞马达 轴向柱塞马达常用的结构形式有斜盘式和斜轴式两种，其实物如图 3-32 所示。图 3-33 所示为滑靴型轴向柱塞马达的工作原理。高压油通过配油盘的配油口进入柱塞底部产生液压力 p，从而推动柱塞外伸。斜盘对柱塞的反作用力 N 可分解成径向力 F 和轴向力 F_f。轴向力 F_f 与柱塞轴向液压力 p 相平衡，而径向力 F 则产生转矩，推动缸体克服负载并以转速 n 转动。

由上述可知，轴向柱塞马达与轴向柱塞泵在原理上是互逆的，但也有一部分轴向柱塞泵为防止柱塞腔在高低压转换时产生压力冲击而采用非对称配油盘，并且为提高泵的吸油能力而使泵的吸油口尺寸大于排油口尺寸。这样结构形式的泵就不适合作液压马达使用。

轴向柱塞马达压力高、转矩大、体积小，适合在飞机上应用；游乐场所的风车转动也有用轴向柱塞马达来驱动的。

3. 径向柱塞马达 径向柱塞马达包括单作用连杆型、静压平衡型和多作用内曲线型等。

在海底辅设光缆是由轮船在海上用低速大转矩径向柱塞马达与行星减速器组成减速装置来完成的，不但牵引力大而且安全可靠。

图3-32　轴向柱塞马达实物图

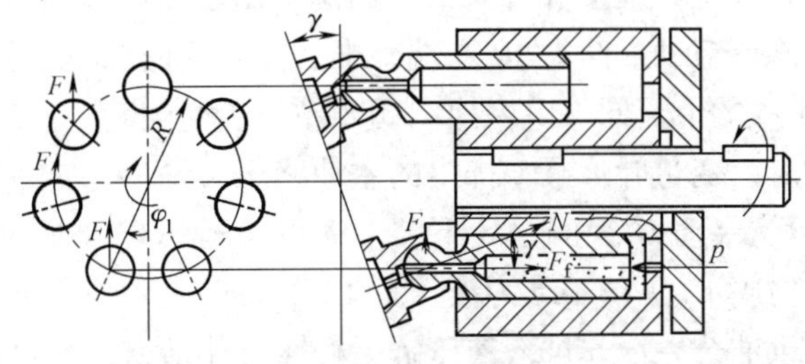

图3-33　滑靴型轴向柱塞马达工作原理图

4. 内啮合摆线马达　内啮合摆线马达体积小、质量轻，输出转速、转矩的适应范围较宽，效率通常比齿轮马达高。例如，挖掘机履带传动的动力源就是采用该类液压马达的。

液压马达的主要特点是：

1）液压马达需要正反转，因而要求其内部结构对称。

2）液压马达的转速范围需要足够大，特别对它的最低稳定转速有一定要求。因此，在液压马达中通常使用滚动轴承或静压滑动轴承。

3）液压马达由于在输入压力油条件下工作，因而不必具备自吸能力，但需要一定初始密封性，才能提供必要的起动转矩。

液压马达的图形符号如图3-34所示。

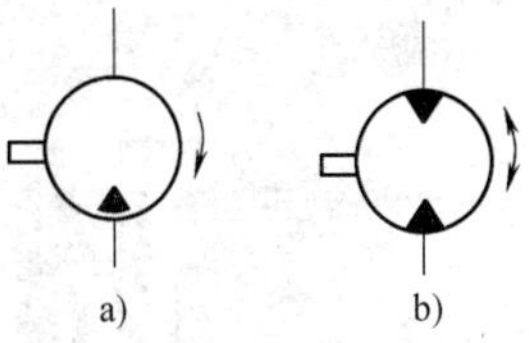

a)　b)

图3-34　液压马达图形符号
a）单向定量液压马达
b）双向定量液压马达

3.3　气缸体精铣-精镗-刮止口专用机床液压系统基本回路

3.3.1　调速阀、液压马达带减速器进给回路

调速阀、液压马达带减速器进给回路由叶片泵、调速阀和液压马达等液压元件组成，如图3-35所示。

1YA通电，变量叶片泵1排出的主油路压力油→单向阀2→电磁换向阀3左位→单向调速阀4中的调速阀→液压马达5，液压马达5顺时针旋转，带动减速器6正转，再经滚珠丝杠副将旋转运动转变为直线运动，使机械滑台7向前进给至终点XK_1。

1YA断电、2YA通电，机械滑台后退。变量叶片泵1排出的主油路压力油→单向阀2→电磁换向阀3右位→液压马达5，液压马达5逆时针旋转，带动减速器6反转，再经滚珠丝杠副使机械滑台7后退至原位XK_2。此时2YA断电。

3.3.2　差动连接快进回路

为了提高生产效率，机床工作部件常常要求实现空行程（或空载）的快速运动。这时要求液压系统流量大而压力低，这同工作运动时一般需要的流量较小和压力较高的情况正好相反。快进回路的功用在于使执行元件获得必要的高速，以提高系统的工作效率。图 3-36 所示为利用液压缸差动连接形成快速运动回路。

3YA 通电，变量叶片泵 1 排出的控制油路压力油→电磁换向阀 8 左位→单向节流阀 9 中的单向阀→液动换向阀 10 左端，推动液动换向阀 10 阀芯向右移动。阀芯右端的油→单向节流阀 11 中的节流阀→电磁换向阀 8 左位→回油箱。

此时，变量叶片泵 1 排出的主油路压力油→单向阀 2→液动换向阀 10 左位→行程换向阀 12 下位→动力液压缸 13 下腔。动力液压缸 13 上腔油→液动换向阀 10 左位→单向阀 14→行程换向阀 12 下位→动力液压缸 13 下腔形成差动快进。由此可见，液压缸有杆腔的回油和液压泵供油合在一起进入液压缸无杆腔，使活塞快速运动。

差动连接快进回路结构简单，应用较多。泵的流量和液压缸有杆腔排出的流量合在一起流过的阀和管路应按合成流量来选择其规格，否则会导致压力损失过大，且泵空载时供油压力过高。

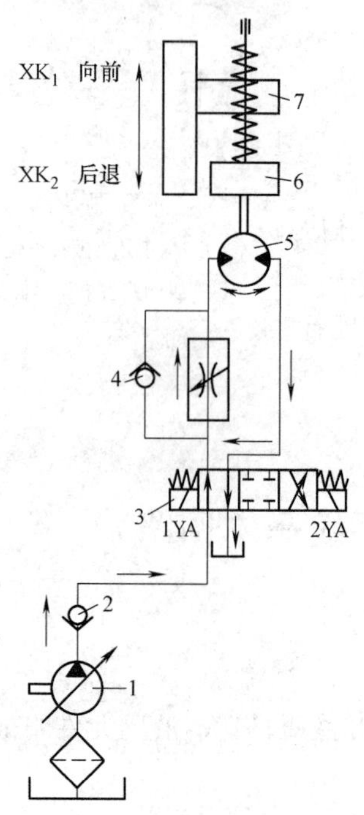

图 3-35　调速阀、液压马达带减速器进给回路

1—变量叶片泵　2—单向阀　3—电磁换向阀　4—单向调速阀　5—液压马达　6—减速器　7—机械滑台

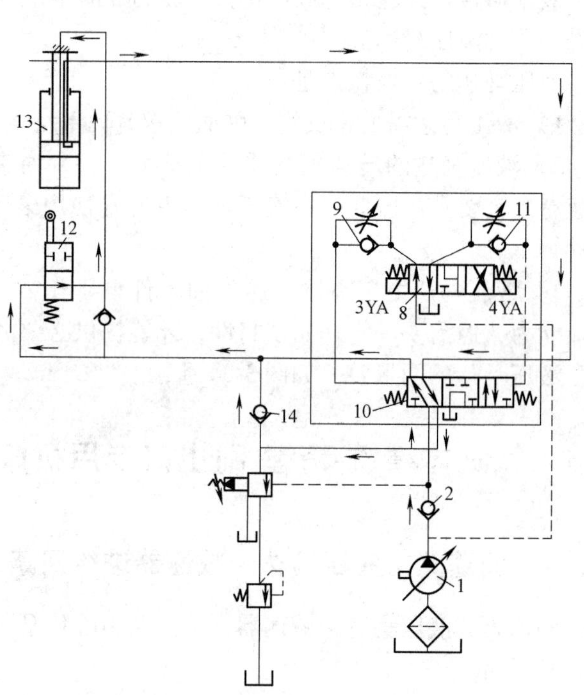

图 3-36　差动连接快进回路

1—变量叶片泵　2、14—单向阀　8—电磁换向阀　9、11—单向节流阀　10—液动换向阀　12—行程换向阀　13—动力液压缸

3.3.3　容积节流加背压调速回路

调速回路是用来控制执行元件速度的回路，其形式有节流调速、容积调速和容积节流调速。节流调速回路采用定量液压泵供油，在液压泵的出口加溢流阀，使液压泵出口的压力恒定，构成恒压油源，并通过改变接在回路中流量阀阀口的过流面积，从而控制进入执行元件

的流量，以实现速度的控制。根据流量阀在回路中的位置不同，节流调速回路可分为进油路节流调速、回油路节流调速和旁油路节流调速3种。目前，流量阀多采用调速阀取代节流阀，这是因为用节流阀调速时，节流阀的进、出口压力随负载的变化而变化，影响节流阀流量的均匀性，使执行机构的速度不稳定，因此，节流阀只适用于负载和温度变化不大或速度稳定性要求不高的液压系统。由于调速阀本身能在负载变化的条件下，保证节流阀进、出油口间的压差基本不变，因而使用调速阀后，节流阀调速回路的速度稳定性得到了提高。

1. 采用调速阀的进油节流调速回路　采用调速阀的进油节流调速回路如图3-37所示。该回路采用定量泵1供油，将调速阀3放置在定量泵1和执行元件液压缸4之间，形成进油路节流调速。由于调速阀流量稳定性好，不受负载变化的影响，所以执行元件速度稳定性好。但调速阀正常工作时，由于其前后压差应不小于0.5MPa，因此，该回路功率损失比采用节流阀的进油调速回路大，故适用于速度稳定性要求高或负载变化较大的小功率场合。

由上述可知，节流调速回路结构简单、价格便宜、使用维护方便、功率损失较大。但由于使用了溢流阀，效率较低，为了提高系统效率，在大功率液压系统中普遍采用容积调速回路。

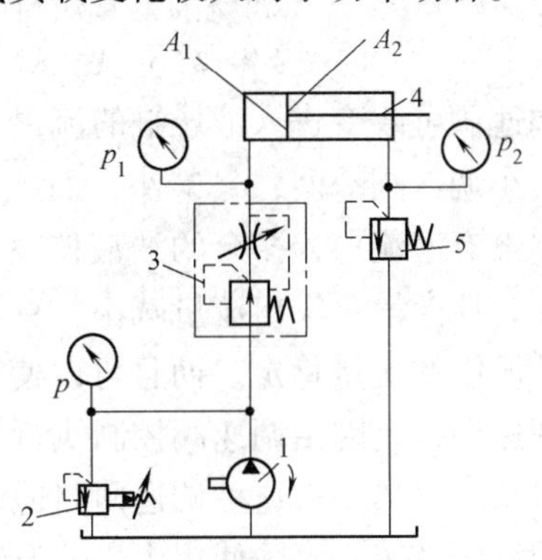

图3-37　采用调速阀的进油节流调速回路

1—定量泵　2—先导式溢流阀　3—调速阀　4—液压缸　5—溢流阀（起背压作用）

2. 容积调速回路　容积调速回路通过调节变量泵或变量马达排量的大小实现调节执行元件的速度。与节流调速回路相比，容积调速回路无溢流和节流功率损失，且供油压力随负载而变化，因此系统效率高、发热小，但其结构复杂、价格高。按调节元件不同有采用变量泵—定量执行元件的容积调速回路、采用定量泵—变量马达的容积调速回路、采用变量泵—变量马达的容积调速回路3种。

（1）采用变量泵—定量执行元件的容积调速回路　它是通过改变泵的排量来调节液压缸的速度和液压马达的转速。如图3-38所示，改变变量泵的排量，即可调节液压缸的速度（$v=q_p/A_1$，q_p为液压泵输出流量，A_1为液压缸的有效面积）和液压马达的转速（$n=q_p/V_M$，V_M为液压马达的排量）。回路中先导式溢流阀2、5作安全阀，起过载保护作用。如图3-38b所示，为了补充液压泵和液压马达的泄漏，采用定量泵8作为辅助泵用以向油路补油，其供油压力由低压溢流阀7调定。这种回路调速范围较大、效率高，适用于大功率的场合。

（2）采用定量泵—变量马达的容积调速回路　它是通过改变变量马达的排量调节变量马达的转速。这种回路因为变量马达的排量不能调得过小（此时输出转矩将很小，甚至不能带动负载），故限制了转速的提高，因此应用较少。

（3）采用变量泵—变量马达的容积调速回路　它是上述两种回路的组合，回路中变量泵和变量马达都可正、反向旋转。这种回路，由于泵和马达的排量均可改变，故调速范围广且调速效率高，适用于大功率场合。

3. 容积节流调速回路　容积节流调速回路，是采用变量泵和流量阀相配合的调速回路。

（1）进油调速回路　图3-39所示是容积节流进油调速回路。该回路由变量叶片泵供油，靠自身调压，采用电磁换向阀卸荷。在进油路上加调速阀，并在回油路上设置背压阀，调节

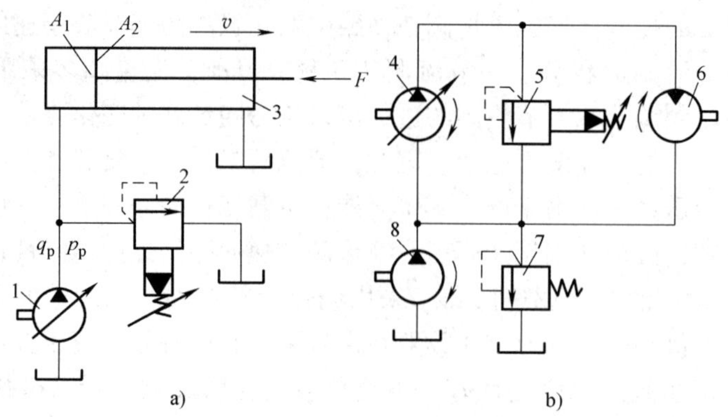

图 3-38　变量泵—定量执行元件的容积调速回路

a）变量泵—液压缸的容积调速回路　b）变量泵—定量马达的容积调速回路

1、4—变量泵　2、5—先导式溢流阀　3—工作液压缸　6—定量马达　7—低压溢流阀　8—定量泵

调速阀可改变进入液压缸的流量，该变量叶片泵的输出流量为 q_p，则稳态工作时 $q_p = q_1$，在关小调速阀瞬间，q_1 减小，而此时液压泵的输出油量还未来得及改变，使得 $q_p > q_1$，因回路中没有溢流量，多余的油液使变量泵和调速阀间的油路压力升高，即变量泵的出油压力升高，使变量泵输出流量减小，直至 $q_p = q_1$，反之亦然。由上述可知，调速阀不仅能保证进入液压缸的流量稳定，而且可以使变量泵供油流量 q_p 与液压缸所需流量 q_1 自动相适用。这种调速回路，因由调速阀控制执行元件速度，故速度稳定性好；又因为无溢流损失，故系统效率高，发热小。这种调速回路适用于轻载变化大、速度较低而稳定性要求较高的中、小功率的液压系统。实际使用中，油温约为45℃。

（2）回油调速回路　采用变量叶片泵供油，靠自身调压，在回油路中加调速阀，形成容积节流回油调速，如图 3-40 所示。此回路也可在回油路中的调速阀后再设置背压阀。

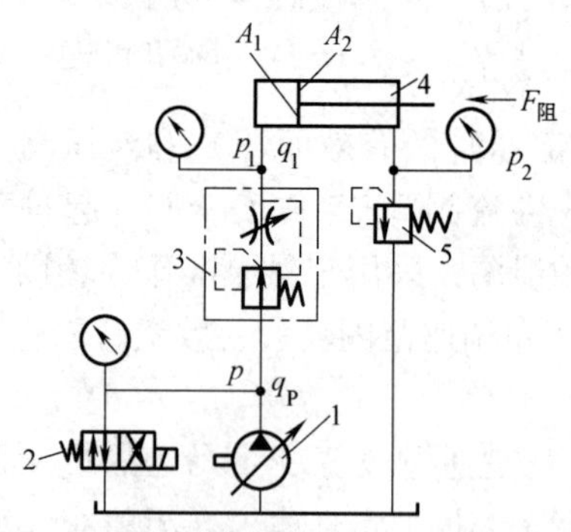

图 3-39　采用变量泵和调速阀的容积节流进油调速回路

1—变量泵　2—电磁换向阀　3—调速阀　4—液压缸　5—溢流阀（起背压作用）

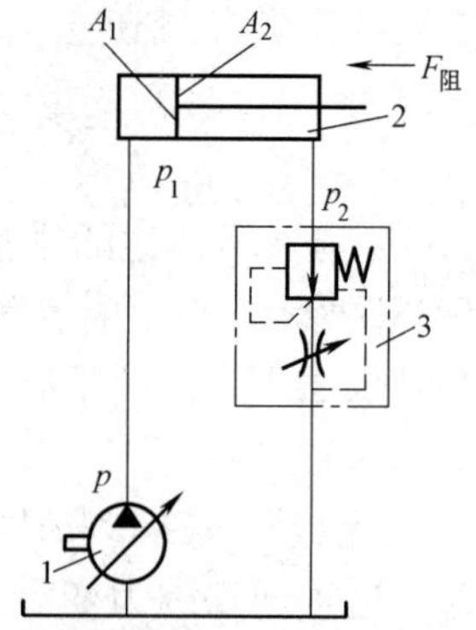

图 3-40　采用变量泵和调速阀的容积节流回油调速回路

1—变量泵　2—液压缸　3—调速阀

（3）进油、回油调速回路的比较　将进油、回油调速回路进行比较，可知：

1）从压力脉动方面来看，在进油调速回路（见图 3-39）中，液压泵在输油过程中存在压力脉动，而且还有各种原因引起突然变化脉动，这种动力源的脉动受到调速阀中定差减压阀和节流阀的共同抑制作用被衰减，到达液压缸无杆腔的压力油压力脉动小，比较平稳。而在回油调速回路（见图3-40）中，由于动力源的压力脉动直接作用到达液压缸无杆腔活塞端面，产生的力使液压缸驱动的滑台出现具有固有频率的爬行，无法消除，压力脉动大。

2）从设置背压方面来看，如图3-39所示，在液压缸有杆腔通过背压阀5设置背压，即 p_2 的压力值为0.5～0.8MPa，使其充满油起到油垫作用。当负载发生变化，油垫起到了缓冲作用，也有利于进给平稳性。如图3-40所示，调速阀既能控制排油进行回油调速，又能起背压作用。但调速阀中定差减压阀和节流阀都是常开阀，只要滑台工作过之后停一小会儿，液压缸有杆腔内油液因泄漏而漏空或部分漏空，背压为零，再次起动滑台就会出现“冲”（速度突然增加）的现象。若在调速阀出口处，加溢流阀防止油泄漏，也只有压力超过0.5MPa之后才真正起作用。

3）从受力分析方面来看，如图3-39所示，$p_1A_1=F_{阻}+p_2A_2$，$F_{阻}$ 包括切削负载、滑台导轨摩擦阻力和液压缸内壁活塞运动摩擦阻力。变量泵的额定压力为7MPa，工作压力取4.5MPa，调速阀进出口压力差必须保证0.5MPa。p_2A_2 是调定的附加阻力，p_1 的大小决定于 $F_{阻}$ 及 A_1，但不能超过4MPa。当无切削负载时，p_1 一般为0.8MPa左右。$p-p_1$ 压力差消耗在调速阀上；当轻切削负载时，p_1 一般为1.6MPa左右；当重切削负载时，p_1 一般为3.5～4MPa；当滑台在进给过程中，若 p_1 达到4.5MPa滑台则停止运动，当滑台到了终点，p_1 值逐渐增高至 p 值。可以设置压力继电器发信号，使滑台快退。

如图3-40所示，在回油调速方案中，$p_1A_1=F_{阻}+p_2A_2$，液压缸大腔的压力 p_1 是变量泵出口压力 p，约为4MPa，p_1 确定以后液压缸有杆腔产生相应的背压与液压缸无杆腔相平衡。p_2 的值就是调速阀的进出油口压力差。其中节流阀前后压力差约为0.3MPa，其余压力差消耗在定差减压阀上。当负载 $F_{阻}$ 增加，背压 p_2 减小；当 $p_1A_1=F_{阻}$ 时，$p_2=0$，滑台停止运动。由于 p 值不变，进油路上不能设置压力继电器发信号。

4）从负反馈能力方面来看，如图3-39所示，当重切削负载为钻通孔时，在临近钻通时，切削载荷突然减小，滑台出现前冲，增大钻头切削量，超过钻头的承载转矩，则钻头被折断。出现这种现象的原因是液压缸有杆腔的负载 $F_{阻}$ 急剧下降，而液压缸无杆腔的调速阀无应变能力，p_1 仍保持不变，出现 $p_1A_1>F_{阻}+p_2A_2$，可见进油调速属开环系统，无负反馈能力。调大背压 p_2 则增大阻力，虽然可以减小冲的程度，但消弱了进给能力，降低产量。

如图3-40所示，当重切削载荷钻不通孔时，也会因切削载荷变化出现停顿，造成液压缸有杆腔油液泄漏，出现冲而断钻头的现象。出现这种现象的原因是液压缸有杆腔的负载 $F_{阻}$ 急剧下降而液压缸无杆腔 p_1 无应变能力。回油调速也属开环系统，无负反馈能力。

5）从速度—负载特性来看，进油调速回路具有稳定的低速进给能力。此外，调速范围大，在低速、中速、高速进给都能获得稳定的进给速度。重负载变化较小时能有较好的速度—负载特性；重负载变化较大，则速度—负载特性较差；轻负载变化较大，则速度—负载特性也是较好的。

由于压力脉动大等原因，回油节流调速回路低速性能差，调速范围比进油调速范围小。轻负载变化小，能有较好的速度—负载特性；轻负载变化大，则速度—负载特性很差。对于重负载，即使变化较小时，速度—负载特性仍较差。

6）从做功与发热方面来看，如图3-37所示，采用定量泵时，多余油经溢流阀回油箱，做无用功，这是油温升高的主要原因，最高油温是71℃。如图3-39所示，采用变量叶片泵时，p_1 值随着 $F_{阻}$ 的变化而变化，有多少 $F_{阻}$，就做相应的功，做功合理，无用功少，最高油温为45℃。如图3-40所示，p 值不变，p_2 一直很高。p_2A_2 做的是无用功，造成油温升高，这就是回油调速发热的原因。

由于进油调速加背压的调速回路方案有许多优点，调速阀制造技术成熟，便于采购、使用、掌握方便，该调速回路已经广泛用在铣、钻、扩、铰、镗等加工工艺机床上。而回油调速的调速回路方案结构简单、液压阀少，曾广泛应用在钻、扩、铰机床上，但由于存在“冲”的弊端，目前采用较少。

（4）实用调速回路　图3-41所示的实用调速回路采用项目2中介绍的特制定差减压阀。将定差减压阀放在进油路上，节流阀放在回油路上，这种定差减压阀和节流阀形成一种特殊结构的调速阀。回油路上节流阀的进油口与定差减压阀阀芯压力控制端 K_1 相通，节流阀的出油口与定差减压阀阀芯弹簧端的压力控制端 K_2 相通。定差减压阀两端压力差基本不变，保证了节流阀进、出油口的压力基本不变，从而确保进给的稳定性。

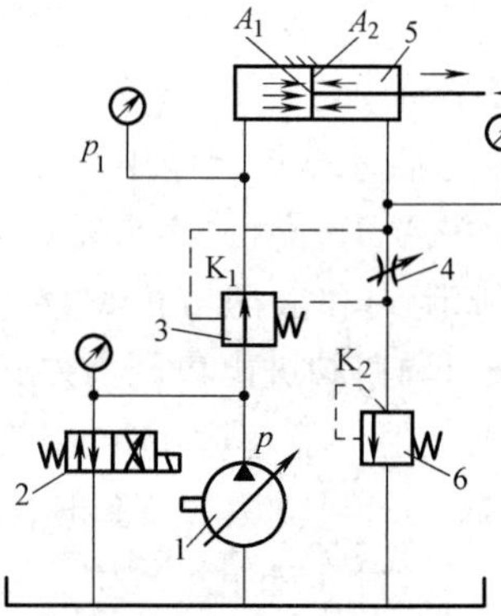

图3-41　实用调速回路

1—变量泵　2—电磁换向阀　3—特制定差减压阀　4—节流阀　5—液压缸　6—背压阀

该回路能有效解决当重切削载荷变化较大时，出现“冲”而断钻头的现象。实用调速回路方案的特点是：

1）液压泵压力脉动及突变脉动因受到定差减压阀的衰减，到达液压缸无杆腔的压力脉动小，比较平稳。

2）在液压缸有杆腔设置背压，使其充满油起到油垫作用，压力值为0.5~0.8MPa，油垫起到了缓冲作用，有利进给平稳性。

3）通过受力分析可知 $p_1A_1 = F_{阻} + p_2A_2$。变量泵额定压力7MPa，工作压力取4.5MPa，调速阀中的定差减压阀和节流阀分别放在两处，要保证其处于工作压力状态。p_1 的大小决定于 $F_{阻}$ 及 A_1，但不能超过4MPa。当无切削负载时，p_1 一般为0.8MPa左右。$p - p_1$ 压力差消耗在定差减压阀上；当轻削载荷时，p_1 一般为1.6MPa左右；当重切削载荷时，p_1 一般为3.5~4MPa左右。当滑台在进给过程中若 p_1 达到4.5MPa，滑台停止运动。此时，若降低切削速度，则降低生产率。提高工作压力，则增加发热量。可以通过增加活塞面积 A_1 来降低液压缸无杆腔工作压力 p_1。该回路可以设置止挡块停留，当液压缸工进完了以后，碰到止挡块，无杆腔工作压力 p_1 逐步提高，直至压力继电器发出信号，可用于精镗。

4）液压缸无杆腔压力 p_1 在克服负载 $F_{阻}$ 做功过程中，当负载 $F_{阻}$ 瞬间增大时，有杆腔的背压力 p_2 会瞬时减小，即定差减压阀阀芯端面上控制端 K_1 处压力减小，定差减压阀上的弹簧力起作用，阀芯与阀体间开口增大，压力损失减小，则定差减压阀的出口压力 p_1 增大与负载增大相平衡，即 $p_1A_1 = F_{阻} + p_2A_2$；当负载 $F_{阻}$ 瞬时减小，则背压力 p_2 瞬时增大，定差减压阀阀芯端面上 K_1 处的控制压力瞬时增大，则阀芯与阀体间开口减小，增大压力损失，则定差减压阀的出口压力 p_1 减小与负载减小相平衡，即 $p_1A_1 = F_{阻} + p_2A_2$。这种 $F_{阻}$ 变化引起 p_2 变化控制 p_1 作相应变化的能力称之为有负反馈能力。

5）实用调速回路方案具有稳定的低速进给能力。该方案调速范围大，在低速、中速、高速都能获得稳定的进给速度。重负载变化较大时，仍有很好的速度—负载特性。

6）实用调速回路方案中的 p_1 值随着 $F_{阻}$ 的变化而变化，有多少 $F_{阻}$，p_1 就做相应的功，做功合理，无用功少。采用变量泵时，液压泵的流量随工进需要的流量而变化，油温约为45℃。

该实用调速方案不但继承了进油调速回路的许多优点，调速性能好，而且有负反馈能力，已在铣端面、车端面、钻通孔、锪孔等机床上使用，获得理想的效果。不过，该方案需采用特制的定差减压阀。

（5）气缸体精铣—精镗—刮止口专用机床的容积节流加背压调速回路（见图3-42）

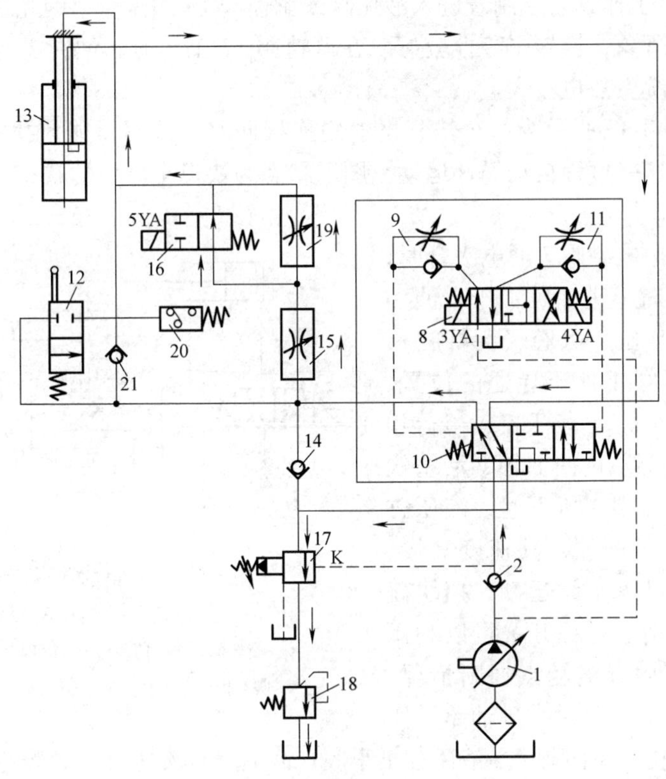

图3-42　容积节流加背压调速回路

1—变量叶片泵　2—单向阀　8—电磁换向阀　9、11—单向节流阀　10—液动换向阀　12—行程换向阀　13—动力液压缸　14—单向阀　15、19—调速阀　16—电磁换向阀　17—顺序阀　18—溢流阀（背压阀）　20—压力继电器　21—单向阀

1）一次工进主油路进油路。当行程挡块压下行程换向阀12以后，主油路：压力油→单向阀2→液动换向阀10左位→调速阀15→电磁换向阀16右位→动力液压缸13下腔。回油路：动力液压缸13上腔→液动换向阀10左位→顺序阀17→背压阀18→回油箱

2）二次工进主油路进油路。当一次工进行程结束碰到行程开关之后，电磁换向阀16的5YA通电。主油路：压力油→单向阀2→液动换向阀10左位→调速阀15→调速阀19→动力液压缸13下腔。回油路：动力液压缸13上腔→液动换向阀10左位→顺序阀17→背压阀18→回油箱。处于工进状态下的工作压力大于顺序阀17中K处的调整压力，可以打开顺序阀17，实现动力液压缸13上腔排出的油经顺序阀17和溢流阀（背压阀）18流回油箱，溢流

阀（背压阀）的调整压力为0.5～0.8MPa。

由上述可知，在图3-42所示的容积节流加背压调速回路中，动力液压缸13在一个工作循环中，从一种运动速度变换到另一种运动速度。当需要第二种工作进给速度时，压力油先经调速阀15，再经调速阀19进入液压缸，这时的流量应由调速阀19控制，所以在这种两个调速阀串联式回路中，调速阀19的节流口应调得比调速阀15小，否则调速阀19在速度换接回路中将不起作用。由此可见，第二种工进速度必须比第一种工进速度低。在回路中，由于调速阀15一直工作，它限制着进入液压缸或调速阀19的流量，因此在速度换接时不会使液压缸产生前冲现象，换接平稳性较好。在调速阀19工作时，油液需经两个调速阀，故能量损失较大，系统发热也较大。

【例3-1】　图3-43所示为一个快、慢速度换接回路。该回路能使执行元件按照快进、工进、快退、停止这一过程自动循环运动。图示状态为快退至原位的状态。试分析其动作循环过程。

解　当二位四通电磁阀7通电吸合时，自动循环开始。此时，进油路：压力油→电磁阀7左位→液压缸1大腔（无杆腔），此时二位二通行程阀4处于导通的位置；回油路：液压缸1小腔（有杆腔）→行程阀4下位→电磁阀7左位回油箱，活塞快进。当挡块2将行程阀4压下时，液压缸1必须经过调速阀5回油，其速度减慢，成为工作进给。当活塞继续运动，挡块碰到行程开关3后，由于行程开关可以利用机械外力来改变其内部电触点通断情况，从而使电磁阀7断电。此时，进油路：压力油→电磁阀7右位→单向阀6→液压缸1小腔；回油路：液压缸1大腔→电磁阀7右位回油箱，由于单向阀6的存在，液压缸进、回油路上都没有阻力，故活塞快退。当退到终点时，活塞停止运动。该回路在工进过程中采用的是回油调速，由于调速阀是常开状态，工进时的停顿会使液压缸1小腔泄漏造成前冲现象。

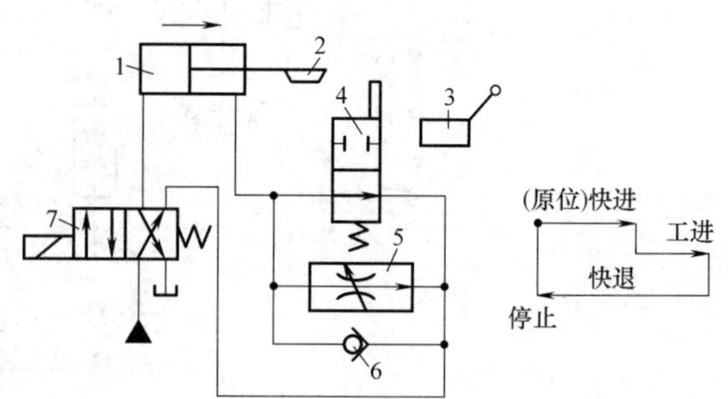

图3-43　用行程阀或行程开关切换执行元件的速度和方向

1—液压缸　2—挡块　3—行程开关　4—行程阀　5—调速阀　6—单向阀　7—电磁阀

【例3-2】　图3-44所示为两个调速阀串联的两个工进速度的换接回路。试分析其工作过程。

解　图中液压泵1输出的压力油经调速阀3和电磁阀5左位进入液压缸，这时的流量由调速阀3控制。当需要第二种工作进给速度时，电磁换向阀5通电，其右位接入回路，则液压泵输出的压力油先经调速阀3，再经调速阀4进入液压缸，这时的流量应由调速阀4控制。调速阀4的节流口应调得比调速阀3小。由于调速阀3处于工作状态，在速度换接时限制着进入调速阀4的流量，速度换接平稳性好。因为油液经过两个调速阀，所以能量损失较大。

【例3-3】　图3-45所示为两个调速阀并联的两个工进速度的换接回路。试分析其工作过程。

解　如图3-45所示，液压泵1输出的压力油经调速阀3和电磁换向阀5进入液压缸。当需要第二种工作进给速度时，电磁换向阀5通电，压力油经调速阀4和电磁换向阀5进入液压缸。两种工作进给速度相互间没有什么限制。但一个调速阀工作时，另一个调速阀中没有油液通过，它的定差减压阀则处于完全打开的位置，在速度换接开始的瞬间不能起减压作用，容易出现部件突然前冲的现象。因此该回路不宜用在工作过程中的速度换接，只可用在速度预选的场合。

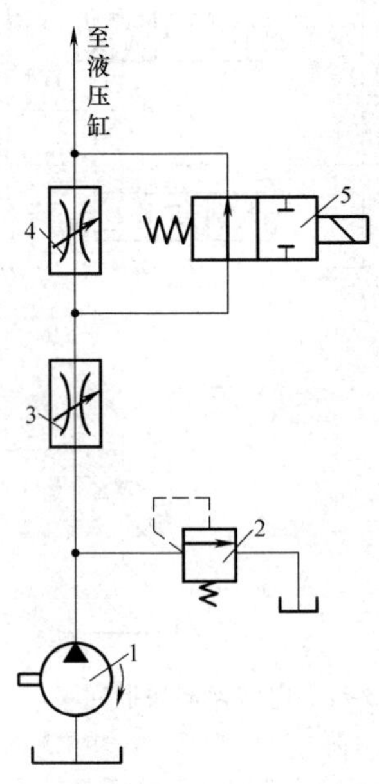

图3-44　两个调速阀串联的速度换接回路
1—液压泵　2—溢流阀　3、4—调速阀
5—电磁换向阀

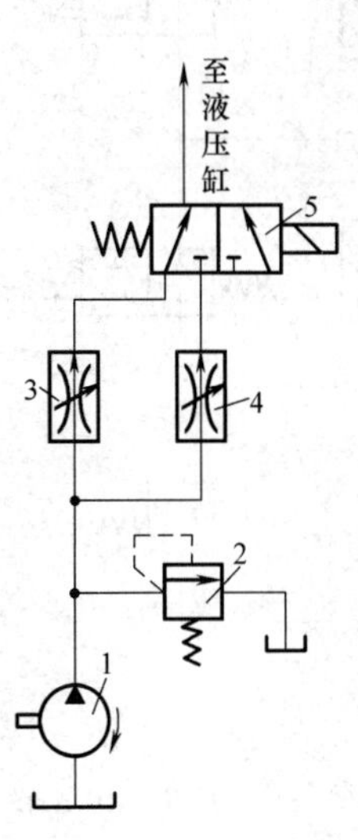

图3-45　两个调速阀并联的速度换接回路
1—液压泵　2—溢流阀　3、4—调速阀
5—电磁换向阀

【例3-4】　图3-46所示为两个调速阀串并联的速度换接回路。试分析其工作过程。

解　液压泵1起动，压力油经过电磁换向阀4、6进入液压缸，实现快进；当电磁换向阀4通电，电磁换向阀4右位工作，压力油经过调速阀3、电磁换向阀6进入液压缸实现第一次工进；电磁换向阀4、6通电，压力油经过调速阀3、5实现第二次工进，这时属串联连接；工作5s以后，电磁换向阀4断电，压力油经过电磁换向阀4、调速阀5进入液压缸，工进平稳，压力损失小，这时属并联连接。

3.3.4　电液换向快退回路

电液换向快退回路如图3-47所示。4YA通电，控制油路压力油→电磁换向阀8右位→单向节流阀11中的单向阀→液动换向阀10右端→推动阀芯向左移动→阀芯左端的油→单向节流阀9中的节流阀→电磁换向阀8右位→回油箱。

主油路进油路：变量叶片泵1排出的压力油→单向阀2→液动换向阀10右位→动力液压缸13上腔。

主油路回油路：动力液压缸13下腔的油→单向阀21→液动换向阀10右位→回油箱。

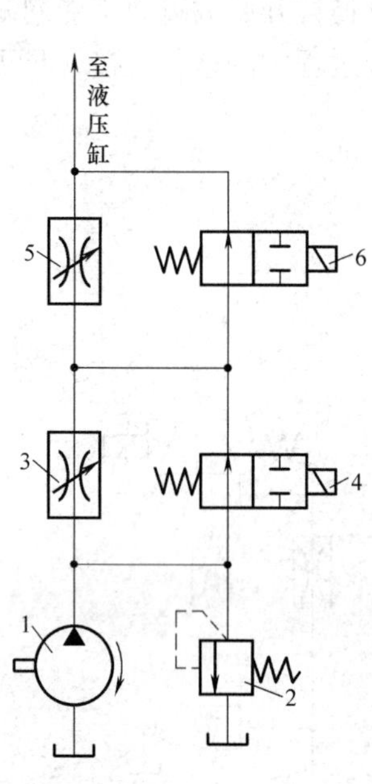

图 3-46　两个调速阀串并联的速度换接回路
1—定量泵　2—溢流阀　3、5—调速阀　4、6—电磁换向阀

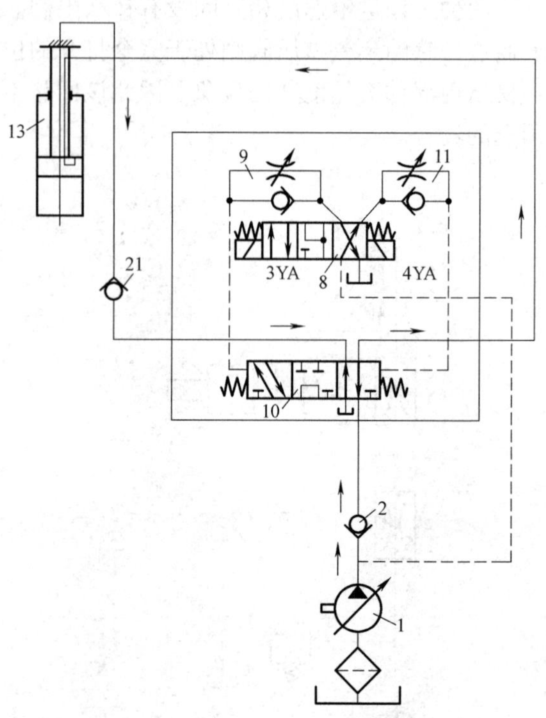

图 3-47　电液换向快退回路
1—变量叶片泵　2—单向阀　8—电磁换向阀　9、11—单向节流阀　10—液动换向阀　13—动力液压缸　21—单向阀

3.3.5　卸荷回路

如图 3-48a 所示，变量叶片泵 1 排出压力油→单向阀 2→液动换向阀 10 中位→回油箱。如图 3-48b 所示，也可以采用通径为 ϕ10mm 的二位四通电磁换向阀直接回油箱，卸荷阻力为零。

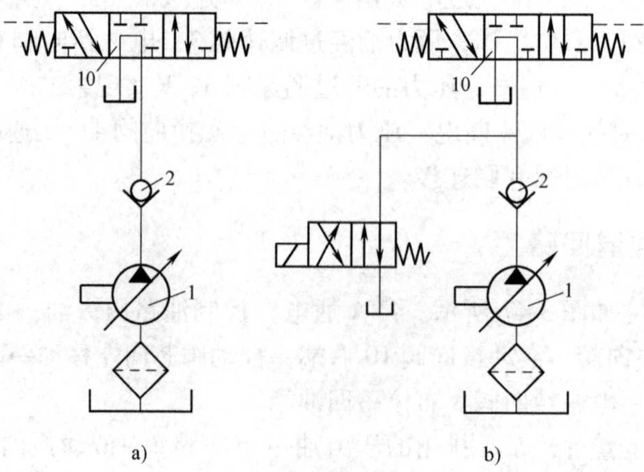

图 3-48　卸荷回路
1—变量叶片泵　2—单向阀　10—液动换向阀

【例3-5】　定量泵可借助M型、H型、K型换向阀的中位机能来实现泵卸荷，如图3-49所示的M型中位机能的换向阀卸荷回路。试分析该回路。

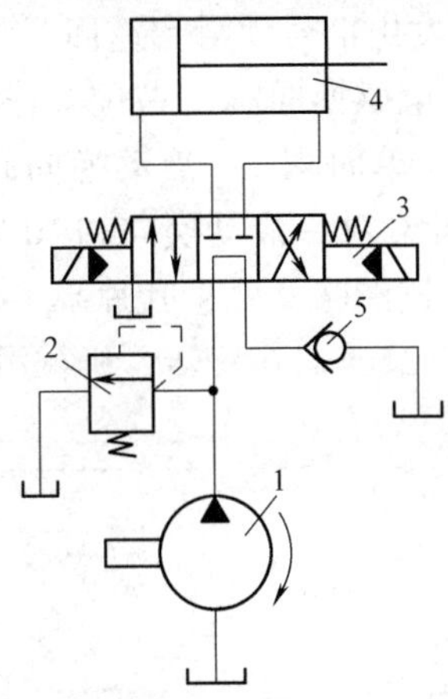

图3-49　用换向阀的卸荷回路

1—定量泵　2—溢流阀　3—电液换向阀　4—液压缸　5—单向阀

解　如图3-49所示，定量泵1产生的压力油通过电液换向阀3的中位，再经单向阀5回油箱，该液压系统借助M型三位四通电液换向阀的中位机能实现卸荷。若回路需保持一定（较低）控制压力以操纵液动元件，在回油路上应安装背压阀（如图中单向阀5起一定背压作用）以使系统能保持0.3MPa左右的压力，此种回路切换时压力冲击小。

3.4　气缸体精铣-精镗-刮止口专用机床液压系统总回路

3.4.1　气缸精铣-精镗-刮止口专用机床液压系统回路分析

图3-50所示为精铣-精镗-刮止口专用机液压系统工作原理图。其电磁铁动作顺序表见表3-1。液压系统工作过程为：

1. 水平滑台工进　1YA通电，进油路：变量叶片泵1→单向阀2→电磁换向阀3左位→单向调速阀4→液压马达5。液压马达5顺时针旋转，带动减速器6正转，使机械滑台7向前进给至终点XK_1。

2. 立式滑台快进　3YA通电，电磁换向阀8左位工作，控制油路压力油使液动换向阀10左位工作。主油路进油路：变量叶片泵1→单向阀2→液动换向阀10左位→行程换向阀12下位→动力液压缸13下腔。主油路回油路：动力液压缸13上腔油→液动换向阀10左位→单向阀14→行程换向阀12下位→动力液压缸13下腔形成快进。

3. 立式滑台Ⅰ工进　行程挡块压下行程换向阀12，进油路：变量叶片泵1→单向阀2→液动换向阀10左位→调速阀15→电磁换向阀16右位→动力液压缸13下腔。回油路：动力液压缸13上腔→液动换向阀10左位→顺序阀17→溢流阀（背压阀）18→回油箱。

4. 立式滑台Ⅱ工进　5YA通电，进油路：变量叶片泵1→单向阀2→液动换向阀10左位→调速阀15→调速阀19→动力液压缸13下腔。回油路：动力液压缸13上腔→液动换向阀10左位→顺序阀17→溢流阀（背压阀）18→回油箱。

5. 止挡块停留　当立式滑台工进完毕之后，碰上止挡块不再前进，停留在止挡块处，同时动力液压缸 13 下腔压力升高，当升高到压力继电器 20 的调整值时，压力继电器动作，通过其本身延时或时间继电器延时发出信号使滑台返回。

6. 立式滑台快退　4YA 通电，电磁换向阀 8 右位工作，控制油路压力使液动换向阀 10 右位工作。进油路：变量叶片泵 1→单向阀 2→液动换向阀 10 右位→动力液压缸 13 上腔。回油路：动力液压缸 13 下腔→单向阀 21→液动换向阀 10 右位→回油箱。

7. 水平滑台快退　2YA 通电，进油路：变量叶片泵 1→单向阀 2→电磁换向阀 3 右位→液压马达 5。液压马达 5 反转，带动减速器 6 反转，机械滑台 7 后退至 XK_2。

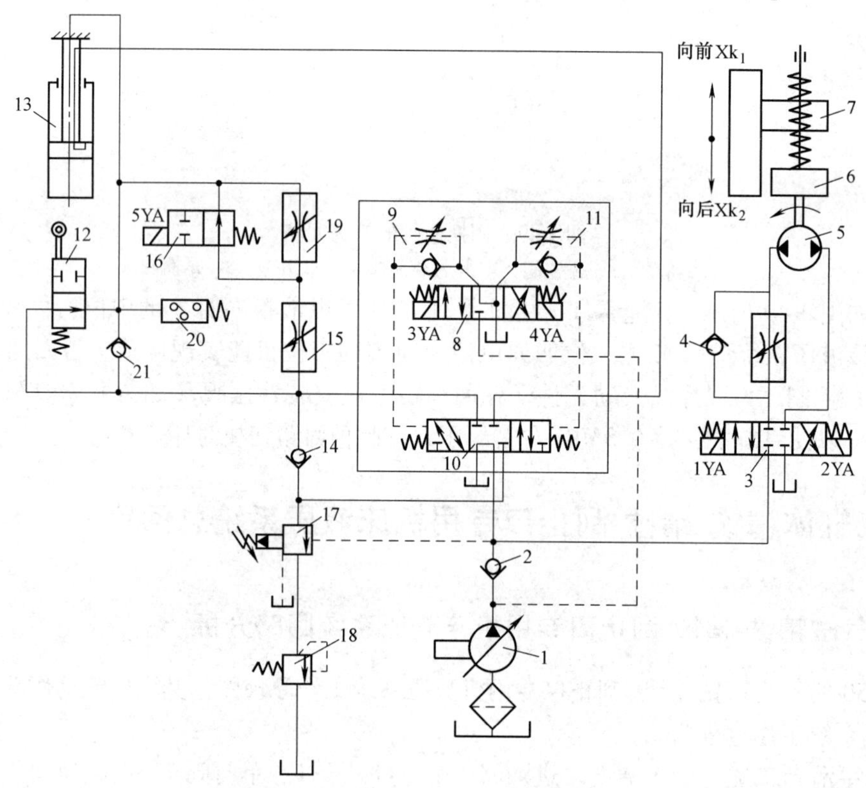

图 3-50　精铣-精镗-刮止口专用机床液压系统工作原理图

1—变量叶片泵　2—单向阀　3—电磁换向阀　4—单向调速阀　5—液压马达　6—减速器　7—机械滑台　8—电磁换向阀　9、11—单向节流阀　10—液动换向阀　12—行程换向阀　13—动力液压缸　14—单向阀　15、19—调速阀　16—电磁换向阀　17—顺序阀　18—溢流阀（背压阀）　20—压力继电器　21—单向阀

表 3-1　电磁铁动作顺序表

元件动作	1YA	2YA	3YA	4YA	5YA	压力继电器
水平滑台工进	+	−	−	−	−	−
立式滑台快进	+	−	+	−	−	−
立式滑台Ⅰ工进	+	−	+	−	−	−
立式滑台Ⅱ工进	+	−	+	−	+	−
立式滑台止挡	+	−	+	−	+	+
立式滑台快退	+	−	−	+	−	−
水平滑台快退	−	+	−	−	−	−
原位	−	−	−	−	−	−

注：+为通电，−为断电。

3.4.2　气缸体精铣-精镗-刮止口专用机床液压系统特点

1）变量泵经调速阀驱动液压马达并带动减速器使机械滑台进给稳定。

2）立式滑台采用限压式变量叶片泵供油，并采用容积节流加背压调速回路，具有稳定的低速运动，有较好的速度刚性，较大的调速范围。系统采用了限压式变量泵，差动连接式液压缸来实现快进，能源利用比较合理。

3）采用止挡块停留、压力继电器发出信号，重复精度高、实现了动作自动化。

习题与训练

3-1　试分析单作用叶片泵和双作用叶片泵的结构特点，简述两者的工作原理。

3-2　单、双作用叶片泵的叶片是怎样伸出的？分析其叶片为何要倾斜安装？

3-3　单作用叶片泵的叶片为何通常为奇数，而双作用叶片泵的叶片为何通常为偶数？

3-4　叶片泵配油盘的配油窗口的一侧或两侧开有三角形卸荷槽，它有何作用？

3-5　针阀式节流口的优缺点是什么？轴向三角槽节流口的优缺点是什么？

3-6　节流阀不能稳定工作，而调速阀可以稳定工作的原因是什么？

3-7　温度补偿调速阀同调速阀相比，在结构上有什么先进之处？

3-8　液压马达的主要特点是什么？

3-9　节流调速、容积调速、容积节流调速回路各有什么特点？

3-10　试分析进油调速回路与回油调速回路各自的特点。

3-11　两个调速阀串联的速度换接回路和两个调速阀并联的速度换接回路各有什么特点？各用在什么场合？

3-12　试分析气缸体精铣-精镗-刮止口专用机床的液压系统工作原理。

3-13　拆装叶片泵，并分析其工作过程。

3-14　拆装调速阀，并分析其工作过程。

3-15　拆装液压马达，并分析其工作过程。

3-16　在液压试验台上组装两个调速阀串联的速度换接回路。

3-17　在液压试验台上组装气缸体精铣-精镗-刮止口专用机床的容积节流加背压调速回路，并分析其工作过程。

项目 4　塑料注射成型机的液压系统

本项目主要介绍双联叶片泵、齿轮泵、电液比例控制阀、插装阀等液压元件，并介绍用电液比例控制阀、插装阀实现的压力、流量控制回路和开模、差动快速合模、注射、储料、抽胶等基本液压回路以及塑料注射成型机液压系统回路。

4.1　认识塑料注射成型机

4.1.1　用途和组成

塑料注射成型机（简称注塑机）（见图 4-1）主要用于热塑性塑料制品的成型加工。它将颗粒状的塑料在料筒内加热至熔融状态，并快速高压注入闭合模具的型腔内，并保压一定时间，经冷却后成型为塑料制品。注塑机的主要部件有：

1. 合模部件　它是安装模具用的成型部件，由定模板、动模板、合模机构、合模液压缸和顶针液压缸组成。

2. 注射部件　它是注塑机的塑化部件，由加料装量（料斗、料筒、螺杆、喷嘴）、预塑装置、注射液压缸和射台座移动液压缸等组成。

3. 床身　它是注塑机的动力和控制部件，装有液压传动及电气控制系统，如液压泵、各种控制阀、电动机、电气箱等。

图 4-1　注塑机实物图

1—合模部件　2—注射部件　3—床身

4.1.2　工作要求

塑料注射成型工艺是一个按照预定顺序进行的周期性动作过程，周期短、需要很大的注射力和合模力、工艺顺序动作多，注射和合模速度可以在较大范围内调节。以550型塑料注射成型机为例，该注塑机的合模夹紧力为5.5MN左右，在调模完成以后，为了节约时间，注射座紧靠定模板，喷嘴紧贴定模具浇口不再移动。其工作循环如图4-2所示。注塑机液压系统完成的主要动作有注射座整体前移和后退、合模和开模、注射、保压及顶出等。以上各个动作分别由射台座移动液压缸、合模液压缸、注射液压缸和顶针液压缸来完成。

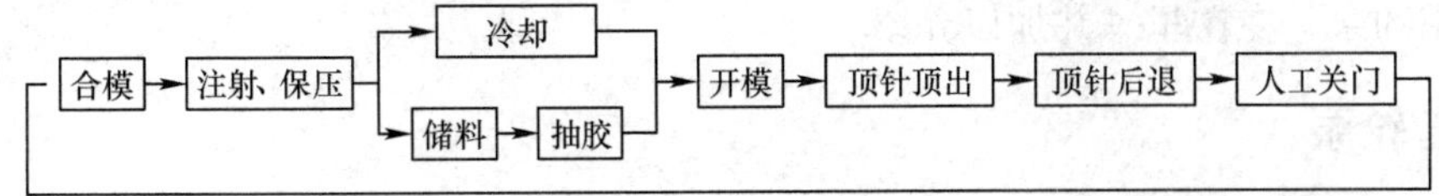

图4-2　注塑机的工作循环图

注塑机液压系统的工作要求是：

1. 足够的合模力　熔融塑料通常以4～15MPa的高压注入模腔，因此，模具必须具有足够的合模力，否则会使模具离缝而产生塑料制品的溢边现象。

2. 合模和开模速度可调节　由于既要考虑缩短空行程时间以提高生产率，又要考虑合模过程中的缓冲要求以防止损坏模具，还要避免机器产生振动和撞击损坏塑料制品，所以合模机构在开模、合模过程中需要多种速度。

3. 射台座整体前移和后退　为了适应各种塑料的加工需要，射台座移动液压缸应有足够的推力，以保证注射时喷嘴与模具浇口紧密接触。

4. 注射压力和注射速度可以调节　根据塑料的品种、制品的几何形状及模具浇注系统的不同，注射成型过程中要求注射压力和注射速度可调节。

5. 保压　为使塑料紧贴模腔而获得精确的形状，在制品冷却凝固而收缩的过程中，熔融塑料可不断补充进入模腔，防止因塑料不足而出现残品，所以注射动作完成以后需要保压，保压压力也要求可调。

6. 速度平稳　顶出制品时速度平稳。

4.2　液压元件

4.2.1　双联叶片泵

双联叶片泵（见图4-3）是在一个泵体内，形成两个叶片泵。泵体内被电动机驱动的同一根传动轴上装有两套转子与定子配合工作，转子和定子的中心线重合，但在输出液压油时，却如同两个工作液压泵，它们有一个共用的吸油口，而输出液压油口却是两个，各自输出不同流量的压力油。两个液压泵的输出油流量有相同的，也有不相同的。输出的液压油可以单独工作，也可以共同工作。双联叶片泵压力及转速与单叶片泵相同，驱动功率为两单叶片泵之和。双联叶片泵结构紧凑、体积小、流量

图4-3　双联叶片泵实物图
1—吸油口　2—排油口　3—转轴

均匀、压力脉动小、噪声低、效率高、性能可靠。

YB1 双联定量叶片泵是定量双作用叶片泵，为 YB 型的改进设计，一般为正转，该双联叶片泵定子、转子、叶片、配油盘用螺钉紧固成一组合件，便于装配与维修。其额定压力为 6.3MPa。排量为 2.5 ~ 100mL/r，转速为 1450r/min 和 960r/min，可根据需要选择。

本项目介绍的注塑机液压系统采用的是双联叶片泵。除了叶片泵，柱塞泵外，齿轮泵也是一种常用的泵，在这里一并加以介绍。

4.2.2　齿轮泵

齿轮泵是液压系统中广泛采用的一种液压泵，一般做成定量泵，可分为外啮合齿轮泵和内啮合齿轮泵，其中以外啮合齿轮泵应用最广，而内啮合齿轮泵则多为辅助泵。齿轮泵的实物如图 4-4 所示。

齿轮泵工作原理如图 4-5 所示。外啮合齿轮泵由装在泵体 1 内相互啮合的一对齿轮 2 和 3 所组成，齿轮两侧有端盖，泵体、端盖和齿轮的各个齿间槽组成了许多密封工作腔。齿轮的啮合点将左、右两腔隔开，形成了吸、排油腔。当齿轮按图示方向旋转时，右侧吸油腔由于相互啮合的轮齿逐渐脱开，密封工作容积逐渐增大，形成部分真空，因此油箱中的油液在外界大气压力的作用下，经吸油管进入吸油腔，将齿间槽充满，并随着齿轮旋转，把油液带到左侧排油腔内。在排油区一侧，由于轮齿在这里逐渐进入啮合，密封工作腔容积不断减小，油液便被挤出去，从排油腔输送到压力管路中去。

图 4-4　齿轮泵的实物图

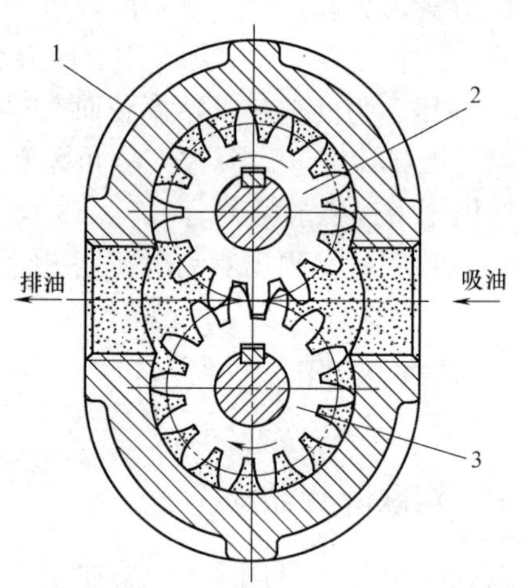

图 4-5　外啮合齿轮泵工作原理图

1—泵体　2—主动齿轮　3—从动齿轮

在齿轮泵的工作过程中，只要两齿轮的旋转方向不变，其吸、排油腔的位置也就确定不变。这里啮合点处的齿面接触线一直分隔高、低压两腔起着配油作用，因此在齿轮泵中不需要设置专门的配流机构，这是它和其他类型液压泵的不同之处。

齿轮泵的特点是：

（1）泄漏　泄漏，是指液压泵的内部泄漏，即一部分液压油从排油腔流回吸油腔，没有输送到系统中去。泄漏降低了液压泵的容积效率。外啮合齿轮泵的泄漏的途径为：

1）通过齿轮端面与端盖间轴向间隙的泄漏。

2）通过齿轮齿顶与泵体内孔间径向间隙的泄漏。

3）通过两齿轮啮合处的泄漏。

其中泄漏量最大是通过齿轮端面泄漏，这部分泄漏量约占总泄漏量的75%～80%。减小端面泄漏是提高齿轮泵容积效率的主要途径。压力越高，由间隙泄漏的液压油就越多。低压泵工作压力一般为2.5～3MPa；高压泵的额定压力可达25MPa，一般工作压力为14～21MPa。因此，为了提高齿轮泵的压力和容积效率，实现齿轮泵的高压化，需要从结构上采取措施，通常采用浮动轴套或弹性侧板对端面间隙进行自动补偿，以减小端面泄漏。

（2）困油现象　齿轮泵要平稳地工作，齿轮啮合时的重合度必须大于1，即至少有1对以上的轮齿同时啮合。因此，在工作过程中，就有一部分油液困在两对轮齿啮合时所形成的封闭油腔之内，这个密封容积的大小随齿轮转动而呈周期性变化，时而增大，时而减小。密封容积减小时，受困油液受到挤压而产生瞬间高压，密封容腔的受困油液若无油道与排油口相通，油液将从缝隙中被挤出，导致油液发热，轴承等零件也受到附加冲击载荷的作用；密封容积增大时，无油液的补充，又会造成局部真空，使溶于油液中的气体分离出来，产生气穴，这就是齿轮泵的困油现象。

困油现象使齿轮泵产生强烈的噪声，并引起振动和气蚀，同时降低泵的容积效率，影响工作的平稳性和使用寿命。消除困油的方法，通常是在两端盖板上铣两条卸荷槽。开卸荷槽的原则是：

1）当密封容积减小时，让卸荷槽与齿轮泵的排油腔相通，这样可使密封容积中的高压油排到排油腔中去。

2）当密封容积增大时，使卸荷槽与齿轮泵的吸油腔相通，使吸油腔的油及时补入到密封容积中，从而避免产生真空，这样使困油现象得以消除。

3）两卸荷糟的间距必须确保在任何时候都不使吸、排油相通。

（3）径向不平衡力　在齿轮泵中，油液作用在轮外缘的压力是不均匀的，从低压腔到高压腔，压力沿齿轮旋转的方向逐齿递增，因此，齿轮和轴受到径向不平衡力的作用，工作压力越高，径向不平衡力越大，径向不平衡力很大时，能使齿轮泵轴弯曲，导致齿顶压向定子的低压端，使定子磨损，同时也加速轴承的磨损，降低轴承使用寿命。为了减小径向不平衡力的影响，常采取缩小排油口的办法，扩大低压区，缩小高压区，使排油腔的压力仅作用在一个齿到两个齿的范围内，同时，适当增大径向间隙，使齿顶不与定子内表面产生金属接触，并在支承上多采用滚针轴承或滑动轴承。

齿轮泵型号意义为

CB－C11
齿轮泵（CB）
系列号（C）
排量(mL/r)（11）

4.2.3　电液比例控制阀

电液比例控制阀（简称比例阀）是介于普通液压阀和电液伺服阀之间的一种液压控制元件。它可以按输入的电信号连续地控制液流的压力、流量等参数，并使之与输入电信号成比例地变化。大多数的比例阀是在普通液压阀的基础上，用比例电磁铁取代原有的手调机构或通断型电磁铁，以实现对阀输出参数的连续、成比例地控制。与手动调节的普通液压阀相比，电液比例控制阀能够提高液压系统参数的控制水平；与电液伺服阀相比，电液比例控制阀在某些性能方面稍差一些，但它结构简单、成本低，所以它广泛应用于要求对液压参数进行连续控制或程序控制，但对控制精度和动态特性要求不太高的液压系统中。

电液比例控制阀能采用电信号对液压执行元件的力、速度和方向进行连续、成比例地控制，并能防止压力和速度变化以及换向时的冲击现象。它能实现远距离控制、程序控制和自动控制，特别适用于对控制精度和动态特性有一定要求的液压自动控制系统。电液比例控制阀的使用可以简化液压系统，从而减少液压元件的使用数量。

1. 比例电磁铁 比例电磁铁是一种直流电磁铁，与普通换向阀中所用的湿式直流电磁铁二者外观相似，都有线圈、衔铁、壳体等零件，但它们内部的磁路设计不同。普通电磁换向阀所用的电磁铁只要求有吸合和断开两个位置，并且为了增加吸力，在吸合时磁路中几乎没有气隙，而比例电磁铁则要求吸力（或位移）和输入电流成比例，并在衔铁的全部工作位置上，磁路中保持一定的气隙。比例电磁铁的基本类型分为力控制型、行程控制型和位置调节型。

图 4-6 所示为两种电磁铁的力-位移特性曲线。比例电磁铁的输出电磁力在整个工作行程内基本上保持恒定。比例电磁铁在不同输入电流下的力-位移特性曲线如图 4-7 所示，可见电磁力与输入电流之间的关系是线性关系。所以，在其工作行程内的任何位置上，电磁力只取决于输入电流，线圈内输入的直流电流越大，衔铁产生的电磁力也越大。因而，这种比例电磁铁称为力控制型比例电磁铁，使用场合是行程较短，用于先导级。

如果电磁力克服弹簧力推动阀芯运动，要将弹簧特性（见图 4-7 中虚线）迭加上去。当一定的电流输入到电磁铁时，将产生相应的电磁力移动阀芯，直到与弹簧力相平衡为止，即电磁铁力-位移特性曲线与弹簧特性曲线的相交点。因而通过改变电磁铁的输入电流，阀芯可以在其工作行程范围内定位于任何位置，实现力-位移的线性转换，使其输出位移与输入电流成比例。这种比例电磁铁称为行程控制型比例电磁铁，使用场合是输出行程较大，多用于直控阀。

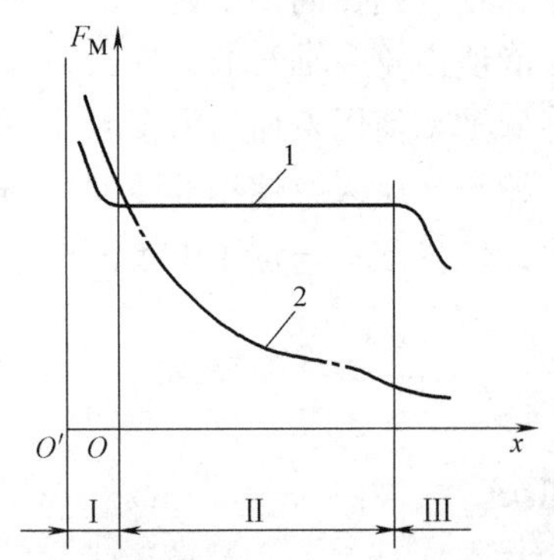

图 4-6 两种电磁铁的力-位移特性曲线的比较
1—比例电磁铁 2—普通电磁铁
Ⅰ—吸合区 Ⅱ—工作行程区
Ⅲ—空行程区

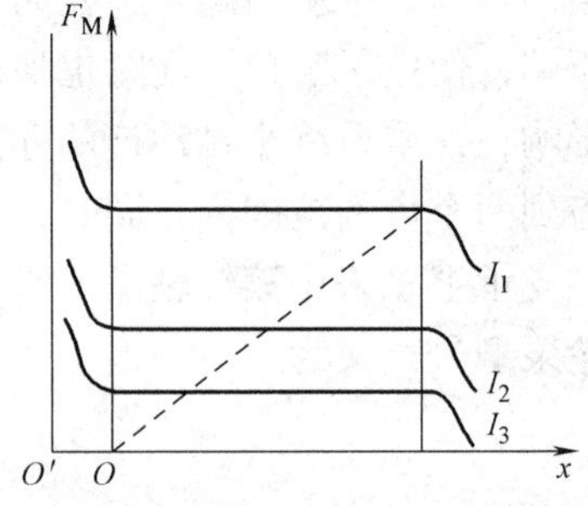

图 4-7 不同输入电流下比例电磁铁的力-位移特性曲线
I_1—100% 额定电流 I_2—50% 额定电流
I_3—25% 额定电流

当需要更高的控制性能时，可在上述比例电磁铁的衔铁上接装一个位移传感器，位移传感器能准确地测定电磁铁的行程，得到一个与阀芯位置成比例的电信号，此位移信号作为反馈信号提供给阀的控制放大器，控制放大器将输入信号和反馈信号加以比较后，再向电磁铁发出纠正信号以补偿误差，从而实现比例电磁铁的位置闭环控制，保证阀芯位置的准确。这种比例电磁铁称为位置调节型比例电磁铁（见图 4-8），使用场合是有衔铁位置反馈闭环，用于控制精度要求较高的直控阀。

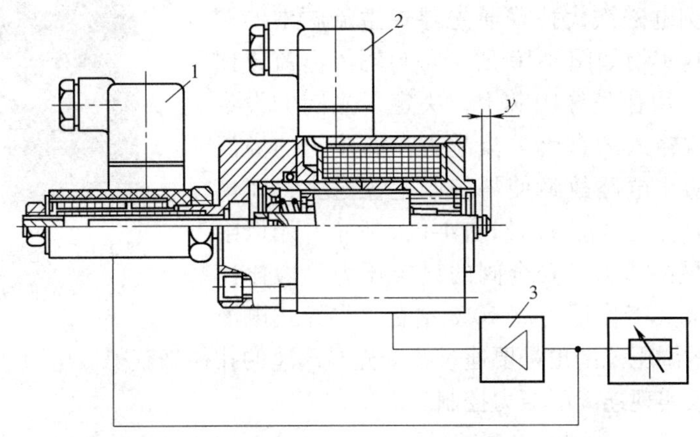

图 4-8　位置调节型比例电磁铁

1—位移传感器　2—比例电磁铁　3—比例控制放大器

2. 电液比例压力控制阀　常见的电液比例压力阀有电液比例溢流阀和电液比例减压阀。电液比例溢流阀有直控式和先导式两种。电液比例减压阀常用先导式结构，其构成与先导式比例溢流阀相似，先导部分与先导式比例溢流阀完全相同，主阀结构与普通先导式减压阀的主阀结构相同。

（1）直控式电液比例溢流阀　直控式电液比例溢流阀的结构如图 4-9a 所示。用位置调节型比例电磁铁取代普通直动式溢流阀中的调压手轮，比例电磁铁 2 通过弹簧座 3 对调压弹簧 4 施加预压缩力，决定了作用在锥阀芯上的力，即溢流阀的开启压力。弹簧座的位置即阀的压力设定值取决于输入电流的大小，并受到位移传感器的反馈控制。

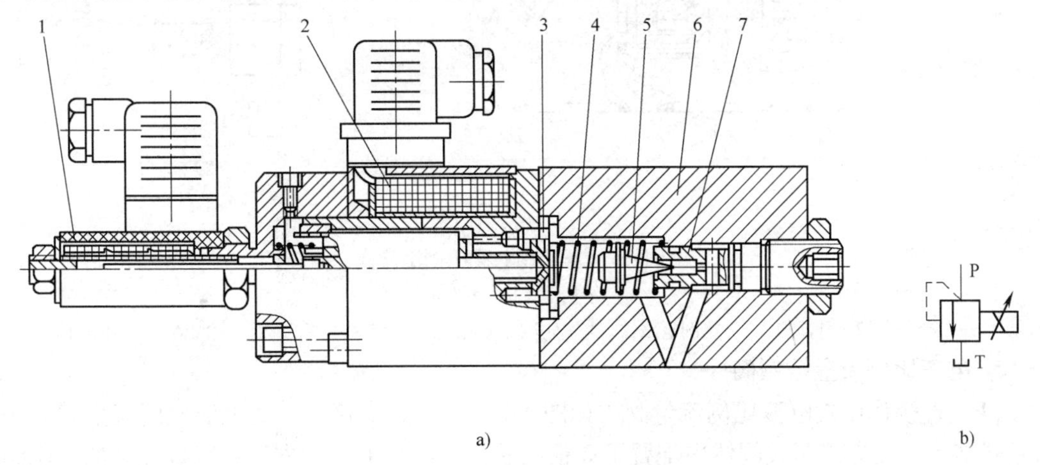

图 4-9　直控式电液比例溢流阀

a）结构图　b）图形符号

1—位移传感器　2—比例电磁铁　3—弹簧座　4—调压弹簧　5—锥阀芯　6—阀体　7—阀座

由于比例电磁铁的最大推力是一定的，所以不同的调压范围要通过改变阀座的孔径来获得，而不像普通溢流阀那样靠更换刚度不同的调压弹簧来获得。

（2）先导式电液比例溢流阀　先导式电液比例溢流阀的主阀与普通先导式溢流阀的主阀相同，而先导部分是用力控制型比例电磁铁代替普通先导式溢流阀中的调压弹簧和手轮。其实物如图 4-10 所示。与输入电流成比例的电磁力直接作用在先导阀芯上，决定了主阀的设定压力。比例电磁铁输入的直流电流越大，溢流阀的溢流压力就越高。为防止电路故障使得控制电流过大，而使系统超压，该阀装有安全阀 4，如图 4-11a 所示，用以限制比例溢流阀的最高压力。安全阀的设定压力一般比比例溢流阀调定的最大工作压力高 10% 左右。先导式电液比例溢流阀不同的调压范围也是要通过改变先导阀座的孔径来获得。电液比例溢流阀多用于系统的多级调压或实现连续的压力控制。

图 4-10　先导式电液比例溢流阀实物图

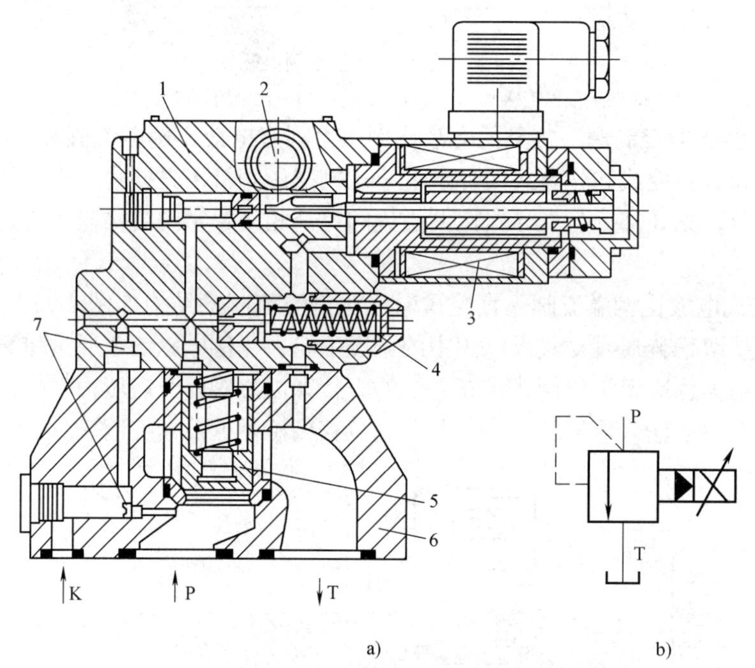

图 4-11　先导式电液比例溢流阀

a）结构图　b）图形符号

1—先导阀　2—外泄口　3—比例电磁铁　4—安全阀（限压阀）　5—主阀芯　6—主阀体　7—阻尼孔

3. 电液比例流量控制阀

（1）直接作用式电液比例流量阀　如图 4-12a 所示，直接作用式电液比例流量阀采用方向阀式结构，在方向阀式阀体内配置了 2 根阀芯：一侧是由比例电磁铁直接推动的节流阀阀芯；另一侧为由弹簧支持的压力补偿器阀芯。与输入信号成比例的是阀芯的轴向位移，即阀口过流面积中的轴向开度，由于配置了阀芯位移电反馈和压力补偿器，可以使阀芯的轴向位移更精确地与输入信号成比例。该阀可以构成电液比例压力补偿型二通流量阀。

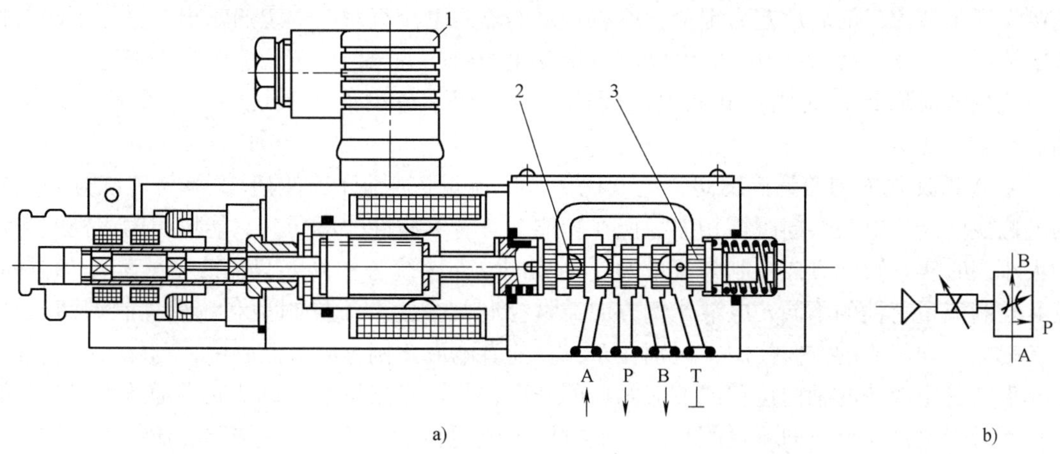

图 4-12　直接作用式电液比例流量阀

a）直接作用式电液比例流量阀结构图　b）二通流量阀图形符号

1—位移控制器　2—节流阀　3—压力补偿器

（2）电液比例调速阀　电液比例调速阀是在普通调速阀的基础上，将手调装置改换成比例电磁铁。其液压部分的工作情况和普通调速阀相同，只是节流阀的开度由输入比例电磁铁的电流信号来控制。其实物如图 4-13 所示。电液比例调速阀采用位置调节型比例电磁铁取代调节手轮对调速阀中的节流口进行闭环控制，节流口前后压差仍由定差减压阀来保持恒定。所以只要改变输入电流信号的大小，就可以控制通过调速阀的流量，从而调节执行机构的运动速度。

图 4-13　电液比例调速阀实物图

如图 4-14a 所示，节流阀阀芯由比例电磁铁的推杆操纵，输入的电信号不同，则电磁力

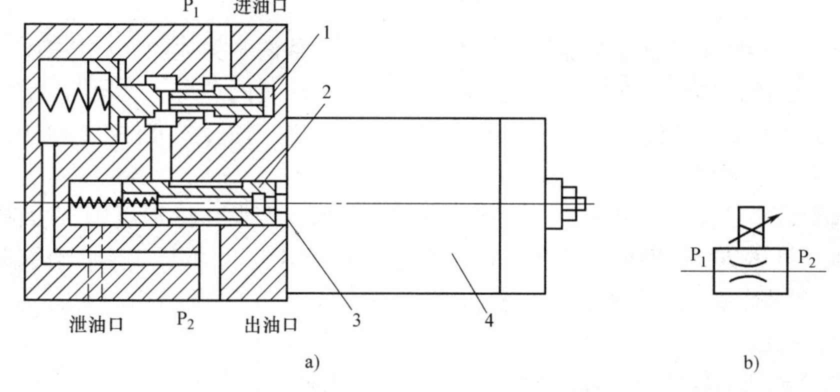

图 4-14　电液比例调速阀

a）结构图　b）图形符号

1—定差减压阀　2—节流阀阀芯　3—推杆　4—比例电磁铁

不同，推杆受力也不同，与阀芯左端弹簧力平衡后，便有不同的节流口开度。由于定差减压阀已保证了节流口前后压差为定值，所以一定的输入电流就对应一定的输出流量，不同的输入电流信号变化，就对应着不同的输出流量变化。由此可见，比例调速阀是由普通定差减压阀与比例节流阀组合而成。电液比例调速阀主要用于各类液压系统的连续变速与多速控制。

4. 电液比例方向流量控制阀 电液比例方向流量控制阀在结构形式上与传统方向阀中的电磁换向阀、电液换向阀很相似，但在功能上有着本质性的不同。它能按照输入控制电流的大小同时实现液流方向控制与流量的比例控制，而传统方向阀，只能改变液流流动方向。按其控制流量特性的不同，电液比例方向流量控制阀分为节流控制型和流量控制型两大类。二者都能实现液流的方向控制，区别在于：在前者电液比例方向节流阀中，与输入电流信号成比例的是主阀芯的轴向位移或节流阀口的开度，其输出流量要受负载和供油压力变化的影响；而后者电液比例方向流量阀是由比例方向节流阀和定差减压阀或定差溢流阀等组成，并有流量检测反馈器件，与输入电流信号成比例的是其输出流量，而与负载和供油压力变化无关。

电液比例方向流量控制阀分为直动式和先导式。和普通换向阀一样，大通径的比例方向流量控制阀由于主阀芯运动所需的操纵力较大，也采用先导控制结构。改变先导阀比例电磁铁的通、断电状态，就可以改变主阀液流的流动方向。此外，先导阀能够与其输入电流成比例地改变主阀芯两端先导腔的控制压力。由于主阀芯的位移与先导腔的压力成比例，从而与比例电磁铁的输入电流成比例。调节比例电磁铁的输入电流就可以调节通过主阀的流量。先导式电液比例方向流量控制阀实物如图4-15所示。

图4-15 先导式电液比例方向流量控制阀实物图

4.2.4 插装阀

插装阀是一种用小流量控制油来控制大流量工作油液的开关式阀。它是把作为主控原件的锥阀插装于油路阀体中，故得名插装阀。目前生产的插装阀多为2个通路，故又称为二通插装阀。插装阀在高压大流量的液压系统中应用很广。由于插装式元件已标准化，将几个插装式元件组合一下便可组成复合阀。

插装阀和普通液压阀相比较，其优点是：① 通流能力大，特别适用于大流量的场合，它的最大通径可达200～250mm，通过的流量可达10000L/min。② 阀芯动作灵敏、抗堵塞能力强。③ 密封性好，泄漏小，油液流经阀口压力损失小。④ 结构简单，易于实现标准化。

1. 插装式锥阀的结构及工作原理 图4-16所示为插装式锥阀的基本结构，主要由锥阀组件、控制盖板、阀体等组成。锥阀组件由阀芯4、阀套2、弹簧3和密封件等组成。锥阀组件被插入有两个通道A、B（主油路）的阀体5中。控制盖板1上设有控制油路，与锥阀组件的上腔相通，它对锥阀组件的启闭起控制作用。

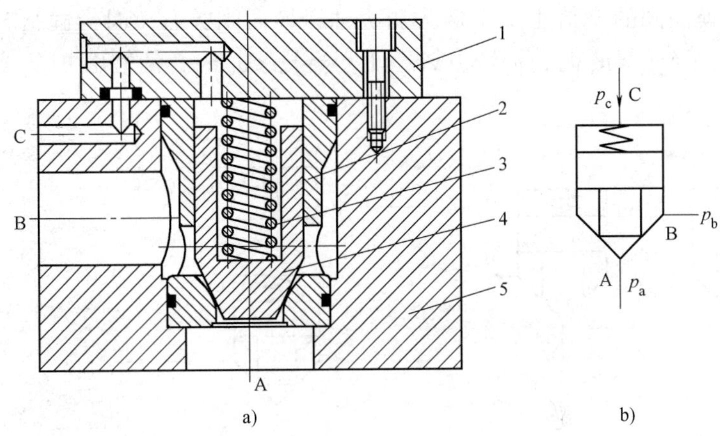

图 4-16　插装阀锥阀基本单元的结构图和图形符号

a）结构图　b）图形符号

1—控制盖板　2—阀套　3—弹簧　4—阀芯　5—阀体

在锥阀组件上配置不同的盖板就可以实现各种不同的工作机能。若干个不同工作机能的锥阀组件组装在一个阀体内，实现集成化，就可组成所需的液压回路和系统，设油口 A、B、C 的油液压力和有效面积分别为 p_a、p_b、p_c 和 A_a、A_b、A_c，其面积关系为 $A_c = A_a + A_b$，弹簧力为 F_s。若不考虑锥阀的质量、液动力和摩擦力等的影响

当
$$p_a A_a + p_b A_b < p_c A_c + F_s \tag{4-1}$$

则阀口关闭，油口 A、B 不通

当
$$p_a A_a + p_b A_b > p_c A_c + F_s \tag{4-2}$$

则阀口打开，油口 A、B 接通

从式（4-1）和式（4-2）可以看出，改变控制油口 C 的油液压力 p_c，可以控制 A、B 油口的通断。当控制油口 C 接油箱（卸荷），阀芯下部的液压力超过上部弹簧力时，阀芯被顶开，至于液流的方向，视 A、B 口的压力大小而定，当 $p_a > p_b$ 时，油液由 A 至 B；当 $p_a < p_b$ 时，液流由 B 至 A。当控制油口 C 接通压力油，且 $p_c \geqslant p_a$，$p_c \geqslant p_b$，则阀芯在上、下端压力差和弹簧的作用下关闭油口 A 和 B，这样，锥阀起到逻辑元件的“非”门的作用，所以插装式锥阀又被称为逻辑阀。

插装式锥阀通过不同的盖板和各种先导阀组合，便可构成方向控制阀、压力控制阀和流量控制阀。

2. 插装式锥阀用作方向控制阀

（1）用作单向阀　如图 4-17a 所示，将 C 腔与 A 或 B 连通，即成为单向阀，连接方法不同，其导通方式也不同。设 A、B 油口的压力分别为 p_a、p_b，若 A 与 C 连通，当 $p_a > p_b$ 时，锥阀关闭，A、B 不通；当 $p_a < p_b$ 时，锥阀开启，油液由 B 流向 A。若 B 与 C 连通，当 $p_a > p_b$ 时，锥阀开启，油液由 A 流向 B；当 $p_a < p_b$ 时，锥阀关闭，A、B 不通。

在控制盖板上接一个二位三通液动阀来变换 C 腔的压力，即成为液控单向阀。如图 4-

17b 所示，当换向阀的控制油口 K 不通压力油，换向阀为左位（图示位置）时，油液只能由 A 流向 B；当换向阀的控制油口 K 通入压力油，换向阀为右位时，锥阀上腔 C 与油箱连通，阀芯被顶开，当 $p_a > p_b$ 时，油液由 A 至 B，当 $p_a < p_b$ 时，油液由 B 至 A。

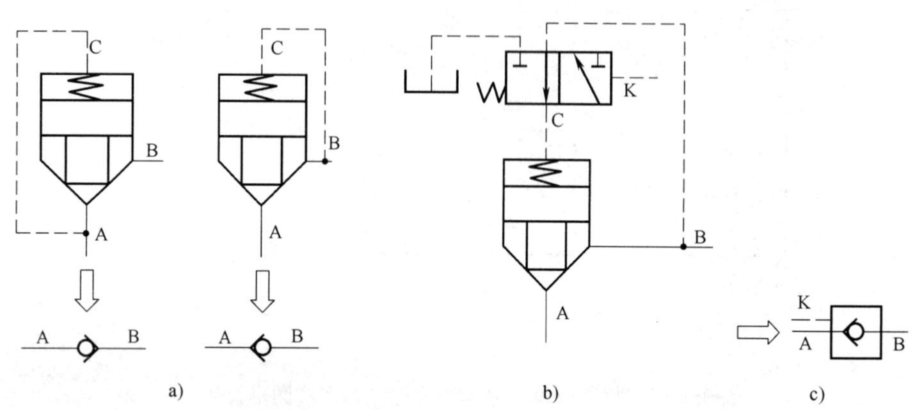

图 4-17　插装式锥阀用作单向阀

（2）用作二位二通阀　用一个小规格的二位三通电磁阀来转换 C 腔压力，就成为一个能通过高压大流量的二位二通阀。如图 4-18a 所示，在电磁阀断电，电磁阀为左位时，油液只能由 A 流向 B；当电磁铁通电，换为右位时，C 腔与油箱连通，阀芯被顶开，油液既可由 A 流向 B，也可由 B 流向 A。如图 4-18b 所示，在控制油路中加一个梭阀（梭阀相当于两个单向阀的组合），则图中的二位三通电磁阀不通电时，若 $p_a > p_b$，则梭阀的阀芯被推向 P_2 端，油口 A 与 C 腔连通；反之，若 $p_a < p_b$，梭阀的阀芯被推向 P_1 端，油口 B 与 C 腔连通。由此可见，A，B 油口哪端压力高，C 腔就与哪端相通，另一端就关闭。因此，锥阀始终可靠地关闭。当电磁铁通电时，C 腔与油箱连通，阀芯被顶开，油液既可由 A 流向 B，也可由 B 流向 A。

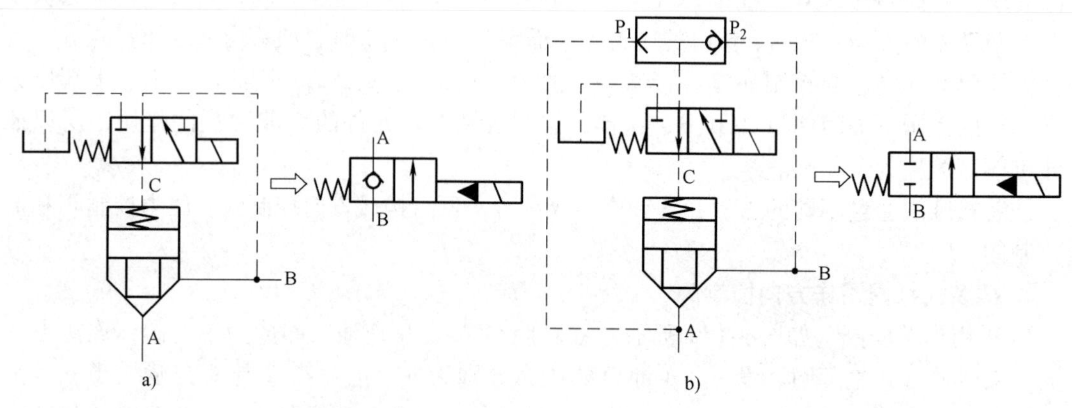

图 4-18　插装式锥阀用作二位二通阀

（3）用作二位三通阀　如图 4-19 所示，用一个小规格的二位四通电磁先导阀来转换两个锥阀的控制腔中的压力，则组成一个能通过高压大流量的二位三通阀。在图示电磁阀断电状态，左面的锥阀打开，右面的锥阀关闭，即 A 通 T，P 与 A 不通；电磁阀通电时，P 通 A，A 与 T 不通。

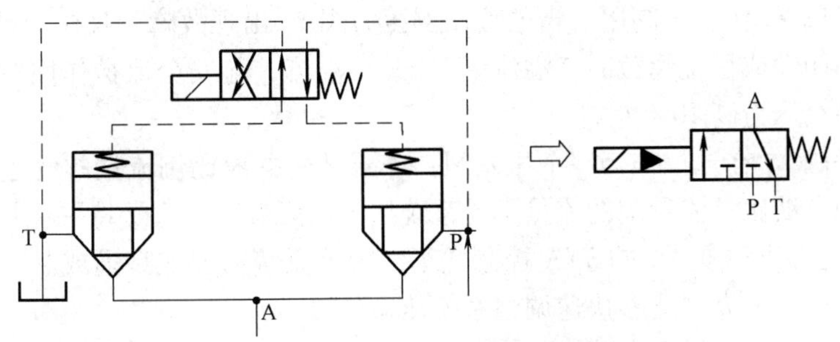

图 4-19　插装式锥阀用作二位三通阀

（4）用作二位四通阀　如图 4-20 所示，用一个小规格的二位四通电磁先导阀来对 4 个锥阀进行控制，就成为一个相应于二位四通的电液换向阀。在图示电磁阀断电状态，A 通 T，P 通 B；电磁阀通电时，P 通 A，B 通 T。

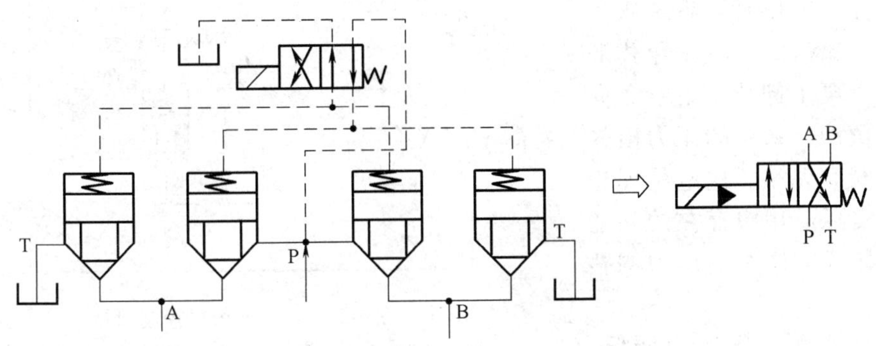

图 4-20　插装式锥阀用作二位四通阀

4.3　550 型塑料注射成型机液压系统基本回路

4.3.1　压力、流量控制回路

如图 4-21 所示，电液比例流量阀 Q 是液压系统的流量控制阀，通过改变比例电磁铁 1YA 输入电流的大小来控制阀芯的位置，从而控制阀芯的开口，使输出的流量达到注塑机的设定值，比例流量阀的流量输出能根据注塑机的设定而实现无级调速。

电液比例压力阀 Y_1 的作用是调定系统的压力，在系统工作过程中，比例压力阀 Y_1 经常开启溢流，保证系统压力始终等于其设定值。电液比例压力阀可以连续或按比例地随输入电流信号的变化而调节和控制液流压力，所以通过改变比例电磁铁 2YA 输出电流的大小来实现无级调压，避免了压力控制阶跃变化而引起的压力失调、振荡和液压冲击。其调定压力必须小于等于执行元件的最大工作压力。

先导式溢流阀 Y_2 作安全阀用，当电液比例压力阀 Y_1 出现故障，且执行元件处于行程终点，泵输出油路闭锁或系统超载时，溢流阀 Y_2 开启溢流，起安全保护作用。其压力调定值一般比注塑机系统压力高 10% 左右。

先导式顺序阀 X_1 在这里作为一个压差阀，主要是使电液比例流量阀的进出油口始终存在一个压差，使电液比例流量阀的流量不受系统压力的影响，一直保持平稳状态。

插装阀 G_1 是在电磁阀 D_1 的 3YA 控制之下，根据系统需要实现通或断，它的特点是通径大、流量大、密封可靠、能够快速调整系统压力。

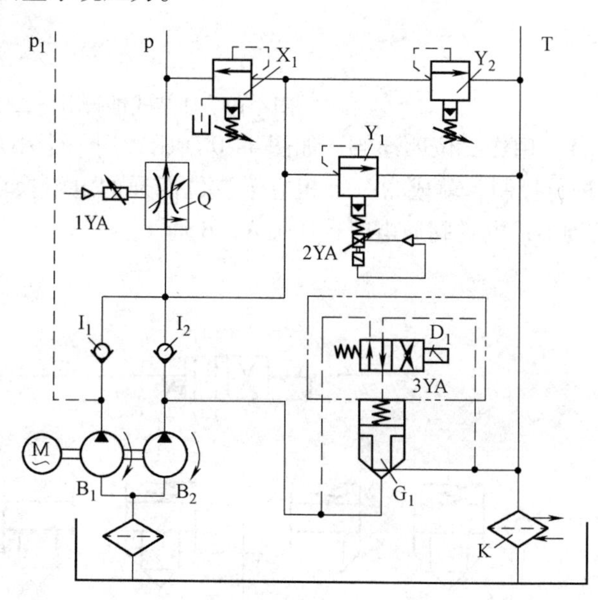

图 4-21　压力、流量控制回路

B_1—小泵　B_2—大泵　G_1—插装阀　I_1、I_2—单向阀　Q—电液比例流量阀　D_1—电磁阀　X_1—先导式顺序阀　Y_1—电液比例压力阀　Y_2—安全阀　K—过滤器

【例 4-1】　图 4-22 所示为双泵供油卸荷回路。试分析该回路。

解　如图4-22a 所示，采用外控内泄先导式顺序阀卸荷。图中 1 为大流量泵，2 为小流量泵。在快速运动时，泵 1 输出的油液经单向阀 4 与泵 2 输出的油液共同向系统供油，工作时，系统压力升高，打开卸荷阀，即先导式顺序阀 3 使大泵 1 卸荷，由泵 2 向系统单独供油。系统的压力由先导式溢流阀 5 调整。这些是理想分析，在实际应用中存在的问题是液控先导式顺序阀的压力调整在何值。

若先导式顺序阀压力调低，快进时大小泵同时供油，压力升高，很快大泵卸荷，当大泵卸荷以后，小泵维护快进，压力又降下来，大泵又加入工作。这样大泵一会儿介入，一会儿卸荷，就造成双泵供油快速爬行。若顺序阀压力调高，一般工进压力都是变化的，有时低有时高，一般会在工进加工完以后压力才会升高，这时大泵才卸荷，油温升高，达不到先导式顺序阀卸荷的目的。

改进的办法是将先导式顺序阀换成先导式溢流阀，控制口 K 由常通微型电磁换向阀控制，如图 4-22b 所示。在快进、快退时，常通微型电磁阀通电关闭，大泵不卸荷；当快进或快退结束时，微型电磁阀断电常通，先导式溢流阀卸荷，动作可靠。这种卸荷回路卸荷压力小，切换时冲击也小。

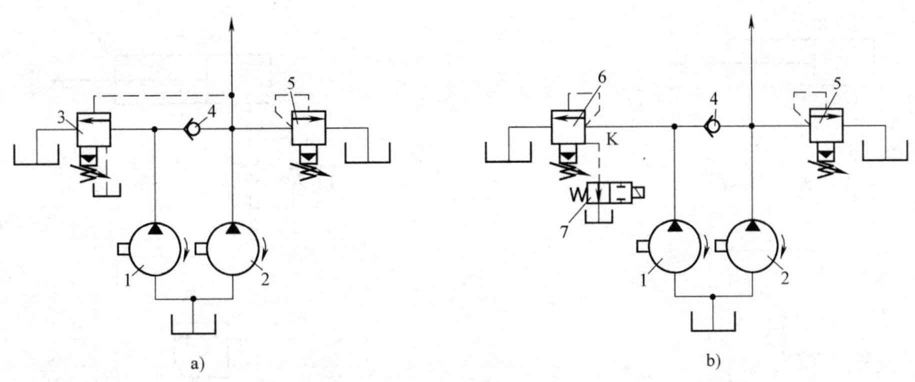

图4-22　双泵供油卸荷回路

a）先导式顺序阀的卸荷回路　b）先导式溢流阀的卸荷回路

1—大流量泵　2—小流量泵　3—外控内泄先导式顺序阀　4—单向阀　5、6—先导式溢流阀　7—微型电磁换向阀

4.3.2　快速开模回路

快速开模回路（B_1、B_2 液压泵同时供油）如图4-23所示。

进油控制油路：先导阀三位四通电磁换向阀 E_1 中4YA通电，压力油→先导阀三位四通电磁换向阀 E_1 右位→三位四通液动换向阀F阀芯右端，推动阀芯左移。

进油路：压力油→三位四通液动换向阀F右位→合模液压缸 C_1 右腔，活塞杆快速左移带着动模板离开定模板。

回油控制油路：插装阀 G_2 阀芯上端卸荷，阀芯被打开。

回油路：合模缸 C_1 左腔油液→三位四通液动换向阀F右位→插装阀 G_2→油箱。

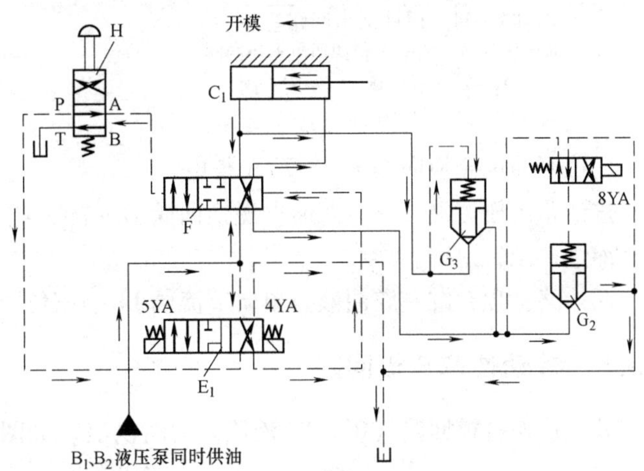

图4-23　快速开模回路

B_1—小液压泵　B_2—大液压泵　C_1—合模液压缸　E_1—三位四通电磁换向阀　F—三位四通液动换向阀　G_2、G_3—插装阀　H—手动换向阀

4.3.3　顶针顶出回路

顶针顶出回路（B_1 液压泵工作，B_2 液压泵卸荷）如图4-24所示。

三位四通电磁换向阀 E_2 中6YA通电。

进油路：压力油→三位四通电磁换向阀 E_2 左位→单向节流阀 LI_1→顶针液压缸 C_2 左腔，活塞杆顶出工件。

回油路：顶针液压缸 C_2 右腔油液→单向节流阀 LI_2→三位四通电磁换向阀 E_2 左位→油箱。

4.3.4　顶针后退回路

顶针后退回路（B_1 液压泵工作，B_2 液压泵卸荷）如图4-25所示。

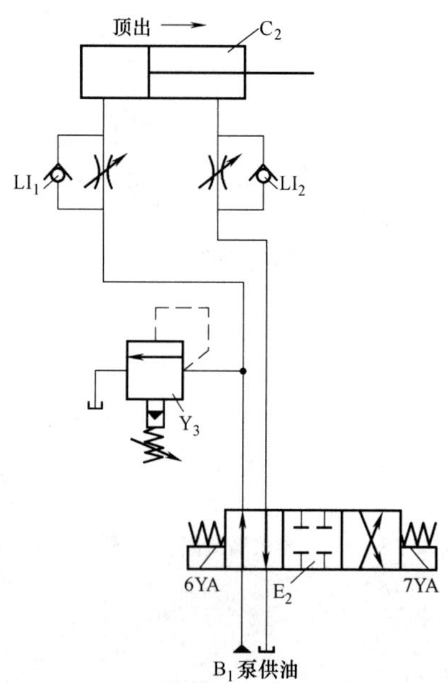

图 4-24　顶针顶出回路

C_2—顶针液压缸　E_2—三位四通电磁换向阀

LI_1、LI_2—单向节流阀　Y_3—安全阀

B_1—小液压泵

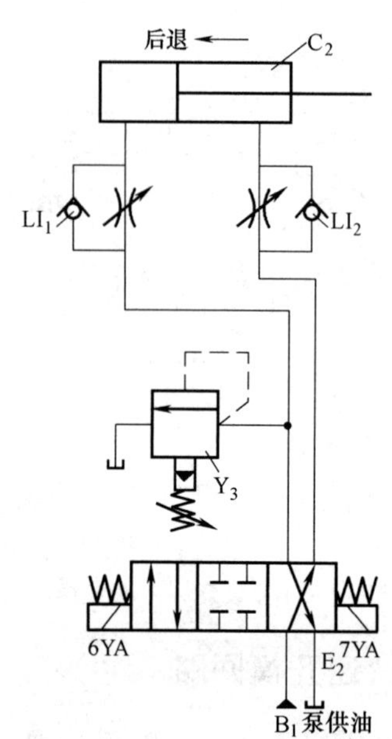

图 4-25　顶针后退回路

C_2—顶针液压缸　E_2—三位四通电磁换向阀

LI_1、LI_2—单向节流阀　Y_3—安全阀

B_1—小液压泵

三位四通电磁换向阀 E_2 中 7YA 得电。

进油路：压力油→三位四通电磁换向阀 E_2 右位→单向节流阀 LI_2→顶针液压缸右腔，活塞杆缩进，顶针退回。

回油路：顶针缸左腔油液→单向节流阀 LI_1→三位四通电磁换向阀 E_2 右位→油箱。

4.3.5　差动快速合模回路

差动快速合模回路（B_1、B_2 液压泵同时供油）如图 4-26 所示。

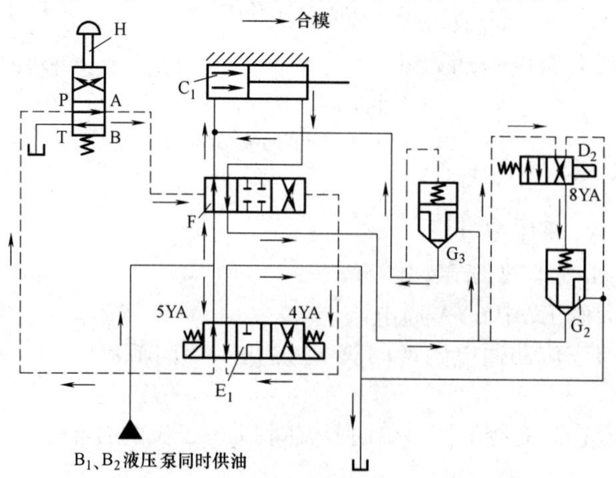

图 4-26　差动快速合模回路

B_1—小液压泵　B_2—大液压泵　C_1—合模液压缸　E_1—三位四通电磁换向阀

F—三位四通液动换向阀　G_2、G_3—插装阀　H—手动换向阀　D_2—二位四通电磁换向阀

进油控制油路：先导阀三位四通电磁换向阀 E_1 中5YA通电。压力油→先导阀三位四通电磁换向阀 E_1 左位→二位四通手动换向阀H下位→三位四通液动换向阀F阀芯左端，推动阀芯右移。阀芯右端的油经三位四通电磁换向阀 E_1 左位回油箱。

进油路：压力油→三位四通液动换向阀F左位→合模液压缸 C_1 左腔，活塞杆快速右移，推动注塑机连杆机构使动模板向定模板靠拢。

回油控制油路：先导阀二位四通电磁换向阀 D_2 的8YA得电，合模液压缸 C_1 右腔油液压着插装阀 G_2 阀芯上端面，插装阀 G_2 关闭。合模液压缸 C_1 左腔面积大，推力大、活塞向右移动。右腔的油液被挤出，因此其右腔的压力高于左腔压力，插装阀 G_3 被打开。

回油路：合模液压缸 C_1 右腔的油液→三位四通液动换向阀F左位→插装阀 G_3→合模液压缸 C_1 左腔，形成差动，实现差动快速合模。

4.3.6　注射回路

注射回路（B_1、B_2 液压泵同时供油）如图4-27所示。

进油控制油路：先导阀二位四通电磁换向阀 D_3 的9YA通电，插装阀 G_4 阀芯上端卸荷，阀芯被打开。

进油路：压力油→插装阀 G_4→注射液压缸 C_3 右腔，活塞杆向左移动，带着塑化螺杆向

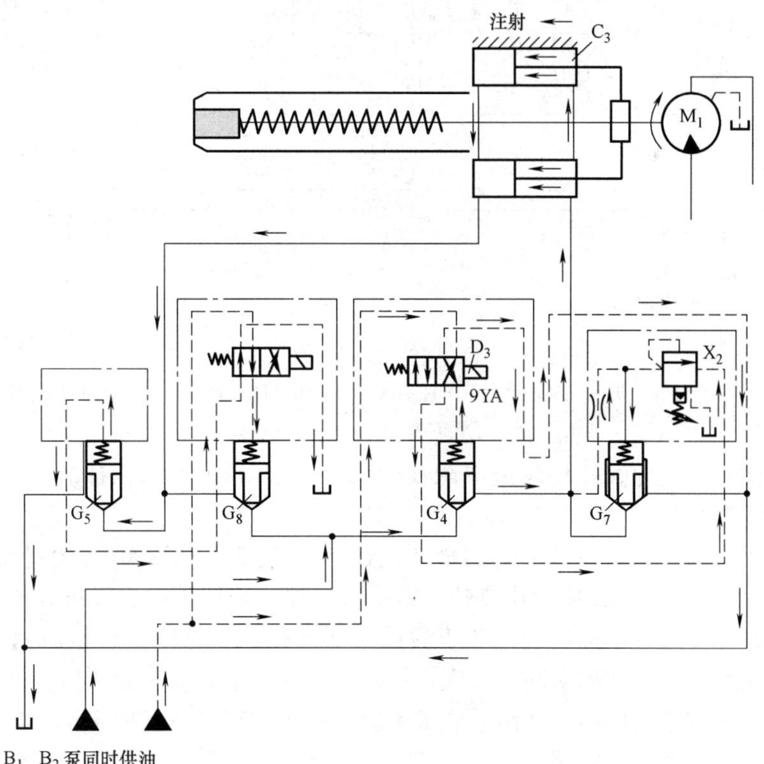

图4-27　注射回路

B_1—小液压泵　B_2—大液压泵　C_3—注射液压缸　D_3—二位四通电磁换向阀

G_4、G_5、G_7、G_8—插装阀　M_1—液压马达　X_2—顺序阀

左移动，将塑化熔胶从喷嘴中喷出，进入模腔内。

回油控制油路：插装阀 G_5 阀芯上端卸荷，阀芯被打开。插装阀 G_8 阀芯上端被压力油控制，插装阀 G_8 关闭。

回油路：注射液压缸 C_3 左腔的油液→插装阀 G_5→油箱。

4.3.7　储料回路

储料回路（B_1、B_2 液压泵同时供油）如图 4-28 所示。

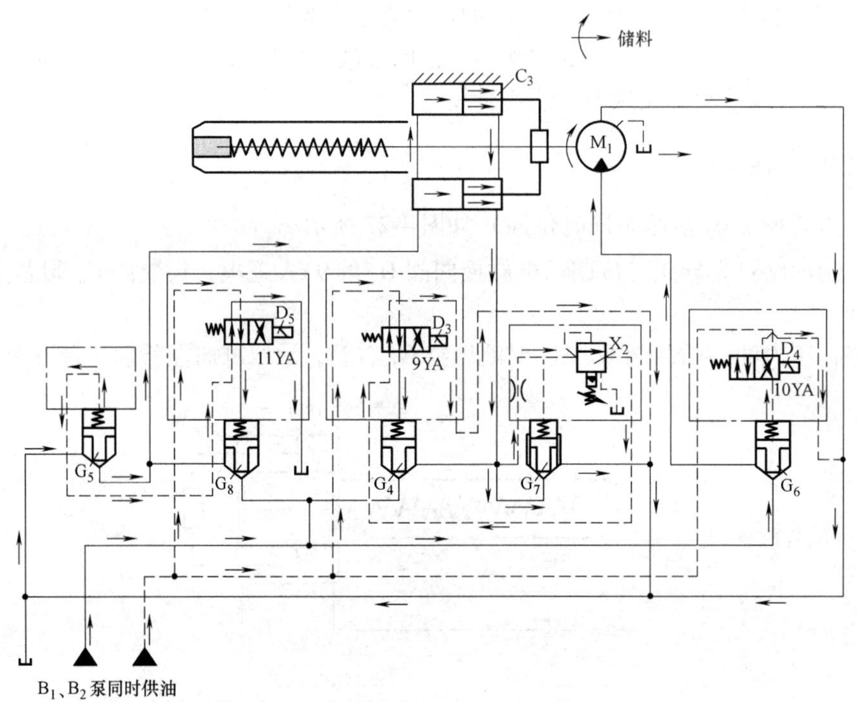

图 4-28　储料回路

B_1—小液压泵　B_2—大液压泵　C_3—注射液压缸　D_3、D_4、D_5—二位四通电磁换向阀　G_4、G_5、G_6、G_7、G_8—插装阀　M_1—液压马达　X_2—顺序阀

进油控制油路：先导阀二位四通电磁换向阀 D_4 的 10YA 通电，插装阀 G_6 阀芯上端卸荷，插装阀 G_6 被打开。

进油路：压力油→插装阀 G_6→储料液压马达 M_1，使液压马达 M_1 顺时针旋转→回油箱。

液压马达 M_1 顺时针旋转使塑化螺杆不断将料斗掉下来粒子向前推进并使之预塑，其反作用力迫使塑化螺杆后退。螺杆边旋转边后退，把熔胶从均化段（计量段）的螺槽中向前挤出，使之汇集在螺杆头部的空间，形成计量室，并在室中建立熔胶压力，此压力成为预塑背压。不同成分的粒子、制品形状品质要求不同会有不同预塑背压要求。

回油控制油路：调节顺序阀 X_2 压力，改变插装阀 G_7 的控制压力，就能控制塑化螺杆的后退速度，注射液压缸 C_3 活塞杆右移时，右腔背压排油。插装阀 G_4 阀芯上端被压力油控制，插装阀 G_4 关闭。

回油路：注射液压缸 C_3 右腔油液→插装阀 G_7→油箱。

进油控制油路：插装阀 G_5 阀芯上端卸荷，阀芯被打开。插装阀 G_8 阀芯上端被压力油控制，插装阀 G_8 关闭。

进油路：塑化螺杆后退时，注射液压缸 C_3 无杆腔形成真空，在大气压力作用下，油箱内油通过插装阀 G_5 进入注射液压缸 C_3 左腔。

4.3.8　抽胶回路

抽胶回路（B_1 液压泵工作，B_2 液压泵卸荷）如图 4-29 所示。

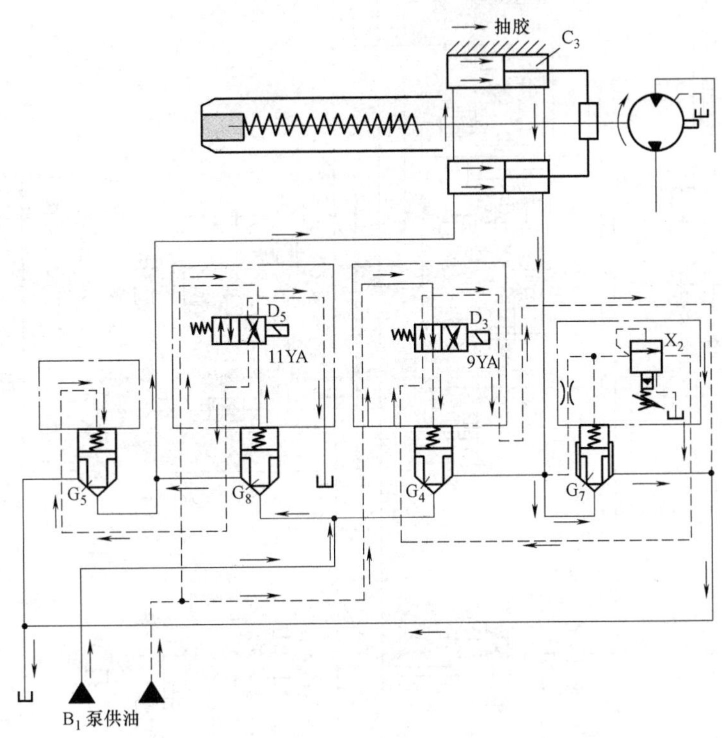

图 4-29　抽胶回路

B_1—小液压泵　C_3—注射液压缸　D_3、D_5—二位四通电磁换向阀

G_4、G_5、G_7、G_8—插装阀　M_1—液压马达　X_2—顺序阀

进油控制油路：先导阀二位四通电磁换向阀 D_5 的 11YA 通电。插装阀 G_8 阀芯上端卸荷，阀芯被打开。插装阀 G_5 阀芯上端被压力油液控制，插装阀 G_5 关闭。

进油路：压力油→插装阀 G_8→注射液压缸 C_3 左腔，推动活塞杆向右移动，带动塑化螺杆向右移动，达到抽胶目的，以防止熔胶溢出造成浪费。

回油控制油路：插装阀 G_4 阀芯上端被压力油液控制，插装阀 G_4 关闭。

回油路：注射缸 C_3 右腔油液→插装阀 G_7 克服背压→油箱。

4.4　550 型塑料注射成型机液压系统总回路

4.4.1　550 型注塑料注射成型机液压系统回路分析

550 型塑料注射成型机液压系统工作原理如图 4-30 所示。其动作顺序见表 4-1。

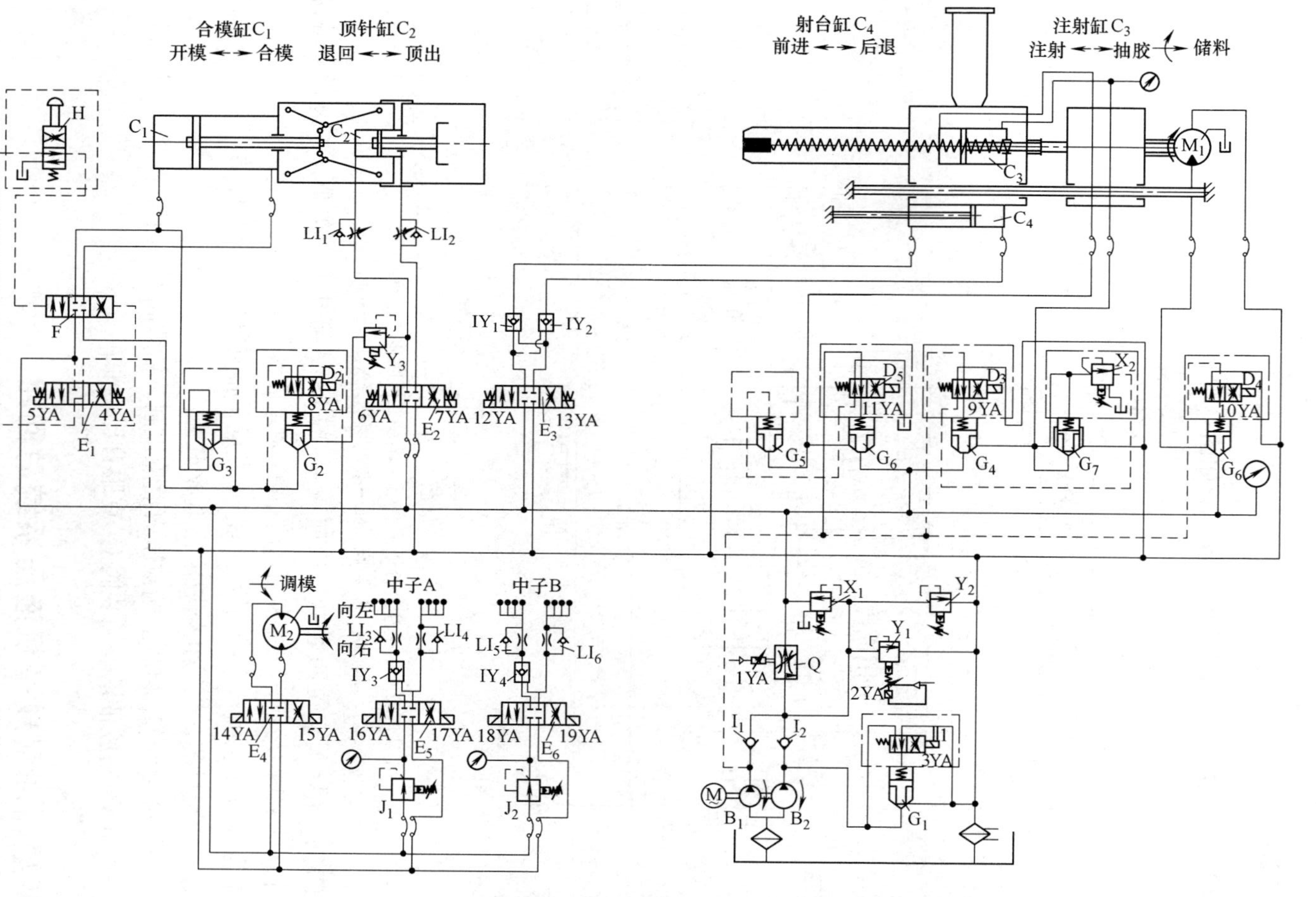

图 4-30　550 型塑料注射成型机液压系统工作原理

B_1—小液压泵　B_2—大液压泵　C_1—合模液压缸　C_2—顶针液压缸　C_3—注射液压缸　C_4—射台座移动液压缸　D_1 ~ D_5—二位四通电磁换向阀　E_1 ~ E_6—三位四通电磁换向阀　F—三位四通液动换向阀　G_1 ~ G_8—插装阀　H—手动换向阀　I_1、I_2—单向阀　IY_1 ~ IY_4—液控单向阀　J_1、J_2—减压阀　M_1、M_2—液压马达　Q—电液比例流量阀　X_1、X_2—顺序阀　Y_1—电液比例压力阀　Y_2、Y_3—溢流阀（安全阀）　LI_1 ~ LI_6—单向节流阀

表4-1 550型注塑机动作顺序表

电磁阀 / 动作过程		1YA	2YA	3YA	4YA	5YA	6YA	7YA	8YA	9YA	10YA	11YA	12YA	13YA	14YA	15YA	16YA	17YA	18YA	19YA
开模	高压	+	+		+															
	快速	+	+	+	+															
	慢速	+	+		+															
顶针	顶出	+	+				+													
	退回	+	+					+												
合模	慢速	+	+			+														
	快速 差动	+	+	+		+			+											
	快速 非差动	+	+	+		+														
	慢速	+	+			+														
	高压	+	+	+		+														
注射保压	注射1	+	+	+						+			+							
	注射2	+	+	+						+			+							
	注射3	+	+	+						+			+							
	注射4	+	+	+						+			+							
	保压1	+	+							+			+							
	保压2	+	+							+			+							
	保压3	+	+							+			+							
储料		+	+	+							+									
抽胶		+	+									+								
射台座	前进	+	+										+							
	后退	+	+											+						
调模	前进	+	+												+					
	后退	+	+													+				
中子A	进	+	+														+			
	退	+	+															+		
中子B	进	+	+																+	
	退	+	+																	+

注：+为通电。

550型注塑机动作过程是：

1. 模板与机架动作 注塑机安装调整或更换模具以后，可以通过调模液压马达 M_2 来调整动模板对定模板的拉开距离，便于取出工件。可以根据设计的结构确定14YA通电使机架向右，15YA 通电使机架向左。

2. 射台座位置 射台座的停留位置可以通过调整电气行程开关挡块位置来获得。12YA 通电射台座前进，13YA 通电射台座后退。为了使喷嘴与模具进料口紧密贴合，在注射保压时 12YA 始终通电。

3. 注塑机小循环 注塑机在调模、射台座位置调整好以后实施的小循环为

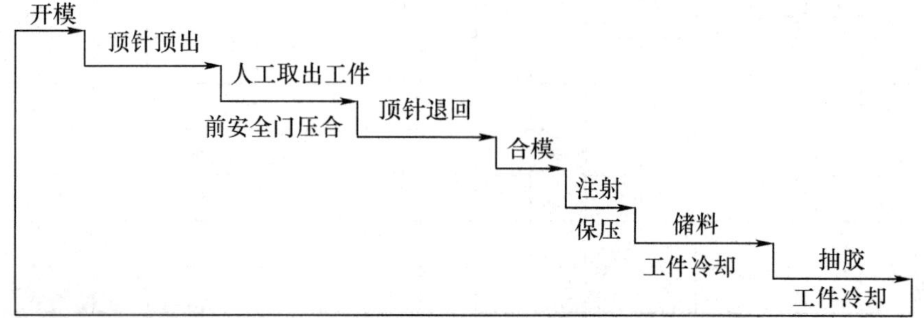

电液比例流量阀 Q 的 1YA，电液比例压力阀 Y_1 的 2YA 在动作过程中常通电。

4. 开模

（1）高压开模 B_1 液压泵工作，B_2 液压泵卸荷。

进油控制油路：先导阀三位四通电磁换向阀 E1 中 4YA 通电，压力油→先导阀三位四通电磁换向阀 E_1 右位→三位四通液动换向阀 F 阀芯右端推动阀芯左移。

进油路：压力油→三位四通液动换向阀 F 右位→合模液压缸 C_1 右腔，活塞杆慢速左移，带着动模板离开定模板。

回油控制油路：插装阀 G_2 阀芯上端卸荷，阀芯被打开。

回油路：合模液压缸 C_1 左腔油液→三位四通液动换向阀 F 右位→插装阀 G_2→油箱。

（2）快速开模 B_1 液压泵工作，B_2 液压泵工作。

进油控制油路：同高压开模

进油路：压力油→三位四通液动换向阀 F 右位→合模液压缸 C_1 右腔，活塞杆快速左移，带着动模板离开定模板。

回油控制油路：同高压开模

回油路：同高压开模

（3）慢速开模 工作情况与高压开模相同。

5. 顶针顶出与退回

（1）顶出 B_1 液压泵工作，B_2 液压泵卸荷。三位四通电磁换向阀 E_2 中 6YA 通电。

进油路：压力油→三位四通电磁换向阀 E_2 左位→单向节流阀 LI_1→顶针液压缸 C_2 左腔，活塞杆顶出工件。

回油路：顶针缸 C_2 右腔的油液→单向节流阀 LI_2→三位四通电磁换向阀 E_2 左位→油箱。溢流阀 Y_3 起到安全阀的作用。

（2）退回 B_1 液压泵工作，B_2 液压泵卸荷。三位四通电磁换向阀 E_2 中 7YA 通电。

进油路：压力油→三位四通电磁换向阀 E_2 右位→单向节流阀 LI_2→顶针缸右腔，活塞杆缩进，顶针退回。

回油路：顶针缸左腔油液→单向节流阀 LI_1→三位四通电磁换向阀 E_2 右位→油箱。

6. 合模

（1）慢速合模　B_1 液压泵工作，B_2 液压泵卸荷。

进油控制油路：先导三阀位四通电磁换向阀 E_1 中 5YA 通电。压力油→先导阀三位四通电磁换向阀 E_1 左位→二位四通手动换向阀 H 下位→三位四通液动换向阀 F 阀芯左端，推动阀芯右移。

进油路：压力油→三位四通液动换向阀 F 左位→合模液压缸 C_1 左腔，活塞杆慢速右移推着注塑机连杆机构使动模板向定模板靠拢。

回油控制油路：插装阀 G_2 阀芯上端卸荷，阀芯打开。

回油路：合模液压缸 C_1 右腔油液→三位四通液动换向阀 F 左位→插装阀 G_2→油箱。

（2）差动快速合模　B_1 液压泵工作，B_2 液压泵工作。

进油控制油路：同慢速合模。

进油路：压力油→三位四通液动换向阀 F 左位→合模液压缸 C_1 左腔，活塞杆快速右移推着注塑机连杆机构使动模板向定模板靠拢。

回油控制油路：先导阀二位四通电磁阀 D_2 的 8YA 通电。合模液压缸 C_1 右腔油液压着插装阀 G_2 阀芯上端面，插装阀 G_2 关闭。合模液压缸 C_1 左腔面积大，推力大，活塞向右移动，右腔的油液被挤出。因此其右腔的压力高于左腔压力，插装阀 G_3 被打开。

回油路：合模液压缸 C_1 右腔的油液→三位四通液动换向阀 F 左位→插装阀 G_3→合模液压缸 C_1 左腔，形成差动，实现差动快速合模。

（3）非差动快速合模　B_1 液压泵工作，B_2 液压泵工作。其余情况与慢速合模相同。

（4）慢速合模　情况与慢速合模完全相同。

（5）高压合模　情况与非差动快速合模完全相同。

7. 注射

（1）注射 1、注射 2、注射 3、注射 4　B_1 液压泵工作，B_2 液压泵工作。

进油控制油路：先导阀二位四通电磁换向阀 D_3 的 9YA 通电，插装阀 G_4 阀芯上端卸荷，阀芯被打开。

进油路：压力油→插装阀 G_4→注射液压缸 C_3 右腔，活塞杆向左移动，带动塑化螺杆向左移动。将塑化熔胶从喷嘴中喷出，进入模腔内。

回油控制油路：插装阀 G_5 阀芯上端卸荷，阀芯被打开。

回油路：注射液压缸 C_3 左腔油液→插装阀 G_5→油箱。

（2）保压 1、保压 2、保压 3　B_1 液压泵工作，B_2 液压泵卸荷。其余情况和注射 1、注射 2、注射 3、注射 4 相同。

8. 储料　B_1 液压泵工作，B_2 液压泵工作。

进油控制油路：先导阀二位四通电磁换向阀 D_4 的 10YA 通电，插装阀 G_6 阀芯上端卸荷，插装阀 G_6 被打开。

进油路：压力油→插装阀 G_6→储料液压马达 M_1，使其顺时针旋转→回油箱。

回油控制油路：调节顺序阀 X_2 压力，改变插装阀 G_7 的控制压力，就能控制塑化螺杆的后退速度。注射液压缸 C_3 活塞杆右移时，右腔背压排油。

回油路：注射液压缸 C_3 右腔油液→插装阀 G_7→油箱。

进油控制油路：插装阀 G_5 阀芯上端卸荷，阀芯被打开。

进油路：塑化螺杆后退时，注射液压缸 C_3 无杆腔形成真空。在大气压作用下，油箱内油通过插装阀 G_5 进入注射液压缸 C_3 左腔。

9. 抽胶 B_1 泵工作，B_2 泵卸荷。

进油控制油路：先导阀二位四通电磁换向阀 D_5 的 11YA 得电。插装阀 G_8 阀芯上端卸荷，阀芯被打开。插装阀 G_5 阀芯上端被压力油控制，插装阀 G_5 关闭。

进油路：压力油→插装阀 G_8→注射液压缸 C_3 左腔，推动活塞杆向右移动，带动塑化螺杆向右移动，达到抽胶目的，以防止熔胶溢出造成浪费。

回油控制油路：插装阀 G_4 阀芯上端被压力油液控制，插装阀 G_4 关闭。

回油路：注射液压缸 C_3 右腔油液→插装阀 G_7 克服背压→油箱。

10. 中子

（1）中子 A　B_1 液压泵工作，B_2 液压泵卸荷。

有的工件需要在其上开孔，可以采用加中子的办法解决。

16YA 得电中子 A 进，17YA 通电中子 A 退。

（2）中子 B　B_1 液压泵工作，B_2 液压泵卸荷。

当需要的数量较多就启用中子 B。

18YA 通电中子 B 进，19YA 通电中子 B 退。

11. 手动换向阀 H　在维修注塑机时，如有必要可以通过手工操作手动阀 H 达到完全开模的目的。

4.4.2 550 型注塑机液压系统特点

1）550 型注塑机采用双联高压叶片泵供油，慢速时由小液压泵供油，快速、高压时由大小液压泵同时供油。

2）由计算机全程控制电液比例流量阀、电液比例压力阀，在动作过程中实现无级调速、调压，减少冲击。

3）采用安全阀实现过载保护，安全性有可靠保证。

4）卸荷、开模、合模、注射、储料、抽胶均采用插装阀，流量大、节奏快、密封性好、故障少、可靠性高。

5）大长径比螺杆，液压马达直接驱动，可以高速高效熔胶。

6）机液联动，液压缸推动内翻式双曲肘三连杆五铰合模机构，运动快速、平稳、可靠、刚性好。

7）液压马达驱动自动调模，不仅驱动力大，而且方便快捷。

习题与训练

4-1　双联叶片泵有什么优点？

4-2　什么是齿轮泵的困油现象？用什么方法减小或较好地解决齿轮泵困油问题？

4-3　在齿轮泵、双作用叶片泵和柱塞泵中，哪一种泵的脉动最小？为什么？

4-4　试述电液比例溢流阀的工作原理。

4-5　试述电液比例方向节流阀的工作原理。

4-6　试说明插装式锥阀的工作原理及特点，并画出用插装式锥阀实现二位二通换向阀。

4-7　拆装齿轮泵，识别其零部件。

4-8　拆装插装式锥阀，识别其零部件。

4-9　在液压试验台上组装 550 型注塑机的差动快速合模回路，并分析其工作过程。

4-10　在液压试验台上组装 550 型注塑机的注射回路，并分析其工作过程。

4-11　在液压试验台上组装 550 型注塑机的抽胶回路，并分析其工作过程。

项目5　液压系统的安装、调试、维护及故障诊断与排除

本项目主要介绍液压站的组成，并以双面钻气缸盖螺栓孔专用机床为例，介绍液压系统的安装、调试过程，同时介绍液压系统的维护以及常见故障的诊断与排除。

5.1　液压站的组成

液压站又称为液压泵站，它由液压泵传动装置、各种方式连接的阀、油箱、电气箱等组成。其中，液压泵传动装置包括电动机和液压泵，是液压站的动力源，将电动机的机械能转化为液压油的压力能。液压站按驱动装置的要求供油，并控制油流的方向、压力和流量。它适合于各种液压机械，可实现各种规定的动作、工作循环。

液压站常见的安装形式有：

1）液压泵传动装置、阀都装在油箱上，阀的A、B接口与驱动装置的执行元件用油管连接，如图5-1所示。该方案的优点是阀的组合比较集中。组合机床、液压机都采用这种形式。

2）液压泵传动装置装在油箱上，阀装在驱动装置的适当位置，阀的A、B接口与驱动装置的执行元件用油管相连。该方案的优点是控制阀与执行元件较近，管路长度较短。一般小型自动生产线、专用机床采用这种形式。

3）把驱动装置当作油箱、电气箱，阀装在驱动装置上。该方案的优点是结构紧凑，缺点是油温的变化会影响驱动装置的精度。粗加工机械及注塑机采用这种形式。

图5-1　液压站

5.1.1　液压泵传动装置

液压泵传动装置的安装方式有：

（1）上置立式　液压泵传动装置立式安装在油箱盖板上，主要用于定量泵。其优点是节约空间，缺点是液压泵产生热量加剧了油温升高。

（2）上置卧式　液压泵传动装置卧式安装在油箱盖板上，主要用于定量、变量叶片泵。其优点是便于更换液压泵或调节变量机构，液压泵的热量不影响液压油。

（3）旁置式　液压泵传动装置卧式安置在油箱旁，并且与油箱有共同的地基。其优点是液压泵的吸油口较低，吸油充分。旁置式一般用于柱塞泵，或大流量定量叶片泵，同时还可以设置备用液压泵。

5.1.2　阀的连接方式

1. 管式连接　阀体油口上带有螺纹的阀称为管式阀。将管式阀的油口用螺纹管接头和管道连接，并由此固定在管道上，这就是管式连接。这种连接方式只适合于小流量的简单液压系统。其优点是连接方式简单、布局方便、系统中各阀间油路一目了然。其缺点是元件分散、布局空间较大、管路交错、接头繁多，不便于拆装维修。

通常，大流量的管式阀因油口粗大已超出螺纹管接头连接范围，改用法兰连接，即在油口端面上设置 n 个合适的内螺纹孔，用螺钉将法兰与阀体连接，法兰与管道焊接。目前，以上两种已很少采用。

2. 板式连接　阀的各油口均布置在同一安装面上，并留有联接螺钉孔，这种阀称为板式阀。通常用螺钉将板式阀固定在与阀有对应油口的平板式连接体上。其优点是更换元件方便、不影响管路，并有可能将阀集中布置。有的板式连接体，阀间油路是在板后面用管路接头和管子连接实现的，这种连接板简单、检查油路方便，但板上油管多，装配繁琐，占用空间大。还有一种连接板，阀与阀间通道是在连接板体内通过打孔来实现的，但连接板较长，钻孔也存在钻头引偏而相互击穿的危险。这种连接以前常用在组合机床、磨床上，现在该方式也很少采用了。

3. 集成块式连接　集成块是根据采用阀的流量规格而确定的最小长方体，即本体。用螺钉将板式阀体固定在集成块的3个侧面上，通常3个侧面各装1个阀，有时候在阀与集成块之间还可以用垫板安装1个简单的阀，如单向阀、节流阀等，剩余的1个侧面则安装油管，连接执行元件。

集成块的上下面是块与块的结合面，在各集成块的结合面上同一坐标位置的垂直方向钻有公共通油孔。例如，压力孔P、回油孔T、泄漏油孔L以及安装螺钉孔，有时还有测压油路孔。块与块之间及块与阀之间结合面上的各油口用O形密封圈密封，一般只在集成块的上平面刮O形密封圈沉坑。在集成块内钻孔，沟通各阀组成回路，每个集成块与装在其周围的阀类元件构成一个集成块组。每个集成块组就是一个典型回路。根据各种液压系统的不同要求，选择若干不同的集成块组叠加在一起，即可构成整个集成块式液压装置，如图5-2所示。这种集成块方式的优点是结构紧凑、占地面积小、便于拆装维修，可把液压系统的设计简化成集成块的选择，因而在液压机、组合机床上得到广泛应用。这种集成方式对设计能力和加工技能有一定要求。

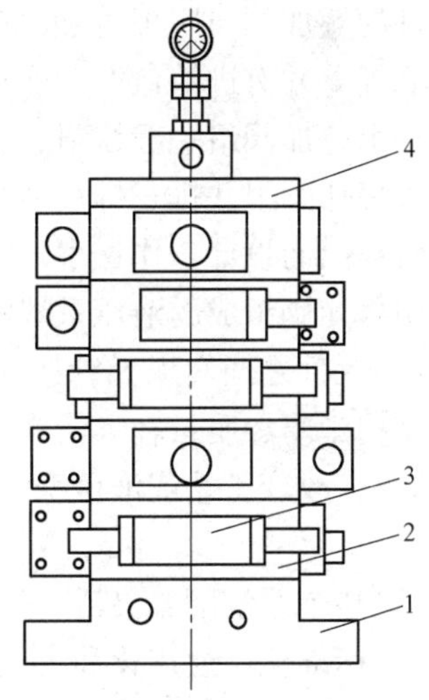

图5-2　集成块式液压装置

1—底板　2—集成块　3—阀　4—盖板

4. 叠加阀　将各种液压阀的上下面都做成与板式阀底面一样的连接面，相同规格的各种液压阀的连接面中，油口位置、螺孔位置、连接尺寸都相同（按相同规格的换向阀的连接尺寸确定），这种阀称为叠加阀。叠加阀实物如图5-3所示。

叠加阀与普通板式阀一样，也有压力控制阀（溢流阀、顺序阀、减压阀等）和流量控制阀（节流阀、调速阀）等，在阀体内可以组装成一个单阀，也可以组装成双阀。一个阀体内有 P、T、A、B4 条以上通道，根据其通道连接情况可以形成多种不同的控制组合方式。我国叠加阀现有 6mm、10mm、16mm、20mm、32mm 共 5 个通径系列，额定压力为 20MPa，额定流量为 10～200L/min。

图 5-3　叠加阀实物图

以 Y1—F10DP/T 叠加式先导溢流阀为例，它由主阀和先导阀两部分组成。Y 表示溢流阀，F 表示压力为 20MPa，10 表示通径为 10mm，D 表示叠加式，P/T 表示进油口为 P，回油口为 T。再以 QA—F6/10D—BU 单向调速阀为例，QA 表示单向调速阀，F 表示压力为 20MPa，6/10 表示该阀通径为 6mm，而其接口尺寸属于 ϕ10mm 系列，D 表示叠加式，B 表示该阀适用于液压缸 B 腔油路上，U 表示调速阀出口节流。其工作原理与一般单向调速阀相同。

叠加阀既有板式液压阀的功能，又有自身的特性，即阀体本身除容纳阀芯外，还兼有通道作用。每个阀都有公共油液通道，各阀芯相应油口在阀体内与公共油道相接，同一种通径系列的各类叠加阀，上下面主油路通道的直径与位置相同，并且其连接螺栓孔的位置和尺寸也相同，这样就可以用同一通径系列的叠加阀叠加成不同功能的系统。通常把控制同一个执行元件的叠加阀与底板叠加起来，把不属于叠加阀的换向阀安装在最上面，组成一个支系统。底板上开有进油口 P、回油口 T 及通往执行元件的油口 A、B 和压力表油口。

一个叠加阀组一般控制一个执行元件。若系统中有几个执行元件需要集中控制，可将几个垂直叠加阀组并排安排在多联底板上，设计中仅需绘出叠加阀式液压系统原理图，即可进行组装。因而设计工作量小，在自动生产线、非标设备中应用广泛。

由叠加阀组成的液压系统的优点是：

1）元件之间实现无管连接，不仅消除了因油管、管接头等引起的泄漏、振动和噪声，而且结构紧凑、质量轻。

2）若改变工艺或液压系统有变化时，这时需增减元件，采用叠加阀组装方便迅速，周期短。

3）整个系统配置灵活、外观漂亮、维护保养容易。

4）标准化、通用化和集成化较高。

在机械加工生产实践中，叠加式单向调速阀作为一般缓冲环节是可以的，但用在主进给方面效果并不理想。

在叠加阀组中，除了电磁换向阀作为上盖之外，其余阀体全都被 4 个螺栓紧固，有时因为螺栓拧得过紧，单向调速阀阀芯不能移动而造成不能快进，放松被拧紧螺母则快进才出现。这是因为阀体受压变形，内孔变成扁形，阀芯被卡死所致，放松以后恢复原状，阀芯就灵活了。此外，阀芯受热膨胀也会造成快进不存在。例如，在炎热夏天的白天会出现没有快进动作的现象，这是因为阀芯受热膨胀，阀芯与阀体内孔间隙偏小，阀芯被卡死所致。这时研磨一下阀体内孔，降低油温，问题就可解决。此外，由于叠加阀组的主油道是在一连串阀体中弯弯曲曲通过的，会出现输出压力过低的现象，此时若提高液压泵压力则又会导致发热严重，由此可见，叠加阀组压力损失过大。因此它作为辅助动作是可以的，因为只要保持压力，若作为主进给则有其不足之处。

5. 插装阀　插装阀取消了阀体，被制成圆筒形直接插入布有孔道的阀块的插座孔中，从而构成液压系统。其结构十分紧凑，各种压力阀、流量阀、方向阀、比例阀等均可制成插装阀形式。插装阀实物如图5-4所示。

当复杂的液压系统需要多个阀块叠积时，一定要保证3个公用油孔坐标相同，使之叠积后形成3个主通道。各通油孔的内径要满足允许流速的要求。一般来说，与阀直径相通的孔径应等于所装阀的油孔通径。油孔之间的壁厚不能太小，一方面，防止在使用过程中由于油的压力而击穿；另一方面，避免加工时因油孔的偏斜而误通。对于中低压液压系统，壁厚不小于5mm，高压液压系统应更大些。

图5-4　插装阀实物图

5.1.3　油箱

一个独立的油箱的主要功用是存储油液，此外还起着散发油液中的热量、溢出混在油液中的气体、沉淀油液中的污物等作用。其实物如图5-5a所示。

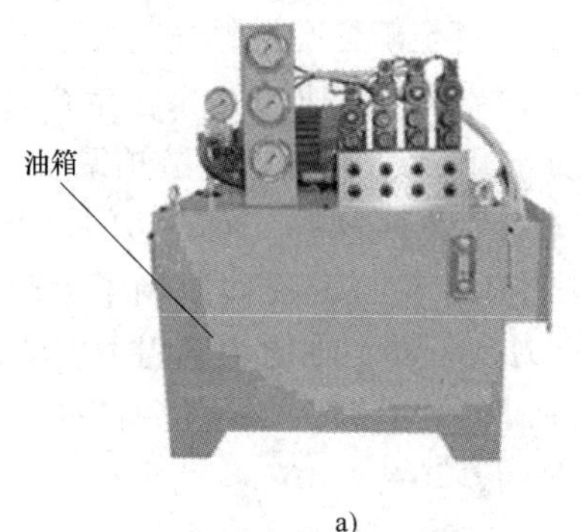

a)

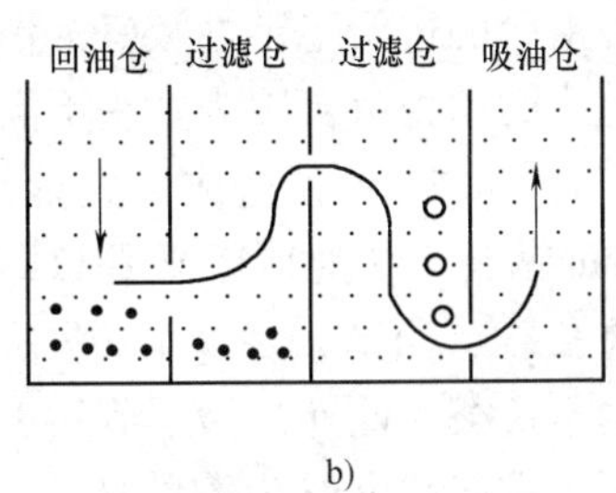

b)

图5-5　油箱

a）液压站中的油箱　b）油箱内部示意图

油箱的容积大小十分重要，容积过小发热严重，油液粘度变稀，会使滑台在进给过程中产生爬行，影响进给稳定性。一般在选取油箱时，变量泵的油箱的容量是变量泵流量的5倍左右；定量泵的油箱容量是定量泵流量的10倍左右。

如图5-5b所示，可以将油箱做成一个大过滤器，把油箱分成4个仓，完成系统回油→过滤→过滤→液压泵吸油整个过程。从回油仓到过滤仓，油液必须经过过滤网，从过滤仓再到另一个过滤仓，油液要流过隔板上较高的孔，目的是可以使油中较重杂质沉淀在隔板下面，干净油液可以通过。从过滤仓到吸油仓，油液必须从隔板上较低位置的孔中流过，把油液中上层气泡隔离掉，使液压泵吸收到无杂质无气泡的干净油。

由于油箱盖板上要安装液压泵传动装置、集成块组等，所以必须先用角钢焊接成一个结实的框架，然后用钢板把底面和四周焊接好。油箱盖板采用钢板，用螺钉固定在角钢框架上，以确保液压泵传动装置在运行中盖板有足够的刚性。

油箱盖的四周设置存油槽，并钻几个小孔可以将泄漏油漏到油箱中，防止灰尘进入油箱。油箱底平面用4个撑脚支撑着，距离地面的距离约为150mm，这样有利于油液的散热并具有放油空间。油箱的四周侧面开窗加盖板，可以不拆盖板上的装置，打开窗盖就能清洗油箱，并能更换吸油过滤器。油箱盖板上要加空气过滤器，既保证油箱与外界相通，有利于液压泵吸油，同时也作为补充加油的过滤器。油箱侧面要安装带温度计的油标，以便可以及时观察到油箱内部液面高度及油温。

油箱四仓底面设置放油开关，清洗前将油放空便于清洗。干净的油液是进给稳定性重要的因素之一。夏天变量泵的油箱温度是45℃左右，不必加制冷设备；若定量泵的油箱温度在70℃左右，需选择制冷设备。

5.2 双面钻气缸盖螺栓孔专用机床液压系统回路分析

下面以双面钻气缸盖螺栓孔专用机床为例，来详细介绍液压系统的安装、调试过程。

双面钻气缸盖螺栓孔专用机床主要用来在6110型柴油机气缸盖的平面上钻26个ϕ16mm的螺栓孔。6110型柴油机气缸盖长850mm、宽210mm、厚90mm。为了节约钻通孔（孔深90mm）的加工时间，采用双面同时钻孔的方式，左右两边动力箱钻头同时钻孔，即右边动力箱钻头先钻深35mm，动力滑台停止进给，等待左边动力箱钻头钻深35mm后，左边动力滑台退到原位，右边动力滑台再继续进给，直至螺栓孔被钻通为止。

该专用机床的液压系统原先采用进油调速加背压的调速回路，在生产节拍为5min/只时，左、右动力滑台的进给稳定性较好，但为了提高产量，将生产节拍调整为3min/只。加快进给以后，左边的动力滑台因为钻头不需钻通孔未出现问题，而右边的动力滑台在钻头钻通孔时会出现“冲”的现象，造成了大批钻头拆断，这样，反而影响了生产进度。这是因为：26个ϕ16mm钻头，切削转矩要用11kW动力头带动，轴向切削阻力据测定约为0.1MN左右，已接近重负载，当节拍由5min/只提速到3min/只时，切削量相当于原来的1.7倍，这是名副其实的重负载。此外，为了节约工进时间，26个ϕ16mm钻头在钻通孔时几乎是同时的，这就出现了重载荷突然为零的情况，出现“冲”的现象在所难免。为了解决“冲”的现象，采取过的措施有：

1）将钻头磨锋利，以减小切削阻力，但要经常换钻头，增加了辅助时间。

2）将孔分两次钻通，以减小突然变化，但延长了工进时间。

3）增大背压，由原来的1～1.5MPa提升到2.5 MPa，钻通时“冲”的现象虽然减少了，但由于增大了附加阻力，切削速度不便提升。

为此，将调速回路改成项目3中介绍的实用调速回路。该方案能使动力滑台具有稳定进给速度，并有效解决在重载荷突然变为零时出现“冲”的问题。双面钻气缸盖螺栓孔专用机床液压系统的工作原理及动作循环如图5-6所示。其电磁铁动作顺序表见表5-1。

该液压系统的工作过程是：

（1）定位　电磁换向阀3的3YA通电。

进油路：变量泵1→节流阀2→电磁换向阀3右位→定位液压缸25左腔。

回油路：定位液压缸25右腔→电磁换向阀3右位→回油箱。

（2）夹紧　电磁换向阀6的5YA通电。

进油路：变量泵1→减压阀4→单向阀5→电磁换向阀6右位→夹紧液压缸24左腔。压力达到一定值时，压力继电器7发出信号。

回油路：夹紧液压缸24右腔→电磁换向阀6右位→回油箱。

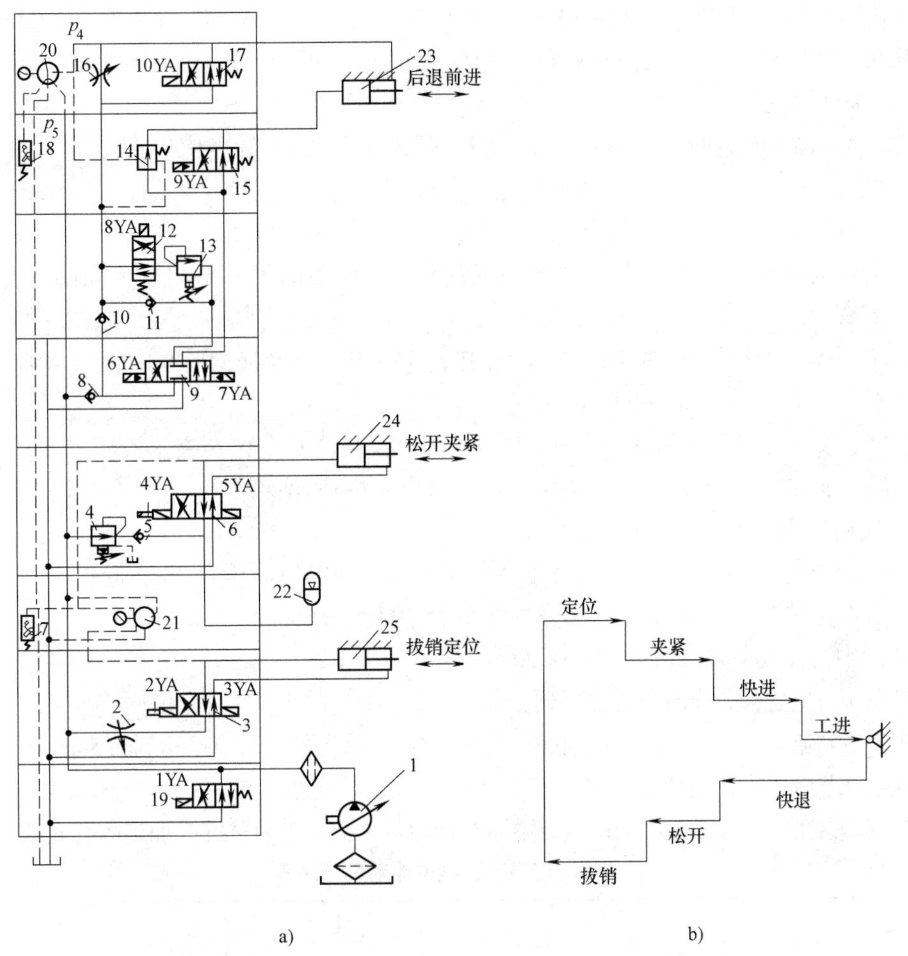

图5-6　双面钻气缸盖螺栓孔专用机床液压系统工作原理及动作循环图

a）工作原理图　b）动作循环图

1—变量泵　2、16—节流阀　3、6—带定位的电磁换向阀　4—减压阀　5、8、10、11—单向阀　7、18—压力继电器　9、15—电液换向阀　12、17、19—电磁换向阀　13—溢流阀（背压阀）　14—定差减压阀　20、21—压力表开关　22—蓄能器　23—动力液压缸　24—夹紧液压缸　25—定位液压缸

（3）快进　电液换向阀9的6YA通电，电磁换向阀12的8YA通电。

进油路：变量泵1→单向阀8→电液换向阀9左位→电液换向阀15右位→动力液压缸23左腔。

回油路：动力液压缸23右腔→电磁换向阀17右位→单向阀10→电液换向阀9左位→电液换向阀15右位→动力液压缸23左腔，形成差动连接快进回路。

（4）工进　电磁换向阀12的8YA断电，电液换向阀15的9YA通电，电磁换向阀17的

10YA 通电。

进油路：变量泵 1→单向阀 8→电液换向阀 9 左位→定差减压阀 14→动力液压缸 23 左腔。

回油路：动力液压缸 23 右腔→节流阀 16→电磁换向阀 12 下位→背压阀 13→电液换向阀 9 左位→回油箱。

（5）止挡块停留

进油路：变量泵 1→单向阀 8→电液换向阀 9 左位→定差减压阀 14→动力液压缸 23 左腔。

回油路：动力液压缸 23 右腔→节流阀 16→电磁换向阀 12 下位→溢流阀（背压阀）13→电液换向阀 9 左位→回油箱。

当动力液压缸 23 右腔压力达到一定值时，压力继电器 18 发出信号。

（6）快退　电液换向阀 9 的 7YA 通电，电液换向阀 15 的 9YA 失电，电磁换向阀 17 的 10YA 断电。

进油路：变量泵 1→单向阀 8→电液换向阀 9 右位→单向阀 11→电磁换向阀 17 右位→动力液压缸 23 右腔。

回油路：动力液压缸 23 左腔→电液换向阀 15 右位→电液换向阀 9 右位→回油箱。

（7）松开　电磁换向阀 6 的 4YA 通电。

进油路：变量泵 1→减压阀 4→单向阀 5→电磁换向阀 6 左位→夹紧液压缸 24 右腔。

回油路：夹紧液压缸 24 左腔→电磁换向阀 6 左位→回油箱。

（8）拔销　电磁换向阀 3 的 2YA 通电。

进油路：变量泵 1→节流阀 2→电磁换向阀 3 左位→定位液压缸 25 右腔。

回油路：定位液压缸 25 左腔→电磁换向阀 3 左位→回油箱。

（9）原位　电磁换向阀 19 的 1YA 断电。

变量泵 1→电磁换向阀 19 右位→回油箱

采用实用调速方案的双面钻气缸盖螺栓孔机床液压系统在生产节拍达到 2.5min/只时，滑台仍具有稳定的进给速度，避免了“冲”的现象，钻过的孔光洁。该系统压力脉动小，工作压力低，发热小、能耗少。若将该实用调速方案用在精镗机床上，走刀精细，加工的孔光洁。

表 5-1　电磁铁及继电器动作顺序表

动作＼元件	1YA	2YA	3YA	4YA	5YA	6YA	7YA	8YA	9YA	10YA	1YJ（继电器 7）	2YJ（继电器 18）
定位	+	−	+	−	−	−	−	−	−	−	−	−
夹紧	+	−	（+）	−	+	−	−	−	−	−	+	−
快进	+	−	（+）	−	（+）	+	−	+	−	−	+	−
工进	+	−	（+）	−	（+）	+	−	−	+	+	+	−
止挡	+	−	（+）	−	（+）	+	−	−	+	+	+	+
快退	+	−	（+）	−	（+）	−	+	−	−	−	+	−
松开	+	−	（+）	+	（−）	−	−	−	−	−	−	−
拔销	+	+	−	（+）	−	−	−	−	−	−	−	−
原位	−	（+）	−	（+）	−	−	−	−	−	−	−	−

注：（+）表示带定位的电磁换向阀处于保持状态。

5.3　双面钻气缸盖螺栓孔专用机床液压系统的安装

5.3.1　液压泵传动装置的选取和安装

在双面钻气缸盖螺栓孔专用机床的液压系统中，液压泵的输出压力 $p=4.5\text{MPa}$，可以选择额定压力 $p_N=7\text{MPa}$ 的变量叶片泵，该泵排量 $V=25\text{mL/r}$，转速 $n=1440\text{r/min}$。使用时液压泵输出压力 $p=4.5\text{MPa}$，这样不仅使液压泵寿命较长，而且也符合一般液压站需要的压力。对于镗床或某些机床因加工工序的原因，钻头少且小，压力则不需要 4.5MPa，3MPa 就可以了。已知变量叶片泵的输出压力 $p=4.5\text{MPa}$，排量 $V=25\text{mL/r}$，转速 $n=1440\text{r/min}$，容积效率为 $\eta_v=0.9$，机械效率 $\eta_m=0.95$，可以确定驱动液压泵的电动机功率 P 为

$$P=\frac{pVn}{60\eta_v\eta_m}=\frac{4.5\text{MPa}\times 25\text{mL/r}\times 1440\text{r/min}}{60\times 0.9\times 0.95}=3.16\text{kW} \tag{5-1}$$

为此，可以选取额定功率为 4kW，转速为 1440r/min 的电动机。尤其对于钻头数量较多较粗或立式机床，若取 3kW 的电动机，则电动机发热严重，采用 4kW、1440 r/min 电动机之后，电动机的发热情况就消失了。采用 4kW 电机，并不意味功率就浪费了，因为 4kW 是额定功率。

对于有些工作压力需要 5 MPa 以上才能正常工作的机床，采用的方法是更换面积较大一点液压缸，使工作压力降下来，维持输出压力在 4.5MPa 以内，不但能耗小，而且油温低、泄漏少。

液压泵与电动机之间的连接采用挠性联轴器是最佳选择。如图 5-7 所示，其左半联轴器伸出的圆柱销插入右半联轴器镶嵌的椭圆柱弹性块之间。电动机起动时，瞬时冲击转矩通过挠性联轴器缓冲，有利于叶片泵中叶片的正常甩出，延长叶片泵的使用寿命。

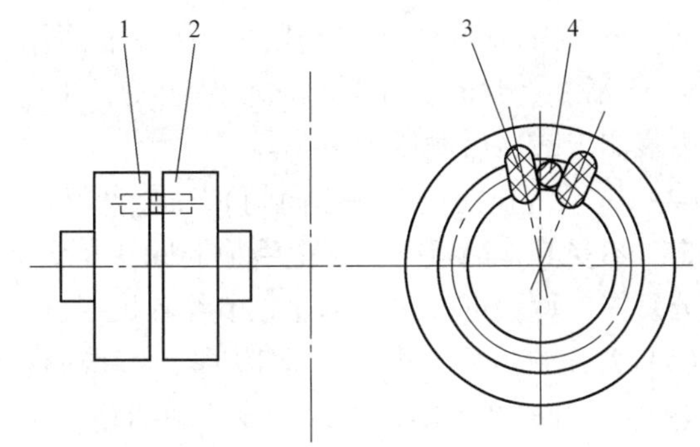

图 5-7　挠性联轴器

1—左半联轴器　2—右半联轴器　3—弹性块　4—圆柱销

安装变量泵传动装置时，吸油管既不能太长，也不能太短，内径不能太小。因为太短了会吸入油液上层的气泡，太长不但增加吸油阻力，还会吸入油箱底部的垃圾，若内径太小会产生空穴现象。油面不能太低，因为油面太低会吸油不足，容易吸入空气，产生噪声和爬行。

进油过滤器流量不能太小，太小了会产生吸油阻力，一般是液压泵的 2 ~ 4 倍。若在液压泵的进口处安装 HY37—100 粗过滤器，精度为 0.17mm，既能保护液压泵中叶片与槽不受大颗粒机械杂质的损坏，又不影响吸油能力。

此外，液压泵吸油口的密封很重要，一般采用接头体与液压泵吸油口螺纹联接，必须采用生料带或密封胶，避免空气进入。接头体通过接管与吸油管直接焊接，防止空气进入。

5.3.2　集成块的安装

1. 集成块的结构布置

以双面钻气缸盖螺栓孔专用机床的液压系统为例，液压系统由若干集成块组构成。本体形状如图5-8所示。

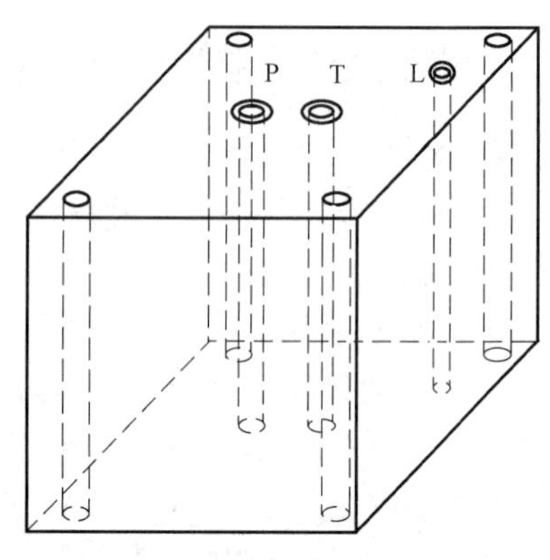

图5-8　本体形状

通过在本体上钻孔，将板式阀组装在本体上，起到相互贯通的作用，连接方便简短。本体中压力油、回油，泄漏油道上、下各自贯通，孔道粗且通畅，油液发热小，能为滑台的快进、快退提供有利条件。本体侧面积大，可以安装体积较大的板式调压阀、换向阀和调速阀，阀的性能稳定，从而确保系统的性能稳定。

如图5-6a所示，各集成块组的作用是：

（1）卸荷块　液压泵起动后通过电磁换向阀19的常态沟通孔道实现零压卸荷，起到保护液压泵和节约能源的作用。

（2）定位块　由节流阀2和带定位的电磁换向阀3组成。节流阀2可以调节定位液压缸25活塞动作快慢，从而控制定位插销插入工件的速度，保证在定位过程中工件移动到准确位置。

（3）夹紧块　由减压阀4、单向阀5、带定位的电磁换向阀6、压力继电器7、蓄能器22组成。由减压阀调整到所需压力，在主油路压力降低时，单向阀关闭，蓄能器补偿夹紧液压缸24活塞密封圈的泄漏，从而保证夹紧压力。同时压力继电器7发出已夹紧信号，并由压力表测出减压后的压力大小。

（4）主系统换向块　由单向阀8和电液换向阀9组成。单向阀的作用是保护主系统压力稳定，不受其他因素干扰。电液换向阀9是大流量的液动阀，其作用是使液压泵的流量得到充分发挥，使快进、快退迅速，节约辅助时间。

（5）背压快退块　由单向阀10和11、电磁换向阀12、溢流阀（背压阀）13组成。快进时电磁换向阀12关闭，确保形成差动回路。工进时电磁换向阀12打开，使回油腔的油通过电磁换向阀12经背压阀13回油箱，调节背压阀13的压力一般为0.5～0.8MPa。单向阀10在差动快进中起作用，单向阀11在快退中起作用。

（6）速度换接定差块　由定差减压阀14、电液换向阀15组成。电液换向阀15在快进、快退时起作用，为了保证油道畅通和主电液换向阀9一样采用大流量液动阀。定差减压阀是在工进时起作用，保证节流阀两端压力差不变，避免衰减液压泵和其他因素引起的压力脉动。

（7）速度换接节流块　由节流阀16和电磁换向阀17组成。快进、快退时油液通过电磁换向阀17；工进时电磁换向阀关闭，油液只能经过节流阀16。节流阀16的开口量大小决定了滑台的进给速度。

2. 本体的加工工艺

1）本体材料选45钢棒料或锻件。

2）铣六面体。

3）磨六面体。

4）划线。

5）钻孔。

6）再磨钻孔过的平面，并保证 O 形密封圈孔深公差。O 形密封圈的压缩量不能太小，否则密封能力不强，易漏油；O 形密封圈的压缩量也不能太大，若 O 形密封圈被压碎，密封失效。

7）吹屑、清洗。

8）先测量检验，后吹烟检验。

可以先将本体从下而上依次叠加，每放上 1 块以后，在本体的上平面放好对应的密封圈，然后在四周装阀；也可以在本体四周将阀装好，然后依次叠加，并放上对应的密封圈。

5.3.3　阀的安装

1）各种控制阀在安装前，必须检查其是否与设计清单相符，注意规、型号、功能等，同形状的阀型号不同则功能不同。各阀的 P、T、A、B、K、L 油口都要和本体上对应孔口对应，并检查阀底面上 O 形密封圈是否放好，螺钉要拧紧。

2）电磁换向阀、电液换向阀应水平安装，蓄能器垂直安装。

3）每一只阀在安装前必须进行清洗，保证做到：

①　先导式锥阀芯与小孔密封要可靠，主阀芯移动要轻松灵活。

②　锥式单向阀阀芯上不能有杂物，否则会产生泄漏。

③　电磁换向阀、液动换向阀主阀芯要移动灵活，孔腔内不能有任何垃圾。

④　调速阀中定差减压阀阀芯移动灵活。

5.3.4　液压缸的安装

液压缸安装合理与否，对系统工作性能有很大影响，因此在安装液压缸时，必须严格按技术要求进行操作和检测，保证其工作可靠。安装时应注意以下几点：

1）装配前应清洗零件和去除毛刺。

2）活塞与活塞杆组装好后，应检测两者的同轴度和活塞杆的垂直度。

3）装配缸盖，应保证活塞与缸筒内孔、缸盖导孔的同轴度公差，均匀紧固螺钉，以使活塞在全行程内移动缓急一致。

4）液压缸装配应符合要求。在设备安装好后，必须保证液压缸轴线与负载作用轴线同轴，以免因存在侧向力而导致密封件、活塞和缸筒内孔过早磨损，为此可以采用球面垫圈连接。

5）对于较长的液压缸，应考虑热变形和受力变形对液压缸工作性能的影响，可以采用活络连接。

6）液压缸有杆腔缸盖采用 V 形密封圈时，不应调得过紧，以免活塞运动阻力会增大。同时因密封圈工作面无油润滑也会导致其严重磨损，伸出的活塞杆上能见到油膜，但无泄漏，即认为密封圈松紧合适。液压缸内活塞密封圈浸在油里应有足够的压缩量可以调紧，以确保密封的可靠性。

在机床上安装液压缸时，应以导轨为基准，液压缸侧素线与 V 形导轨平行，上素线与平导轨平行，误差小于 0. 05 ~0. 10mm/1000mm。垂直安装液压缸时，为防止动力滑台、动力头、主轴箱、刀具等重物自重下降，一般都设置了机械平衡块装置。此外，在进给回路中，应在液压缸下腔设置背压，通过建立背压来防止重物下滑。液压缸中的活塞杆应该校直，误差小于 0. 2mm/1000mm，液压缸的负载中心最好与推力中心重合，保护密封件不受偏载。密封圈的预压缩量应根据不同场合进行调整，以保证在全程内移动灵活、无阻滞现象。

为了防止液压缸缓冲机构失灵，应检查单向阀钢球是否漏装或接触不良。不过，在实际应用中，液压缸缓冲装置的缓冲能力是非常有限的。例如，在液压缸的前后盖上虽然都设置了缓冲装置，采用电磁换向阀换向时，冲击仍很厉害，这是因为滑台等重物的惯性以及油的压力能等原因造成的，可以通过在换向回路中设置缓冲回路来解决。还可以采用电液换向阀换向，通过调节其单向节流阀来调节换向时间，使主阀芯缓慢换向，做到平稳过渡。

5. 3. 5　油管、管接头的选取和安装

液压系统中使用的油管种类很多，有钢管、铜管、塑料管、橡胶管、尼龙管等。管接头是油管与油管、油管与液压件之间的可拆式连接件，它必须符合装拆方便、连接牢固、密封可靠、外形尺寸小、通流能力大、压降小、工艺性好等各项条件。常用的管接头有卡套管接头、焊接管接头、扩口管接头，胶管接头、快速接头等。

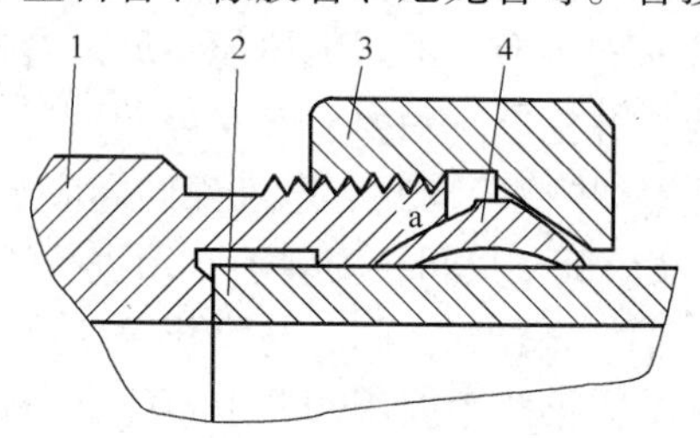

图 5-9　卡套管接头
1—接头体　2—管路　3—螺母　4—卡套

图 5-9 所示是一种常用的卡套管接头。卡套管接头是由接头体 1，卡套 4 和螺母 3 组成的。卡套是带尖锐内刃的金属环，当螺母 3 旋转时刃口嵌入管路 2 的表面，形成密封。与此同时，卡套受压而中部略凸，在 a 处和接头体 1 的内锥面接触，形成密封。这种管接头不用焊接，不需另外的密封件，尺寸小，装拆方便，在高压系统中被广泛应用。卡套管接头要求管道表面有较高的尺寸精度，适用于冷拔无缝钢管而不适用于热轧管。

焊接管接头如图 5-10 所示。它工作可靠，制造简单，是高压管路应用较多的一种管接头。管接头的接管 1 焊接在管子的一端，用螺母 2 将接管 1 和接头体 4 连接在一起。在接触面上，图 5-10a 所示的球面接头靠球面与锥面的环形接触线实现密封；图 5-10b 所示的平面接头用 O 形密封圈 3 来实现密封。接头体 4 和本体 5（泵、马达、阀及其他元件）是用螺纹联接的，若采用圆柱螺纹，其本身密封性能不好，常用组合密封圈 6 加以密封；若采用锥螺纹联接，在螺纹表面应包一层生料带旋入。

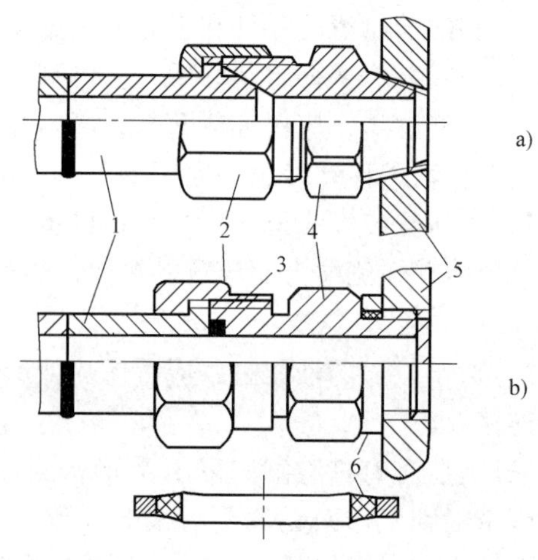

图 5-10　焊接管接头
1—接管　2—螺母　3—O 形密封圈　4—接头体　5—本体　6—组合密封圈

组合机床油管的连接一般采用卡套管接头，而铸造高压造型线的油管连接若采用卡

套管接头则会有“爆”管子现象发生。例如，某汽车制造厂有7条铸造高压造型线，针对“爆”管子造成停产危险，成立了一支抢救队伍，随时应对突发事件。由此可见，液压系统油管、管接头的正确选择及安装是生产正常化的重要因素。

在铸造高压线上采用卡套管接头之所以会“爆”管子，这是因为加工机床一般是以单独个体为独立单元，液压泵通常是低压大流量，高压小流量，内聚能量较小。而铸造高压造型线液压系统是顺序动作，集中控制。其液压站有4台160L/min的定量叶片泵同时工作，压力约为5MPa，内聚能量较大，在大量的管接头中，只要有一个管接头的卡套变形量不到位，摩擦力不够，无缝钢管就会脱出来，造成“爆”管子，大流量高压油就会喷出来。在这种情况下，采用焊接管接头是最好的选择。卡套管接头靠卡套变形卡在无缝钢管上，对无缝钢管的外圆尺寸公差及材质有严格要求，对卡套的内孔尺寸公差也有严格的要求，所以卡套管接头容易漏油。而焊接管接头通常是在接头体内放O形密封圈，靠接管压在上面，使O形密封圈变形密封，塑性密封可靠，虽然接管与无缝钢管焊接工作量是很大的，但带来的好处是杜绝了“爆”管子的可能，而且没有泄漏，生产上无后顾之忧。

油管在第一次安装成形之后，需对油管内部进行酸洗。这是因为采用切口、弯管等加工工艺，无缝钢管内部存在垃圾。具体清洗方法是：采用稀释过的硫酸用手工的办法灌进管子内，两头用木锥塞住，存放24h，第二天倒出，用自来水冲洗，用压缩空气吹干，再用柴油清洗后进行安装。经过两次安装以及酸洗过的管子内部比较干净。管道安装好以后，每隔一段距离要用管夹固定在机床上或框架上，防止振动造成管接头脱开。

采用扩口薄壁管接头时，应先将铜管端口用专用工具（扩张器）扩张好，再进行安装，这样可以消除泄漏。安装橡胶软管时要防止扭转，留有一定的松弛量，软管接头与软管连接要可靠。不要使软管承受拉力或在接头处弯曲，应保证油管即使在冲击压力作用下也不会拔脱喷油。使用橡胶管还需隔热。

管路要求越短越好，尽量垂直或平行，少拐弯，避免交叉，与元件的结合应在管子的转弯部位。弯管半径应符合标准要求（一般应大于管子外径的3倍）。此外，液压系统回油管应插入油面之下，防止产生气泡，并与吸油管相距远些；泄漏油管不应有背压；为保证管路通畅应单独设置回油管。

5.4　双面钻气缸盖螺栓孔专用机床液压系统的调试

双面钻气缸盖螺栓孔专用机床液压系统的调试过程是：

1）变量叶片泵的调压机构处于放松状态，卸荷阀（电磁换向阀）19处于常开状态。用手将变量叶片泵联轴器转动几下，使变量叶片泵充满油，若点动方向正确，可以起动液压泵；若方向反了，则改正。

2）手按电磁换向阀19将其处于通电状态，调节变量叶片泵的调压机构，顺时针转，使叶片泵压力逐步增大，并有明显的负载感觉，观察压力表开关20的p_5值，并将调压机构顺时针转3圈后逆时针转3圈，观察p_5值也跟着先上升后下降，说明p_5值是变量叶片泵压力测压点，变量叶片泵传动装置调压是正常的，它的测压油道是畅通的。

3）将变量叶片泵的压力调至3MPa，观察压力表开关20处于p_5值对应压力表指针振摆值，再将变量叶片泵压力调至4.5MPa，观察压力表开关20处于p_5值时对应压力表指针振摆值，如果压力表指针振摆值小，属于正常，即压力表指针基本不摇摆，或摇摆值在 0.1 MPa 左右。

在调试叶片泵压力时，若压力表指针振摆值很大，则有可能叶片装反了。这是因为变量叶片泵的叶片槽后倾，叶片顶部后角与定子内表面接触面积大，其摩擦力分力有利于叶片贴紧定子内表面，在调节变量叶片泵压力时，压力表指针振摆值应该很小，而现在压力表指针振摆值很大，则有可能叶片装反了，叶片尖角与定子内表面接触，所以接触面积小，压力脉动大。这时必须重装叶片泵。

4）用手抓住变量叶片泵出油口连接油管，感觉一下其压力脉动，有时会明显感觉到其压力脉动很大，同时伴有噪声。首先观察一下变量叶片泵中调节偏心量的螺钉伸出长度，如果偏心量过大，输出量很大，压力脉动自然很大。叶片的长度有限，伸出长度过长，叶片在槽中来回伸缩，叶片又处于受力状态，会因伸缩不稳定而发出噪声。偏心量减小了，则压力脉动减小，噪声也随之降低。调节偏心量大小，只要能满足快进速度就可以了，因为快进所需时间极短，不必过快，而且在系统中还有差动连接，所以偏心量可以小一点，这样快进转工进时冲击小。

此外，可以从压力表开关 20 处于 p_5 值时对应压力表指针振摆值大小来判断叶片是否全部甩出参与工作，压力表指针振摆值小，则压力脉动小，叶片肯定全部参与工作。

在调试过程中遇到过叶片泵在输油过程中压力表指针振摆值很大的情况，拆开叶片泵一看，有半数叶片是活络的，另半数叶片被粘在转子槽里，原因是叶片被油污粘住或叶片与槽之间的间隙太小。经过配研重装以后，压力表指针振摆值很小了，压力脉动小了。

液压泵的压力高则压力脉动大。液压系统压力一般都是由实际生产中能克服背压、负载，或使压力继电器发出信号等因素决定的。压力应尽可能低，这样压力脉动就小，能耗低。

5）压力脉动稳定以后就可以调试滑台快进→工进→快退全自动动作。

手按电液换向阀 9 使 6YA 处于通电状态，手按电磁换向阀 12 使 8YA 通电，动力液压缸 23 开始快进，手按电液换向阀 15、电磁换向阀 17 分别使 9YA、10YA 处于通电状态，动力液压缸 23 开始工进。动力滑台处于工进状态会出现爬行现象，产生爬行的原因有：

① 液压站油箱内的油输出到机床的各个液压缸以后，液面下降，液压泵吸油不足，吸入空气产生爬行，解决办法是继续给油箱补油到位。

② 新机床的液压缸在未进油之前充满空气，在进油过程中空气混在油液中，工进时气泡被压缩，积蓄能量之后产生反弹，于是产生爬行。可以通过在液压缸上面安放气阀、堵头或两端管接头螺母，在排油时松开，让其将油中气泡排出。

③ 滑台台面下导轨面和滑座导轨之间无润滑油，产生干摩擦，造成滑台爬行，这时应检查润滑总管及分支油管的供油情况，解决供油问题。

④ 系统无背压或背压小是滑台爬行的原因之一。调节溢流阀（背压阀）13，观察压力表开关 20 中的 p_4 压力值，应将其控制在 1.2～1.5MPa。

⑤ 定差减压阀阀芯孔的制造公差、几何公差以及与阀芯配合的间隙都非常重要。阀芯与阀芯孔的同轴度公差小，则阀芯在孔中能灵活移动，阀芯孔与阀芯间隙过大则难以形成两端压力差，节流阀进、出油口的压差难以保证基本不变；间隙过小阀芯容易被卡死。一般阀芯与阀体之间间隙在 0.008～0.012mm 之间。定差减压阀灵活程度不够，易产生滑台工进爬行。

6）工进顺利进行之后可以采用电气控制实现空载自动化。几天之后可能还会出现问题，工进时又有“冲”的现象，主要原因有：

① 经过几天的快进→工进→快退空循环以后，液压缸、油管、本体内孔垃圾都流到所经过的阀的沉割槽中去了。当电磁换向阀17通电工进时，阀芯被垃圾卡住不能移动，因此工进不存在，继续快进。在清洗电磁阀阀体时，发现沉割槽中还有加工45钢本体产生的螺旋形切屑，这是清洗不干净造成的。清洗阀体，工进就可恢复。

② 电液换向阀15中先导式电磁阀阀芯卡死或主阀芯卡死会出现不能及时关闭阀门，大流量油液通过该阀，造成定差减压阀14不起作用，会使系统产生爬行，有“冲”的现象。

③ 定差减压阀14的阀芯卡死，没有调节作用，系统会出现爬行小“冲”现象。

④ 节流阀16被垃圾堵死，则滑台不能工进。

⑤ 电液换向阀9是大流量阀，被垃圾堵塞，系统就不能正常工作。

对于上述情况的解决办法是：安装各阀时一定要清洗干净。多空载运行，充分暴露存在的问题。一般阀9、阀14、阀15、阀16、阀17清洗过2~3次以后会很少出问题，因为毕竟垃圾有限，由于液压泵出口处安装了精度为0.02mm的精过滤器，阀芯再卡死的现象一般不会发生。

⑥ 该液压系统采用的调速方案对动力液压缸有杆腔压力变化十分敏感，一方面对调速有影响，另一方面其压力还控制着定差减压阀14阀芯的压力端面，因此其活塞上的密封圈密封能力十分重要。原先采用的Y_X密封圈太松，密封不可靠，滑台会出现“冲”的现象，后来在活塞上又加O形密封圈，增加了一道防线，“冲”的现象就消失了。

7）在滑台消除爬行和“冲”的现象以后，可以进入轻载试验，先是把压力调整为3.0MPa，工进速度可以慢一点，仔细听切削工件的声音，判断滑台进给平稳性；若没什么问题，接下来是重载切削，将工作压力调至4.5MPa，工进速度加快，并超出正常切削速度，观察工进情况，看切削是否均匀，有无“冲”的现象；若在多次的进给中一直正常工作，则可以恢复到正常工作进给中，以保持刀具切削稳定性。

8）调节电液换向阀9和15中的节流阀，使其在快退换向过程中消除换向冲击，尤其对镗孔来说，在镗头停止转动以后，轻轻退出，不但镗刀可以不受影响，而且可以保护工件表面的光洁程度。

5.5 液压系统的使用注意事项及维护

5.5.1 使用注意事项

1）操作人员必须全面掌握液压系统的工作原理，熟悉每一个旋钮，每一个压力表的功能。

2）开车前应检查系统中各调节手轮是否正常，电气开关和行程挡块位置是否牢固等，然后对导轨及活塞杆外露部分进行擦拭。

3）液压油要定期检查、及时更换，新设备使用3个月就应清洗油箱更换新油。以后每隔半年至一年进行清洗和换油。补充加油时，必须经过过滤，更换新油或补加的油必须符合本系统规定使用的液压油牌号，并应经过化验，符合规定的指标。

4）定期更换密封件及其他易损件。

5）液压系统在运行时，应密切注意油液温升，正常工作时，油箱中油液温度不超过55℃。冬季由于气温低、油液粘度较大，应设法升温后再进行工作。及时观察油面高度，油箱中的液压油应经常保持正常液面。

6）注意过滤器的使用和清洗，清洗滤网应和清洗油箱同时进行，过滤器滤芯也应定期清洗或更换。

7）熟悉液压元件控制机构的操作特点，严防调节错误而造成事故。应注意各液压元件调节手轮转动方向和压力、流量大小变化的关系等。

8）设备若停用搁置，应将各调节手轮放松，防止弹簧产生永久变形（弹簧力丧失）而影响元件性能。

5.5.2 液压系统的维护

液压系统的检查通常采用日常检查和定期检查两种方法，以保证设备的正常运行。日常检查及定期检查项目和内容见表5-2和表5-3。

表5-2 日常检查项目和内容

检查时间	项目	内容
在启动前检查	液位	是否正常
	行程开关和限位	是否紧固
	手动、自动循环	是否正常
	电磁阀	是否处于原始状态
在设备运行中监视工况	压力	系统压力是否稳定和在规定范围内
	噪声、振动	有无异常。一般系统压力为7MPa时，噪声小于或等于75dB；14MPa时，小于或等于90dB
	油温	是否在35～55℃范围内
	漏油	全系统有无漏油
	电压	是否保持在额定电压的5%～－15%范围内

表5-3 定期检查项目和内容

项目	内容
螺钉及管接头	定期紧固： 1）10MPa以上系统，每月1次 2）10MPa以下系统，每3个月1次
过滤器	定期情况（另有规定者除外）： 1）一般系统每月1次 2）铸造系统每半月1次
油箱、管道、阀板	定期情况：大修时
密封件	按环境温度、工作压力、密封件材质等具体规定
弹簧	按工作情况、元件质量等具体规定

（续）

项目	内容
油污染度检查	对已确定换油周期的系统，提前1周取样化验；对新换油，经1000h使用后，应取样化验；对精、大、稀等设备用油，经600h取样。取油样需在设备停止运转后，立即从油箱的中下部或放油口取油样，数量约为每次300~500mL。 按油料化验单化验 油料化验单应纳入设备档案
压力表	按设备使用情况，规定检验周期
高压软管	根据使用工况，规定更换时间
电器部分	按电器使用维修规定，定期检查维修
液压元件	根据使用工况，规定对泵、阀、马达、缸等元件进行性能测定。尽可能采取在线测试办法测定其主要参数

随着工作时间的增加及环境的影响，液压系统会出现一些异常现象。正确的维护和保养是延长液压系统正常工作寿命的重要措施。

5.6　液压系统的故障诊断与排除

液压系统出现的故障是各种各样的，产生的原因也是多种的。不同行业的液压设备，其故障也有所不同。常见故障有噪声和振动、系统发热和油温过高、工作台爬行、工作台速度不够以及失压（或压力波动）和冲击等。造成故障的各种内部及外界因素虽然很复杂，但其中主要原因是空气杂质和水分混入油液、液压油的性能问题、泵阀的质量问题以及安装调试使用不当等。

当系统产生故障的时候，应根据下列方法，分析故障产生的部位和原因，从而确定排除故障的方法措施。

1.“四觉诊断法”　检修人员运用触觉、视觉、听觉和嗅觉来分析判断液压系统的故障。

（1）触觉　检修人员根据触觉来判断油温的高低（元件及其管道）和振动的大小。

（2）视觉　观察运动是否平稳，系统中是否存在泄漏和油液变色等现象。

（3）听觉　根据液压泵和液压马达的异常响声、溢流阀的尖叫声及油管的振动等来判断液压系统工作是否正常。

（4）嗅觉　通过嗅觉判断油液变质和液压泵发热烧结等故障。

2. 分清是局部问题还是全局问题　若是局部问题，则在分支系统中解决；若是全局问题，则从共性部分找答案。

3. 先易后难　假如压力不足，应先判断先导式溢流阀有无问题。方法是换一个新的先导式溢流阀试一试，如果换上去仍旧不行，则不是溢流阀的问题，再考虑液压泵、液压缸有无问题。

4. 分割法　当矛盾比较复杂，无从下手时，时间又比较急，可以采用分割法。先把液压泵输出油路封住，留下溢流阀和液压泵，开液压泵，调压力，如果液压泵有问题，可以拆液压泵，这样问题就一清二楚了。这就是从源头上抓起，源头的问题往往是主要问题，这个问题解决了，许多问题就能迎刃而解了。

5.6.1 由液压油引起的故障

下面通过具体的实例来介绍一些常见的故障及其排除方法。

【例 5-1】 某平面磨床工作时液压站内的液压泵发出很大的噪声，油箱内的油液像稀粥一样，并充满了气泡。分析其原因，如何解决?

解 经分析油已变质，更换新油之后，噪声、气泡都消失了。

【例 5-2】 石油输送过程中为什么要采用加热的方法?

解 主要是为了防止石油冷却凝固，所以从油田开采出来的原油用管道向外地输送的过程中，每 60km 需设置一个加热站，加热过的石油用大型输油泵向下一站输送。

【例 5-3】 某工厂安排了早、中班，该厂的气缸盖自动线采用调速阀进行调速，上午早班可加工气缸盖 20 只/h，下午中班可加工 25 只/h，这是为什么呢?

解 上午液压站油温低、粘度大，经过调速阀节流口流量少，工进速度慢，而下午油温高、粘度小，经过调速阀节流口的流量多，工进速度快，于是可以多加工 5 只/h。

【例 5-4】 YB32—200 型液压压力机五月份正常生产，因等待更换产品停机半月，再开机发现上液压缸活塞已无力向上运动。操作工清洗了各种阀类，都无济于事，这是为什么呢?

解 五月份以后的天气趋势是逐步走向炎热。五月份生产时，手动轴向柱塞泵本身的压力、流量，内泄漏量与上液压缸活塞向上的压力、内泄漏量构成一对平衡。半个月以后气温上升，油液粘度变小，上液压缸泄漏量增加，压力下降，已无足够的压力将上液压缸活塞向上推。解决办法是调大轴向柱塞泵斜盘倾斜角，增大轴向柱塞泵的流量，这样不但补偿了上液压缸活塞的泄漏量，而且提高了工作压力，所以上液压缸活塞能立即向上移动。

【例 5-5】 某年炎热的夏天连续多天气温在 39℃以上，某立式精镗气缸孔刮止口专用机床的立式滑台出现严重的爬行。试分析其原因，提出解决办法。

解 导轨受热膨胀间隙减小，润滑油粘度变小不能均匀分布，只能断断续续存在。解决办法是放松压板(见图 5-11)，并在润滑油中加粘度大的油，爬行情况就消失了。

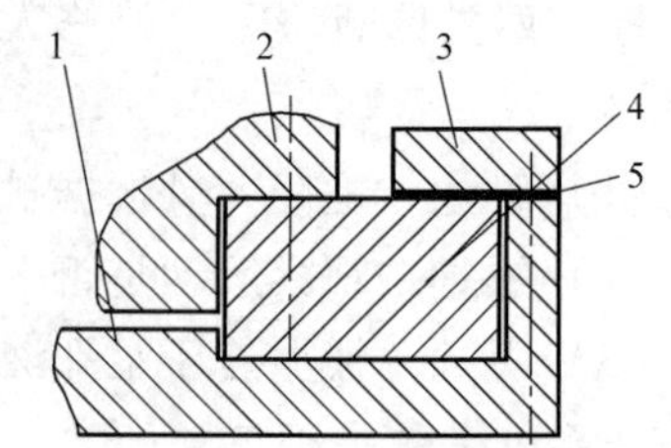

图 5-11 导轨间隙示意图
1—台面 2—床身 3—压板
4—导轨 5—调整垫片

【例 5-6】 炎热的夏天某工装车间静压磨床白天中班不能干活，工人只能深夜干活，因为白天中班磨出的工件质量很差，只能深夜才可以磨出合格工件。分析其原因，如何解决?

解 炎热的夏季白天气温很高，中班气温还未彻底降下来，只有到深夜时气温才下降到 20℃左右。静压磨床的磨头主轴两端都采用静压轴承，如图 5-12 所示。静压轴承有 4 个完全相同的油腔，分别通过各自的节流阀与供油管路相连接。压力为 p_b 的高压油流经节流阀降压后流入各油腔，然后一部分经过径向封油面流入回油槽，并沿槽流出轴承；一部分经轴向封油面流出轴承。而静压腔的压力是压力油经过静压轴承径向间隙带所产生的。若忽略自重，4 个油腔的封油面与轴颈间的间隙均为 h_0，4 个油腔的油压均相等。

若考虑磨头主轴自重，轴颈要下沉，使下部油腔的封油面侧隙减小，油的流量也随之减小，下部油腔节流阀中的压力降也随之减小，下部油腔压力跟着增高。同理，上部油腔封油面侧隙加大，上部油腔压力减小，上、下两油腔间形成了一个压力差，这个压力差所产生的向上的力与主轴自重相平衡，使轴颈保持在图示位置上，轴的中心线下移了 e。深夜气温低，油的粘度大，上下两油腔的压力差所产生的向上力较大，与主轴自重相平衡，偏心量 e 较小，可以忽略不计，磨头主轴基本上在中心位置，磨出工件合格。白天气温高，油粘度小，产生的压力差值小，因而产生推力小，因磨头主轴自重原因，磨头主轴下沉产生较大偏心量。这时磨出工件圆度误差大，因此工件圆柱度达不到要求。

解决办法是将静压磨床搬进空调房间内或静压轴承各腔都用一个小液压泵供油，可以独立调压，排除相互干扰保证磨头主轴在中心位置。

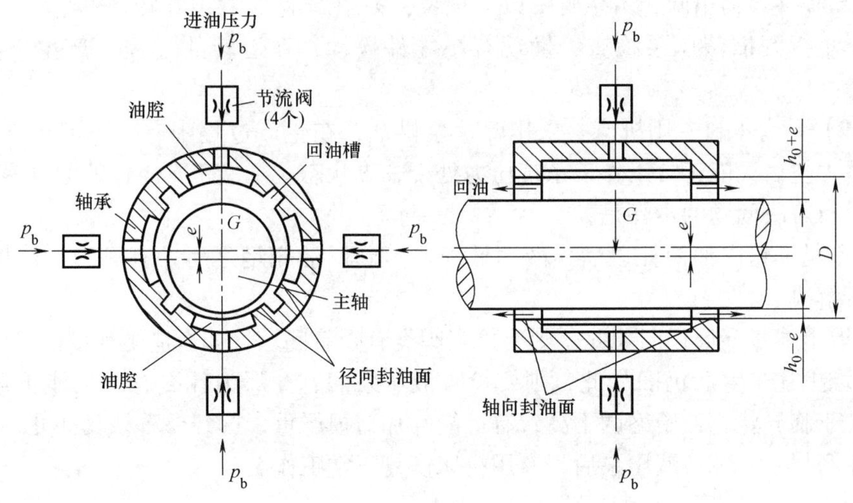

图5-12　静压轴承

5.6.2　由液压泵引起的故障

【例5-7】　某机床厂设计制造割曲轴开档专用机床，曲轴加工示意图如图5-13所示。液压站采用25SCY14—1B手动轴向柱塞变量泵，采用回油调速方案。在调试机床时出现的情况是：机床刀架在第一次工进时就直“冲”，若有刀具则会打坏；工进爬行无法消除，工进过程中有停留，接下去又会出现“冲”的现象。试分析其原因。

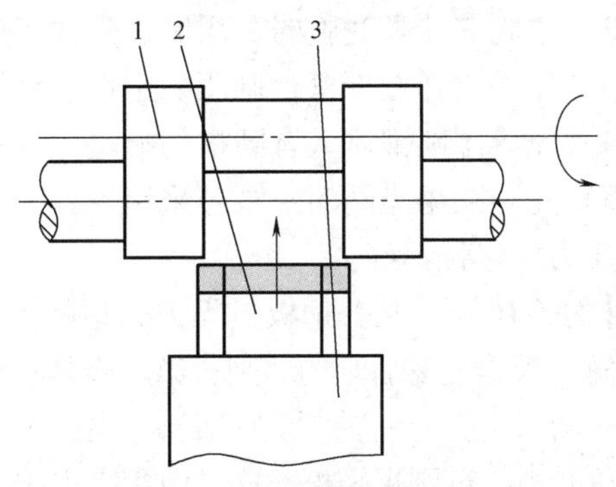

图5-13　曲轴加工示意图

1—工件　2—刀片　3—刀架

解　由于采用回油路调速方案，调速阀接在回油路上，且调速阀是常开的，所以动力液压缸有杆腔无油，所以刀架第一次工进时，调速阀无调速作用就会出现直“冲”现象。此外，由于采用25SCY14—1B手动轴向柱塞泵，该泵压力脉动大。液压泵的压力脉动直接作用到液压缸无杆腔的活塞上，于是压力脉动的固有频率造成滑台爬行，无法消除。在工进过程中只要有停顿，液压缸有杆腔的油液就会泄漏，压力消失，调速阀失去了作用，所以有“冲”的现象。

【例 5-8】　有 4 台镗床均采用定量泵供油，用溢流阀维持系统压力恒定。这 4 台镗床在同一车间内进行大修，其中一台机床的液压站在调试过程中发出很大噪声，油液中充满气泡，滑台爬行。这是什么原因？

解　分析解决问题的步骤是：

1）是否油已变质，若变质应换新油。

2）若不能解决问题应更换溢流阀。

3）问题仍不能解决应考虑吸油管会不会有问题，因为 4 台液压站相同，其他机床液压站没有问题，说明吸油管应该没有问题。

4）从易损件容易出问题着手解决以上现象，换上新液压泵，结果上述噪声、气泡、爬行全消失了。拆开旧液压泵检查，发现有小零件松动，在运转的过程中产生空穴现象所致。

【例 5-9】　有 1 台专用机床，采用叶片泵供油，在生产过程中有时不能正常工作，但有时在积蓄力量后又能正常工作，系统压力处于临界状态。不能正常工作的原因是什么呢？

解　分析解决问题的步骤是：

1）是不是油箱内油消耗以后，液面低了要等到回油充足之后才有压力，待加满油后，看问题能否解决。

2）采取上述步骤后仍旧如此，则要检查阀类有否有问题，如有应更换旧阀。

3）采取上述步骤后仍旧如此，则要检查液压泵问题。那为什么有时又能正常工作呢，因为压力处于临界状态，始终调不高，有可能叶片磨损严重，拆开一看果真如此，叶片的尖端部分已经磨损了。更换液压泵后，专用机床恢复正常工作。

5.6.3　由阀引起的故障

1. 由先导式溢流阀引起的故障

1）调节先导阀，主阀的压力没有变化，判断主阀芯被垃圾卡死，清洗过后，恢复正常。

2）主阀芯软弹簧脆弱被压断，失去了弹簧力，主阀芯失去恢复常闭的能力。

3）先导阀弹簧压弯，调压稳定性受到影响。

4）先导阀圆锥体上有磨损的痕迹，存在泄漏，压力调节不稳定。

5）先导式溢流阀的主阀芯采用锥式二级阀芯的形式，若加工工艺性不好，则阀芯不灵活，压力稳定性不好。

【例 5-10】　某剪钢板机无力，钢板剪不动，这是为什么呢？

解　根据先易后难的原则，第一步是清洗溢流阀，清洗溢流阀的关键是看主阀芯上阻尼小孔是否堵塞。拆开一看，果真堵塞。主阀芯上阻尼小孔吹通以后放进主阀体安装好，试车，剪钢板机有力，剪刚板轻松。这是因为当主阀芯上阻尼小孔堵塞，系统压力油不能到达控制腔一边，控制腔没有压力。主阀芯上系统压力只要克服软弹簧力和粘滞阻力，轻轻松松就将阀芯打开，然而系统压力建立不起来，所以剪刀液压缸无压力，剪钢板机无力，剪不动钢板。

2. 由电磁换向阀、电液换向阀引起的故障　新电磁换向阀、电液换向阀在安装前要清洗，且一定要清洗干净，保证阀芯能灵活移动。否则残留的清洗液会使阀芯与阀体生锈结成块，此时必须用锤子敲击阀芯才能移动。

【例5-11】　机床调试时，经常有电磁铁通电而滑台没有动作，试分析其原因，如何解决？

解　先看电磁铁是否通电，若没有通电，则是电气故障；若确实通电，滑台没有动作，则是电磁铁推不动阀芯，可以推一下阀芯，看阀芯能否移动，如果阀芯不能移动，说明阀芯中有垃圾卡住，必须拆阀，阀芯清洗干净了，能灵活移动，滑台就动作了。

如果采用的是电液换向阀，可以用同样的方法先检查先导式电磁换向阀，看滑台能否移动。若滑台仍不能移动，说明液动阀的阀芯被卡住，可以拆液动换向阀的端盖，检查液动阀的阀芯是否被卡住；若阀芯被卡住，只要轻轻敲一下，把阀芯上的锈迹、油污清除，再把阀芯、阀体放在干净的液压油中清洗干净，并吹干后再洗，然后把阀芯装进阀体中去试车，滑台转动了。这说明阀清洗工作完成了。

造成上述现象的原因是因为调试机床开始阶段，油管内壁、液压缸、油中垃圾在流动过程中必然经过换向阀阀芯沟槽，阻碍阀芯移动。将其清洗出去，阀芯就能恢复正常动作。

3. 由液控单向阀引起的故障

【例5-12】　YB32—200液压压力机工作间断时间长了以后，第一次快进、工进、快退保压，其保压压力能达到要求，接着操作，保压压力始终达不到要求的压力，这是为什么？

解　液控单向阀有问题。更换液控单向阀以后这个问题就能解决了。

4. 由调速阀引起的故障

【例5-13】　某专机的进油调速方案采用了Q—D6B叠加式调速阀，出现的情况是进给不稳定，有时无力，有时有力但伴有“冲”的现象，试分析其原因。

解　Q—D6B名为调速阀，但其结构中没有定差减压阀，实际上是节流阀。节流阀在重载时进出口压力差很小甚至为零，没有流量输出，滑台不动，进给无力；轻载时，压差很大，流量很大，所以速度快，出现“冲”的现象。解决办法是取消Q—D6B叠加式调速阀，采用过渡板换上板式调速阀Q—10B。

【例5-14】　调节Q—10B调速阀手柄，有时进给速度没有变化，这是为什么呢？

解　由于工作时间长了，油液粘性将调速阀中的节流阀阀芯粘在阀体内孔中，所以有时即使调节Q—10B调速阀手柄，也无法改变过流面积，进给速度没有变化，清洗之后即可恢复正常。

【例5-15】　滑台爬行，一般总是拆下调速阀，检查是否有垃圾堵住节流阀的孔口。但清洗时却看不出有什么垃圾，把阀装回去仍旧这样，这是为什么呢？

解　滑台爬行主要是调速阀问题，但不一定是节流口有垃圾，主要的是检查定差减压阀是否灵活，如果定差减压阀不灵活的话，调速阀起到节流阀的作用，则工进就出现爬行。而定差减压阀阀芯与阀体间隙以及其加工精度是否合适非常重要。

5.6.4　由液压缸引起的故障

液压缸存在内泄与外泄的问题。外泄是从活塞杆处泄漏，造成液压油的损耗，无法建立背压，进给不稳定；内泄造成液压缸进给无力。外泄可以看得见，内泄看不见，摸不着。判断液压缸活塞密封圈内泄情况的方法是：

1）检查液压缸无杆腔活塞密封圈好坏时，液压缸无杆腔进油，液压缸有杆腔排油（见图 5-14）。当活塞运动极限位置以后，脱开液压缸有杆腔的管接头，继续进油，若液压缸有杆腔出口处无油，则说明密封圈良好；若漏油，说明密封圈局部损坏；若油突然漏完，说明密封圈已粉碎。

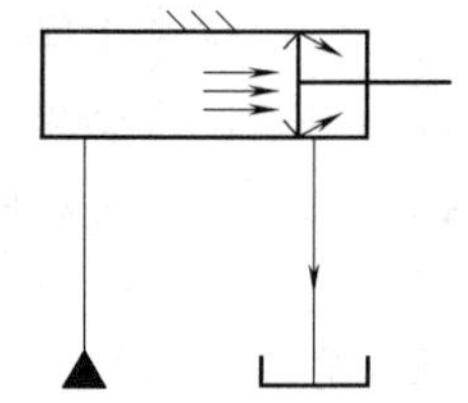
图 5-14　液压缸活塞密封圈耐压检查

2）可以用同样的方法检查液压缸有杆腔活塞密封圈的好坏。

3）拆液压缸换密封圈工作量较大，通常会将其密封圈全部换成新的。

5. 6. 5　由液压辅助元件引起的故障

液压系统中的辅助元件有密封圈、蓄能器、过滤器、油箱、管件等多种。它们在液压系统中分布广、数量多、影响大，如果选用不当，会影响整个液压系统的工作性能，甚至使液压系统无法正常工作，因此必须给予足够的重视。

1. 由密封件引起的故障　组合机床滑台正常工作以后又产生工进爬行或漏油，都可能与密封圈有关。

（1）O 形橡胶密封圈　O 形橡胶密封圈结构简单、密封性好，动摩擦阻力比较小，既能适应极小尺寸场合，又能适应很大尺寸而其他密封圈无法达到的场合。然而 O 形橡胶密封圈磨损以后不能自动补偿，使用寿命短，造成滑台工进爬行，液压缸漏油，导致不得不频繁更换密封圈。O 形橡胶密封圈之所以使用寿命短，主要原因是：

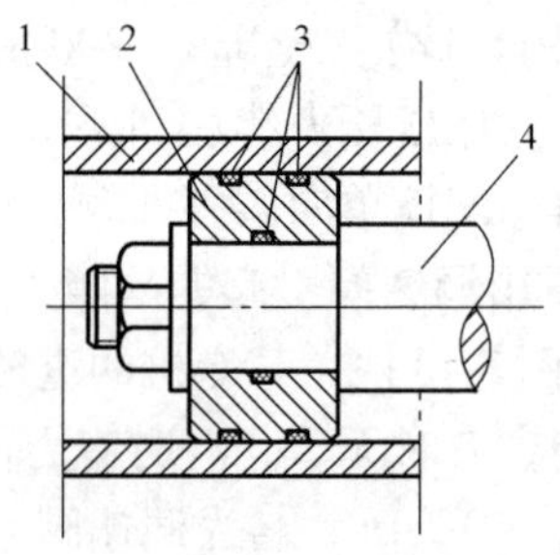

图 5-15　活塞 O 型密封圈
1—缸筒　2—活塞　3—O 形密封圈　4—活塞杆

1）通常，活塞外圆尺寸比液压缸筒的内孔尺寸小 0. 2mm，O 形橡胶密封圈（见图 5-15）既起密封作用又承受径向载荷。活塞、活塞杆质量及工作过程中的受力变化致使 O 形橡胶密封圈单边严重磨损而产生泄漏。正确的做法是设置支承环来承载径向载荷，O 形橡胶密封圈只起密封作用，并保证有合适的压缩量。

2）液压缸内孔要进行珩磨，活塞杆外圆要求镀铬，表面粗糙度值都要达到 $Ra=0.8\mu m$。

3）O 形橡胶密封圈的材质是丁腈橡胶。如果密封圈的材质差、耐用度低，则寿命短。

（2）Y 形橡胶密封圈　理论上说，Y 形橡胶密封圈不用压环直接装入沟槽内，如图 5-16a 所示。实际使用过程中发现一般都采用如图 5-16b、c 所示的形式，因为该形式不但保证唇边处于张开状态，并且在运动过程中不易翻展，油液通过压环上几个小孔使唇边更加贴紧两边。

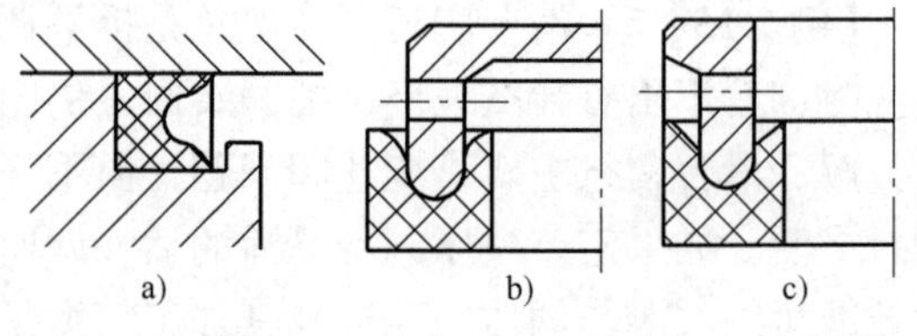

图 5-16　Y 形橡胶密封圈的安装
a）不用压环　b）外径滑动　c）内径滑动

另外，Y 形橡胶密封圈的沉割槽比较浅，Y 形橡胶密封圈根部压缩量很大，比较难安装，装好以后阻力也很大。也正因为这一点，它增加了 Y 形橡胶密封圈的密封接触长度，并且根部储藏了很大弹性补偿能量。在实际生产中，该种密封方式是可靠的，泄漏少、使用时间长。

(3) Y_X 形密封圈 孔用 Y_X 形密封圈如图 5-17a 所示；轴用 Y_X 形密封圈如图 5-17b 所示。Y_X 形密封圈的结构特点是截面小，结构简单，截面长宽比在 2 倍以上，理论上密封圈不会在沟槽中滚翻，然而在生产实践中仍有滚翻现象发生。密封圈内外唇具有不同的高度，短唇与密封面接触。这种结构有利于高压、低压、快速运动的密封性。其缺点是耐热性较差，一般只能在 80℃以下长期工作。Y_X 形密封圈的材料为聚氨酯。采用较好原料生产出的 Y_X 形密封圈为黄色透明状且柔软，使用期较长；采用回收材料生产出的 Y_X 形密封圈为乳白色，脆、易碎，使用期短；采用丁腈橡胶生产出的 Y_X 形密封圈为黑色，不耐磨，使用期很短。

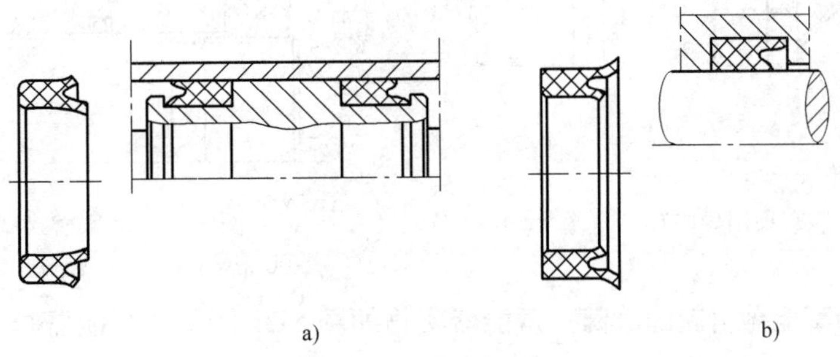

图 5-17 Y_X 形密封圈

a) 孔用 Y_X 形密封圈 b) 轴用 Y_X 形密封圈

为了使 Y_X 形密封圈唇边张开，Y_X 形密封圈根部不与密封面接触，留下缝隙可以让泄漏油畅通排出，即背压为零，这样压差越大，唇边张得越开，密封效果越好。对活塞中因泄漏而被拆出来的 Y_X 形密封圈进行观察分析，可知向外翻出的柔软唇边已被磨掉，剩下的是无唇边的圆柱面，这一圆柱面与液压缸内表圆柱面之间存在根部间隙，此间隙就是产生内泄的原因，由于内泄，压力建立不起来而产生活塞杆推动滑台爬行。如果用 Y_X 形密封圈对活塞杆密封则会漏油不止。

针对存在以上的问题，可以采取的改进措施是安装一个 Y_X 形密封圈和两个 O 形橡胶密封圈。这样可以收到良好的密封效果，有利生产正常化。

(4) 防尘圈 防尘圈如图 5-18 所示，用于油压、水压和气压机械的防尘。使用温度是：当用矿物油时为 -35 ~ 100℃；当用水、气时小于或等于 70℃。

防尘圈的材料为聚氨酯。安装防尘圈时可以采用人工将其嵌入槽口的方法。

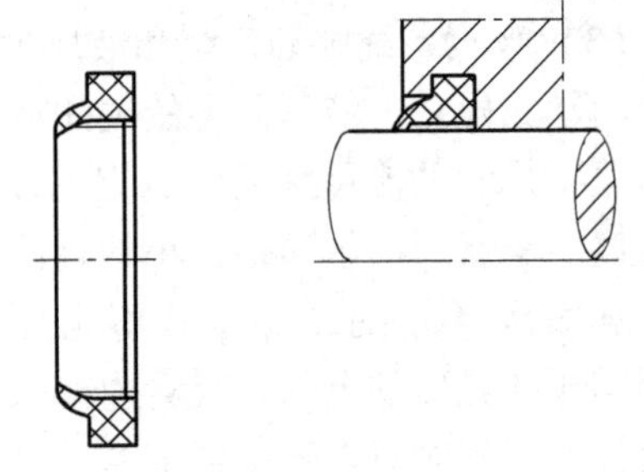

图 5-18 防尘圈

(5) 导向环 导向环适用于液压缸、气缸中活塞和活塞杆的导向，起支承和导向作用，如图 5-19 所示。其材质是抗磨的聚四氟乙烯 PTFE 材料。其工作温度为 -55 ~ 225℃。

(6) 密封圈组合 密封圈组合有活塞密封圈组合和活塞杆密封圈组合。图 5-20 所示为活塞密封圈组合。支承环的主要作用是承载径向载荷，使活塞定中心，防止 Yx 形密封圈、O 形密封圈单边磨损，延长其寿命，同时也有密封作用。Yx 形密封圈承担主要密封作用，可以耐高压，压力越高，唇边张得越开，密封能力越强。O 形密封圈可以阻挡 Yx 形密封因磨损等原因造成的泄漏。实践证明采用复合、多道密封方法不但可以防止活塞内泄漏，而且可以防止活塞杆外泄漏。

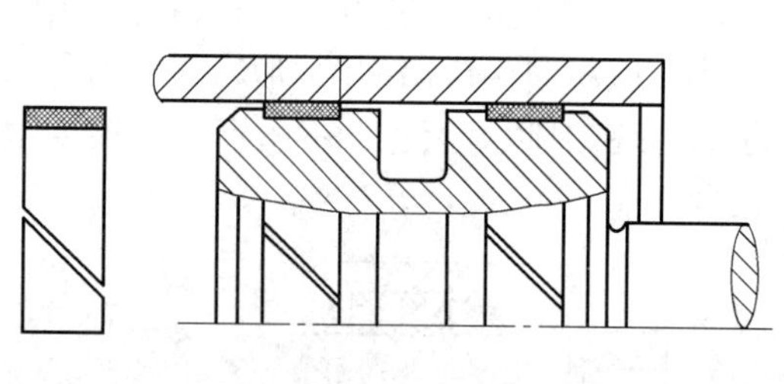

图 5-19　活塞采用导向环示意图

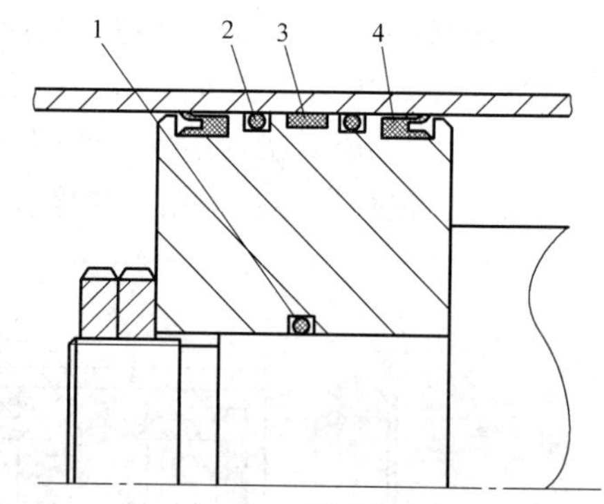

图 5-20　活塞密封圈组合

1、2—O 形密封圈　3—支承环　4—Yx 形密封圈

2. 由于未加蓄能器引起的故障　蓄能器实物如图 5-21 所示。蓄能器是存储高压油的装置，当液压泵处于正常的无负荷状态或空转状态，就可给蓄能器充油。蓄能器存储的高压油在需要时可以释放出来，补充液压泵的流量，或在停液压泵时给系统供油。蓄能器有重力式、弹簧式和充气式 3 类，常用的是充气式，其图形符号如图 5-22 所示。它又可分为活塞式、气囊式和隔膜式。

蓄能器的主要作用是：

（1）辅助动力源　在间歇工作或实现周期性动作循环的液压系统中，蓄能器可以把液压泵输出的多余压力油储存起来。当系统需要时，由蓄能器释放出来。这样可以减少液压泵的额定流量，从而减小电机功率消耗，降低液压系统温升。

（2）系统保压或作紧急动力源　对于执行元件长时间不动作，而要保持恒定压力的系统，可用蓄能器来补偿泄漏，从而使压力恒定。对某些系统要求当液压泵发生故障或停电时，执行元件应继续完成必要的动作时，需要有适当容量的蓄能器作为紧急动力源。

（3）吸收系统脉动，缓和液压冲击　蓄能器能吸收系统压力突变时的冲击，如液压泵突然启动或停止，液压阀突然关闭或开启，液压缸突然运动或停止所造成的冲击；也能吸收液压泵工作时的流量脉动所引起的压力脉动，相当于油路中的平滑滤波（在液压泵的出口处并联一个反应灵敏而惯性小的蓄能器）。

如图 5-23a 所示，气囊式蓄能器中气体和油液用气囊隔开。气囊用耐油橡胶制成，固定在耐高压的壳体的上部。气囊内充入惰性气体，通常采用氮气，不能使用氧气或含氧气的混合气体。充气阀只在蓄能器工作前气囊充气时打开，蓄能器工作时则关闭。带弹簧的菌形进油阀使油液能进入蓄能器，并能在油液全部排出时，防止气囊膨胀挤出油口。这种结构使气、液密封可靠，应用范围非常广泛。

蓄能器靠压缩惰性气体来存储能量，充气压力不能太高，应在系统最高压力值的 1/3 ~ 1/2 的范围内，如果压力太高，压力油不能使气囊变形，没有蓄油能力。组合机床夹紧系统使用的蓄能器的充气压力和夹紧压力应该相同，约为3.5MPa，如图5-23b所示。但气囊式蓄能器的缺点是它的工作时间久了，不易辨别其工作可靠性。

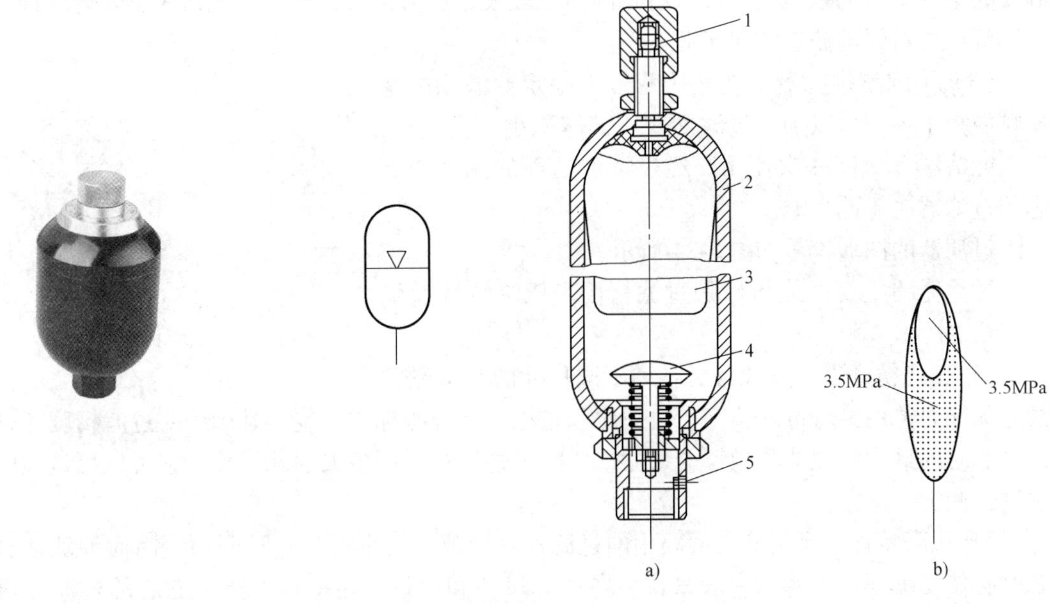

图5-21　蓄能器实物图

图5-22　充气式蓄能器图形符号

图5-23　蓄能器
a）气囊式蓄能器结构　b）蓄能器充气压力
1—充气阀　2—壳体　3—气囊　4—菌形阀　5—螺塞

【例5-16】　某机床采用定量泵供油，在炎热的夏天，夹紧系统夹不紧。工件被抬起机构抬起，铣平面时把工件高度尺寸铣短了，造成工件报废。试分析其原因，并找出解决办法。

解　造成事故的原因是天气炎热，油液粘度变小，定量泵的流量有限，在供应给夹紧液压缸之后开始工进，由于天气炎热泄漏严重，夹紧液压缸不能维持压力，出现失压。解决办法是在夹紧系统中加单向阀、蓄能器，延长保压时间。

【例5-17】　铣床采用液压夹紧，每次突然停电总要发生打坏铣刀、工件报废事故。试分析其原因，并找出解决办法。

解　因为突然停电液压系统已没有压力油，工件夹不紧，而铣刀盘质量大，由于惯性仍在旋转切削，于是打坏铣刀，损坏工件。解决办法是在夹紧系统中加单向阀和蓄能器，补偿夹紧液压缸内泄漏。

3. 由过滤器引起的故障　过滤器的作用是过滤混在液压油液中的杂质，降低进入系统中油液的污染度，保证系统正常工作。过滤器按过滤精度可分为粗过滤器和精过滤器两大类。按过滤的方式可分为表面型过滤器、深度型过滤器和中间型过滤器3种。按滤芯的结构可分为网式、线隙式、纸质、烧结式、人造纤维、不锈钢纤维等。

（1）表面型过滤器　过滤元件的表面与油液接触，污染粒子积聚在滤芯元件的表面，这种类型的过滤器易被污染物阻塞，纳垢量较多。网式滤芯、线隙式滤芯、纸质滤芯等属于此类型。

（2）深度型过滤器　滤芯材料为多孔可透性材料，内部具有曲折的通道。大于表面孔径的杂质粒子直接被截留在外表面；较小的污染杂质进入滤材内部细长而曲折的通道上，由于吸附作用而得到滤除。这种过滤器过滤精度较高，可以清洗，使用寿命长，但不能严格限制要滤除的杂质的颗粒度，过滤材料的体积较大，压力损失也较大。烧结式、人造纤维、不锈钢纤维等材料的滤芯均属于此类型。

（3）中间型过滤器　在一定程度上限定要滤除的杂质颗粒大小，但可以加大过滤面积。其体积小、质量轻，但不能清洗，只能一次使用。经过特殊处理的滤纸作滤芯的过滤器属于此类型。

过滤器的图形符号如图 5-24 所示。

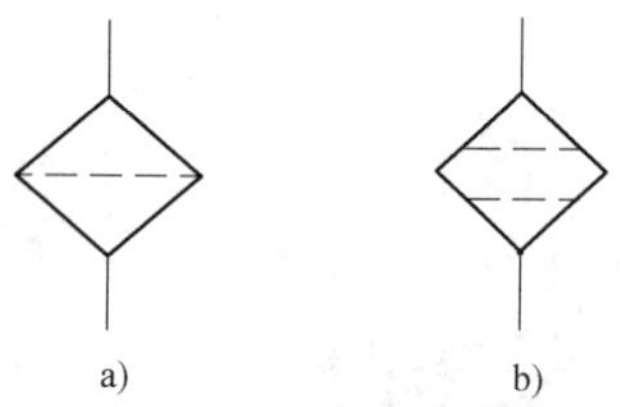

图 5-24　过滤器图形符号
a）粗过滤器　b）精过滤器

过滤器的主要性能指标是过滤精度、压降特性及纳垢容量。

1）过滤精度表示过滤器对各种不同尺寸的污染颗粒的滤除能力，用绝对过滤精度、过滤比和过滤效率等指标来评定。其中绝对过滤精度，是指通过滤芯的最大坚硬球状颗粒的尺寸，反映了过滤材料中最大通孔尺寸。它可以用试验的方法进行测定。

2）压降特性，是指液压回路中的过滤器对油液流动来说是一种阻力，因而油液通过滤芯时必然要出现压力降。一般来说，在滤芯尺寸和流量一定的情况下，滤芯的过滤精度越高，压力降越大；在流量一定的情况下，滤芯的有效过滤面积越大，压力降越小；油液的粘度越大，流经滤芯的压力降也越大。

滤芯所允许的最大压力降，应以不致使滤芯元件发生结构性破坏为原则。在高压系统中，滤芯在稳定状态下工作时承受到的仅仅是它那里的压力降，这就是为什么纸质滤芯也能在高压系统中使用的道理。油液流经滤芯时的压力降，大部分是通过试验或经验公式来确定的。

3）纳垢容量，是指滤油器在压力降达到其规定限值之前可以滤除并容纳的污染物数量，这项性能指标可以用多次通过性试验来确定。过滤器的纳垢容量越大，使用寿命越长，所以它是反映过滤器寿命的重要指标。一般来说，滤芯尺寸越大，即过滤面积越大，纳垢容量就越大。增大过滤面积，可以使纳垢容量成比例地增加。

液压泵的进油口处一般加粗过滤器，以双面钻气缸盖螺栓孔专用机床为例，该机床液压系统采用叶片泵供油，对于叶片泵来说，若将液压泵吸油管直接插入油箱内，会造成垃圾进入叶片槽内而使叶片容易被卡死。不过，液压泵进油口处安装的过滤器精度不能太高。若选择过滤精度为 0. 05mm 的线隙式过滤器，在很短时间内会造成过滤器堵塞而使液压泵吸油不足，所以应在液压泵进油口处安装粗过滤器。实践证明，在叶片泵进油口处采用 Hy37—100（流量为 100L/min，过滤精度为 0. 17mm）灯笼壳式过滤器，效果良好。

液压泵的出油口处一般加精过滤器。这是因为液压阀阀芯与阀体之间的间隙为 0. 008 ~ 0. 012mm，若在液压泵的出油口处，即液压阀的进油口处安装精度为 0. 17mm 的粗过滤器，经常会出现液压阀卡死现象；若改为过滤精度为 0. 02mm 的精过滤器，就很少出现阀芯卡死现象。若在液压泵出油口处采用纸质精过滤器，使用时间较短容易堵塞；采用人造纤维精过滤器使用时间就比较长，并可以清洗。

此外，很多液压系统采用回油过滤器，这样做不但有利于油液干净，同时可以收集垃圾。其缺点是增加附加背压。

5.6.6　由压力继电器、行程开关引起的故障

在液压系统中，主要采用两种发信号方式。一种是行程开关发信加延时，另一种是止挡块停留，压力继电器发信号。在实际生产中，行程开关发信方式是指将行程开关安装在预先安排的位置，当安装在执行元件上的挡块撞击行程开关时，行程开关的触点动作，实现电路的切换。压力继电器发信方式是指在油液压力达到调定压力时，压力继电器发出电信号，使油路卸压、换向，从而使执行元件实现顺序动作。

行程开关发信加延时存在的问题是行程开关发信本身有一定误差。在延时这段时间内，若油温低，油液粘度稠、流量小、工进行程短，加工深度浅。若油温高，油液粘度稀、流量大、工进行程长，加工深度深。这就会造成在同一天内，气温不同时加工深度也不同，重复精度差。

而止挡铁停留、压力继电器发信方式误差相对较小。这是因为液压缸内发信压力稳定，液压缸变形量稳定。因此加工深度公差稳定在 ±0.02mm 范围内。重复精度高。在实际生产中，通常采用发信误差小的柱塞式压力继电器，而膜片式压力继电器有时也会误发信号。这是因为在进给过程中，切削量是不均匀的，有时会出现短暂的压力峰值，这个峰值会导致膜片式压力继电器误发信号。

5.6.7　液压系统故障

1. 回油调速系统的故障分析与排除

某钻钢曲轴斜油孔专用机床采用回油调速系统，调速阀型号为 Q—D6B。钢曲轴材料为合金钢，淬硬 35HRC。钻钢曲轴斜油孔示意图如图 5-25 所示。钻头为 ϕ6mm，钻孔深 135mm。因加工时连续折断钻头，导致多年不能投产。

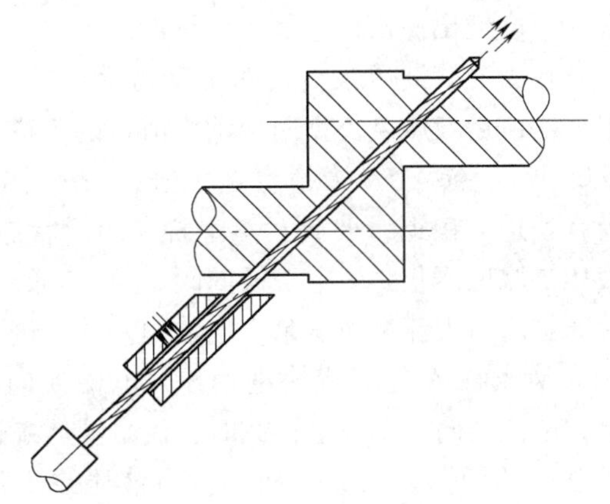

图 5-25　钻钢曲轴斜油孔示意图

这是因为钻头为 ϕ6mm，钻孔深 135mm，属于钻细长孔，而且钻速高，切削量少，钻头易钝。钻孔越深，切削液越不易进去，钻头发热钝化。此外，在斜油孔柱面上钻孔定位容易偏斜。更换新的钻头后，在钻深 23mm 处，钻头仍旧折断，说明还有更主要的因素导致钻头折断，这就是滑台的爬行。滑台之所以爬行，是因为这台机床液压系统采用了回油调速方案。

回油调速系统（见图 3-40）压力脉动大，正常状态下调速阀既有调速作用又有背压作用。但当滑台出现停顿状态，液压缸有杆腔油液可以通过调速阀流出去而失去压力，背压突然为零，而液压缸无杆腔压力不变，就会出现“冲”的现象。当调速阀又工作时，压力未到位，定差减压阀不能马上参与工作，这时调速阀呈现节流阀特性，产生爬行。回油调速系统背压不稳定，属开环系统，低速性能差。正是因为回油调速系统存在严重爬行问题造成切削量突然增大，超过钻头承载能力，折断钻头是必然发生的。采用回油调速系统的机床普遍存在“冲”的现象，出现折断钻头或打坏刀具问题。

此外，通过进一步的分析，可以发现这台机床采用 Q—D6B 调速阀，该阀实质上是节流阀，因此呈现回油节流特性，爬行现象严重。以上就是钻头频繁折断的原因。

改进措施是：

1）该机床进给负载较小，可以更换为进油调速加背压方案，采用 QT—10B 温度补偿调速阀。

2）转速放慢，切削量（进刀量）增大，使钻头一直处于切削状态。

3）分级进给，开始慢工进保证定位准确，钻孔时快工进节约钻孔时间，快钻穿时采用慢工进，防止“冲”的现象。

4）在导向套中加低压冷却液，在钻头的旋转过程中将切削液带到工件切削处，起到冷却作用，效果非常好。

5）采用材料好、硬度高、寿命好的钻头。

由于采用进油调速加背压调速方案，轻载条件下进给平稳，无爬行，彻底消除了折断钻头现象，使机床生产正常化。

2. 双泵供油快进、快退与工进互不干扰，同时工进仍有干扰回路的故障分析与排除

在生产实践中，会遇到这样的情况：大小流量液压泵共同负责管两个动力滑台的快进、工进、快退。有时会出现一个滑台在工进，另一个滑台要快进、快退，则工进滑台会停下来。这种情况对钻削加工来说影响不大，但对镗加工来说，由于镗排在加工时存在弹性变形，工进停顿，会镗出深槽，这是不允许的。

若用大流量液压泵负责两个动力滑台的快进、快退，小流量液压泵负责两个动力滑台的工进，如图 5-26 所示。一个动力滑台在工进，另一个动力滑台在快进、快退，彼此互不干扰。图示状态下，各液压缸原位停止。当电磁换向阀 5、6 均通电时，各液压缸均由大流量液压泵 2 供油作差动快进。这时如果液压缸 A 先完成快进动作，电磁换向阀 4 通电，电磁换向阀 5 断电，此时大流量液压泵进入液压缸 A 的油路被切断，而小流量液压泵 1 进油路打开，液压缸 A 由调速阀 3 调速工进。此时液压缸 B 仍作快进，互不干扰。当各液压缸都转为工进后，它们全由小流量液压泵 1 供油。

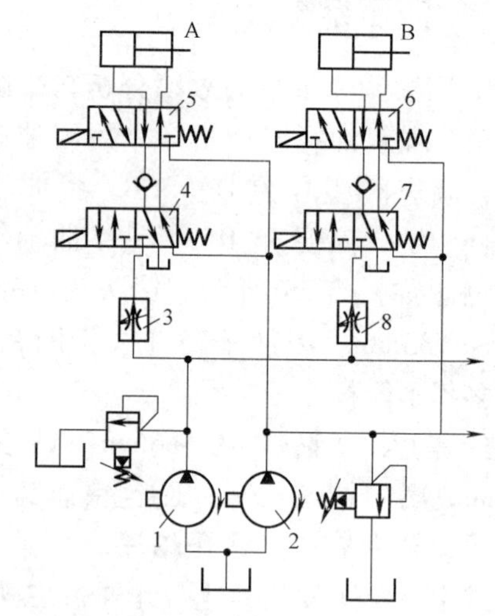

图 5-26　双泵供油快进、快退与工进互不干扰，同时工进仍有干扰回路原理图

1—小流量液压泵　2—大流量液压泵　3、8—调速阀　4、5、6、7—电磁换向阀　A、B—液压缸

可是，在生产实践看到，两个动力滑台同时工进仍有干扰。液压泵在刚开始工作时压力、流量都能同时满足两个滑台同时工进需要的压力、流量。时间长了以后，液压泵本身的内泄存在，供应的压力、流量都在减少。而两个滑台的液压缸内泄增加，所需压力、流量也在变化，加上刀具切削阻力变化，就会出现不能同时工进，只能等一个滑台工进完了以后，另一个滑台才开始工进。本来两个滑台同时工进的生产节拍，只能拖延到先后动作生产节拍，节拍时间加长，影响生产率。若液压缸 A 率先完成工进，电磁换向阀 4 和 5 均通电，液压缸 A 即由大流量液压泵 2 供油快退。而液压缸 B 仍在工进，彼此互不干扰。当电磁铁都断电时，各液压缸都停

止运动。

另一个生产实践是一个变量叶片泵带一个水平动力滑台和一个立式动力滑台，开始时两个滑台可以同时快进、工进及快退，但工作不久就只能水平滑台先动作，待加工完了退至原位后，立式滑台才开始动作。这是因为压力决定于负载，轻载先动作，重载后动作。

解决上述问题的办法是采用两个液压泵各分管一个滑台。而只要是一个泵负责两个液压缸同时工进，干扰是不可避免的。目前变量叶片泵的制造技术已经成熟，液压泵的性能和使用寿命有保证，双动力滑台采用双联变量叶片泵，一个液压泵只带一个动力滑台，定位、夹紧可以根据需要灵活安排。实践证明这种系统稳定、节拍短、耗能小。

习题与训练

5-1　液压站的组成部分是什么？其安装形式常见的有哪几种？识别某一液压站的各组成部分，确定该液压站的安装形式。

5-2　液压泵传动装置的安装方式有哪几种？阀的连接方式有哪几种？

5-3　油箱的作用是什么？油箱的容量如何选取？

5-4　常用的油管有哪几种？常用的管接头有哪几种？

5-5　液压系统在安装管路时应注意哪些问题？

5-6　液压系统的使用注意事项有哪些？

5-7　先导式溢流阀主阀芯阻尼小孔堵塞后，会产生什么后果？为什么？

5-8　常见的密封件有哪些？

5-9　蓄能器有哪几种类型？蓄能器在液压系统中有什么作用？

5-10　熟悉液压泵传动装置的安装步骤并完成液压泵传动装置的安装。

5-11　熟悉集成块的安装步骤并完成集成块的安装。

5-12　熟悉阀的安装步骤并完成阀的安装。

5-13　熟悉液压缸的安装步骤并完成液压缸的安装。

5-14　熟悉油管、管接头的安装步骤并完成油管、管接头的安装。

5-15　练习清洗换向阀。

项目6　新建压缩空气站

本项目主要介绍气源装置的组成以及常用气源设备和气源处理元件。

6.1　气源装置的组成

气动系统的组成与液压系统类似，主要包括气源装置、执行元件、控制元件和辅助元件等。压缩空气站作为气源装置，既能向普通生产车间供气，又要能向设备、元器件及仪表供气。

气源装置是用来产生具有足够压力和流量的压缩空气并将其净化、处理及存储的一套装置，是气动系统的重要组成部分。气源装置元器件性能的好坏直接影响气压传动系统能否正常工作。

气源装置包括空气压缩机（简称空压机）、存储和净化压缩空气的设备以及传输管路系统。空压机是气压传动系统的动力来源，它为气动系统提供具有一定压力和流量的压缩空气。在实际使用中，要求压缩空气站所提供的压缩空气清洁、干燥，以满足气动系统的工作需要，但由于压缩空气中含有汽化的润滑油、水蒸气以及粉尘等杂质，所以经空压机产生的压缩空气一般不易直接使用，若不经处理而使这些杂质进入气动元件或管路中，会对气动系统造成极为不利的影响，具体是：

1）混在压缩空气中的油蒸气会聚集在气罐、管路或气动元件的密闭容腔中形成易燃易爆物质，会有爆炸危险。

2）油液被高温汽化后产生有机酸，会腐蚀金属元器件。

3）油液及杂质的混合物沉积到元件或管道中，使管道堵塞；或使气动信号不能正常传递，造成气动系统工作不稳定，而产生误动作。

4）压缩空气中的水蒸气，在一定的压力和温度下，会饱和而析出水滴，聚集在管道中形成水膜，增加气阻；在气温较低时，水蒸气冷凝会使管道及辅件因冻结而胀裂。

5）较大的杂质颗粒会引起气缸、气动马达、气动控制元件的相对运动表面产生磨损，降低气动元件的使用寿命。

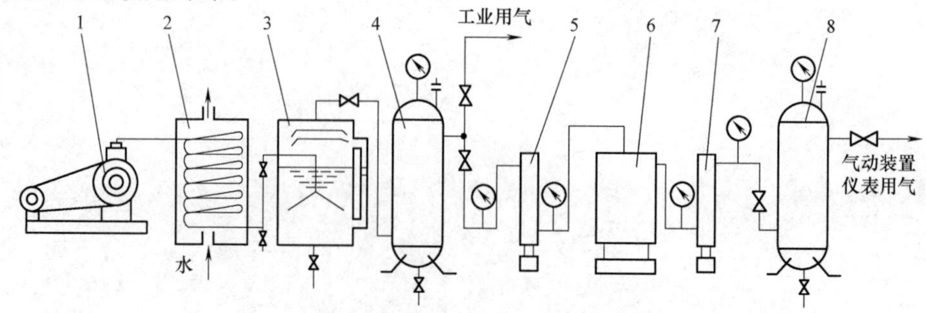

图6-1　典型的气源装置示意图

1—空压机　2—后冷却器　3—油水分离器　4、8—气罐　5—除尘过滤器

6—冷冻、吸附组合式干燥器　7—除油过滤

此外，压缩空气温度过高，会加速气动元件中各种密封件、膜片和软管材料的老化，从而降低整个气动系统的使用寿命。

因此，由空压机排出的压缩空气必须经过降温、除油、除尘和干燥等净化处理，达到一定要求后，才能正常使用。所以一般的压缩空气站除空压机外，还必须设置后冷却器、油水分离器、过滤器和气罐等净化、存储装置和气动辅助元件。典型的气源装置如图6-1所示。

空压机1是用来产生压缩空气的，它的吸气口装有过滤器，可以减少进入空压机内的气体的灰尘。后冷却器2用来冷却空压机排出的高温气体，使汽化的水和油凝结出来。油水分离器3用来分离并排出凝结出来的水滴、油滴和杂质等。气罐4和8用来存储压缩空气，稳定压缩空气的压力，同时使压缩空气中的部分油分和水分沉积在气罐底部以便除去。除尘过滤器5和除油过滤器7用来进一步过滤压缩空气中的灰尘、杂质颗粒和油污等。干燥器6是由冷冻式干燥器和吸附式干燥器形成的组合干燥器，用来进一步吸收压缩空气中的水分，使之成为干燥空气。气罐8排出的气体通过气源处理装置供给用气设备。气源处理装置的组成和布置由用气设备确定。

6.2 气源设备和气源处理元件

6.2.1 空气压缩机

空压机的作用是将电能转化为压缩空气的压力能，供气动设备使用。

空压机按压力高低可分成低压型（0.2MPa≤排气压力≤1.0MPa）、中压型（1.0MPa<排气压力≤10MPa）和高压型（排气压力>10MPa）。按工作原理可分为容积型和速度型。通过缩小气体的体积来提高气体的压力方法称为容积型。通过提高气体的速度，使动能转化成压力能，来提高气体压力的方法称为速度型。速度型也称为透平型或涡轮型。现在常用的以容积型居多。容积型空压机按结构分为往复式与旋转式两大类。往复式包括活塞式和膜片式；旋转式包括螺杆式、滑片式等。速度型空压机包括离心式和轴流式等。

选用空压机的依据是气动系统所需的工作压力、流量和一些特殊的工作要求。目前，气动系统常用的工作压力为0.1~0.8MPa，可直接选用额定压力为1MPa的低压空气压缩机，特殊需要也可选用中、高压空气压缩机。

1. 活塞式空压机 活塞式空压机是最常用的空压机，是通过曲柄连杆机构使活塞作往复运动而实现吸、排气，并达到提高气体压力的目的。以单级活塞式空压机为例介绍空压机的工作原理，如图6-2所示。曲柄8由电动机带动旋转，通过连杆7带动滑块5在滑道6内移动，从而驱动活塞杆4带动活塞3在气缸2内作直线往复运动。当活塞3向右移动时，气缸2内活塞3左腔的压力低于大气压力，吸气阀9开启，外界空气进入缸内，这个过程称为“吸气过程”。当活塞3向左移动，缸内气体被压缩，这个过程称为“压缩过程”。当缸内压力高于输出管道内压力后，排气阀1被打开，压缩空气输送至管道内，这个过程称为“排气过程”。

单级活塞式空压机常用于需要0.3~0.7MPa压力范围的系统。单级空压机压力超过0.6MPa，产生的热量太大，空压机工作效率太低，故常使用两级活塞式空压机。图6-3所示是两级活塞式空压机实物。两级活塞式空压机的工作原理如图6-4所示，空气经一级活塞压缩后经中间冷却器送入二级活塞。若最终压力为 1.0MPa，则第一级通常压缩至0.3MPa。设置中间冷却器是为了降低第二级活塞的进口空气温度，以提高空压机的工作效率。压缩空气站一般采用活塞式空压机。

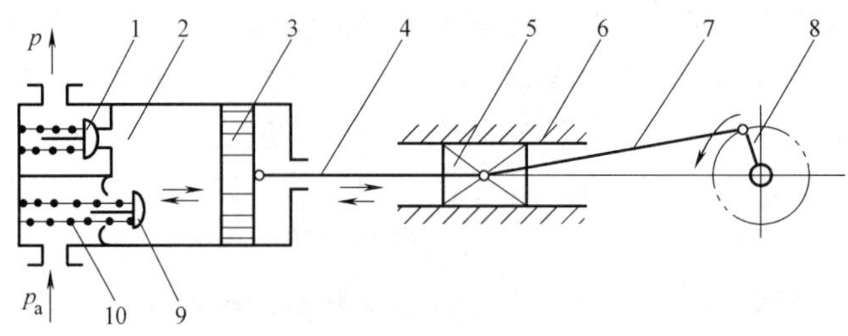

图 6-2 单级活塞式空压机的工作原理

1—排气阀 2—气缸 3—活塞 4—活塞杆 5—滑块 6—滑道 7—连杆 8—曲柄 9—吸气阀 10—阀门弹簧

图 6-3 两级活塞式空压机实物图

1—两级空压型主机 2—高压专用压力控制器 3—专用电动机 4—电磁开关 5—气罐

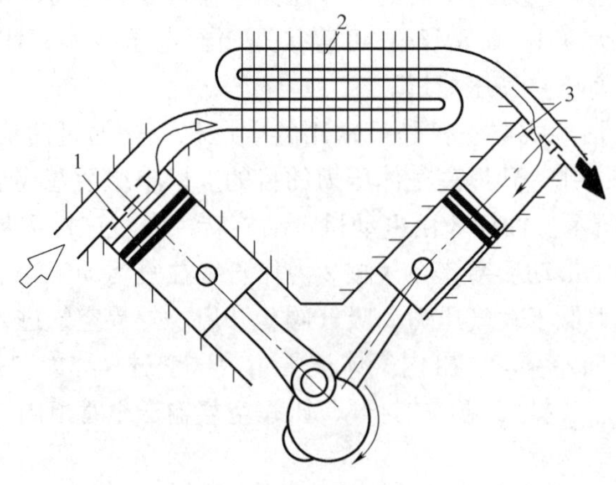

图 6-4 两级活塞式空压机工作原理图

1—一级活塞 2—中间冷却器 3—二级活塞

2. 滑片式空压机　图6-5所示为滑片式空压机实物。滑片式空压机的工作原理如图6-6所示。转子偏心地安装在定子内，一组滑片插在转子的放射状槽内。当转子旋转时，各滑片主要靠离心作用紧贴定子内壁。转子回转过程中，左半部（输入口）吸气。在右半部，滑片逐渐被定子内表面压进转子沟槽内，滑片、转子和定子内壁围成的容积逐渐减小，吸入的空气就逐渐地被压缩，最后从输出口排出压缩空气。由于在输入口附近向气流喷油，对滑片及定子内部进行润滑、冷却和密封，故输出的压缩空气中含有大量油分，所以在输出口需设置除油过滤器和冷却器，以便把油分从压缩空气中分离出来，冷却后循环再用。

图6-5　滑片式空压机实物图

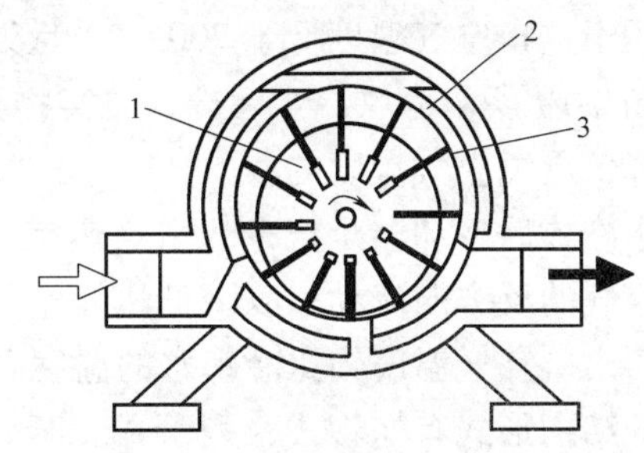

图6-6　滑片式空压机工作原理图
1—转子　2—定子　3—滑片

3. 螺杆式空压机　图6-7所示为螺杆式空压机实物。螺杆式空压机按是否需要润滑分为无油式螺杆式空压机和喷油式螺杆式空压机。无油式螺杆式空压机的工作原理如图6-8所示。在无油式螺杆式空压机中有一对啮合的螺旋转子，主动螺旋转子带动从动螺旋转子，各自朝相反的方向转动，它们当中的自由空间的容积沿轴向逐渐减小，从而使两转子间的空气逐渐被压缩。若转子和机壳之间相互不接触，则不需润滑，这样的空压机便可输出不含油的压缩空气。它可连续输出无脉动的流量大的压缩空气，出口空气温度为60℃左右。小型气压设备多采用螺杆式空压机。

空压机又称为气泵，其图形符号如图6-9所示。

图6-7　螺杆式空压机实物图

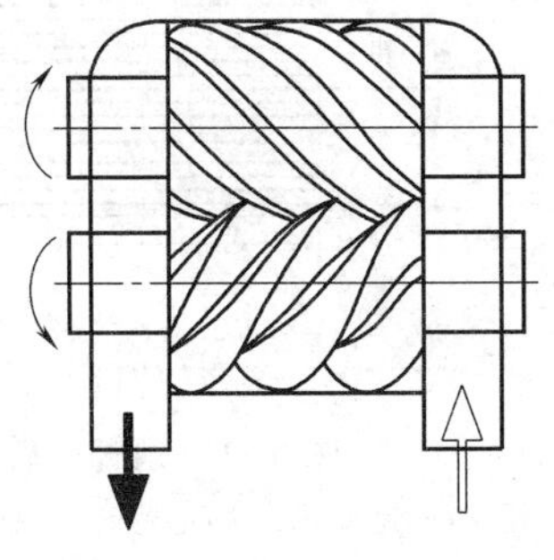

图6-8　无油式螺杆式空压机工作原理图

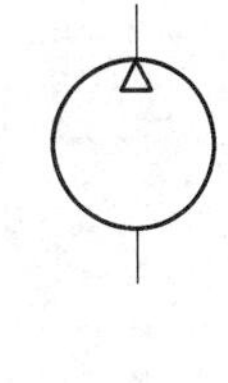

图6-9　气泵图形符号

6.2.2　后冷却器

空压机输出的压缩空气温度通常可达180℃，在此温度下，空气中的水分完全呈气态。

后冷却器的作用就是将空压机出口的高温空气冷却至 40℃以下，将大量水蒸气和变质油雾冷凝成液态水滴和油滴，以便将它们清除掉。后冷却器有风冷式和水冷式两种。通常，根据系统的使用压力、后冷却器入口空气温度、环境温度、后冷却器出口空气温度及需要处理的空气量，来选择后冷却器的型号。

风冷式后冷却器不需要冷却水设备，没有断水或水冻结的问题。其占地面积小、质量轻、紧凑、运转成本低、易维修，但只适用于进口空气温度低于 100 ℃，且处理空气量较少的场合。水冷式后冷却器散热面积约是风冷式后冷却器的 25 倍，热交换均匀，分水效率高，故适用于进口空气温度低于 200 ℃，且处理空气量较大、湿度大、粉尘多的场合。

图 6-10 所示为风冷式后冷却器实物。它是靠风扇产生的冷空气吹向带散热片的热气管道来降低压缩空气温度的。

图 6-10　风冷式后冷却器实物图

水冷式后冷却器是把冷却水与热空气隔开，强迫冷却水沿热空气的反方向流动，以降低压缩空气的温度。水冷式后冷却器出口空气温度约比冷却水的温度高 10℃。水冷式后冷却器的结构形式有蛇管式、列管式、套管式等。蛇管式后冷却器的结构主要由一个蛇状空心盘管和一只盛装此盘管的圆筒组成。蛇状盘管可用铜管或钢管弯制而成。蛇管的表面积也就是该冷却器的散热面积。由空压机排出的热空气由蛇管上部进入，通过管外壁与管外的冷却水进行交换，冷却后，由蛇管下部输出（见图 6-1）。这种冷却器的结构简单、使用和维修方便，因此被广泛应用于流量较小的场合。

列管式后冷却器如图 6-11 所示。它主要由封头 1、固定板 2、外壳 3、活动板 4、冷却水管 5、隔板 6 组成。冷却水管与隔板、封头焊在一起。冷却水在管内流动，空气在管间流动，活动板为月牙形。这种冷却器可用于较大流量的场合。

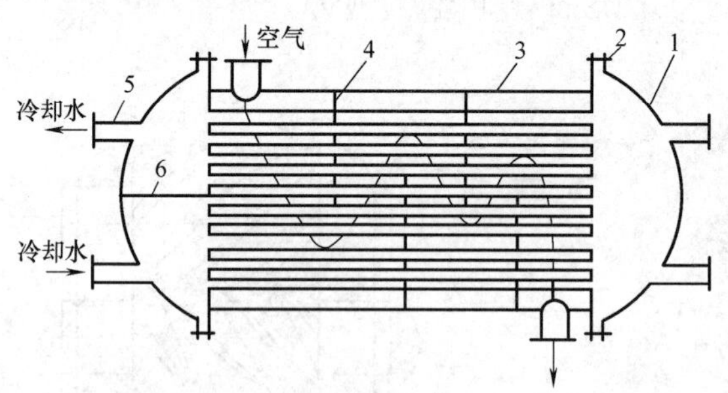

图 6-11　列管式后冷却器

1—封头　2—固定板　3—外壳　4—活动板

5—冷却水管　6—隔板

套管式后冷却器如图 6-12 所示，压缩空气在外壳与内管之间流动，内、外管之间由支承架来支承。这种冷却器流通截面积小，易达到高速流动，有利于散热冷却，管间清理也较方便。但其结构笨重，消耗金属量大，主要用在流量不太大、散热面积较小的场合。

后冷却器的图形符号如图 6-13 所示。后冷却器最低处应设置自动或手动排水器，以排除冷凝水。

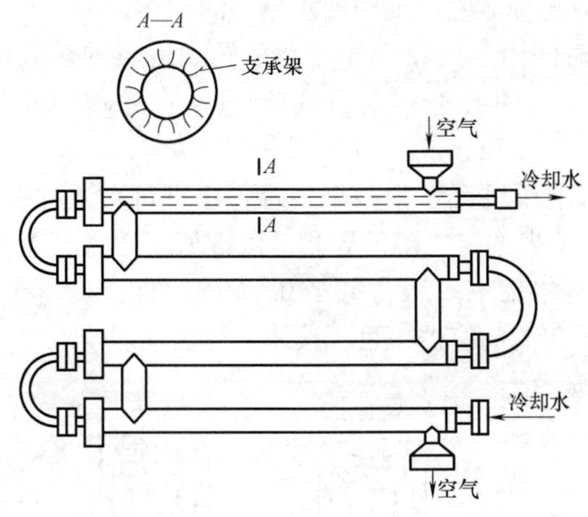

图6-12 套管式后冷却器

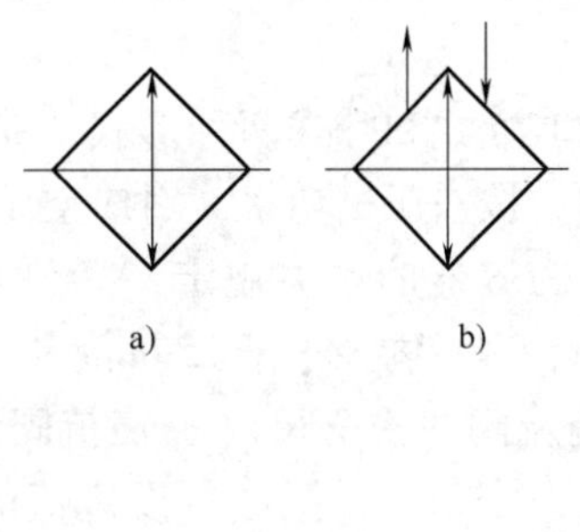

图6-13 后冷却器图形符号
a）一般符号 b）带冷却剂管路指示

6.2.3 油水分离器

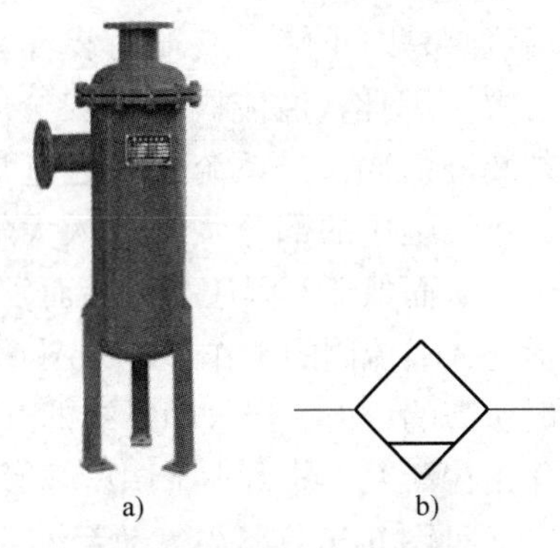

图6-14 油水分离器
a）实物图 b）图形符号

油水分离器通常安装在后冷却器下游的主管道里，它与气动系统中除油过滤器（俗称油雾分离器）在用途上有所区别。主管道油水分离器是压缩空气产生后的第一道过滤装置，是将经后冷却器降温析出的水滴和油滴等杂质从压缩空气中分离出来。油水分离器主要是利用离心、撞击、水洗等方法使压缩空气中凝聚的水分、油分等杂质从压缩空气中分离出来的，使压缩空气得到初步净化。特别是采用有油润滑空压机，在压缩过程中需要有一定量的润滑油，空气被压缩后产生高温、焦油碳粒子以及颗粒物。为减少对其下游的干燥器、标准过滤器等设施的污染程度，经过后冷却器之后，压缩空气（含冷凝水）必须在进入干燥器之前进行粗过滤。油水分离器实物如图6-14a所示。其图形符号如图6-14b所示。油水分离器的结构形式有旋转分离式、阻挡式、水溶分离式等。

6.2.4 气罐

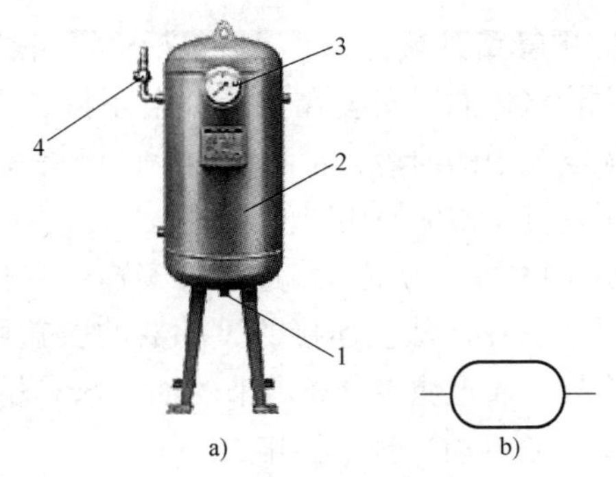

图6-15 气罐
a）实物图 b）图形符号
1—排水阀 2—气罐主体 3—压力表 4—溢流阀

1. 气罐的组成和作用 图6-15a所示为气罐实物。气罐上应配置安全阀、压力表，且安全阀与气罐之间不得再装其他的阀。最低处应设有排水阀，每天排水1次。容积较大的气罐上，应有人孔或清洁孔，以便检查和清洗。连接储气罐的气管直径在40mm以下为螺纹联接，在50mm以上为法兰连接。气罐的作用是：

1）消除压力脉动。

2）依靠绝热膨胀及自然冷却降温，进一步分离掉压缩空气中的水分和油分。

3）存储一定量压缩空气，一方面可解决短时间内用气量大于空压机输出气量的矛盾；另一方面可在空压机出现故障或停电时，维持短时间的供气，以便采取措施保证气动设备的安全。

气罐有立式和卧式两种形式，使用时，数台空压机可合用一个气罐，也可每台单独配用。通常，按空压机功率（对应空压机吸入流量）来选定气罐的容积。气罐属于压力容器，应遵守压力容器的有关规定，必须有产品耐压合格证书。压力低于 0.1MPa、真空度小于 0.02 MPa、容积内径小于 150mm 和公称容积小于 25L 的容器，可不按压力容器处理。

2. 溢流阀（安全阀）　溢流阀的作用是当压力上升到超过设定值时，把超过设定值的压缩空气排入大气以保持进口压力的设定值。溢流阀分为直动式和先导式两种。按结构不同，直动式溢流阀又分为活塞式、膜片式、手拉式。

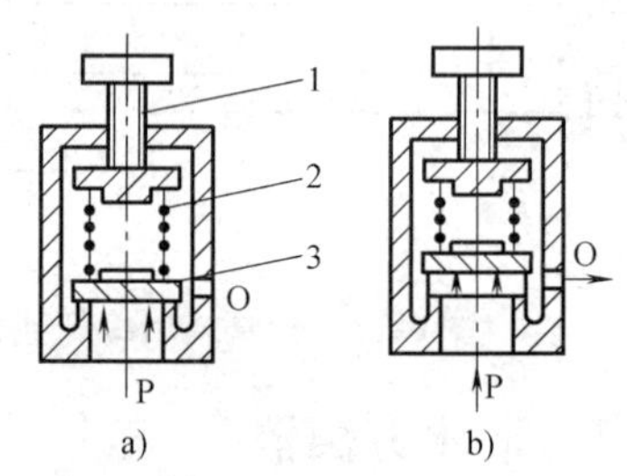

图 6-16　活塞式溢流阀工作原理图
a）关闭状态　b）开启状态
1—调节手柄　2—调压弹簧　3—活塞

溢流阀是防止储气或气动装置及回路过载的安全保护装置。因此，溢流阀也称安全阀。例如，气罐顶部必须装溢流阀，当系统压力超过规定值时，溢流阀打开，将气罐中的部分气体排入大气，使压力不超过允许值，从而保证不因压力过高而发生事故。

活塞式溢流阀的工作原理如图 6-16 所示。该阀靠调节手柄 1 来压缩调压弹簧，以调定溢流时所需的压力。当气动系统的气体压力在规定范围内时，由于气压作用在活塞 3 的力小于调压弹簧 2 的预压力，所以活塞处于关闭状态（见图 6-16a）。当气动系统的压力升高，作用在活塞 3 上的力超过了弹簧 2 的预压力时，弹簧 3 就克服弹簧力向上移动，开启阀门排气（见图 6-16b），直到系统的压力降至规定压力以下时，阀重新关闭。开启压力大小靠调压弹簧的预压缩量来实现。此类阀结构简单，但灵敏性稍差。溢流阀的图形符号如图 6-17 所示。

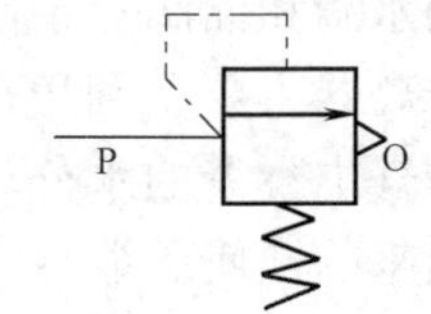

图 6-17　溢流阀图形符号

6.2.5　过滤器

1. 主管路过滤器　过滤器包括主管路过滤器、油雾分离器、空气过滤器等多种。

主管路过滤器安装在主管路空压机及干燥器的前级中，用于清除压缩空气中的油污、水和粉尘等，以提高下游干燥器的工作效率，延长精密过滤器的使用时间。

图 6-18 所示为主管路过滤器实物。主管路过滤器的结构如图 6-19 所示。其中，法兰连接的过滤器的上盖可直接固定滤芯，故滤芯更换容易。通过滤芯分离出来的油、水和粉尘等，流入过滤器下部，由手动（或自动）排水器排出。

图 6-18　主管路过滤器实物图

对于小型空压机，主管路过滤器可直接安装在空压机的吸气管上；对于大、中型空压机，可安装在室外空压机的进气管上，但与空压机主机距离不超过 10m，进气的周围环境应保持清洁、干燥、通风良好。通常主管路过滤器的空气质量仅作一般工业供气使用，如需用于气动设备、气动自动化控制系统，还需在干燥器后面添置所需精度等级的过滤器。目前，国外一些空压机制造商提高了主管路过滤器的过滤精度。

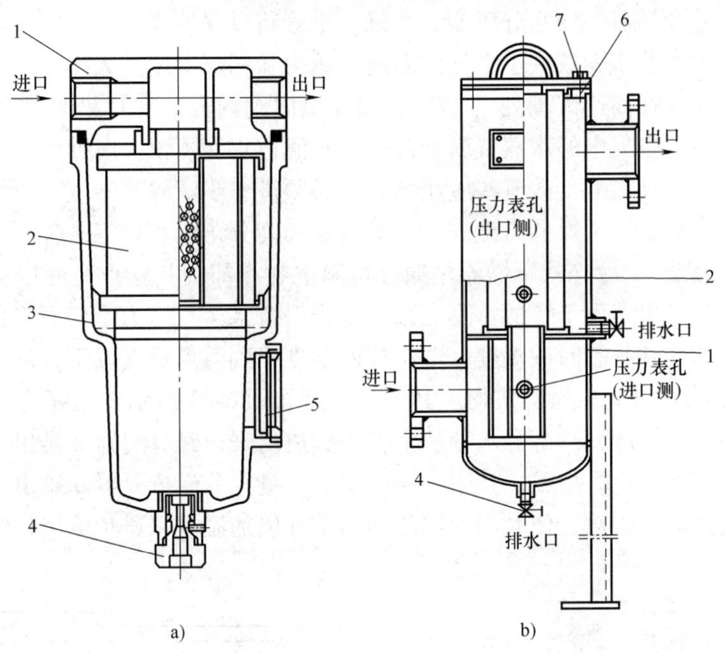

图6-19　主管路过滤器的结构图

a）螺纹联接型　b）法兰连接型

1—主体　2—滤芯　3—外罩　4—手动排水器　5—观察窗　6—上盖　7—密封垫

通常应根据通过主管路过滤器的最大流量不得超过其额定流量，来选择主管路过滤器的规格，并检验其他技术参数也要满足使用要求。过滤器图形符号如图6-20所示。

2. 油雾分离器　油雾分离器可分离掉主管路过滤器和空气过滤器难以分离掉的0.3～5μm气状溶胶油粒子及大于0.3μm的锈末、炭粒，装在电磁先导阀及间隙密封滑阀的气源上最合适。图6-21a所示为油雾分离器实物，图6-21b所示为其图形符号。

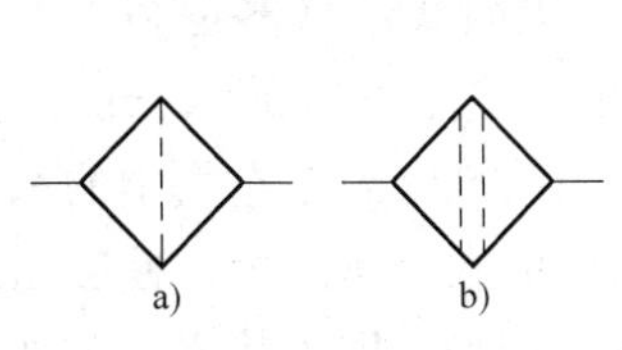

图6-20　过滤器图形符号

a）粗过滤器　b）精过滤器

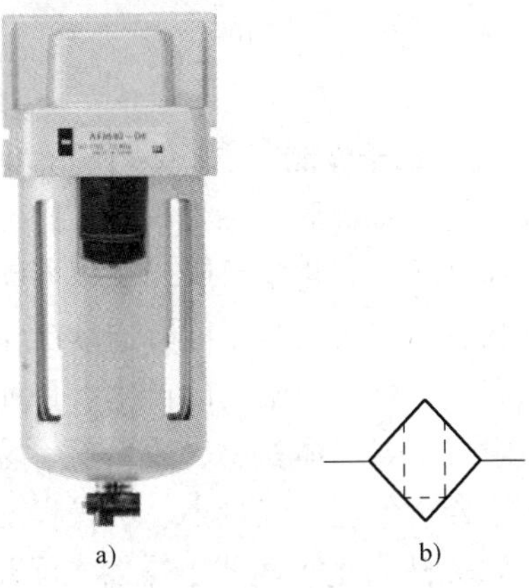

图6-21　油雾分离器

a）实物图　b）图形符号

6.2.6　干燥器

压缩空气经后冷却器、油水分离器、气罐、主管路过滤器得到初步净化后，仍含有一定量的水蒸气，其含量的多少取决于空气的温度、压力和相对湿度的大小。气动回路在充排气过程中，元件内部存在高速流动处（如节流阀及换向阀内部的孔口处）或气流发生绝热膨胀处，温度要下降，空气中的水蒸气就会冷凝成水滴，水滴不仅会腐蚀元件，而且会对系统工作的稳定性带来不良影响。故有些应用场合，必须进一步清除水蒸气。干燥器就是用来进一步清除水蒸气的装置。干燥器有冷冻式、吸附式和高分子隔膜式等多种。

1. 冷冻式干燥器　冷冻式干燥器是通过将湿空气冷却到其露点温度以下，使空气中的水分凝结成水滴并排出实现干燥的。露点温度是指保持水蒸气压力不变而降低未饱和湿空气的温度，使之达到饱和状态时的温度。湿空气的温度降到露点温度以下，便有水滴析出。

图 6-22 所示为冷冻式干燥器实物。其工作原理如图 6-23 所示。压缩空气首先通过干燥器内的热交换器 1 被预冷，一部分水分从空气中分离出来，经分离器 2 排出。随后空气进入制冷元件 3，并被冷却至 2～5℃，其中分离出来的大量水分经分离器 6 排出。冷却后的压缩空气再进入热交换器 1 加热，使其温度回复到周围环境的温度以避免输出口结霜。

图 6-22　冷冻式干燥器实物图

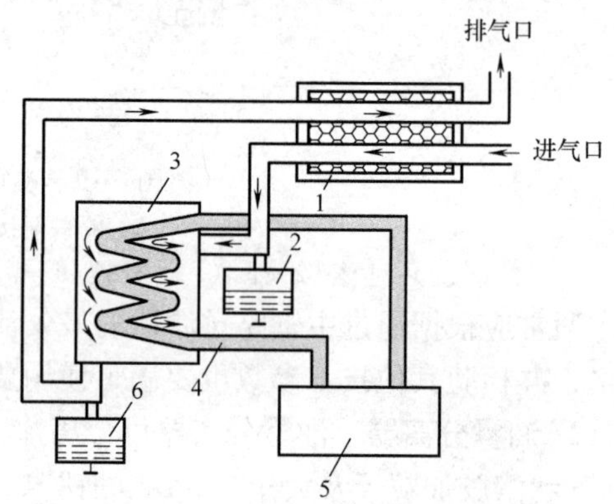

图 6-23　冷冻式干燥器工作原理图
1—热交换器　2、6—分离器　3—制冷元件　4—制冷剂　5—制冷机

2. 吸附式干燥器　图 6-24 所示为吸附式干燥器实物。吸附式干燥器是利用具有吸附性能的吸附剂（如硅胶、活性氧化铝、焦炭、分子筛等）来吸附空气中的水分的。由于水分和吸附剂之间没有化学反应，所以不需要更换吸附剂，但吸附剂吸附了空气中的水分后将达到饱和状态而失效。为了能够连续工作，就必须使吸附剂中的水分排除掉，使吸附剂恢复到干燥状态，这称为吸附剂的再生。目前吸附剂的再生方法有两种，即无热再生和加热再生。

吸附式干燥器体积小、质量轻、易维护，大气压露点可达 −50～−30℃，但处理流量小，故适合于处理空气量小、干燥程度要求高的场合。

（1）无热再生吸附式干燥器　无热再生吸附式干燥器工作原理如图 6-25a 所示。其中的吸附剂对水分具有高压吸附、低压脱附的特性。为利用这个特性，干燥器有两个充填了吸附剂的相同的吸附筒 T_1 和 T_2。除去油雾的压缩空气从吸附筒 T_1 的下部流入，通过吸附剂层流到上部，空气中的水分在加压条件下被吸附剂层吸收。干燥后的空气，通过单向阀，大部分从输出口输出，供气动系统使用。同时，约占 10% ~15% 的干燥空气，经固定节流孔 O_2，从吸附筒 T_2 的顶部进入。因吸附筒 T_2 通过气动元件与大气相通，故这部分干燥的压缩空气迅速减压，流过 T_2 中原来吸收水分已达饱和状态的吸附剂层，吸附剂中的水分在低压下脱附，脱附出来的水分随空气排至大气，实现了不需外加热源而使吸附剂再生的目的。T_1 和 T_2 定期交换工作（通常约 5 ~ 10min 切换 1 次），使吸附剂轮流吸附和再生，便可得到连续输出的干燥压缩空气。在干燥压缩空气的出口处，装有湿度显示器，可定性显示压缩空气的露点温度。

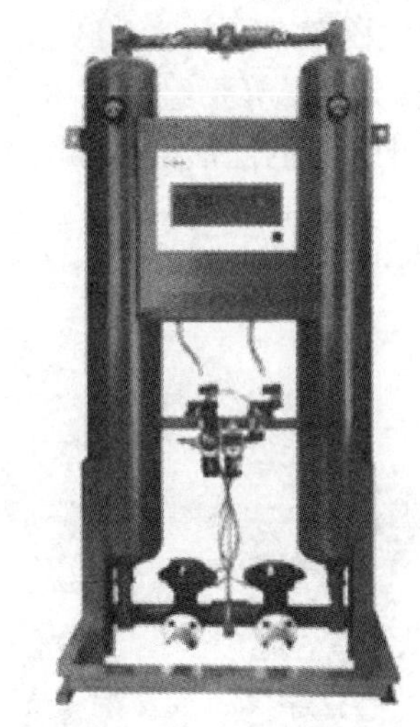

图 6-24　吸附式干燥器实物图

（2）加热再生吸附式干燥器　加热再生吸附式干燥器的工作原理如图 6-25b 所示，它采用两个吸附干燥筒，即吸附器 1 和吸附器 2，筒内放置硅胶干燥剂。利用硅胶在常温下吸附水分、在高温下脱附水分的特性，当第一个干燥筒的硅胶已经饱和时，将空气切换到第二个干燥筒内进行干燥，而第一个筒通过热风干燥法使硅胶干燥，以备下一次再用。两个筒交替进行干燥。

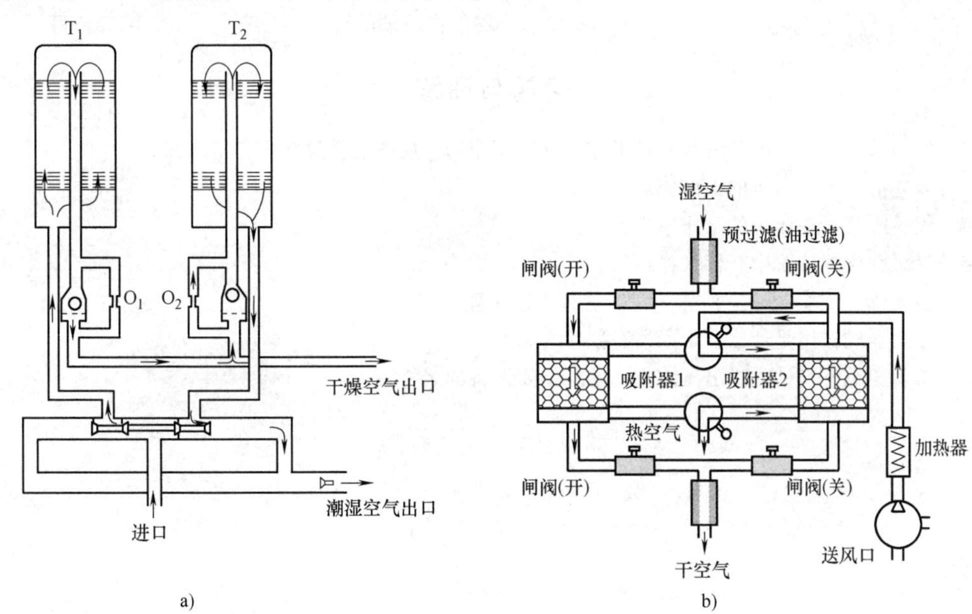

图 6-25　吸附式干燥器工作原理图

a）无热再生吸附式干燥器　b）加热再生吸附式干燥器

3. 高分子隔膜式干燥器　图 6-26 所示为高分子隔膜式干燥器实物。特殊的高分子中空隔膜只让水蒸气透过，空气中的氮气和氧气不能透过。如图 6-27 所示，当湿的压缩空气进入中空隔膜时，仅水蒸气透过隔膜，进入中空隔膜的外侧，出口便得到干燥的压缩空气。该干燥器利用部分出口的干燥压缩空气，通过极细的小孔降压，流向中空隔膜外侧，再将水蒸气带出干燥器外，故能不断进行除湿，而不需设置排水器。

高分子隔膜式干燥器体积小、质量轻，带露点显示器，不用电源，除水率高，输出空气

的大气压露点可达 -60℃ ，无振动，无排热，使用寿命长，安装方便。它与前置过滤器（油雾分离器等）组合使用。

干燥器的图形符号如图 6-28 所示。

图 6-26　高分子隔膜式干燥器实物图

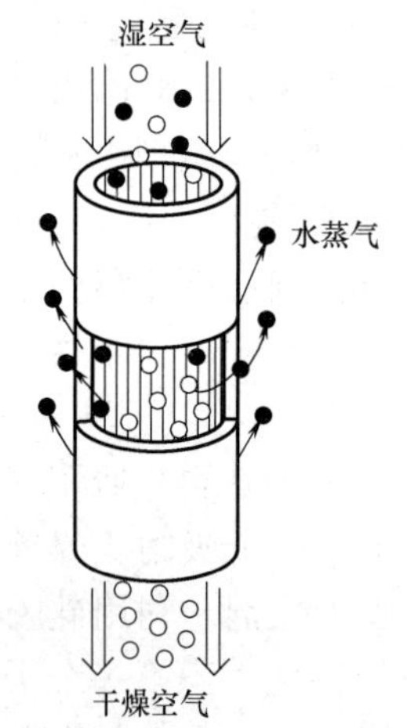

图 6-27　高分子隔膜式干燥器工作原理图

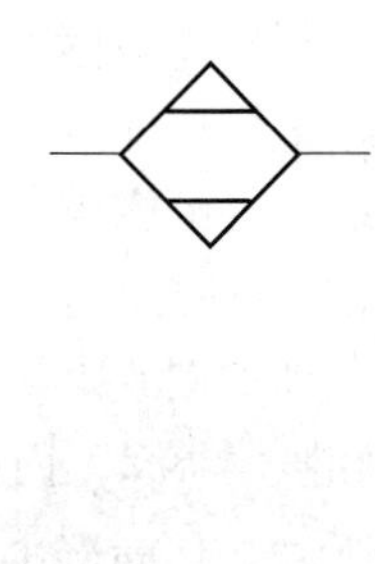

图 6-28　干燥器图形符号

习题与训练

6-1　气源装置由哪几部分组成？各组成部分有何作用？用图形符号画出各组成部分。

6-2　简述活塞式空压机的工作原理。

6-3　简述螺杆式空压机的工作原理。

6-4　气罐在气源装置中有什么作用？

6-5　溢流阀（安全阀）有何作用？简述其工作原理。

6-6　干燥器的作用是什么？干燥器有哪些类型？

6-7　参观压缩空气站，指出压缩空气站各主要设备的名称。

项目7　灌装机的气动系统

本项目主要介绍气源处理装置、方向控制阀、气缸、气动马达等气动元件，并介绍直接控制和间接控制基本气动回路以及灌装机气动系统回路。

7.1　认识灌装机

灌装机实物如图7-1所示。当把需要灌装的瓶子放在工作台上，脚踩下起动按钮，气缸便前伸开始灌装。当灌装完毕后气缸快速自动回退，准备第二次灌装。如果瓶子没有放在工作台上，即使是踩下起动按钮，气缸也不会动作。

7.2　气动元件

7.2.1　气源处理装置

空气压缩站产生的气体在进入气动系统之前，会经过气源处理装置再进入气动系统中。

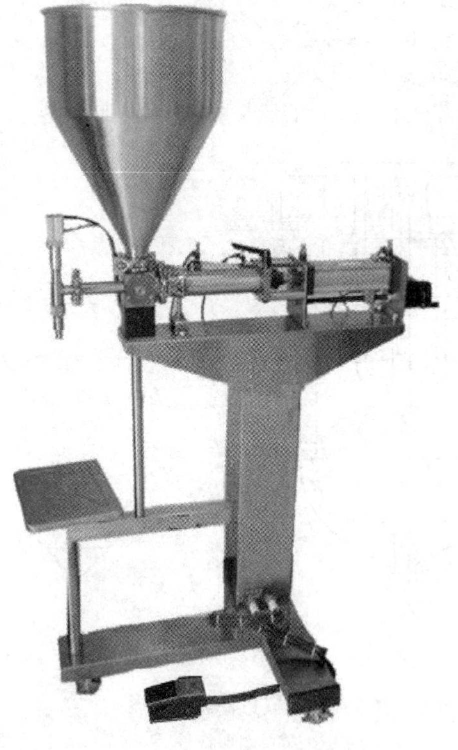

图7-1　灌装机实物图

图7-2　气源处理装置实物图

气源处理装置，是指由空气过滤器、减压阀和油雾器 3 个元件无管连接而成的组件，是气源调节装置。其结构紧凑，拆装及更换元件方便，应用广泛，气源处理装置实物如图 7-2 所示。

压缩空气进入到气源处理装置时，首先经过空气过滤器将其中的水分和固态杂质粒子等过滤掉，再经过减压阀减压后输出期望得到的气压值，使气源处于恒定状态，以减小因气源气压突变时对阀门或执行器等硬件的损伤，气压值可以通过安装在气源处理装置上面的压力表来观测。调压后的气体经过油雾器后进入气动系统中，油雾器是气动系统中一种特殊的注油装置，其作用是把润滑油雾化后，经压缩空气携带进入系统中各润滑部位，满足润滑的需要。

气源处理装置应尽量安装在用气设备附近，安装顺序按进气方向分别为过滤器、减压阀和油雾器。安装减压阀时注意不要将其进、出口接反，减压阀不用时应把旋钮放松，以免膜片经常受压变形而影响其性能。当储水杯内的水过多时，打开旋钮放掉里面的积水。气源处理装置的安装次序和图形符号如图 7-3 所示。随着科学技术的进步，现在一些气动元器件已不需要在压缩空气中加润滑油润滑，因此，有些气源调节装置只有过滤器和减压阀组成。

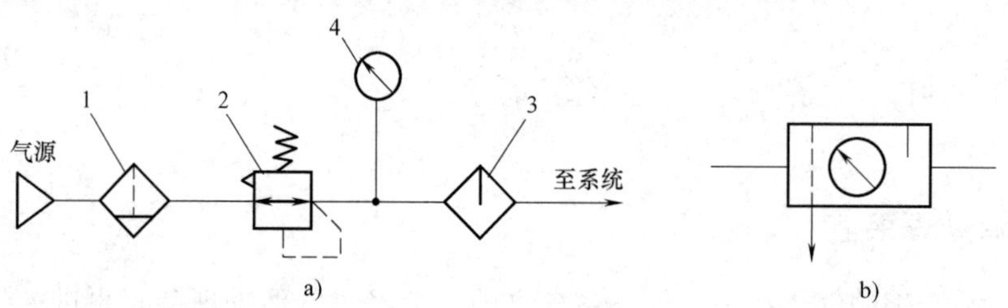

图 7-3　气源处理装置

a）气源处理装置的安装次序　b）图形符号

1—过滤器　2—减压阀　3—油雾器　4—压力表

1. 空气过滤器　空气过滤器按过滤器的排水方式，有手动排水型和自动排水型。自动排水型按无气压时的排水状态，有常开型和常闭型。

如图 7-4a 所示，压缩空气从输入口进入后，被引入旋风叶子 1，旋风叶子上有许多成一定角度的缺口，迫使空气沿切线方向产生强烈旋转，于是夹杂在空气中的较大水滴、油滴和灰尘等便依靠自身的惯性与存水杯 3 的内壁碰撞，并从空气中分离出来沉到杯底，而微粒灰尘和雾状水汽则由滤芯 2 滤除。为防止气体旋转将存水杯中积存的污水卷起，在滤芯下部设有挡水板 4。此外，存水杯中的污水应通过手动排水阀 5 及时排放。在某些人工排水不方便的场合，可采用自动排水

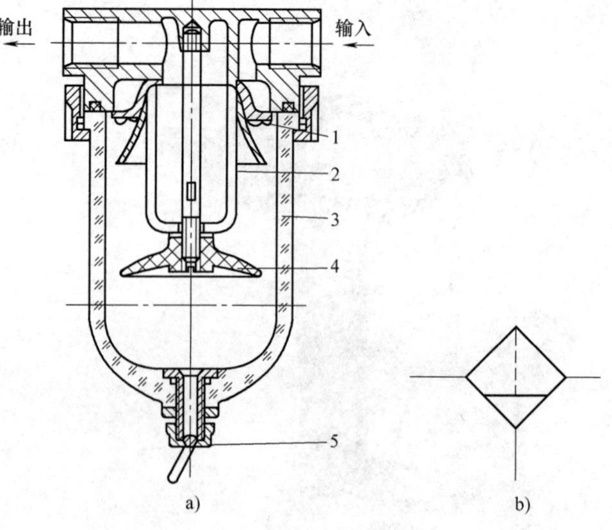

图 7-4　空气过滤器

a）结构图　b）图形符号

1—旋风叶子　2—滤芯　3—存水杯　4—挡水板　5—手动排水阀

式空气过滤器。

2. 减压阀（调压阀）　减压阀是出口侧压力可调（但低于进口侧压力），并能保持出口侧压力稳定的压力控制阀。在气动系统中，减压阀很少单独使用，在气源处理装置中有减压阀。

图7-5　直动式减压阀实物图

减压阀按压力调节方式可分为直动式减压阀（见图7-5）和先导式减压阀两大类。直动式减压阀是利用手柄或旋钮直接调节调压弹簧来改变减压阀输出压力；先导式减压阀是采用压缩空气代替调压弹簧来调节输出压力的。先导式减压阀又可分为外部先导式和内部先导式。

减压阀按排气方式可分为溢流式、非溢流式和恒量排气式3种。溢流式减压阀的特点是减压过程中从溢流孔中排出少量多余的气体，维持输出压力不变。非溢流式减压阀没有溢流孔，使用时回路中要安装一个放气阀，以排出输出侧的部分气体，适用于调节有害气体压力的场合，可防止大气污染。恒量排气式减压阀始终有微量气体从溢流阀座的小孔排出，能更准确地调整压力，一般用于输出压力要求调节精度高的场合。

如图7-6所示，压力为p_1的压缩空气，由左端输入经进气阀口11节流后，压力降为p_2输出。

（1）手动调压状态　p_2的大小可由调压弹簧2、3进行调节。顺时针旋转调节旋钮1，压缩弹簧2、3及膜片5使阀杆8、阀芯9下移，增大阀口11的开度使p_2增大。同时，输出气压经阻尼管7进入膜片气室6，在膜片5上产生向上的推力，这个推力总是企图把阀口11的开度关小，使其输出p_2下降。当作用在膜片5上的推力与弹簧力互相平衡后，便可使减压阀保持一定的输出压力；逆时针旋转调节旋钮1，阀口11的开度减小，p_2随之减小。

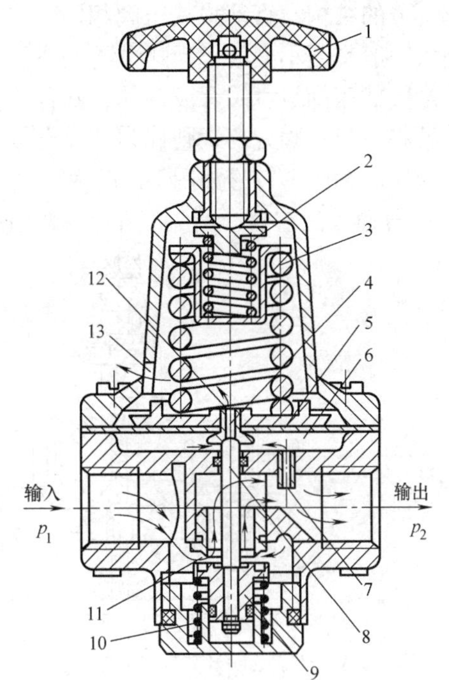

图7-6　直动溢流式减压阀结构图
1—调节旋钮　2、3—调压弹簧　4—溢流阀座　5—膜片　6—膜片气室　7—阻尼管　8—阀杆　9—阀芯　10—复位弹簧　11—进气阀口　12—溢流孔　13—排气孔

（2）减压状态　若输入压力p_1瞬时升高，则输出压力p_2将随之升高，输出气流的一部分由阻尼管7进入膜片气室6，使膜片气室6内的压力升高，在膜片5上产生的推力相应增大，此推力破坏了原来力的平衡，使膜片5向上移动，有少部分气流经溢流孔12、排气孔13排出。在膜片上移的同时，因复位弹簧10的作用，使阀芯9也向上移动，关小进气阀口11，节流作用加大，使输出压力下降，直至达到新的平衡为止，输出压力基本又回到原来的值。

（3）增压状态　若输入压力p_1瞬时下降，则输出压力p_2也下降，膜片5下移，阀芯9随之下移，进气阀口11开大，节流作用减小，使输出压力上升，基本回到原来的值。

（4）阀处于无输出状态　逆时针旋转旋钮 1，使调压弹簧 2、3 放松，气体作用在膜片 5 上的推力大于调压弹簧的作用力，膜片向上弯曲，靠复位弹簧 10 的作用关闭进气阀口 11。再旋转旋钮 1，阀杆 8 的顶端与溢流阀座 4 脱开，膜片气室 6 中的压缩空气便经溢流孔 12 、排气孔 13 排出，使阀处于无输出状态。

总之，直动式减压阀靠阀口的节流作用减压，靠膜片上力的平衡作用和溢流孔的溢流作用来稳定输出压力，调节旋钮可调节输出压力，使输出压力在规定的范围内任意改变。

通常，根据使用要求来选择减压阀的类型和调压精度，一般选减压阀即可；需要减压精度高时，应选精密减压阀或高精度减压阀——定值器，如气动测量系统、气动仪表都需要选择定值器。

当减压阀的输出压力较高或通径较大时，用调压弹簧直接控制调压，则弹簧的刚度过大、流量变化时，输出压力的波动较大，阀的结构尺寸也将增大。为了克服这些缺点，可采用先导式减压阀。先导式减压阀是使用预先调整好压力的空气来代替调压弹簧进行调压的，其调节原理和主阀部分的结构与直动式减压阀相同。先导式减压阀的调压空气一般是由小型的直动式减压阀供给的。若将这个小型直动式减压阀与主阀合成一体，则称为内部先导式减压阀；若将它与主阀分离，则称为外部先导式减压阀，可以实现远距离控制。

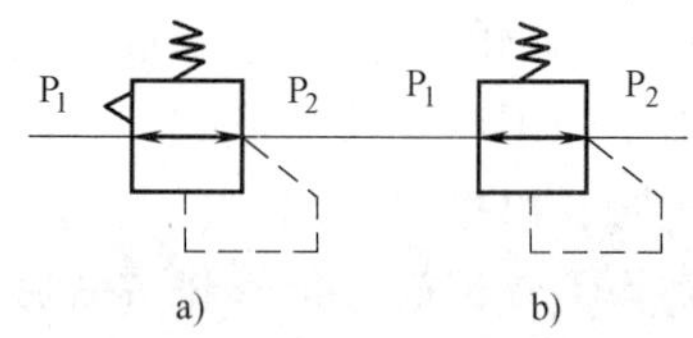

图 7-7　减压阀图形符号

a）溢流式减压阀图形符号

b）非溢流式减压阀图形符号

减压阀的图形符号如图 7-7 所示。

3. 普通型油雾器　图 7-8 所示为普通型油雾器的结构。压缩空气从输入口进入后，通过

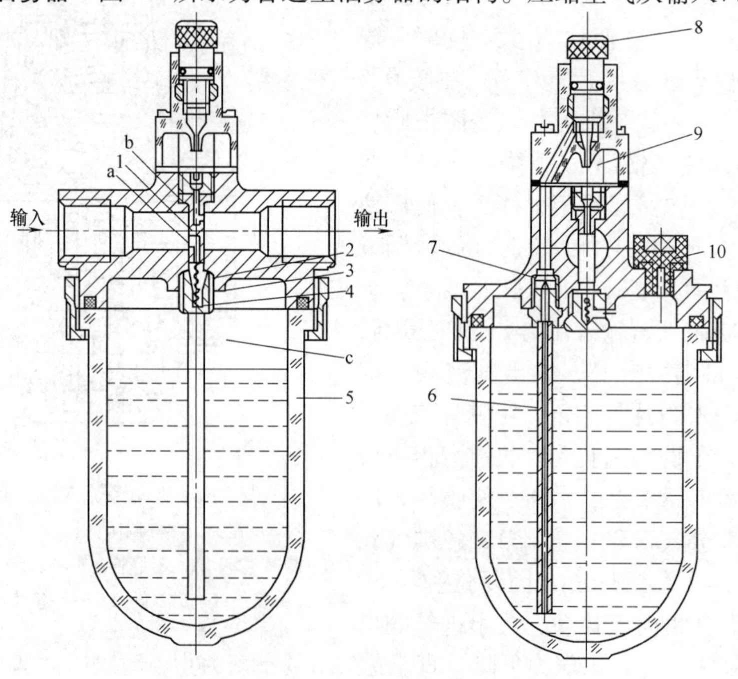

图 7-8　普通型油雾器

1—立杆　2—截止阀阀芯　3—弹簧　4—截止阀座　5—储油杯　6—吸油管

7—单向阀　8—节流阀　9—视油器　10—油塞

立杆1上的小孔a进入截止阀座4的腔内，在截止阀的阀芯2上下表面形成压力差，此压力差被弹簧3的部分弹簧力所平衡，而使阀芯处于中间位置，因而压缩空气就进入储油杯5的上腔c，油面受压，压力油经吸油管6将单向阀7的阀芯托起，阀芯上部管道有一个边长小于阀芯（钢球）直径的四方孔，使阀芯不能将上部管道封死，压力油能不断地流入视油器9内，再滴入立杆1中，被通道中的气流从小孔b中引射出来，雾化后从输出口输出。视油器上部的节流阀8用以调节滴油量，可在0～200滴/min范围内调节。

油雾器能在进气状态下加油，这时只要拧松油塞10后，储油杯上腔c便通大气，同时输入进来的压缩空气将阀芯2压在截止阀座4上，切断压缩空气进入c腔的通道。又由于吸油管6中单向阀7的作用，压缩空气也不会从吸油管倒灌到储油杯中，所以就可以在不停气状态下向油塞口加油。加油完毕，拧上油塞。由于截止阀稍有泄漏，储油杯上腔的压力又逐渐上升到将截止阀打开，油雾器又重新开始工作。油塞上开有半截小孔，当油塞向外拧出时，并不等于油塞全打开，小孔已经与外界相通，油杯中的压缩空气逐渐向外排空，以免在油塞打开的瞬间产生压缩空气突然排放的现象。

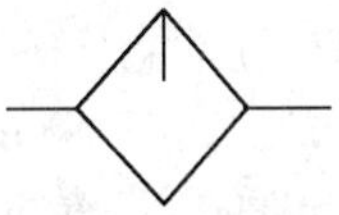

储油杯一般用透明的聚碳酸酯制成，能清楚地看到杯中的储油量和清洁程度，以便及时补充与更换。视油器用透明的有机玻璃制成，能清楚地看到油雾器滴油的情况。油雾器的图形符号如图7-9所示。

图7-9　油雾器图形符号

7.2.2　管道系统

在气动系统中，连接各元件的管道是气动辅助元件，分为金属管和非金属管两大类。常用的金属管有镀锌钢管、不锈钢管、纯铜管、铝合金管等，主要用于工厂主干管道和大型气动装置上，适用于高温、高压和固定不动的部位之间的连接；非金属管有硬尼龙管、软尼龙管、橡胶管和聚氨酯管等。其特点是经济、轻便、拆装方便、密封性好，但应避免在高温、高压、有辐射的场合使用。管接头是连接、固定管道所必需的辅件。

7.2.3　方向控制阀

气动系统的控制元件主要是控制阀，主要有方向控制阀、压力控制阀和流量控制阀三大类。

用于通断气路或改变气流方向，从而控制气动执行元件起动、停止和换向的元件称为方向控制阀。方向控制阀，按阀芯结构不同，分为滑阀式（又称滑柱式、柱塞式）、截止式（又称提动式）等多种。

滑阀式方向阀是利用滑柱、滑板或旋转滑轴在阀体中运动，来实现气路通、断的阀。以图7-10所示的滑阀式换向阀为例，当阀芯没有受到外力时，阀芯在弹簧力作用下位于右端，压缩空气从输入口P流向输出口A，如图7-10a所示；当阀芯右侧受到外力，且大于左侧的弹簧力时，阀芯相对阀体左移，P口和B口接通，如图7-10b所示。滑阀式换向阀换向行程长，即阀门从完全关闭到完全开启所需的时间长。切换时，没有背压阻力，所需换向力小，动作灵敏。阀芯在阀体内滑动，对杂质敏感，对气源处理要求较高。此阀通用性强，易设计成多位多通阀，只要稍微改变阀套或阀芯的尺寸、形状就能实现机能的改变。

截止式换向阀利用圆球、圆盘、平板或圆锥阀芯在垂直方向相对阀座移动，来控制通路

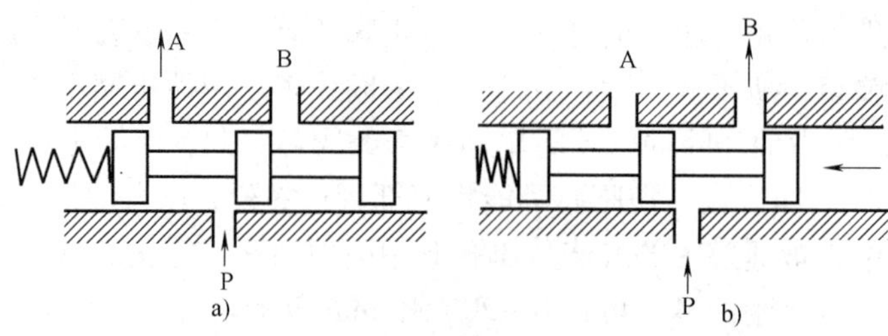

图 7-10　滑阀式换向阀

的开启或切断。以图 7-11 所示的常断型截止式换向阀为例，在阀的 P 口输入工作气压后，阀芯在弹簧力和气压力作用下紧压在阀座上，压缩空气不能从 A 口流出，A 口和 P 口处于截止状态，如图 7-11a 所示；当外力 F 作用于阀芯上并且大于弹簧力时，阀芯下移，压缩空气就能从 P 口流向 A 口，A 口和 P 口处于接通状态，如图 7-11b 所示。由于在常态下两个口处于截止状态，所以称为常断型；假如弹簧安装在阀芯上端，则此阀为常通型截止式换向阀。截止式换向阀因为有阻碍换向的背压存在，阀芯关闭紧密，泄漏量小，但换向阻力也较大。当阀口较多时，结构太复杂，所以一般用于二通或三通阀。截止式换向阀抗粉尘和污染能力强，对空气的过滤精度及润滑要求不高，适用于环境比较恶劣的场合。

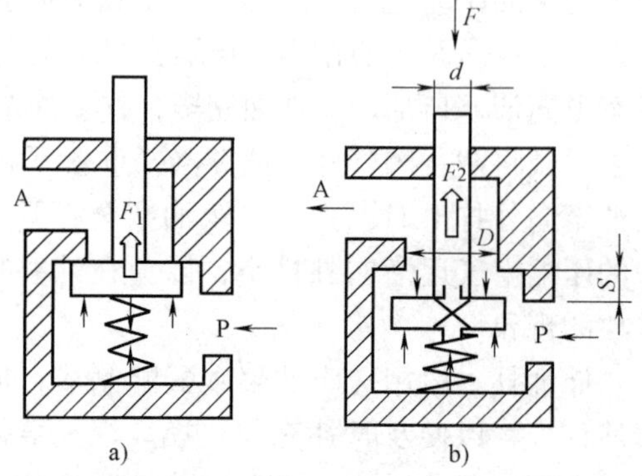

图 7-11　常断型截止式换向阀

方向控制阀按阀内气流的流通方向的不同，分为单向型控制阀和换向型控制阀。

1. 单向型控制阀　单向型控制阀主要包括普通单向阀、梭阀、双压阀和快速排气阀等。

（1）普通单向阀　普通单向阀（见图 7-12）是最简单的一种单向型方向控制阀，普通单向阀是控制气流只能向一个方向流动而不能反向流动的阀。图 7-13a 所示为普通单向阀的结构。当 P 口气体压力大于 A 口压力时，气体将克服弹簧作用在阀芯上的力，使阀芯向左移，打开阀口，气

图 7-12　普通单向阀实物图

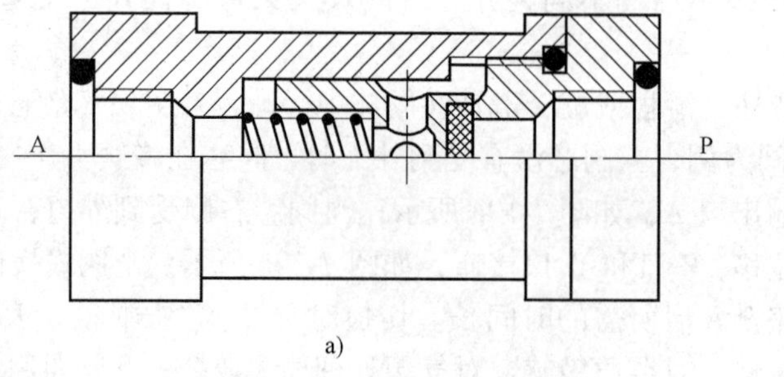

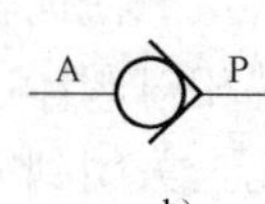

图 7-13　普通单向阀

a）结构图　b）图形符号

体由 P 口流向 A 口；当 A 口气体压力大于 P 口时，压力和弹簧力一起作用使阀芯压紧在阀座上，阀口关闭，气体无法通过。普通单向阀的图形符号如图 7-13b 所示。

正向流动时，单向阀的流动阻力小，即流通能力大；反向流动时，密封性好，即泄漏量小。在保证密封性和克服摩擦力的前提下，开启压力比较小。密封性是单向阀的重要特性，为了防止泄漏，阀芯顶部最好采用弹性材料，尽量不采用钢球或金属阀座密封。

单向阀应用于不允许气流反向流动的场合，如当空压机向气罐充气时，在空压机与气罐之间设置单向阀，当空压机停止工作时，可防止气罐中的压缩空气回流到空压机。单向阀还常与节流阀、顺序阀等组合成单向节流阀、单向顺序阀使用。

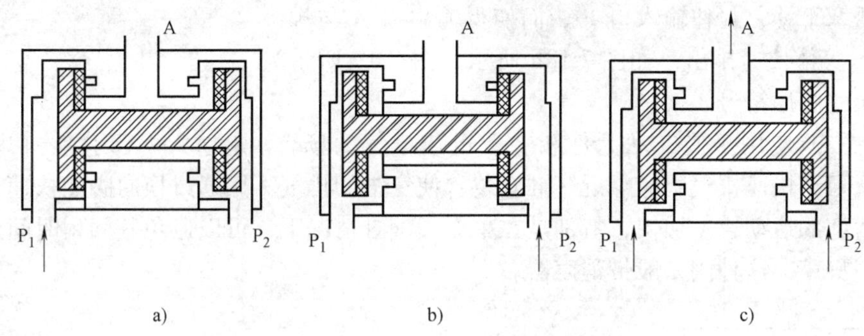

图 7-14　双压阀工作原理图

（2）双压阀　双压阀相当于两个单向阀的组合结构形式，在气动系统回路中具有“与”的逻辑功能。两个输入口中若只有一个输入口有输入，则输出口没有输出；只有两个输入口都有输入时，输出口才有输出。其工作原理如图 7-14 所示。双压阀有两个输入口 P_1、P_2，一个输出口 A。当仅有一个输入口进气时，如图 7-14a、b 所示，压缩空气推动阀芯，封住压缩空气的通道，使得输出口 A 没有压缩空气输出；当 P_1、P_2 同时有输入时，A 口才有输出，如图 7-14c 所示；若两个输入口输入的压缩空气的压力不同，那么其中压力高的那一端推动阀芯移动，使得压力低的一端输入口与输出口相连，输出口输出低压力的压缩空气。图 7-15 所示为双压阀的图形符号。

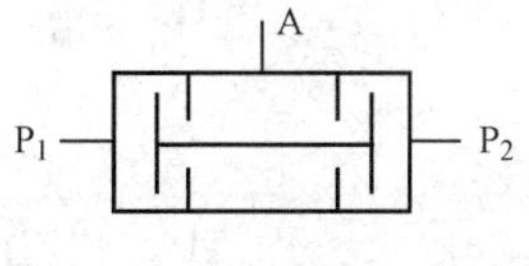

A
P_1　P_2

图 7-15　双压阀图形符号

双压阀的应用很广泛，主要用于互锁控制、安全控制、检查功能或者逻辑操作。在气动回路中可以采用如图 7-16a 所示的方法实现逻辑“与”。双压阀的控制功能也可以用两个换

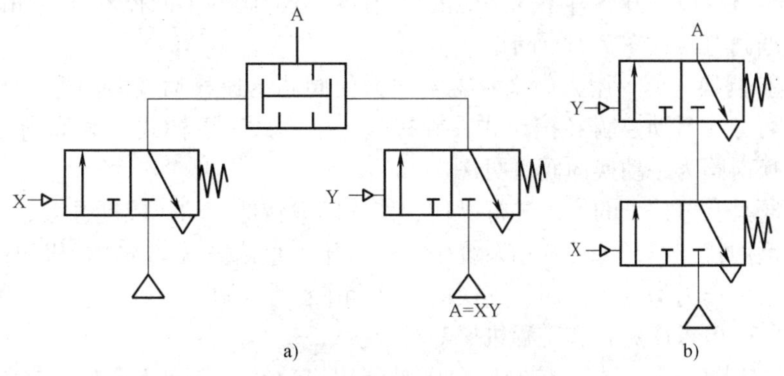

图 7-16　逻辑“与”功能

向阀串联来实现，如图 7-16b 所示。

（3）快速排气阀　快速排气阀是为了使气缸快速排气，加快气缸的运动速度而设置的，也称为快排阀，一般安装在换向阀和气缸之间，它属于方向控制阀中的派生阀。其实物图如图 7-17 所示。

快速排气阀的工作原理如图 7-18a 所示。快速排气阀有 3 个阀口 P、A 、R。P 接压缩空气，A 接执行元件，R 接大气。当输入口 P 进入压缩空气时，使得密封活塞上移，封住排气口 R，而输出口 A 有压缩空气输出；当输出口 A 有气体进入时，密封活塞下移，封住输入口 P ，而使得输出口 A 与排气口 R 相连，气体快速排出，如图 7-18b 所示。图 7-19 所示为快速排气阀的图形符号。

图 7-17　快速排气阀实物图

快速排气阀应用于使气动元件和装置迅速排气的场合。为了减小流阻，快速排气阀应靠近气缸安装，使气缸的排气不用通过换向阀而快速排出，从而使气缸活塞的运动速度加快，特别是在单作用气缸情况下，可以避免其回程时间过长。为了降低排气噪声，这种阀一般带消声器。

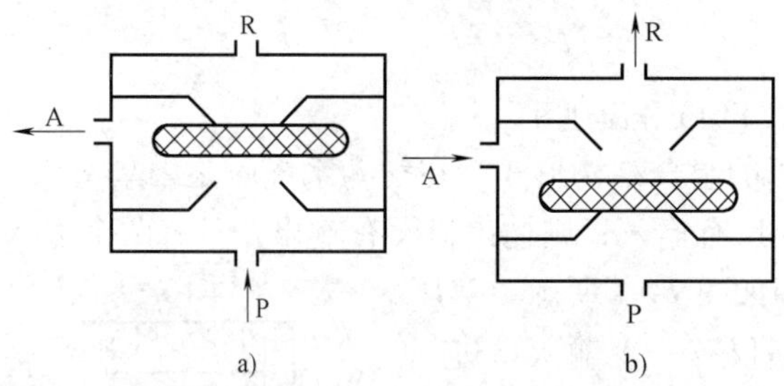

图 7-18　快速排气阀工作原理图

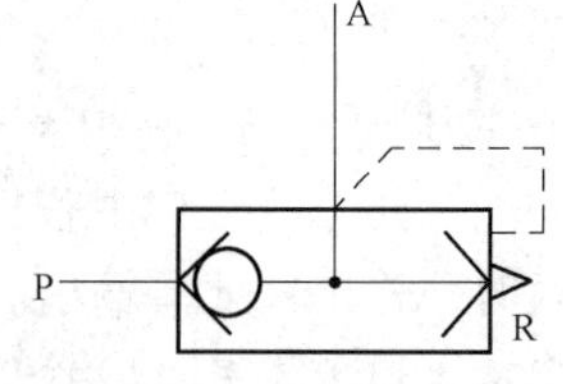

图 7-19　快速排气阀图形符号

2. 换向型控制阀　换向型控制阀的功能是改变气体通道，使气体流动方向发生变化，从而改变气动执行元件的运动方向，以完成规定的操作。按控制方式的不同，通常可分为人力、机械、气压、电磁等操作方式；按切换的通路数目的不同，分为二通阀、三通阀、四通阀和五通阀等；按阀芯工作位置的数目的不同，可分为二位阀和三位阀。气动换向阀的位和通与液压换向阀的相同。换向阀换向时各接口间有不同的通断位置，换向阀这些位置和通路符号的不同组合就可以得到各种不同功能的换向阀。换向阀的不同控制方式如图 7-20 所示。换向阀的位和通路符号如图 7-21 所示。

（1）人力控制换向阀　用人力来获得轴向力使阀芯迅速移动换向的称为人力控制换向阀。人力控制可分为手动控制（按钮式、旋钮式、推拉式、手柄式）和脚踏控制等。最常用的人力控制换向阀为手动换向阀（见图 7-22）。

手动换向阀具有可按人的意志进行操作、使用频率较低、动作较慢、操作力不大、通径较小、操作灵活的特点，在手动气动系统中，一般用来直接操纵气动执行机构；在半自动和全自动系统中，多作为信号阀使用。其换向精度和平稳性不高，常用于换向不频繁且无需自动化的场合，如一般机床夹紧和工程机械等场合。

（2）机械控制换向阀　机械控制换向阀是利用安装在工作台上凸轮、挡块或其他机械的外力来推动阀芯动作实现换向的换向阀。由于它主要用来控制和检测机械运动部件的行

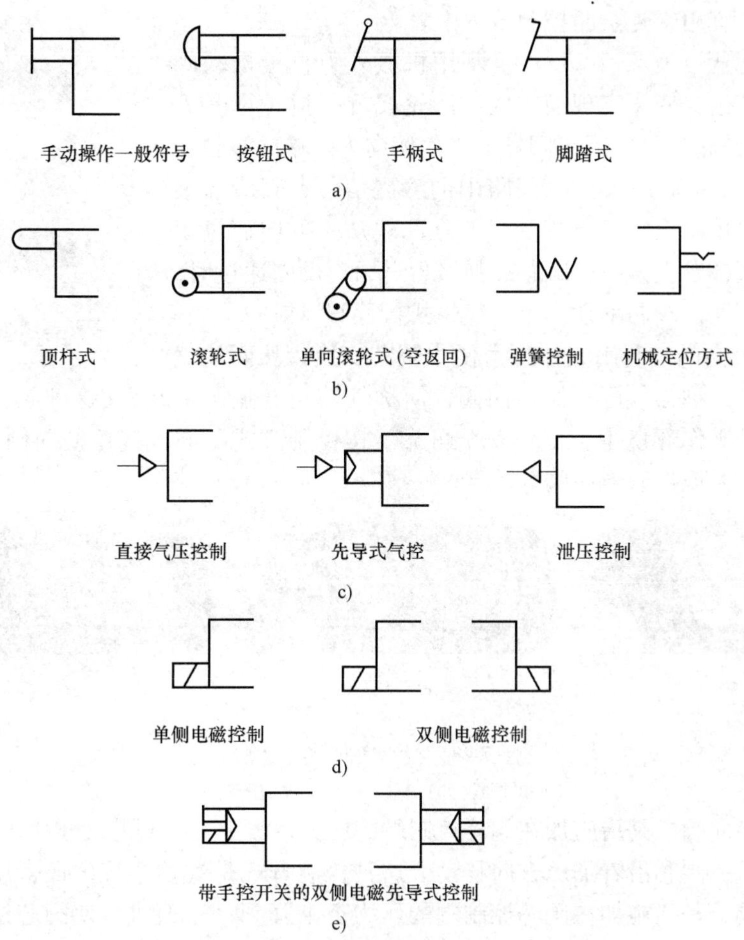

图7-20　换向阀的不同控制方式

a）人力控制方式　b）机械控制方式　c）气压控制方式　d）电磁控制方式　e）组合控制方式

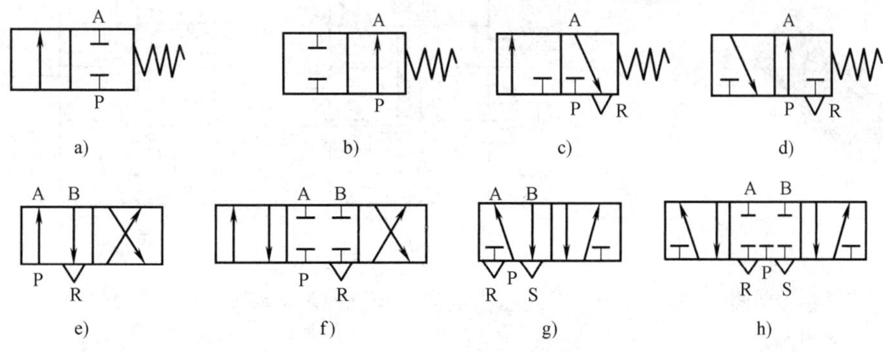

图7-21　换向阀的位和通路符号

a）常断型二位二通换向阀　b）常通型二位二通换向阀　c）常断型二位三通换向阀　d）常通型二位三通换向阀　e）二位四通换向阀　f）中位封闭式三位四通换向阀　g）二位五通换向阀　h）中位封闭式三位五通换向阀

程，所以一般也称为行程阀。行程阀常见的操控方式有顶杆式、滚轮式、单向滚轮式等。其换向原理与手动换向阀类似。这种阀可用于湿度大、粉尘多、油分多、不宜使用电气行程开关的场合，但不宜用于复杂的控制装置中。

顶杆式行程阀（见图 7-23a）是利用机械外力直接推动阀杆的头部使阀芯位置变化实现换向的。滚轮式行程阀（见图 7-23b）头部安装滚轮，可以减小阀杆所受的侧向力。单向滚轮式行程阀（见图 7-23c）用来排除回路中的障碍信号，其头部滚轮是可折回的。单向滚轮式行程阀只有在凸块从正方向通过滚轮时才能压下阀杆发生换向，阀芯靠弹簧力返回；反向通过时，由于头部滚轮折回，阀芯不动，单向滚轮式行程阀不换向。

图 7-22　手动换向阀实物图

（3）气控换向阀　利用气体压力使主阀芯切换，从而使气流改变方向的阀，称为气压控制换向阀，简称气控阀（见图 7-24）。这种阀在易燃、易爆、潮湿、粉尘大的工作环境中，工作安全可靠。按控制方式不同，气控换向阀可分为加压控制、卸压控制、差压控制换向阀等。

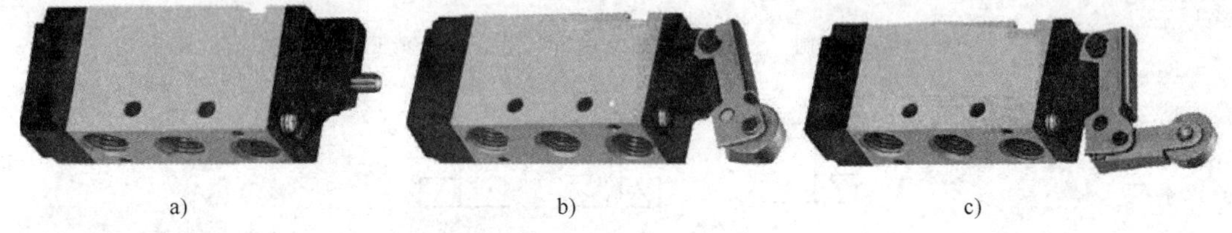

图 7-23　行程换向阀实物图

a）顶杆式　b）滚轮式　c）单向滚轮式

加压控制换向阀，是指施加在阀芯控制端的压力逐渐上升到阀芯动作压力时，使阀芯移动换向的控制阀，阀芯沿着加压方向移动。这种控制方式是气动系统中最常用的控制方式。卸压控制换向阀，是指施加在阀芯控制端的压力逐渐降到一定值时，使阀芯换向的控制阀。差压控制换向阀，是指阀芯两侧产生的压力差而使阀芯移动换向的控制阀。

图 7-24　气控换向阀实物图

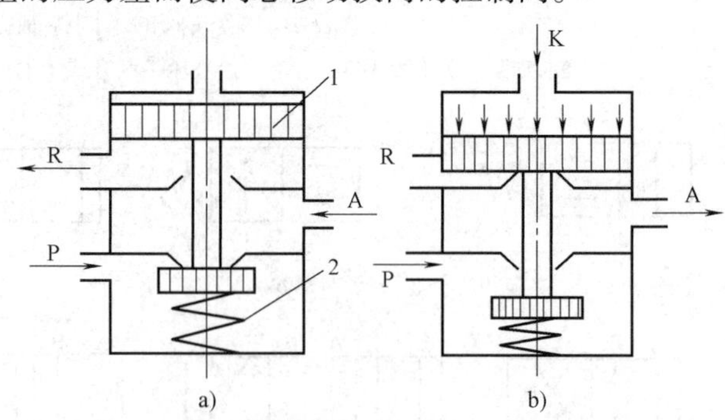

图 7-25　单气控截止式换向阀工作原理图

1—阀芯　2—弹簧

气控换向阀有单气控和双气控之分。图 7-25 所示为单气控截止式换向阀的工作原理。当控制口 K 无控制气压信号输入时，阀芯在 P 口压力和弹簧力的作用下上移，使 A 口与 R 口相通、P 口与 A 口断开，阀处于排气状态。当控制口 K 有控制气压信号输入时，阀芯下移，使 A 口与 R 口断开、P 口与 A 口相通，气体由 P 口输入通过 A 口 输出到执行装置。图 7-25 所示为常断阀，该阀的图形符号如图 7-26 所示。如果 P、R 互换则为常通阀。这种阀采用软密封，密封效果好，且行程短，开启快，通流量也较大。

双气控换向阀具有“记忆”特性，如图7-27a所示，当控制口Z有压缩空气输入，P口与A口相连，使得A口有压缩空气输出；此后当控制口Z压缩空气断开后，如图7-27 b所示，它仍保持A口有压缩空气输出，也就是当前的位置被“记忆”了下来；直到控制口Y有压缩空气输入，如图7-27c所示，位置才发生变化，P口与B口相连，使得B口有压缩空气输出。

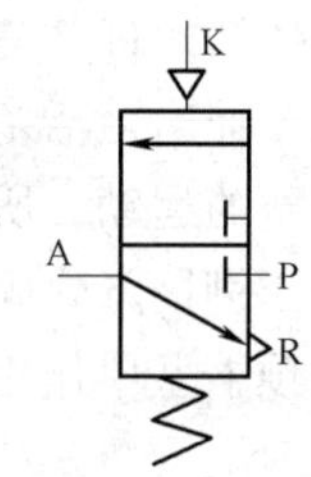

图7-26　常断型二位三通单气控换向阀图形符号

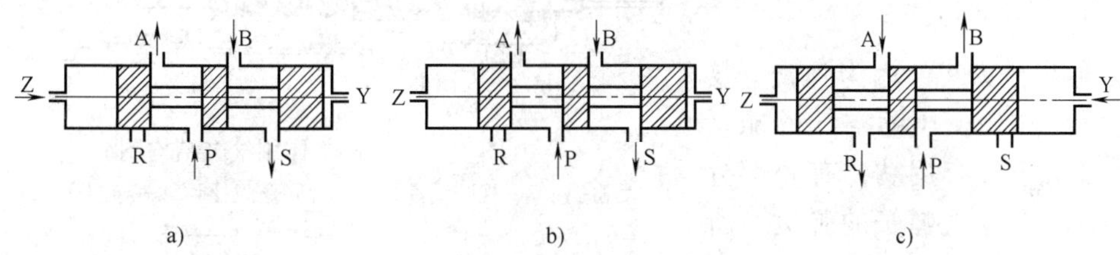

图7-27　双气控换向阀的“记忆”特性

7.2.4　气缸

按一定要求将压缩空气的压力能转化为机械能，实现直线、转动和摆动运动或夹持动作的传动装置称为气动执行元件。气动执行元件主要包括气缸和气动马达。气缸用以实现直线运动、摆动运动或夹持动作，气动马达用以实现连续回转运动。由于气动的工作介质是气体，具有可压缩性，因此，它的低速平稳运行速度在3～5mm/s，与液压执行元件相比，气动执行元件的运动速度更快，工作压力低。如需更低的平稳速度，可采用液压—气动联合装置来完成。

在气动自动化系统中，由于其相对较低的成本、容易安装、结构简单、耐用、各种缸径尺寸及行程可选，因而气缸是应用最广泛的一种执行元件。根据使用条件、场合的不同，其结构、形状也有多种形式。常用的气缸分类方法有：

1）按活塞两侧端面的受压状态分类，气缸可分为单作用式气缸和双作用式气缸。

2）按结构特征分类，气缸可分为活塞式气缸、薄膜式气缸、伸缩式气缸等。

3）按功能分类，气缸可分为普通气缸和特殊气缸。普通气缸用于无特殊要求的场合；特殊气缸用于有特殊要求的场合，如气—液阻尼缸、缓冲气缸、冲击气缸、摆动气缸等。

4）按安装方式分类，气缸可分为固定式气缸（气缸安装在机体上固定不动）、轴销式气缸（缸体围绕一个固定轴可作一定角度的摆动）、嵌入式气缸（气缸做在夹具本体内）、回转式气缸（缸体固定在机床主轴上，可随机床主轴作高速旋转运动）。回转式气缸常用于机床上的气动卡盘中，以实现工件的自动装卡。

1. 普通单作用气缸　单作用气缸实物如图7-28所示。单作用气缸在缸盖一端的气口输入压缩空气使活塞杆伸出（或缩回），而另一端靠弹簧、自重或其他外力等使活塞杆恢复到初始位置。

图7-28　单作用气缸实物图

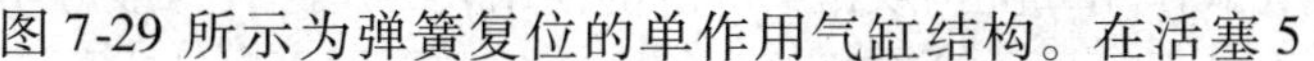

图7-29所示为弹簧复位的单作用气缸结构。在活塞5

的一侧装有使活塞杆 7 复位的弹簧 6，在另一端缸盖上开有进气口，从进气口输入压缩空气，使活塞杆伸出，活塞杆的反向动作靠复位弹簧来实现。由于压缩空气只能在一个方向上控制气缸活塞的运动，所以称为单作用气缸。图 7-29 所示的单作用气缸的缸筒和前后端盖之间采用滚压铆接方式固定。弹簧装在有杆腔内，气缸活塞杆初始位置处于退回的位置，这种气缸称为预缩型单作用气缸；弹簧装在无杆腔内，气缸活塞杆初始位置处于伸出位置的，称为预伸型气缸。

单作用气缸的特点是：

1）进气口只有 1 个，只在动作方向上需要压缩空气，结构简单、耗气量少。

2）输出外力小。因为弹簧等复位只起背压作用，压缩空气的能量不能全部用于做有用功，有一部分能量需要用来克服弹簧的弹力，所以活塞杆推力减少。

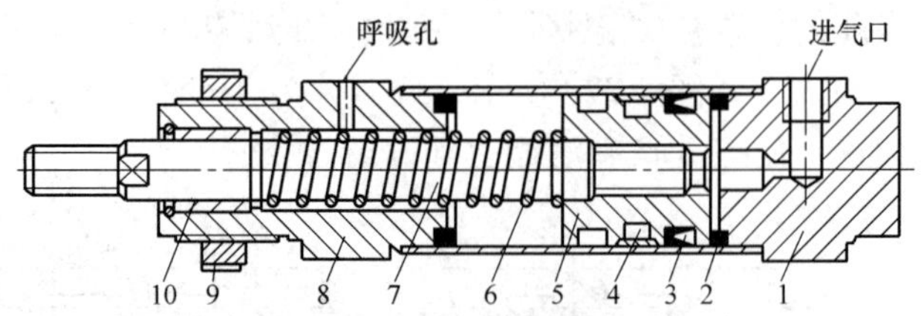

图 7-29　普通单作用气缸结构图

1—后缸盖　2—橡胶缓冲垫　3—活塞密封圈　4—导向环　5—活塞　6—弹簧　7—活塞杆　8—前缸盖　9—螺母　10—导向套

3）行程短。缸内安装了弹簧，增加了气缸长度，缩短了气缸的有效行程，且其行程还受弹簧长度限制。

4）输出力与运动速度稳定性较差。弹簧的反作用力随压缩行程的增大而增大，故活塞杆的输出力随运动行程的增大而减小。输出力与运动速度在行程中有变化。

所以，单作用气缸适用于行程短、输出力和运动速度要求不高的场合，如定位等。

2. 普通双作用气缸　双作用气缸（见图 7-30）就是双向作用气缸，即指活塞的往复运动均由气压传动来推动。其结构形式有单活塞杆式、双活塞杆式、双活塞式、缓冲式等。

图 7-30　双作用气缸实物图

普通单活塞杆式双作用气缸如图 7-31 所示。缸筒与前后端盖（配有密封圈）连接后，内腔形成一个密封的空间，在这个密封的空间内有一个与活塞杆相连的活塞，活塞上装有密封圈。活塞把这个密封圈的空间分成两个腔室，有活塞杆的一边腔室称为有杆腔（或前腔），无活塞杆的腔室称为无杆腔（或后腔）。

当从无杆腔的气口输入压缩空气时，气压作用在活塞右端面上的力克服了运动摩擦力、负载等各种反作用力，推动活塞前进，有杆腔内的空气经该前缸端盖气口排入大气，使活塞杆伸出。同样，当有杆腔端气口输入压缩空气，活塞杆退回至初始位置。通过无杆腔和有杆腔的交替进气和排气，活塞杆伸出和退回，气缸实现往复直线运动。由于气缸活塞的往返运动全靠压缩空气来完成，所以称为双作用气缸。双作用气缸的使用较为广泛，一般应用于包装机械、食品机械、加工机械等设备上。由于没有复位弹簧，双作用气缸可以获得更长的有效行程和稳定的输出力。但双作用气缸是利用压缩空气交替作用于活塞上实现伸缩运动的，由于回缩时压缩空气的有效作用面积较小，所以产生的力要小于伸出时产生的推力。

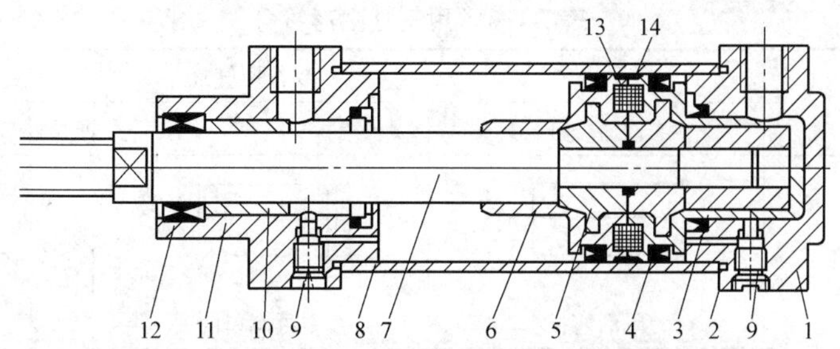

图7-31　普通单活塞杆式双作用气缸结构图

1—后气缸端盖　2—密封圈　3—缓冲密封圈　4—活塞密封圈　5—活塞　6—缓冲柱塞　7—活塞杆　8—缸筒　9—缓冲节流阀　10—导向套　11—前气缸端盖　12—防尘密封圈　13—磁铁　14—导向环

气缸端盖上未设置缓冲装置的气缸称为无缓冲气缸；气缸端盖上设置缓冲装置的气缸称为缓冲气缸，如图7-31所示即为缓冲气缸。缓冲装置由缓冲节流阀、缓冲柱塞和缓冲密封圈等组成。图7-32所示为缓冲装置工作原理，当活塞高速向右运动时，活塞右腔的空气经气缸端盖柱塞孔和排气口排向大气。当气缸活塞杆行程一旦进入终端端盖内孔腔室时，缓冲柱塞依靠缓冲密封圈将终端端盖内孔腔室堵住，于是，封闭在活塞和气缸端盖之间的环形缓冲腔室内的空气只能通过节流阀排向大气。由于节流阀流通面积很小，环形腔室内的空气背压升高形成气垫作用，使活塞运动速度下降，避免了活塞对气缸端盖的高速撞击。如果节流阀的开度可调，即缓冲作用大小可调，这种缓冲气缸称为可调缓冲气缸；如果节流阀开度不可调则称为不可调缓冲气缸。缓冲气缸可以降低噪声和延长元件使用寿命。

对于运动件质量大、运动速度很高的气缸，如果气缸本身的缓冲能力不足，会对气缸端盖和设备造成损害。为避免这种损害，应在气缸外部另外设置缓冲器来吸收冲击能。

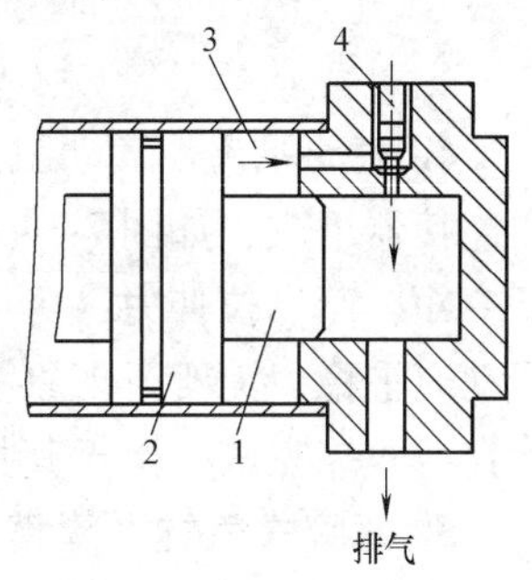

图7-32　缓冲装置工作原理

1—缓冲柱塞　2—活塞　3—缓冲气室　4—缓冲节流阀

常用的缓冲器有弹簧缓冲器、气压缓冲器和液压缓冲器。弹簧缓冲器是利用弹簧压缩产生的弹力来吸收冲击时的机械能；气压和液压缓冲器都是主要通过气流或液流的节流流动将冲击能转化为热能，其中液压缓冲器能承受高速冲击，缓冲性能好。液压缓冲器不需要外部供油系统，之所以称为液压组件是因为其内部储有液压油，当外部有一个冲击能作用时，液压油受挤压并通过节流流入储能油腔起到缓冲功能。液压缓冲器在气动驱动中的地位越来越重要，它不再仅仅充当气缸在缓冲能力不足时的缓冲辅助装置，更在开发导向驱动装置中应用广泛。常用气缸的图形符号见表7-1。

3. 气囊气缸　气囊气缸是通过对一节或多节具有良好伸缩性的气囊进行充气加压和排气来实现对负载驱动的，有单层（鼓形）和双层（波鼓形）两种。气囊气缸既可以作为驱动器，也可以作为气弹簧来使用。通过给气缸加压或排气，该气缸可作为驱动器来使用；如果保持气囊气缸的充气状态，就成了一个气弹簧。

这种气缸结构简单，由两块金属板扣住橡胶气囊而成，伸缩运动靠橡胶气囊完成。其实物如图 7-33 所示。气囊气缸为单作用动作方式，无需复位弹簧。它的负载能力高，安装高度小，运动平稳，无爬行现象，可以在恶劣、充满粉尘或水下环境正常工作。

表 7-1　常用气缸图形符号

单作用气缸	双作用气缸		
	普通气缸	缓冲气缸	
预缩型	单活塞杆	不可调单向	可调单向
预伸型	双活塞杆	不可调双向	可调双向

a)

b)

图 7-33　气囊气缸实物图

a）鼓形　b）波鼓形

图 7-34　气动肌肉实物图

4. 气动肌肉　气动肌肉是一种新型的气动执行元件，由一个柔性软管构成的收缩系统和连接器组成，如图 7-34 所示。当压缩气体进入柔性管时，气动肌肉就在径向上扩张，长度变短，产生拉伸力，可产生比同缸径的气缸大 10 倍的力。气动肌肉的内部无可动部件，运动时平稳，无爬行现象。它的复位靠排除气动肌肉内的空气，并由特殊材质编织的柔性软管自身收缩完成。由于其具有良好的密封性，可以不受污垢、沙子和灰尘的影响。

5. 薄膜式气缸　薄膜式气缸是一种利用压缩空气、通过膜片推动活塞杆作往复直线运动的气缸，如图 7-35 所示。它由缸体、膜盘、膜片和活塞杆等主要零件组成，分为单作用式和双作用式两种。膜片的形状有盘形和平形两种，材料可以是橡胶、钢片或磷青铜片。常用的是夹织物橡胶，橡胶的厚度为 5 ~ 6mm，有时也可以用 1 ~ 3mm 的橡胶，金属膜片只用于行程较小的气缸。图 7-35a 所示为单作用薄膜式气缸。此气缸只有 1 个气口，当气口输入压缩空气时，推动膜盘 2、膜片 3、活塞杆 4 向下运动，活塞杆的上行需依靠弹簧力的作用。图 7-35b 所示为双作用薄膜式气缸。它有两个气口，活塞的上下运动依靠压缩空气来推动。薄膜式气缸具有结构紧凑、简单、制造容易、成本低、泄漏少、寿命长、效率高等优点。但是膜片的变形量有限，故其行程较短，一般不超过 50mm（若为平膜片，有时可短到只有几毫米）。此外，薄膜式气缸的活塞杆输出力随行程的加大而减小。

6. 冲击气缸　冲击气缸可使压缩空气在气缸内形成短时的高速气流，推动活塞等快速

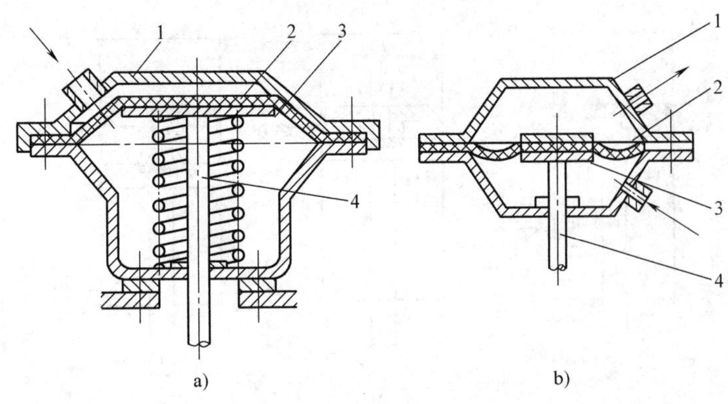

图 7-35　薄膜式气缸
a）单作用式　b）双作用式
1—缸体　2—膜盘　3—膜片　4—活塞杆

下行并产生很大的动能，以完成破碎、模锻、冲孔、打入工件等需要瞬时大能量的工作。常用的 QGT 型冲击气缸（见图 7-36）结构简单、耗气较小、冲击力大。

冲击气缸在结构上包含头腔、尾腔和蓄能腔 3 个工作腔，具有 1 个带喷嘴和排气小孔的中盖。冲击气缸的工作原理如图 7-37 所示。其工作过程分以下几个阶段：①压缩空气由 A 孔输入到头腔，蓄能腔经 B 孔排气，活塞上移，并用密封垫封住喷嘴，尾腔经排气小孔与大气相通，如图 7-37a 所示。②压缩空气经 B 孔进入蓄能腔，头腔经 A 孔排气，由于活塞上端受力面积只有喷嘴口这一小面积，一般为活塞面积的 1/9，故在一段时间内，活塞下端向上的作用力仍大于活塞上端向下的作用力，此时为蓄能腔的充气过程，如图 7-37b 所示。③蓄能腔压力逐渐增加，头腔压力逐渐减小，当蓄能腔压力高于活塞头腔压力 9 倍时，活塞开始向下移动。活塞一旦离开喷嘴，蓄能腔内的高压气体迅速充满尾腔，活塞上端受力面积突然增加近 9 倍，于是活塞在很大压差作用下迅速加速，在冲程达到一定值时，获得最大冲击速度和能量，冲击速度可达到普通气缸的 5 ~ 10 倍，如图 7-37c 所示。

图 7-36　QGT 冲击气缸实物图

7. 气—液阻尼缸　气缸以可压缩空气为工作介质，动作快，但速度稳定性差，当负载变化较大时，会出现“爬行”或“自移”现象，运动平稳性较差。另外，压缩空气的压力较低，因而气缸的输出力较小。液压缸的工作介质是不可压缩的液压油，动作不如气缸快，但速度易于控制，当负载变化较大时，不易产生“爬行”或“自移”现象，且输出力较大。为此，经常采用气缸和液压缸相结合的方式，组成各种气液组合式执行元件，以达到控制速度或增大输出力的目的。气—液阻尼缸是利用气缸驱动液压缸，由气缸产生驱动力，液压缸除起阻尼作用外，还能增加气缸的刚性（因为油是不可压缩的），发挥了液压传动稳定、传动速度较均匀的优点。这种缸常用于机床和切削装置的进给驱动装置。

如图 7-38 所示，液压缸和气缸共用同一缸体，气缸活塞和液压缸活塞用一根活塞杆串联起来，两缸之间用中盖隔开，防止空气与液压油互窜。在液压缸的进、出口处连接了调速用的液压单向节流阀，通过调节液压缸的排油量，从而调节活塞运动的速度。当气缸左端进气时，气缸将克服负载阻力，带动液压缸活塞向右运动，液压缸右腔排油，单向阀关闭，油

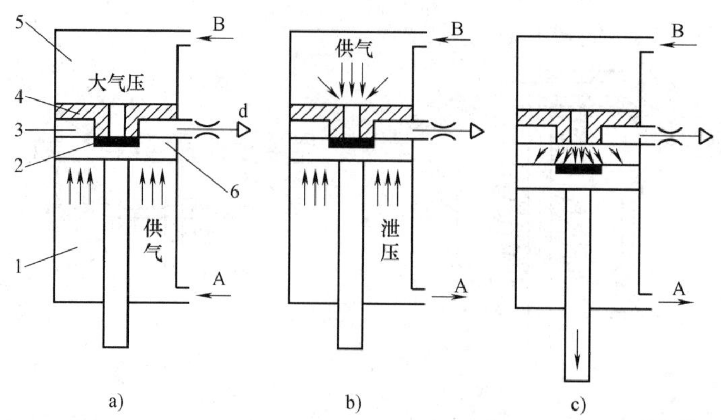

图 7-37　冲击气缸工作原理图

1—头腔　2—密封垫　3—尾腔　4—中盖　5—蓄能腔　6—活塞

只能通过节流阀排入液压缸的左腔内，调节节流阀开度控制排油速度，就能改变阻尼缸活塞的运动速度。液压单向节流阀可以实现慢速前进及快速退回。

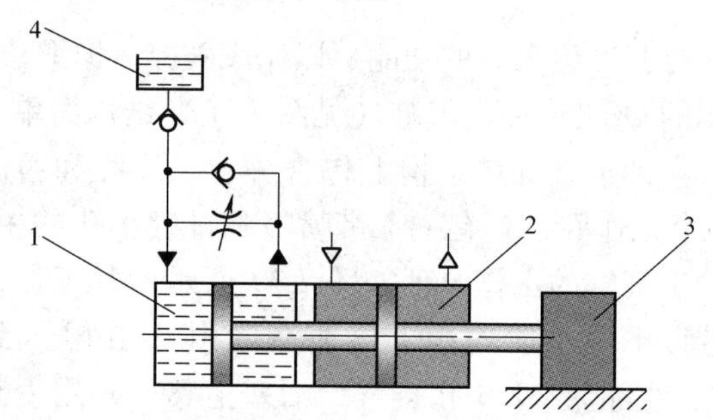

图 7-38　气—液阻尼缸

1—液压缸　2—气缸　3—负载　4—信号油杯

8. 无杆气缸　无杆气缸就是没有活塞杆的气缸，是利用活塞直接或间接带动负载实现往复运动的。由于没有活塞杆，气缸可以在较小的空间中实现更长的行程运动。无杆气缸主要有机械耦合、磁性耦合等结构形式。

（1）机械耦合式　机械耦合式无杆气缸在压缩空气的作用下，气缸活塞—滑块机械组合装置可以作往复运动。这种无杆气缸通过活塞—滑块机械组合装置传递气缸输出力，气缸体上有管状沟槽可以防止其扭转。为了防止泄漏及防尘，在开口部采用密封和防尘不锈钢带，并固定在两个端盖上。

（2）磁性耦合式　磁性耦合式无杆气缸在活塞上安装了一组高磁性稀土永久磁环，其输出力的传递靠磁性耦合，由内磁环带动缸筒外边的外磁环与负载一起移动。其特点是无外部空气泄漏，节省轴向空间，但当速度过快或负载太大时，可能造成内外磁环脱离。

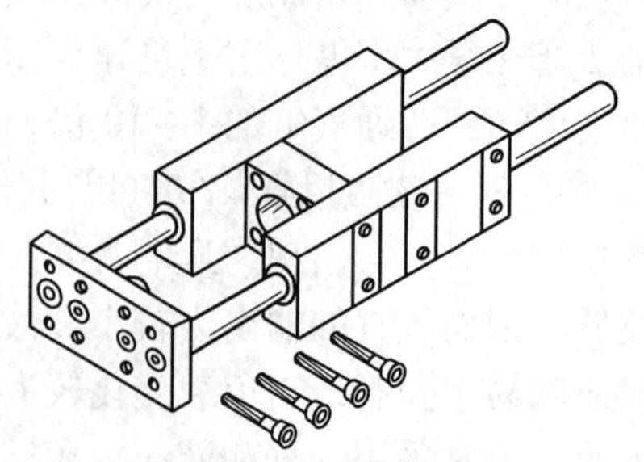

图 7-39　导向装置

9. 导向气缸　导向气缸一般由 1 个普通双作用气缸和 1 个导向装置组成。导向装置（见图 7-39）可以防止活塞杆产生旋转并能承受较高的负载和转矩，所以与普通气缸配合使用十分广泛。导向气缸的驱动装置和导向装置被封闭在同一外壳内，导向装置内的两个导杆的导向系统可采用滑动轴承或滚动轴承，滑动轴承承载能力大，但运动速度不如滚动轴承的导向系统。导向气缸结构示意图如图 7-40 所示。导向气缸的特点是结构紧凑、坚固，导向精度高，并能抗转矩，承载能力强。

10. 多位气缸　由于空气具有很强的可压缩性，所以气缸本身不能实现精确定位。将缸径相同但行程不同的两个或多个气缸连接起来，组合后的气缸就能具有 3 个或 3 个以上的

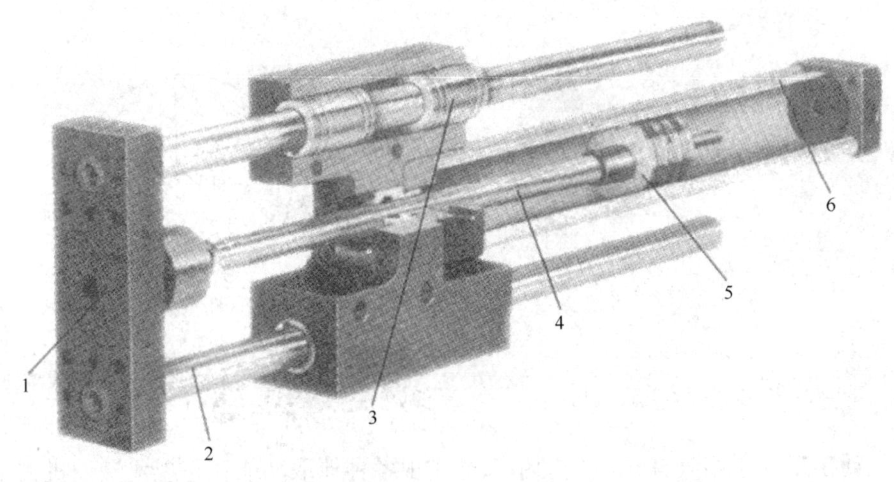

图7-40　导向气缸结构示意图

1—端板　2—导杆　3—滑动轴承或滚动轴承支承　4—活塞杆　5—活塞　6—缸体

精确停止位置，这种类型气缸称为多位气缸。

11. 摆动气缸　摆动气缸是轴被限制在某个角度内作往复摆动的一种气缸，又称为回转气缸。摆动气缸目前在工业上应用广泛，多用于安装位置受到限制或转动角度小于360°的回转工作部件，如物体的转位、工件的翻转、阀门的开闭等场合。常用的摆动气缸的最大摆动角度分为90°、180°、270°3种规格。按照其结构特点，摆动气缸可分为齿轮齿条式和叶片式两类。

（1）齿轮齿条式摆动气缸　齿轮齿条式摆动气缸（见图7-41）利用气压推动活塞带动齿条作往复直线运动，齿条带动与之啮合的齿轮作相应的往复摆动，并由齿轮轴输出转矩。齿轮轴与外部机构的转轴相连，使外部机构作摆动。这种摆动气缸的回转角度不受限制，可超过360°（实际使用一般不超过360°），但不宜太大，否则齿条太长。齿轮齿条式摆动气缸可分为单齿条（单活塞齿条、单齿轮）和双齿条（双活塞齿条、单齿轮）两种结构。

图7-41　齿轮齿条式摆动气缸实物图

（2）叶片式摆动气缸　叶片式摆动气缸（见图7-42）是利用压缩空气作用在装在缸体内的叶片上来带动回转轴实现往复摆动的。当压缩空气作用在叶片的一侧，叶片另一侧排气，叶片就会带动转轴向一个方向转动；改变气流方向就能实现叶片转动的反向。这种摆动气缸的耗气量一般都比较大，在应用上受到限制，一般用在安装受到限制的场合，如夹具的回转、阀门开闭等。

叶片式摆动气缸可分为单叶片式和双叶片式。叶片越多，摆动角度越小，但转矩越大。单叶片式输出摆动角度小于360°；双叶片式输出轴转角小，只能实现小于180°的摆动。通过挡块装置可以对摆动气缸的摆动角度进行调节。

图7-43所示为单叶片式摆动气缸的工作原理，定子3与缸体4固定在一起，叶片1和转子2（输出轴）连接在一起，当左腔进气时，右腔排气，叶片在压缩空气的作用下带动转子顺时针转动；反之则作逆时针转动。

图 7-42 叶片式摆动气缸实物

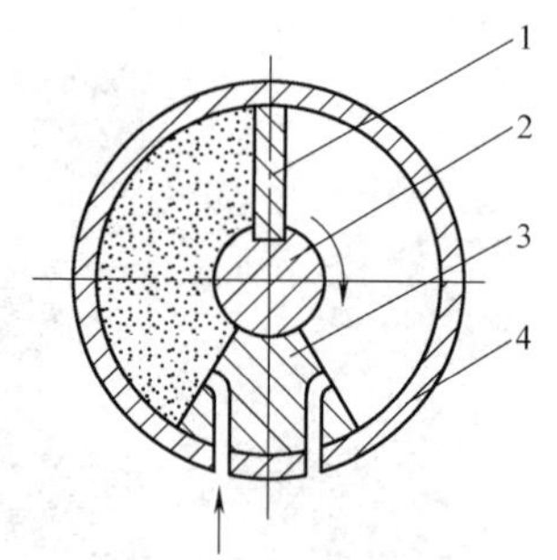

图 7-43 单叶片式摆动气缸工作原理图

1—叶片 2—转子 3—定子 4—缸体

12. 气动手爪（手指气缸） 气动手爪能实现各种抓取功能，是现代气动机械手的关键部件。气动手爪的主要类型有平行气爪、摆动气爪、旋转气爪和三点气爪等。

图 7-44a 所示为平行气爪，平行气爪通过两个活塞工作，它的手爪只能轴向对心移动，移动距离较长，夹紧力与被夹持工件成直角；图 7-44b 所示为摆动气爪，气爪移动的距离比平行气爪小，打开转矩比合拢转矩大；图 7-44c 所示为旋转气爪，其动作和齿轮齿条的啮合原理相似，两个气爪可同时移动并自动对中，并确保抓取力矩始终恒定，旋转气爪与工件在径向间隙的范围最广；图 7-44d 所示为三点气爪，三个气爪同时开闭，夹紧力大，转矩大，行程较小，适用于短轴类圆形内、外径夹持，中心定位好。

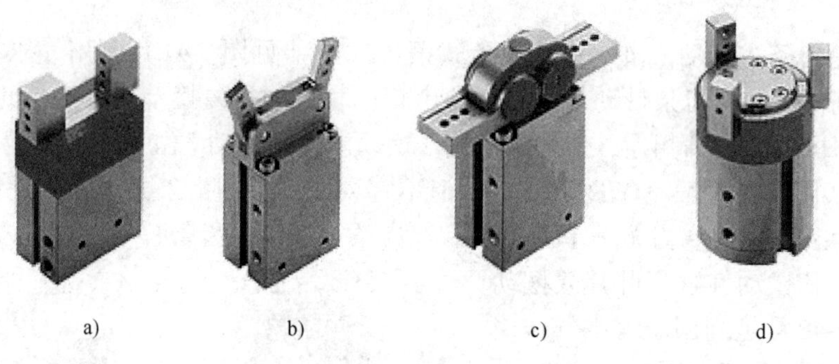

图 7-44 气动手爪

a）平行气爪 b）摆动气爪 c）旋转气爪 d）三点气爪

7.2.5 气动马达

气动马达是一种把压缩空气的压力能转换成旋转机械能的能量转换装置，是一种作连续旋转运动的气动执行元件。它输出力矩和转速，驱动执行机构作旋转运动，作用相当于电动机或液压马达。气动马达的转动惯量很小，因此可以频繁地作正、反方向的转动。气动马达按工作原理分为容积式和涡轮式两大类。容积式气动马达是靠改变空气容积的大小和位置来工作的，按结构形式分为叶片式气动马达、活塞式气动马达、齿轮式气动马达。

1. 叶片式气动马达 叶片式气动马达主要由定子、转子和叶片组成。叶片式气动马达一般有 3～10 个叶片，可以在转子的径向槽内活动。转子和输出轴固连在一起，装入偏心的定子中，如图 7-45 所示。当压缩空气从 A 口进入定子内时，一部分进入叶片底部，将叶片推出，使叶片在气压推力和离心力的综合作用下，抵在定子内壁上；另一部分进入密封工作腔，作用在叶片的外伸部分，产生力矩。由于叶片的外伸面积不等，故转子受到不平衡力矩而逆时针旋转。转子转动时，每个工作腔的容积在不断变化。相邻两个工作腔间存在压力差，这个压力差进一步推动转子的转动。做功后的气体由定子孔 C 排出，定子腔内残留气体经孔 B 排出。改变压缩空气输入的进气孔（B 进气），马达则顺时针旋转。

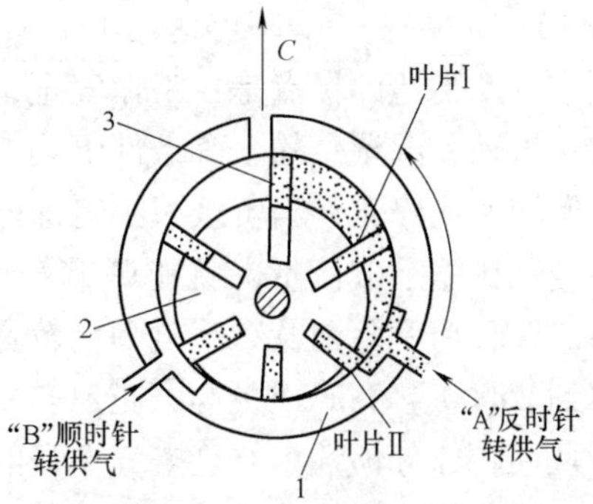

叶片式气动马达适用于低转矩，中、小容量，高转速的场合。

图 7-45　叶片式气动马达的工作原理图
1—定子　2—转子　3—叶片

2. 活塞式气动马达　活塞式气动马达是一种通过曲柄或斜盘将多个气缸活塞的输出力转换为旋转运动的气动马达。活塞式气动马达一般有 4 ~6 个气缸，为达到力的平衡，气缸数目大多为偶数。气缸可以径向配置和轴向配置，分别称为径向活塞式气动马达和轴向活塞式气动马达。图 7-46 所示为径向活塞式气动马达的工作原理，图中画了两个气缸。压缩空气经进气口进入分配阀（又称为配气阀）后再进入气缸，推动活塞及连杆组件运动，再使曲柄旋转。曲柄旋转的同时，带动固定在曲轴上的分配阀同步转动，使压缩空气随着分配阀角度位置的改变而进入不同的缸内，依次推动各气缸活塞运动，再由各活塞及连杆带动曲轴连续旋转。与此同时，与进气缸相对应的气缸则处于排气状态。活塞式气动马达有较大的起动力矩和功率，但结构复杂、成本高，且输出力矩和速度必然存在一定的脉动，主要用于低速大转矩的场合。

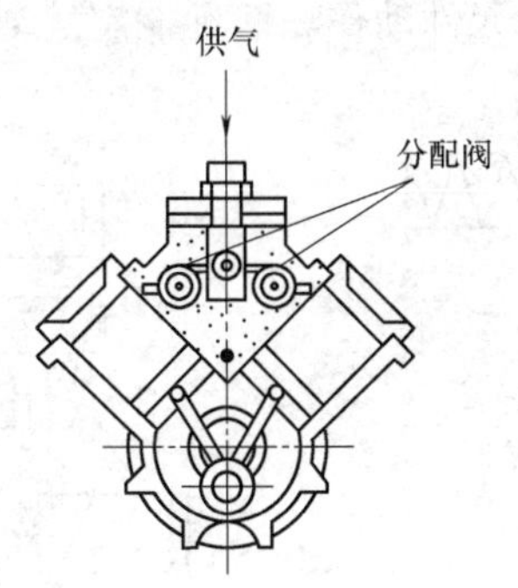

图 7-46　活塞式气动马达工作原理图

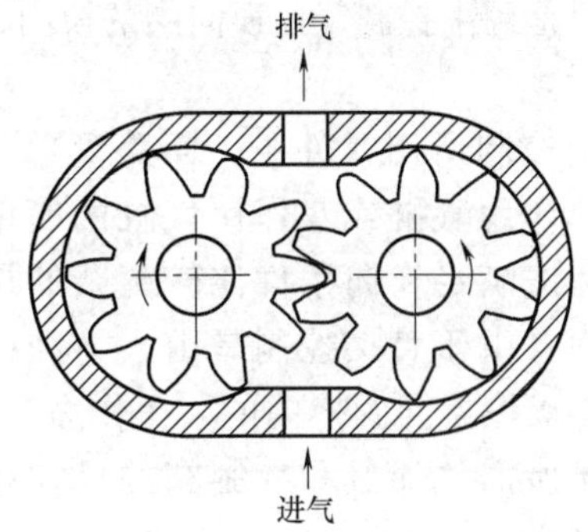

图 7-47　双齿轮式气动马达工作原理图

3. 齿轮式气动马达　齿轮式气动马达有双齿轮式和多齿轮式。双齿轮式气动马达工作原理如图 7-47 所示。这种气动马达的工作室由一对齿轮构成，压缩空气由对称中心处输入，齿轮在压力的作用下回转。采用直齿轮的气动马达可以正、反转动，采用“人”字齿轮或斜齿轮的气动马达则不能反转。

如果采用直齿轮，则气动马达供给的压缩空气通过齿轮时不膨胀，因此效率低；当采用“人”字齿轮或斜齿轮时，压缩空气膨胀 60% ~70%，提高了效率，为了使压缩空气在气动马达内充分膨胀，要求气动马达的容积大。

小型齿轮式气动马达的转速能达到 10000r/min 左右；大型齿轮式气动马达能达到

1000r/min 左右，功率可达几十千瓦。

气动马达的优点是：工作安全，具有防爆性能，适用于恶劣的环境，在易燃、易爆、高温、振动、潮湿、粉尘等条件下均能正常工作；具有过载保护性能，在过载时气动马达只会降低转速或停车，当负载减小时即能重新正常运转，不会因过载而烧毁；可以无级调速，只要变动压缩空气流量，就能调节气动马达的输出功率和转速；能长期满载工作，而温升较小；并且功率范围及转速范围均较宽，气动马达功率小到几百瓦，大到几万瓦，转速可以从零到 25000 r/ min 或更高；正反转实现方便，只要改变进气排气方向就能实现正反转换向，而且回转部分惯性小，且空气本身的惯性也小，所以能快速地起动和停止；结构简单、体积小、质量轻、操纵方便、维修容易、成本低，其用过的空气也不需处理，不会造成污染。其缺点是起动转矩小、速度稳定性差、效率低、耗气量大、噪声大、容易产生振动；气动马达，特别是叶片式气动马达转速高，零部件磨损快，需及时检修、清洗或更换零部件。

气动马达除被用于矿山机械中的凿岩、钻采、装载等设备中外，也在船舶、冶金、化工、造纸等行业得到广泛应用。许多气动工具如风钻、风扳手、风砂轮等均装有气动马达。随着气压传动的发展，气动马达的应用将日趋广泛。

7.3 灌装机气动系统回路

7.3.1 直接控制与间接控制气动回路

通过人力或机械外力直接控制换向阀换向来实现执行元件动作控制，这种控制方式称为直接控制。间接控制则指的是执行元件由气控换向阀来控制动作，人力、机械外力等外部输入信号只是用来控制气控换向阀的换向，不直接控制执行元件动作。两种控制气动回路如图 7-48 所示。

直接控制所用元件少，回路简单，主要用于单作用气缸或双作用气缸的简单控制，但无法满足换向条件比较复杂的控制要求；而且由于直接控制是由人力和机械外力直接操控换向阀换向的，操作力较小，只适用于所需气流量和控制阀的尺寸相对较小的场合。

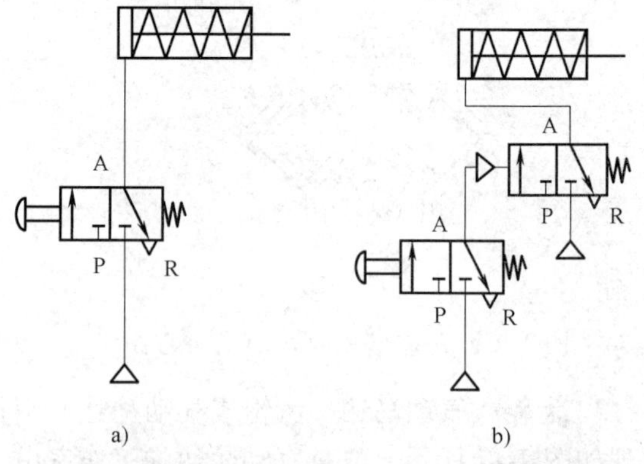

图 7-48 气缸的直接控制和间接控制气动回路
a）直接控制 b）间接控制

间接控制主要用于下面两种场合：

1. 控制要求比较复杂的回路 在多数气压控制回路中，控制信号往往不止一个，或输入信号要经过逻辑运算、延时等处理后才去控制执行元件动作。如果采用直接控制就无法满足控制要求，这时宜采用间接控制。

2. 高速或大口径执行元件的控制 执行元件所需气流量的大小决定了所采用的控制阀门通径的大小。对于高速或大口径执行元件，其运动需要较大的压缩空气流量，相应的控制阀的通径也较大。这样，使得驱动控制阀阀芯动作需要较大的操作力，这时如果用人力或机械外力来实现换向比较困难，而利用压缩空气的压力就可以获得很大的操作力，容易实现换向。所以对于这种需要较大操作力的场合也应采用间接控制。

7.3.2　灌装机气动回路分析

如图7-49所示，灌装机气动回路采用间接控制方案。二位五通双气控换向阀7为主控阀，外部输入信号用来控制主控阀7的换向，从而实现对气缸9的动作控制。

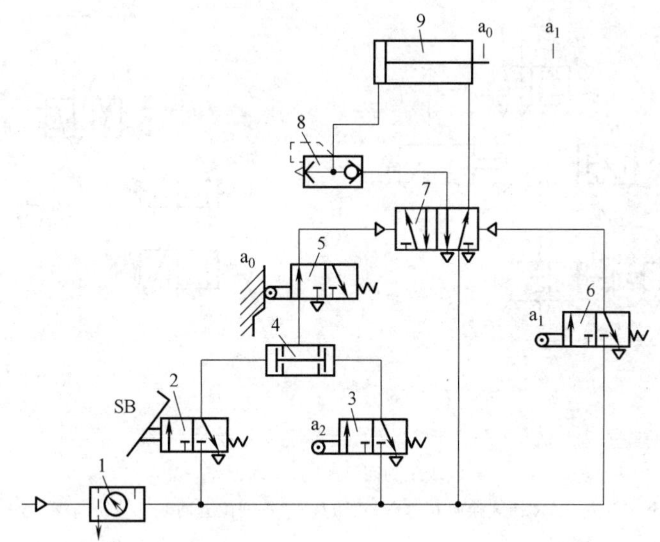

图7-49　灌装机气动回路

1—气源处理装置　2—二位三通脚踏式换向阀　3、5、6—常断型二位三通行程换向阀
4—双压阀　7—二位五通双气控换向阀　8—快速排气阀　9—气缸

当主控阀7左位接通时，压缩空气经气源处理装置1，再经过主控阀7左位，经快速排气阀8进入气缸9的左腔，活塞杆前伸，开始灌装。

由于双压阀的特性，只有在工件到达预设位置，即行程换向阀3被压下左位接通后，同时脚踩下起动按钮SB，双压阀4才有压缩空气输出，且活塞杆处于初始位置a_0，行程阀5左位接通，使得主控阀7左位接通。

即使活塞杆离开初始位置a_0，由于气控换向阀7有“记忆”特性，活塞杆仍会前伸，直到运行到a_1位置，使得行程换向阀6左位接通，压缩空气使得主控阀7右位接通，压缩空气进入气缸9的右腔，左腔的空气从快速排气阀8排出，使得活塞杆快速收回。同时行程换向阀6在弹簧力的作用下复位。

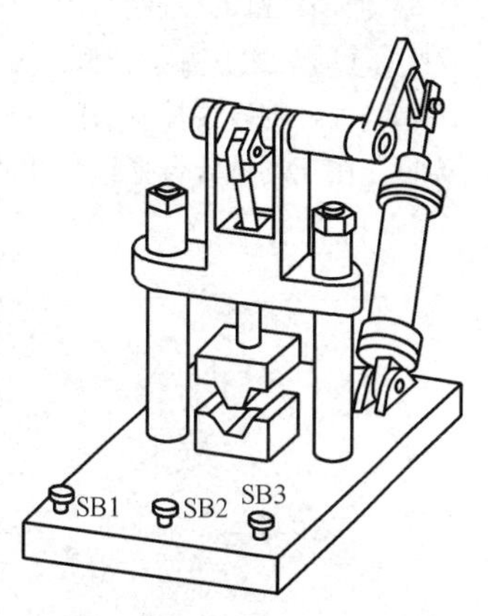

图7-50　板材成型装置示意图

【例7-1】　如图7-50所示，利用一个气缸对塑料板材进行成型加工。气缸活塞杆在两个按钮SB1、SB2同时按下后伸出，带动曲柄连杆机构对塑料板材进行压制成型。加工完毕后，通过另一个按钮SB3让气缸活塞杆回缩。试设计该气动回路。

解　气缸活塞只有在两个按钮全部按下时才会伸出，从而保证双手在气缸伸出时不会因操作不当受到伤害。可以采用双压阀实现，也可以采用两个二位三通按钮式换向阀串联来实现。如图 7-51 所示，阀 5 为主气控换向阀，当阀 5 左位工作时，气缸 6 活塞杆伸出，要使阀 5 左位工作，必须同时按下两个按钮 SB1、SB2；当阀 5 右位工作时，气缸活塞杆回缩。

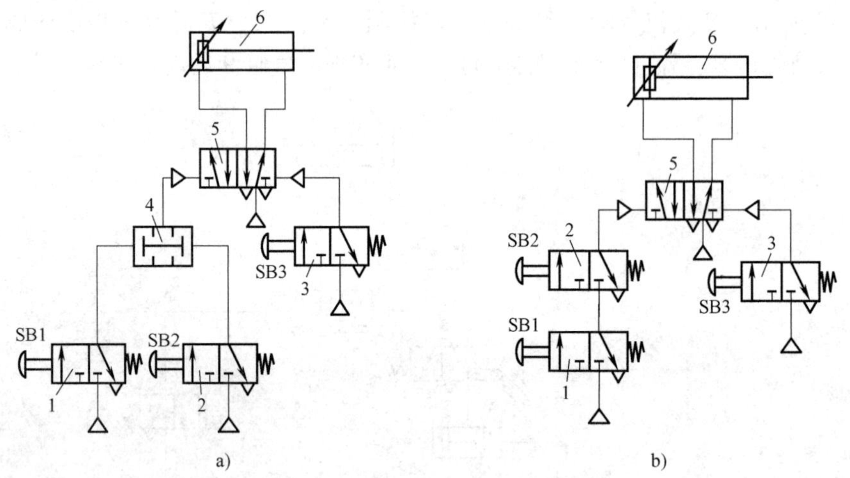

图 7-51　板材成型装置气动系统回路图

a）双压阀回路　b）串联回路

1、2、3—二位三通按钮式换向阀　4—双压阀　5—二位五通双气控换向阀　6—气缸

习题与训练

7-1　什么是气源处理装置？画出气源处理装置的图形符号，并简述其作用。

7-2　简述空气过滤器的工作原理。

7-3　简述减压阀的工作原理。

7-4　简述油雾器的工作原理。

7-5　简述双压阀的逻辑作用。

7-6　在气压传动中，如何实现快速排气？

7-7　气缸有哪几种类型？

7-8　何谓气缸的缓冲装置？

7-9　气动马达有哪些类型？

7-10　气缸的直接控制与间接控制各有何特点？

7-11　在气动试验台上组装并调试灌装机的气动系统回路，并分析其工作过程。

项目8　压装装置的气动系统

本项目主要介绍压力控制阀、流量控制阀等气动元件，并介绍了自锁控制、压力延时回缩控制等基本气动回路以及压装装置气动系统回路。

8.1　认识压装装置

在全自动包装机中压装装置用于对物品进行压装。图 8-1 所示为全自动包装机中压装装置的工作原理示意图。它的工作要求为：当按下起动按钮后，气缸对物品进行压装；当压实后，停留一段时间再收回，进行第二次压装。一直如此循环，直到按下停止按钮，气缸才停止动作。另外在工作位置上没有物品时，压装到 a_1 位置后，气缸要收回。气缸下压的速度可以调节控制。

由上述可知，压装装置的气动回路能实现以下功能：

1）点动起动按钮后，保持气缸的循环工作。

2）物品被压实后，气缸收回。

3）时间的停留。

4）速度的控制。

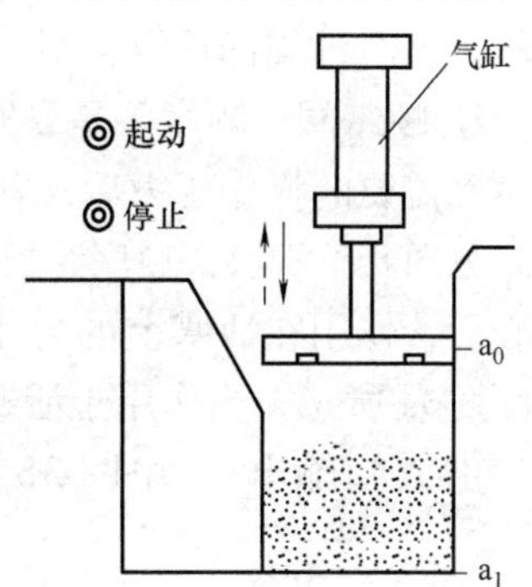

图 8-1　压装装置工作原理示意图

8.2　气动元件

8.2.1　方向控制阀

单向型方向控制阀除了项目 7 中介绍的普通单向阀、双压阀和快速排气阀，常用的还有梭阀。梭阀相当于两个单向阀组合的阀，在气动系统回路中具有“或”的逻辑功能，即任何一端有信号输入，就有信号输出，也被称为“或”阀，多用于一个执行元件或控制阀需要从两个或更多的位置来驱动的场合。

梭阀的工作原理如图 8-2a 所示，梭阀有两个输入口 P_1、P_2 和一个输出口 A 。当压缩空气从任意一个进气口进入时，阀芯将另一面的进气口封闭，在输出口上就有气体输出。当两端都进气且压力相等时，阀芯根据压缩空气输入的先后次序停在左边或右边，输出口有输出；若压力不相等，则哪端压力高，输出口与哪端相通，另一端则被封闭。当两端都没有压缩空气输入时，A 口才没有输出。

8.2.2　压力控制阀

压力控制阀是用来控制气动系统中压缩空气的压力，以满足各种负载所需压力要求或用以节能的装置。压力控制阀可分为 3 类：①起降压稳压作用的减压阀（调压阀）、定值器。

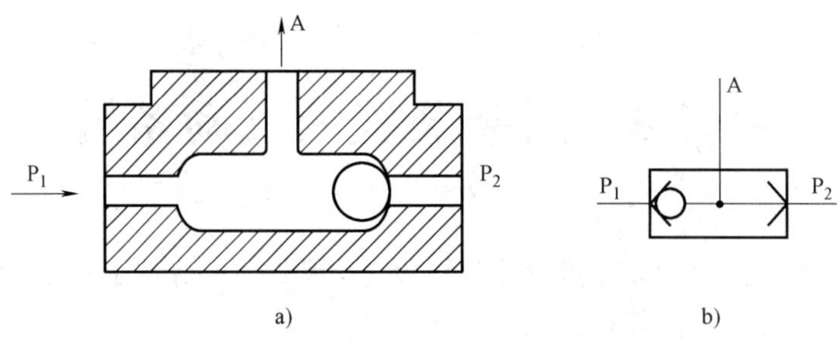

图 8-2　梭阀

a）工作原理图　b）图形符号

②起限压安全保护作用的安全阀（溢流阀）等。③根据气路压力不同进行某种控制的顺序阀等。在实际应用中，顺序阀通常与二位三通换向阀构成压力顺序阀或与单向阀构成单向顺序阀，这两种阀都是组合阀。

1. 顺序阀　顺序阀是靠回路中的压力变化来控制气缸顺序动作的一种压力控制阀。只有达到需要的操作压力后，顺序阀才有气压信号输出，从而控制机构按顺序动作。

如图 8-3 所示，顺序阀根据弹簧的预压缩量来控制其开启压力。当压缩空气由 P 口进入左腔后，作用在活塞上的力小于弹簧设定压力时，阀处于关闭状态，输出口 A 没有输出，如图 8-3a 所示；当作用于活塞上的力大于弹簧力时，活塞被顶起，压缩空气经左腔流入右腔，由 A 口输出，如图 8-3b 所示。顺序阀图形符号如图 8-4 所示。

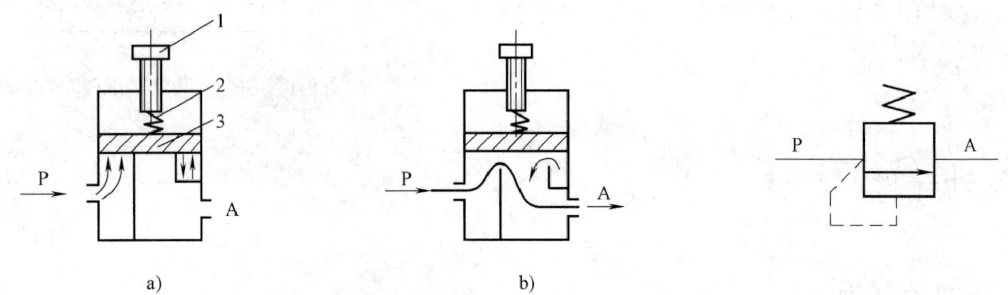

图 8-3　顺序阀工作原理图

a）关闭状态　b）开启状态

1—调节手柄　2—弹簧　3—活塞

图 8-4　顺序阀图形符号

2. 压力顺序阀　压力顺序阀由两部分组成：①单气控的二位三通换向阀，即主阀。②通过调节外部输入压力和弹簧力平衡来控制主阀是否换向的导阀。

图 8-5 所示为压力顺序阀的图形符号。被检测的压力信号由导阀的 Z 口输入，其气压力和调节弹簧的弹簧力相平衡。当压力达到一定值时，能克服弹簧压力，使得二位三通换向阀换向，输出口 A 有压缩空气输出。由于调节弹簧的弹簧力可以通过调节手柄进行预先调节设定，所以压力顺序阀只有在 Z 口的输入气压达到设定压力时，才会产生输出信号，这样就可以利用压力顺序阀实现由压力大小控制的顺序动作。

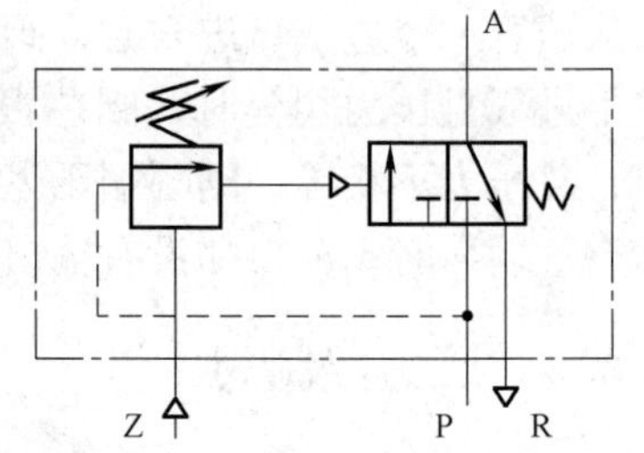

图 8-5　压力顺序阀图形符号

这种压力顺序阀动作可靠，而且输出口输出的压缩空气没有压力损失。

3. 单向顺序阀 单向顺序阀由顺序阀和单向阀并联而成。单向顺序阀常用于控制气缸自动顺序动作或不便于安装机控阀的场合。

当压缩空气由 P 口进入后，作用于活塞上的力大于弹簧力时，活塞被顶起，压缩空气经左腔流入右腔，由 A 口流出，此时单向阀关闭，如图 8-6a 所示。当压缩空气反向流动时，压缩空气由 A 口进入，进气压力顶起单向阀，由 O 口排气，顺序阀关闭，压缩空气由右腔经单向阀流入左腔向外排出，如图 8-6b 所示。

单向顺序阀图形符号如图 8-7 所示。

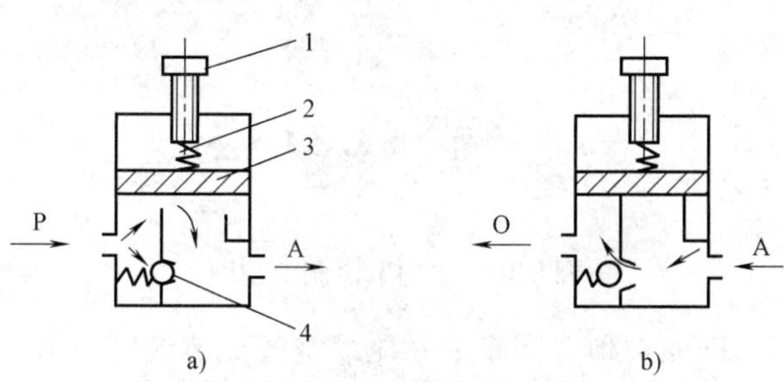

图 8-6 单向顺序阀工作原理图

a）正向流动 b）反向流动

1—调节手柄 2—弹簧 3—活塞 4—单向阀

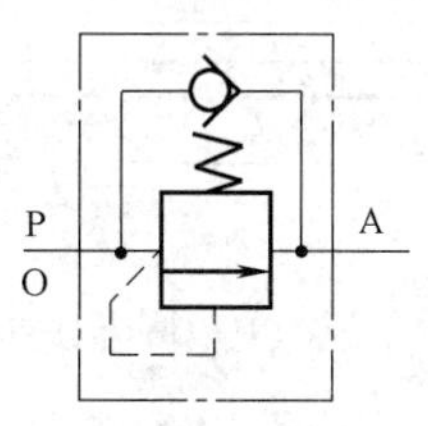

图 8-7 单向顺序阀图形符号

8.2.3 流量控制阀

流量控制阀通过改变阀的过流面积、调节阀的开度来控制气体流量，从而控制气动执行元件的运动速度。流量控制阀包括节流阀、柔性节流阀、单向节流阀、排气节流阀等。

1. 节流阀 图 8-8 所示为圆柱斜切型节流阀的结构。阀体上有一个调节螺杆，可以调节节流阀的开口度，故称为可调节流阀。压缩空气经 P 口输入，通过节流口的节流作用后从 A 口输出。转动调节螺杆使阀芯向上移动，节流通道面积增加，流阻减小，输出的流量增加；反之阀芯下移，节流通道面积减小，流阻增大，输出的流量减小。由于这种节流阀的结构简单、体积小，故应用范围较广。

可调节流阀常用于调节气缸活塞的运动速度，若有可能，应直接安装在气缸上。使用节流阀时，节流面积不宜太小，因为空气中的冷凝水、尘埃等塞满节流口通路会引起流量的变化。

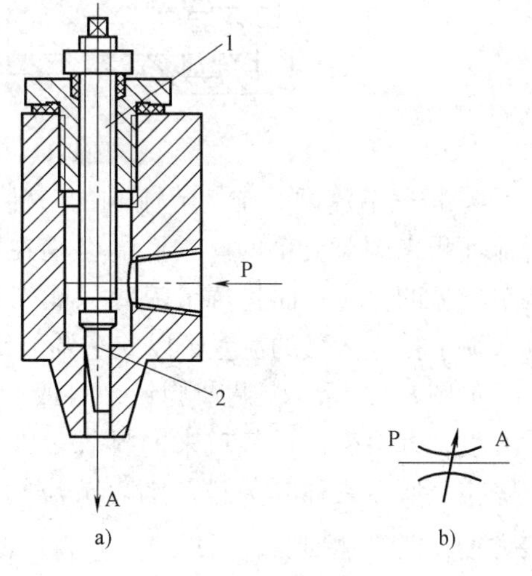

图 8-8 可调节流阀

a）结构图 b）图形符号

1—调节螺杆 2—阀芯

2. 柔性节流阀 图 8-9 所示为柔性节流阀的工作原理，其节流作用主要是依靠阀杆夹紧柔韧的橡胶管而产生的。当然，也可以利用气体压力来代替阀杆压缩橡胶管。柔性节流阀结构简单，压力降小，动作可靠性高，对污染不敏感，通常工作压力范围为0.3～0.63MPa。

3. 单向节流阀　单向节流阀是气压传动系统最常用的速度控制元件，也常称为速度控制阀。它是由单向阀和节流阀并联而成的，节流阀只在一个方向上起流量控制的作用，相反方向的气流可以通过单向阀自由流通。利用单向节流阀可以实现对执行元件每个方向上的运动速度的单独调节。图8-10所示为单向节流阀实物。

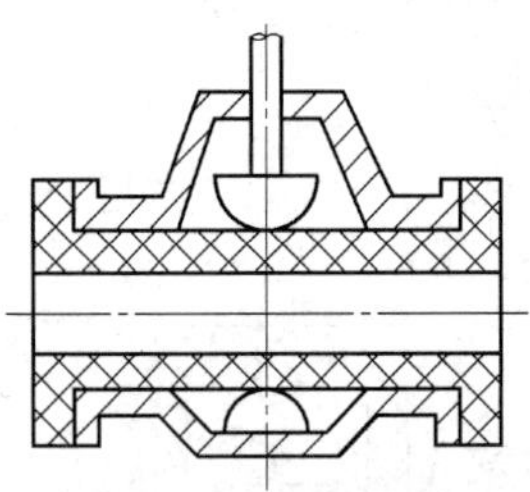
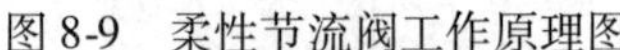

图8-9　柔性节流阀工作原理图

图8-10　单向节流阀实物图

如图8-11a所示，当气流从P口进入时，单向阀被顶在阀座上，压缩空气经节流阀节流通过，流向出口A，流量被节流阀节流口的大小所限制，节流口的开口大小可以通过调节手柄进行调节；如图8-11b所示，当压缩空气从A口进入时，推开单向阀自由流到P口，而不受节流阀限制。图8-12所示为单向节流阀的图形符号。有些单向节流阀的调节螺母下方还装有一个锁紧螺母，用于流量调节后的锁定。单向节流阀一般安装在主控阀和执行元件之间进行速度控制，常用于控制气缸的运动速度。

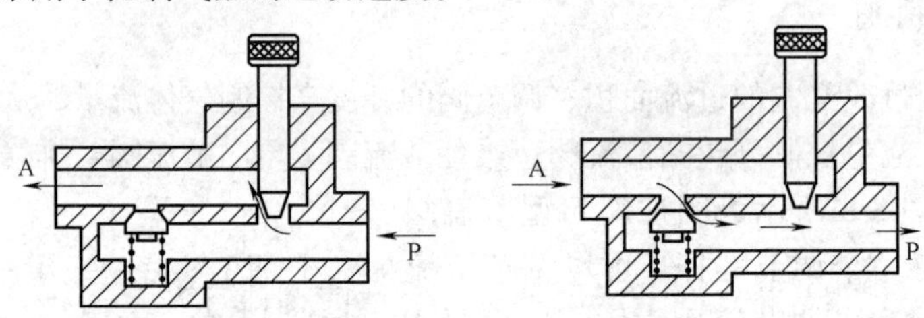

图8-11　单向节流阀工作原理图

4. 排气节流阀　排气节流阀的节流原理和节流阀一样，都是靠调节过流面积来调节流量的。它们的区别在于，节流阀通常是安装在系统中调节气流的流量，而排气节流阀只能安装在换向阀和执行元件的排气口处，调节排入大气的流量，以此来调节执行机构的运动速度。

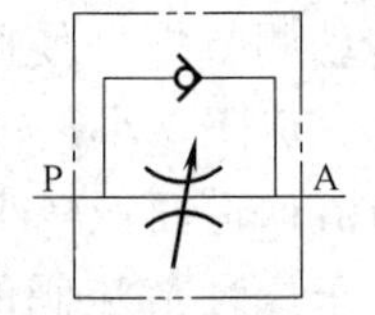

图8-12　单向节流阀图形符号

如图8-13所示，调节旋钮，可改变阀芯左端节流口（三角沟槽型）的开度，即改变由进气口来的排气量大小。排气节流阀由消声套减少排气噪声，所以常称其为排气消声节流阀。排气节流阀由于结构简单，安装方便，能简化回路，所以应用日益广泛。

应该注意的是，在气动控制中，用流量控制的方法控制执行元件的运动速度，控制精度较低，其精度远不如液压控制高。特别是在低速控制中，控制速度变化用纯气动方法很难实现。在外部负载变化较大时，仅用气动流量阀调速效果不理想。为提高其运动平稳性，常采用气液联动的方式。

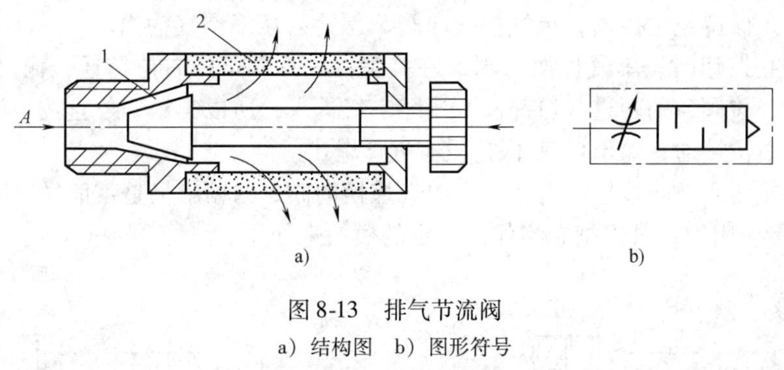

图 8-13　排气节流阀
a）结构图　b）图形符号
1—节流口　2—消声器

8.2.4　延时阀

延时阀有常通型和常断型两种，常断型延时阀的图形符号如图 8-14 所示。延时阀由单向节流阀 1、气室 2 和一个单气控二位三通换向阀 3 组合而成。利用气流经过小孔或缝隙节流后向气室内充气，当气室里的压力升至一定值后使阀切换，从而达到信号延时输出的目的。当控制口 Z 有压缩空气进入，经节流阀进入气室，单位时间内流入气室空气流量的大小由节流阀调节。当气室充满压缩空气，建立起能克服弹簧力的压力时，换向阀换向，二位三通换向阀的阀芯移动，输入口 P 和输出口 A 导通，使得输出口 A 有压缩空气输出，产生输出信号。由于从 Z 口有控制信号到输出口 A 产生输出信号有一定的时间间隔，所以可以用来控制气动执行元件的运动停顿时间。若要改变延时时间的长短，只要调节节流阀的开度即可。通过附加气室还可以进一步延长延时时间。当 Z 口撤除控制信号，气室内的压缩空气迅速通过单向阀排出，延时阀快速复位。所以延时阀的功能相当于电气控制中的通电延时时间继电器。有的延时阀不设有气室，则延时时间较短，一般只有 0 ~ 30s，而有气室时延时时间较长。在时间控制上，若空气洁净，而且压力相对稳定，可以保证准确的切换时间。

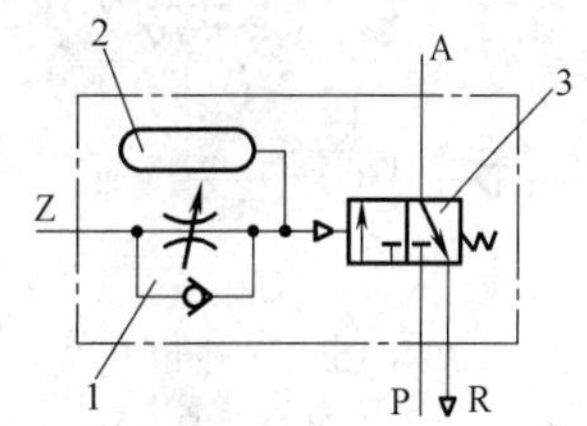

图 8-14　延时阀图形符号

8.3　压装装置气动系统基本回路

8.3.1　自锁控制回路

在对压装装置控制时，按下起动按钮后，气缸一直工作，直到按下停止按钮，气缸才停止工作。这要求在控制回路中，按下起动按钮后，控制口始终保持有信号，即一直要有压缩空气输出。这可以采用一个常断型二位三通阀作为起动按钮和一个常通型二位三通阀作为停止按钮，并采用梭阀、气控换向阀来实现。

如图 8-15 所示，当按下起动按钮后，压缩空气通过气源处理装置 1 和换向阀 2 的左位，经梭阀 3、换向阀 4 的右位使得单气控换向阀 5 左位接通，A 口有压缩空气输出；由于梭阀 3 的一个进气口与 A 口相连，当松开起动按钮后，梭阀 3 的输出口仍有压缩空气输出，使得单气控换向阀 5 保持左位接通，单气控换向阀 5 保持有压缩空气输出。

当按下停止按钮时，单气控换向阀 5 在弹簧力的作用下，右位接通，输出口 A 没有信号输出，同时，梭阀 3 的两进气口都没有压缩空气进入，所以当松开停止按钮后，单气控换向阀 5 仍保持右位接通，输出口 A 保持没有气体输出。

如果起动按钮和停止按钮同时按下，单气控换向阀 5 的输出仍是零信号，因此是“中断优先”，在实际应用中，可以把它当作一固定的模块来使用。

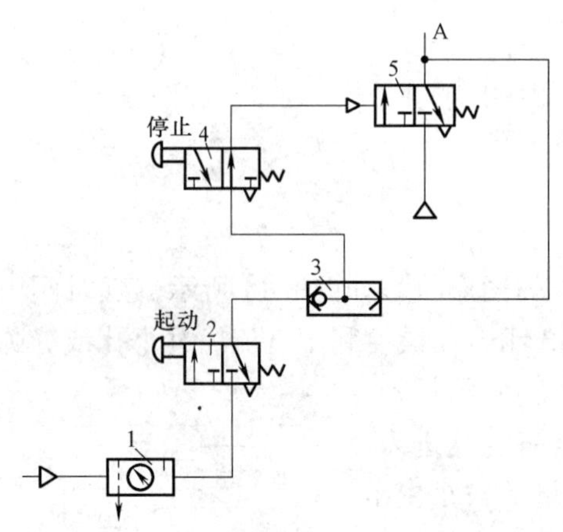

图 8-15 “中断优先”自锁控制回路

1—气源处理装置 2—常断型二位三通按钮式换向阀 3—梭阀 4—常通型二位三通按钮式换向阀 5—二位三通单气控换向阀

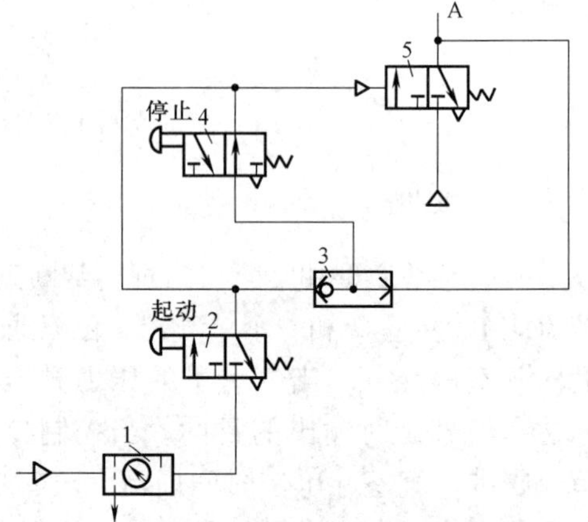

图 8-16 “起动优先”自锁控制回路

1—气源处理装置 2—常断型二位三通按钮式换向阀 3—梭阀 4—常通型二位三通按钮式换向阀 5—二位三通单气控换向阀

若将常断型二位三通阀 2 的输出端直接接到单气控换向阀 5 的气控端，则可形成“起动优先”。如图 8-16 所示，当按下起动按钮后，单气控换向阀 5 左位接通，A 口有压缩空气输出；由于梭阀 3 的一个进气口与 A 口相连，当松开起动按钮后，梭阀 3 的输出口仍有压缩空气输出，使得单气控换向阀 5 保持左位接通，单气控换向阀 5 保持有压缩空气输出。

当按下停止按钮时，同“中断优先”回路一样，输出口 A 保持没有气体输出。

如果起动按钮和停止按钮同时按下，压缩空气通过气源处理装置 1 和换向阀 2 的左位，使得单气控换向阀 5 的左位接通，A 口有压缩空气输出，因此是“起动优先”。

这种控制原理类似于电气控制中的继电器自锁控制，因此这种控制方法被称为自锁控制。

8.3.2 压力延时回缩控制回路

时间控制指的是对气缸在其终端位置停留时间的控制和调节，常被用来控制气缸动作的节奏，调整整个动作循环的周期。根据工作要求，压力延时回缩控制回路必须在压力达到要求后，延时一段时间，活塞杆才回缩。这可以采用压力顺序阀、延时阀来实现压力延时回缩控制。如图 8-17 所示，当气缸 12 左腔的压力达到压力顺序阀 6 调定的压力，压力顺序阀 6 工作，压缩空气进入延时阀 7 的控制口，延时一段时间后，阀 7 工作，通过梭阀 9 输出压缩空气，气控换向阀 10 右位工作，压缩空气进入气缸 12 的右腔，气缸左腔的空气经单向节流阀 11、双气控换向阀 10 的右位排出，气缸回缩。

当气缸 12 的活塞杆运动到 a_1 位置后，行程换向阀 8 换向，压缩空气经行程换向阀 8 的左位，通过梭阀 9 输出压缩空气，使气控换向阀 10 右位工作，也能使活塞杆回缩。

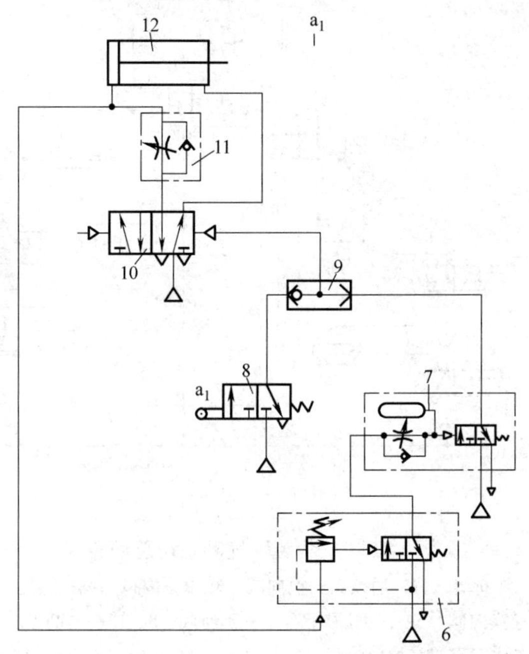

图 8-17 压力延时回缩控制回路

6—压力顺序阀 7—延时阀 8—常断型二位三通行程换向阀

9—梭阀 10—二位五通双气控换向阀 11—单向节流阀 12—气缸

8.4 压装装置气动系统总回路

图 8-18 所示为压装装置气动系统总回路，从图中可以看出，在初始位置 a_0，行程换向阀 13 左位接通。

当按下起动按钮，压缩空气经行程阀 13 进入主控阀 10 的左端控制口，主控阀 10 左位接入系统，压缩空气经主控阀 10 左位，再经单向节流阀 11 进入气缸 12 左腔，活塞杆前伸，由于压缩空气须经单向节流阀 11 的节流口通过，速度受到控制。当活塞杆离开 a_0 的位置后，行程换向阀 13 在弹簧力的作用下，使得行程换向阀 13 右位接入系统，主控阀 10 左端没有控制信号，而由于双气控阀的“记忆”特性，使得气缸 12 活塞杆继续前伸，实现气缸对物品进行压装。

若工作位置上有物品，当气缸 12 左腔压力达到压力顺序阀 6 调定的压力后，物品被压实，延时一段时间，梭阀 9 有压缩空气输出，使得主控阀 10 右位接入系统，活塞杆回缩，同时主控阀 10 右端没有控制信号；若工作位置上没有物品，当活塞杆前伸到 a_1 位置后，使行程换向阀 8 左位工作，压缩空气经梭阀 9 输出，也使得主控阀 10 右位接入系统，活塞杆回缩，同时主控阀 10 右端没有控制信号，由于主控阀 10 的“记忆”特性，使得活塞杆继续回缩。当活塞杆运行到 a_0 的位置，又使得气缸活塞杆前伸。一直这样循环工作，直到按下停止按钮，使得系统回到初始位置。

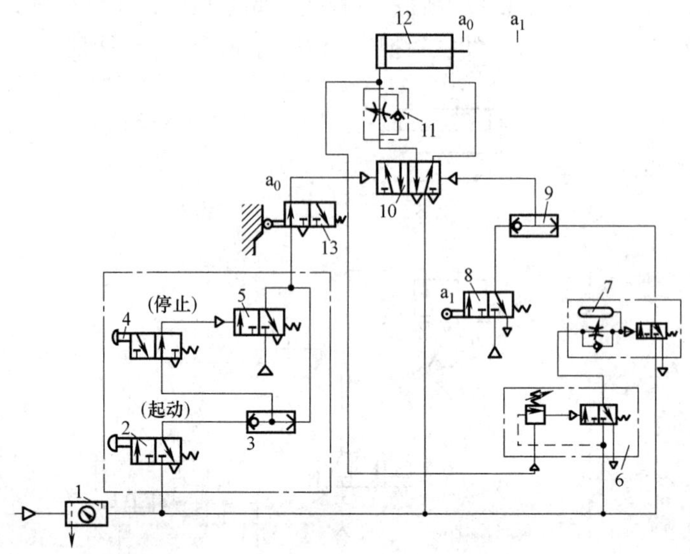

图 8-18　压装装置气动系统总回路

1—气源处理装置　2—常断型二位三通按钮式换向阀　3、9—梭阀　4—常通型二位三通按钮式换向阀　5—二位三通单气控换向阀　6—压力顺序阀　7—延时阀　8、13—常断型二位三通行程换向阀　10—二位五通双气控换向阀（主控阀）　11—单向节流阀　12—气缸

习题与训练

8-1　画出梭阀的图形符号，并简述其工作原理。

8-2　压力控制阀常用哪些种类？各有什么作用？

8-3　画出压力顺序阀的图形符号，并简述其工作原理。

8-4　画出单向节流阀的图形符号，并简述其工作原理。

8-5　简述排气节流阀和普通节流阀的不同点。

8-6　写出如图 8-19 所示的气动回路中每个元器件的名称。

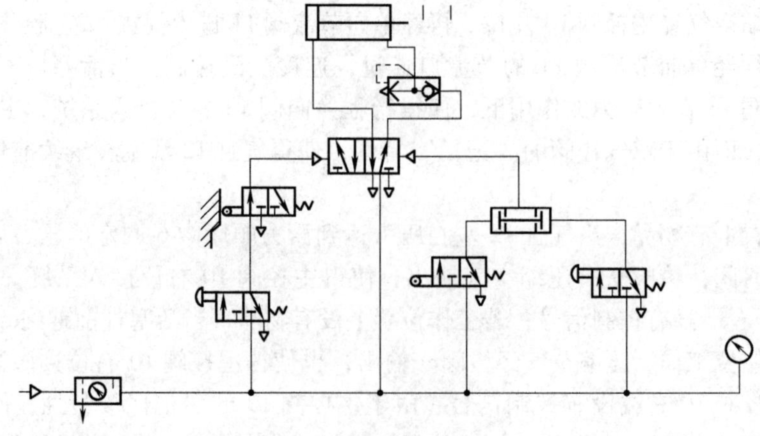

图 8-19　题 8-6 图

8-7　画出延时阀的图形符号，并简述其工作原理。

8-8　在气动试验台上组装并调试“中断优先”自锁控制回路并分析其工作过程。

8-9　在气动试验台上组装并调试“起动优先”自锁控制回路并分析其工作过程。

8-10　在气动试验台上组装并调试压装装置压力延时回缩控制回路，并分析其工作过程。

8-11　在气动试验台上组装并调试压装装置气动系统总回路，并分析其工作过程。

项目 9　数控加工中心气压换刀系统

本项目主要介绍消声器、压力开关、方向控制阀中的电磁换向阀等气动元件，并介绍进气节流和排气节流气动基本回路、快速排气阀的安装方式以及数控加工中心气压换刀系统回路。

9.1　认识数控加工中心

数控加工中心是一种带有刀库并能自动更换刀具，对工件能够在一定范围内进行多种加工操作的数控机床。在数控加工中心上，气动装置由于其结构简单、无污染、工作速度快、动作频率高、具有良好过载安全性等特点，常用于完成频繁起动的辅助动作或功率要求不大、精度要求不高的部位，如工件装卸、刀具更换等。

9.2　气动元件

9.2.1　消声器

气动装置的噪声一般都比较大，尤其是当压缩气体直接从气缸或阀中排向大气，由于较高的压差使气体体积急剧膨胀，产生涡流，引起气体的振动，发出强烈的噪声，为消除这种噪声应安装消声器（见图 9-1）。消声器是一种气动辅助元件，它的作用就是排除压缩气体高速通过气动元件排到大气时产生的刺耳噪声。消声器的工作原理是通过阻尼或增加排气面积等方法来降低排气速度和功率，达到降低噪声的目的。

a)

b)

c)

图 9-1　消声器实物图

常用的消声器分为吸收型、膨胀干涉型和膨胀干涉吸收型 3 种。

1）吸收型消声器的消声套由吸声材料制成，吸声材料大多使用聚氯乙烯纤维、玻璃纤维、烧结铜珠等。压缩空气通过多孔的吸声材料，靠气流流动摩擦生热，使气体的压力能部分转化为热能，从而减少排气噪声。此类消声器用于消除中、高频噪声，一般可降低噪声 25dB 以上，在气动系统中应用最广。图 9-2 所示为吸收型消声器的结构示意图。

2）膨胀干涉型消声器的直径比排气孔径大，气流在里面扩散，碰撞反射、相互干涉，减弱了消声强度，最后从孔径较大的多孔外壳排入大气。它主要用于消除中、低频噪声。

3）膨胀干涉吸收型消声器是综合上述两种消声器的特点而构成的，能在很宽的频率范围内起消声作用。消声器的图形符号如图9-3所示。

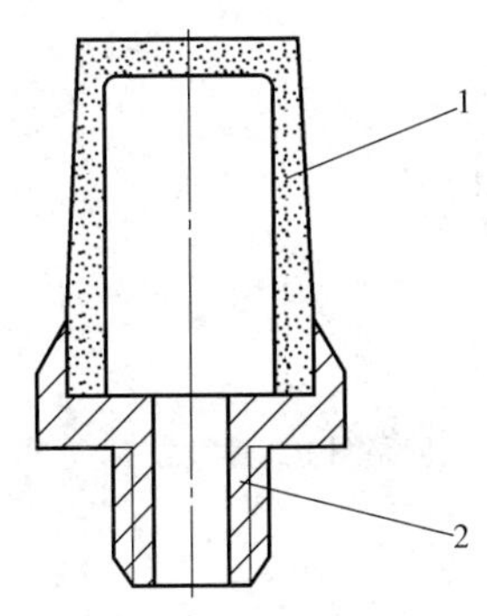

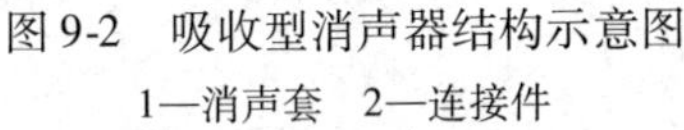
图9-2　吸收型消声器结构示意图
1—消声套　2—连接件

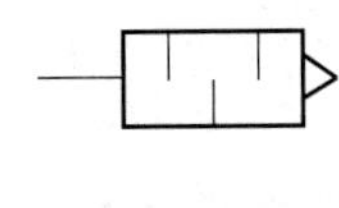
图9-3　消声器图形符号

9.2.2　压力开关

气动系统也有发信、控制和执行部分，其控制部分的工作介质是气体，而信号传感部分和执行部分不一定全用气体，可能用电或液体传输，这就需要通过转换器来转换。常用的有气电转换器、电气转换器和气液转换器等。

气电转换器是把气信号转换成电信号的装置，即利用输入气信号的变化引起可动部件（如膜片、顶杆等）的位移来接通或断开电路，以输出电信号；电气转换器是将电信号转换成气信号输出的装置，与气电转换器的作用刚好相反；气液转换器是一种把气信号转换成液压信号输出的装置。

压力开关是常用的气电转换器，是根据所检测位置气压的大小来控制回路各执行元件动作的元件。它是一种气动辅助元件，常用于需要进行压力控制和保护的场合。当输入压力达到设定值时，电气触点接通，发出电信号；输入压力低于设定值时，电气触点断开。应该注意的是，应让压力开关触点吸合的压力值要高于让触点释放的压力值。

压力开关的实物如图9-4所示。图9-5a所示为压力开关的工作原理，当X口的气压力达到一定值时，即可推动阀芯克服弹簧力右移，而使电气触点1、2断开，1、4闭合导通；当压力下降到一定值时，则阀芯在弹簧力作用下左移，电气触点复位。给定压力可以通过调节旋钮设定。

图9-4　压力开关实物图

在某些气动设备或装置中，因结构限制而无法安装或难以安装位置传感器进行位置检测时，可采用安装位置相对灵活的压力顺序阀或压力开关来代替。这是因为在空载或轻载时气缸工作压力较低，活塞停止时压力才会上升，使压力顺序阀或压力开关产生输出信号。这时它们所起的作用就相当于位置传感器。压力开关与压力顺序阀的区别是：压力开关的输出信号为电信号，用于电气控制；压力顺序阀是根据所检测位置气压的大小来控制回路各执行元件动作的元件，压力顺序阀产生的输出信号为气压信号，用于气动控制。

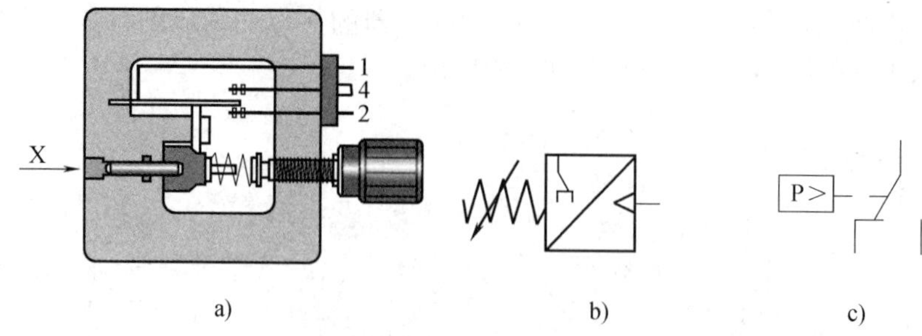

a)　b)　c)

图 9-5　压力开关

a）工作原理图　b）气动回路图中图形符号　c）控制回路图中图形符号

9.2.3　方向控制阀

换向型方向控制阀除了项目 7 中介绍的人力控制换向阀、机控换向阀、气控换向阀外，常用的还有电磁换向阀。

电磁换向阀是利用电磁线圈通电时，静铁心对动铁心产生的电磁吸力使阀切换以改变气流方向的阀，简称电磁阀。这种阀易于实现电气联合控制，能实现远距离操作，故得到广泛应用。按电磁力作用于主阀阀芯方式不同，电磁换向阀分为直动式和先导式两种。其工作原理分别与液压阀中的电磁换向阀和电液换向阀相似。电磁换向阀实物如图 9-6 所示。

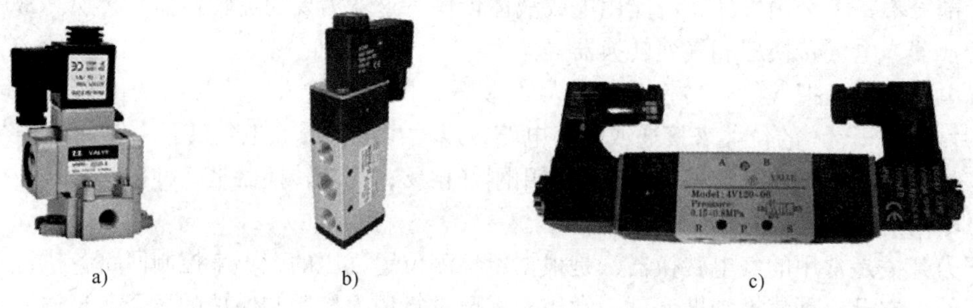

a)　b)　c)

图 9-6　电磁换向阀实物图

（1）直动式电磁换向阀　直动式电磁换向阀是利用电磁线圈通电时，静铁心对动铁心产生的电磁吸力直接推动阀芯移动实现换向的。按线圈数目分类，有单线圈和双线圈，分别称为单电控和双电控直动式电磁换向阀。

图 9-7 所示为二位三通单电控直动式电磁换向阀的工作原理。断电时（见图 9-7a），阀芯靠弹簧力复位，P、A 断开，A、R 接通，阀处于排气状态；通电时（见图 9-7b），电磁铁 1 推动阀芯 2 向下移动，使 P、A 接通，阀处于进气状态。图 9-8 所示为其图形符号。此阀依靠电磁铁使阀芯移动，依靠弹簧复位，因而换向冲击较大，一般用于小型的阀。若将阀中的复位弹簧改成电磁铁，就成为双电磁控制换向阀。图 9-9 所示为二位五通双电控直动式电磁换向阀的工作原理。图 9-9a 所示的位置为电磁铁 1 通电、电磁铁 2 断电时的状态，此时阀芯 3 右移，P、A 口接通，A 口有输出；B、S 口接通，B 口排气。电磁铁 1 断电，阀芯位置不变，即具有“记忆”能力。如图 9-9b 所示，若电磁铁 1 断电、电磁铁 2 通电，则阀芯 3 向左移动，P、B 口接通，B 口有输出；A、R 口接通，A 口排气。若电磁铁 2 断电，空气通路仍保持原位不变。图 9-10 所示为其图形符号。这种直动式双电磁铁换向阀也可构成三位

阀，即电磁铁1通电（2断电），电磁铁1、2同时断电和电磁铁2通电（1断电）3个切换位置。在两个电磁铁均断电的中间位置，可形成3种气流状态（类似于液压阀的中位机能），即中间封闭（O型）、中间加压（P型）和中间泄压（Y型）。直动式电磁阀由于阀芯的换向行程受电磁吸合行程的限制，只适用于小型阀。

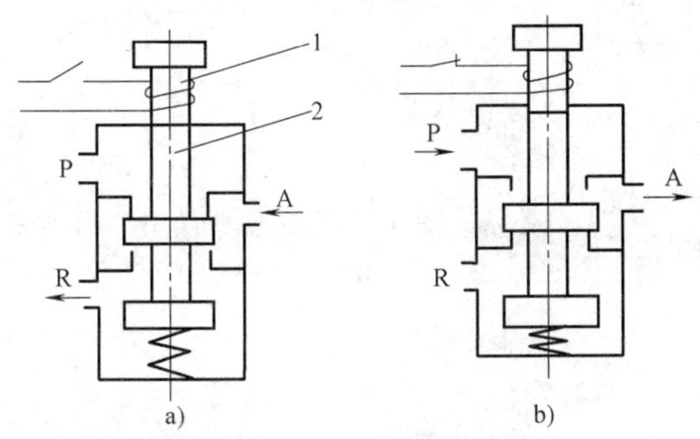

图9-7　二位三通单电控直动式电磁换向阀工作原理图

a）断电时　b）通电时

1—电磁铁　2—阀芯

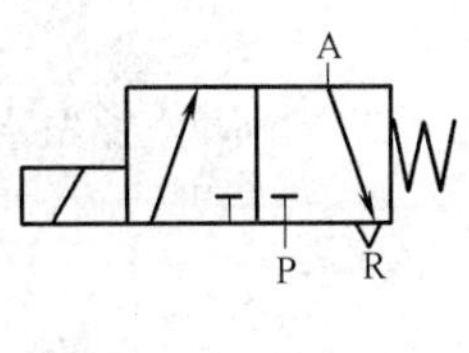

图9-8　二位三通单电控直动式电磁换向阀图形符号

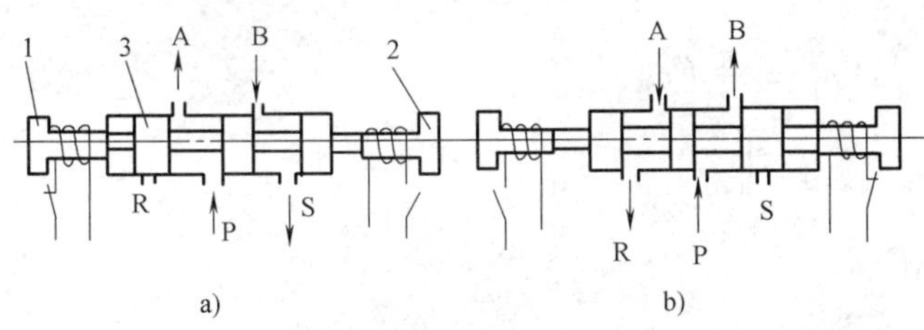

图9-9　二位五通双电控直动式电磁换向阀工作原理图

a）1通电、2断电　b）1断电、2通电

1、2—电磁铁　3—阀芯

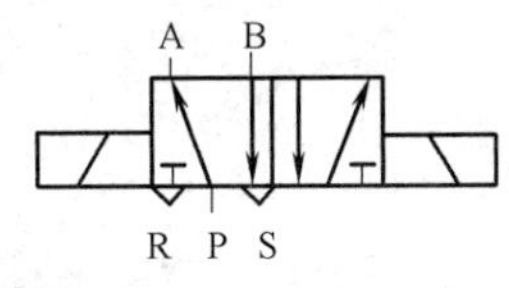

图9-10　二位五通双电控直动式电磁换向阀图形符号

（2）先导式电磁换向阀　先导式电磁换向阀，即由微型直动式电磁换向阀输出的气压力来操纵主阀阀芯，以实现阀通路、切换的阀类。它实际上是由直动式电磁阀（导阀）和气控换向阀（主阀）两部分构成。其中直动式电磁阀在电磁先导阀线圈通电后，导通产生先导气压。先导气压再来推动大型气控换向阀阀芯动作，实现换向。图9-11所示为二位三通单电控先导式电磁换向阀的工作原理。当电磁先导阀断电时（见图9-11a），先导阀的X、R_1口断开，A_1、R_1口接通，先导阀处于排气状态。此时，主阀阀芯在弹簧和P口气压的作用下向右移动，将P、A口断开，A、R口接通，即主阀处于排气状态；当电磁先导阀通电时（见图9-11b），X、A_1口接通，先导阀处于进气状态，即主阀控制腔A_1进气。由于A_1腔内气体作用于主阀芯上的力大于P口气体作用在主阀芯上的力与弹簧力之和，因此，将活塞推向左边，使P、A口接通，即主阀处于进气状态。图9-12所示为二位三通单电控先导式电磁换向阀的图形符号。若将左侧弹簧改为微型直动式电磁控制换向阀，则为双电控先导式电磁换向阀。

直动式电磁换向阀结构简单，而先导式电磁换向阀所需较小的电磁力即可驱动较大通径的阀芯。

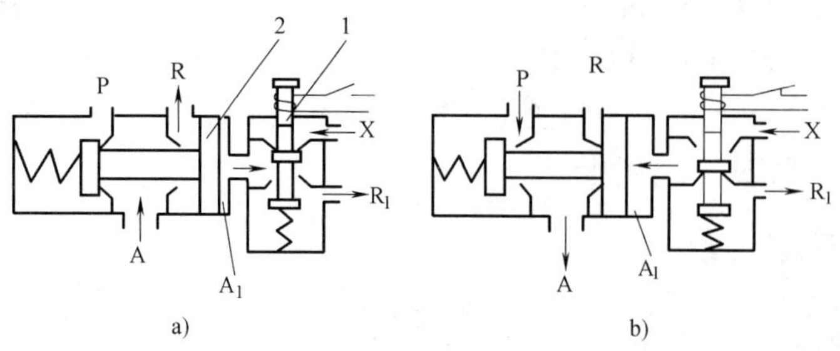

图 9-11　二位三通单电控先导式电磁换向阀工作原理图
a）电磁先导阀断电时　b）电磁先导阀通电时
1—电磁铁　2—主阀阀芯

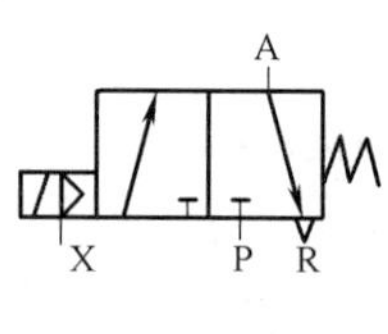

图 9-12　二位三通单电控先导式电磁换向阀图形符号

9.2.4　气液增压器

气液增压器是气动系统中常用的执行元件，是以低压压缩空气为动力，按增压比转换为高压油的装置。气液增压器的工作原理如图 9-13 所示。当压缩空气从气缸 a 口输入，推动活塞带动柱塞向前移动，当与负载平衡时，若不计摩擦阻力及弹簧反力，则由气缸活塞受力平衡，可得

$$\frac{\pi}{4}D^2p_1 = \frac{\pi}{4}d^2p_2 \tag{9-1}$$

$$p_2 = \frac{D^2}{d^2}p_1 \tag{9-2}$$

式中　p_1——输入气缸的空气压力（MPa）；

p_2——缸内的油压力（MPa）；

D——气缸活塞直径（mm）；

d——气缸柱塞直径（mm）。

D^2/d^2 称为增压比，液压缸的油压力为气压的 D^2/d^2 倍，D/d 越大，则增压比也越大。通常取 $D/d = 3.0 \sim 5.5$，一般取 $d = 30 \sim 50$mm。

气压增压器能将 0.4～0.6MPa 低压空气的能量方便地转换成高压油压力能，压力可达 8～15MPa，从而使夹具外形尺寸小，结构紧凑，传递总力可达（1～8）$\times 10^3$N。由于一般夹具的动作时间短，夹紧工作时间长，采用气液增压装置的夹具，在夹紧工作时间内，只需保持压力而无需消耗流量，在理论上是不消耗功率的，这一点是一般液压传动夹具所不能达到的。此外，油液只在装卸工件的短时间内流动一次，所以油温与室温接近，且漏油很少。

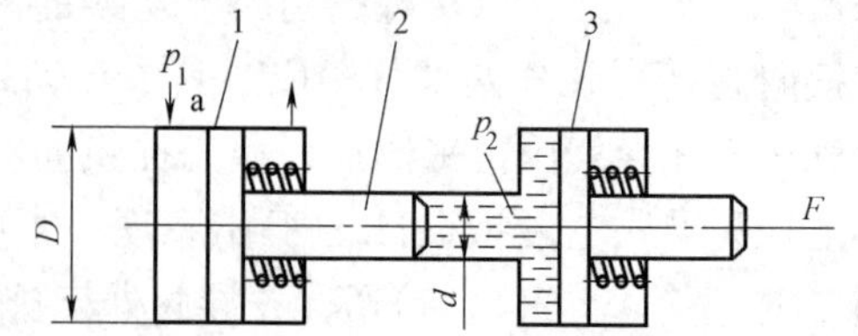

图 9-13　气液增压器工作原理图
1—气缸　2—柱塞　3—液压缸

9.3　数控加工中心气压换刀系统回路

在气压传动系统中，气缸的速度控制，是指对气缸活塞从开始运动到达其行程终点的平

均速度的控制。气缸工作时，影响其活塞运动速度的因素有工作压力、气缸直径和气缸所连气路的最小截面积。通过选择小通径的控制阀或安装节流阀可以降低气缸活塞的运动速度。通过增加管路的流通截面或使用大通径的控制阀，以及采用快速排气阀等方法都可以在一定程度上提高气缸活塞的运动速度。

9.3.1　进气节流和排气节流

根据单向节流阀在气动回路中连接方式的不同，可以将速度控制方式分为进气节流速度控制方式和排气节流速度控制方式。

图9-14a所示是进气节流控制方法，进气节流指的是压缩空气经单向节流阀调节后进入气缸，推动活塞缓慢运动；气缸排出的气体不经过节流阀，通过单向阀，从换向阀的排气口排出。这种控制方法可以防止气缸起动发生“冲”现象，一般用于要求起动平稳、单作用气缸或小容积气缸的情况。当活塞杆受到阻挡或到达极限位置而停止后，其工作腔由于受到节流压力而逐渐上升到系统最高压力，利用这个过程可以很方便地实现压力顺序控制。

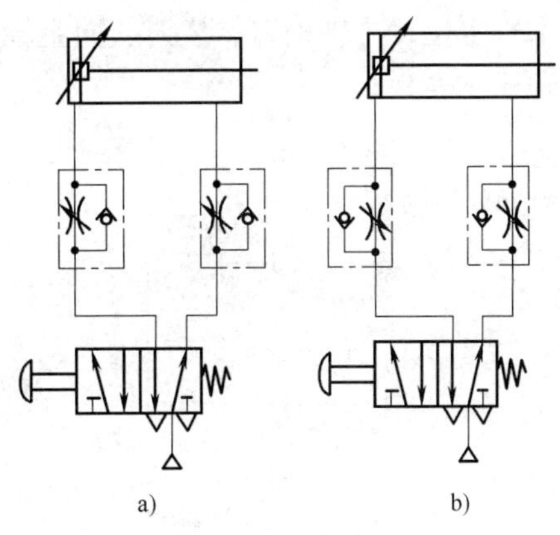

图9-14　进气节流和排气节流气动回路图
a）进气节流　b）排气节流

如图9-14b所示，排气节流指的是压缩空气经单向阀直接进入气缸，推动活塞运动；而气缸排出的气体则必须通过节流阀受到节流后才能排出，从而使气缸活塞运动速度得到控制。在此工作方式中，对气缸供气是畅通无阻的，起动时气流不经节流直接进入气缸，会产生一定的冲击，起动平稳性不如进气节流。因排气需经节流阀排出，有一定阻力，故气缸排气腔有一定压力，称为背压力，这大大改善了气缸的进给性能。气缸活塞运动停止后，气缸进气腔由于没有节流，压力迅速上升；排气腔压力在节流作用下逐渐下降到零。利用这一过程来实现压力控制比较困难且可靠性差，一般不采用。

9.3.2　快速排气阀的安装方式

气缸的排气一般是经过连接管路，通过主控换向阀的排气口向外排出。过流面积和阀门的通径都会对排气产生影响，从而影响气缸活塞的运动速度。快速排气阀的作用在于当气缸内腔体向外排气时，气体可以通过它的大口径排气口迅速向外排出。这样就可以大大缩短气缸排气行程，减少排气阻力，从而提高活塞运动速度。而当气缸进气时，快速排气阀的密封活塞将排气口封闭，不影响压缩空气进入气缸。试验证明，采用快速排气阀可使气缸活塞的运动速度提高4~5倍。

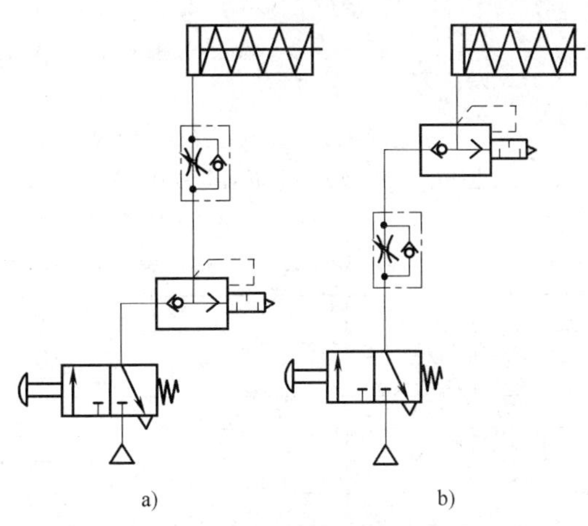

图9-15　快速排气阀的安装方式
a）通过单向节流阀排气　b）直接排气

使用快速排气阀实际上是在经过换向阀正常排气的通路上设置一个旁路，方便气缸排气腔迅速排气。因此，为保证其良好的排气效果，在安装时应将它尽量靠近执行元件的排气侧。如图 9-15a 所示，气缸活塞返回时，气缸左腔的空气要通过单向节流阀才能从快速排气阀的排气口排出；如图 9-15b 所示，气缸左腔的空气则是直接通过快速排气阀的排气口排出，因此更加合理。

9.3.3 数控加工中心气压换刀系统回路分析

图 9-16 所示为某型号数控加工中心的气压换刀系统回路图。该系统在换刀过程中要实现主轴定位、主轴松刀、拔刀、向主轴锥孔吹气排屑和插刀、刀具夹紧等动作。其电磁铁动作顺序见表 9-1。

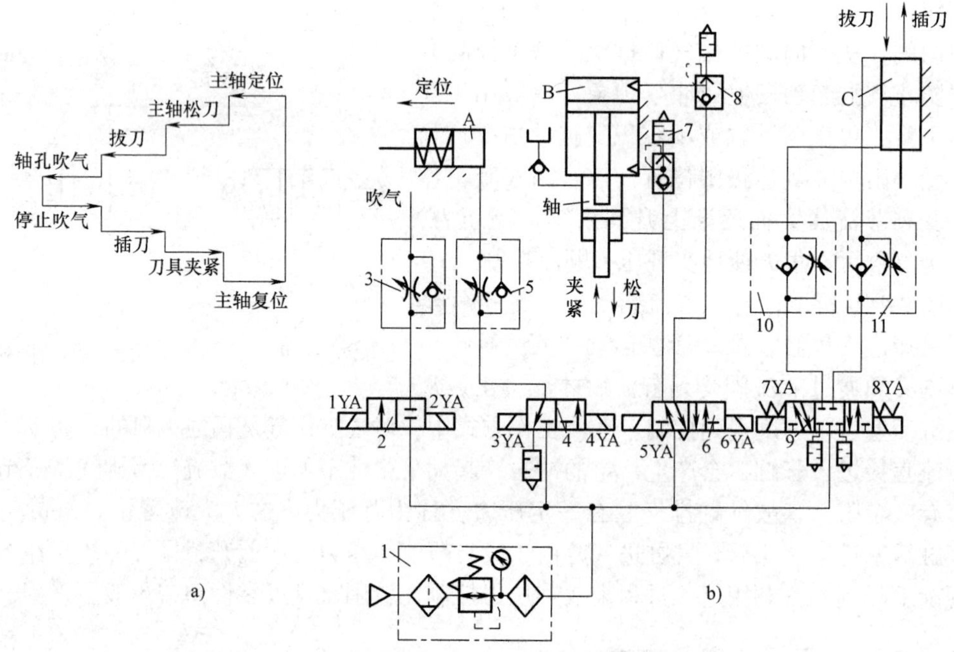

图 9-16　数控加工中心的气压换刀系统回路图

a）换刀过程　b）系统回路

1—气源处理装置　2—二位二通电磁换向阀　3、5、10、11—单向节流阀　4—二位三通电磁换向阀　6—二位五通电磁换向阀　7—消声器　8—快速排气阀　9—三位五通电磁换向阀

A—主轴定位缸　B—气液增压器　C—气缸

表 9-1　电磁铁动作顺序表

	1YA	2YA	3YA	4YA	5YA	6YA	7YA	8YA
主轴定位				+				
主轴松刀				+		+		
拔刀				+		+		+
主轴锥孔吹气	+			+		+		+
吹气停	−	+		+		+		+
插刀				+		+	+	−
刀具加紧				+	+	−		
主轴复位			+	−				

注：＋为通电，－为断电。

数控加工中心气压换刀系统工作过程为：

1）当数控系统发出换刀指令时，主轴停止转动，同时4YA通电，压缩空气经气源处理装置1→电磁换向阀4右位→单向节流阀5→主轴定位缸A的右腔→主轴定位缸A活塞杆左移伸出，使主轴自动定位。

2）定位后压下行程开关，使6YA通电。压缩空气经电磁换向阀6右位→快速排气阀8→气液增压器B的上腔→增压腔的高压油使活塞杆伸出，实现主轴松刀，同时使8YA通电。

3）压缩空气经电磁换向阀9的右位→单向节流阀11→气缸C的上腔，使气缸C下腔排气，气缸C下腔气体→单向节流阀10→电磁换向阀9的右位经消声器排向大气，活塞C下移实现拔刀。

4）回转刀库交换刀具，同时1YA通电。压缩空气经电磁换向阀2的左位→单向节流阀3向主轴锥孔吹气。稍后1YA断电，2YA通电，吹气停止。

5）8YA断电，7YA通电。压缩空气经电磁换向阀9的左位→单向节流阀10→气缸C下腔，气缸C上腔气体→单向节流阀11→电磁换向阀9的左位经消声器排向大气，活塞C上移实现插刀动作。同时活塞C碰到行程开关，使6YA断电，5YA通电，则压缩空气经阀6左位，进入气液增压器B的下腔，使活塞退回，主轴的机械机构使刀具夹紧。

6）气液增压器B的活塞碰到行程开关后，使4YA断电，3YA通电，主轴定位缸A的活塞在弹簧力作用下复位，回复到初始状态，完成换刀动作。

【例9-1】 某加工中心可交换的工作台固定在鞍座上，由4个带定位锥的气缸夹紧。工作台夹紧回路如图9-17所示。试分析该回路中采用了何种速度控制方式，并说明压力开关YK1、YK2的作用。

解　在气压传动系统中，为使夹紧速度可调并避免夹紧时产生压力冲击，采用两个单向节流阀对气缸活塞进行进气节流速度控制。工作台通过两个可调工作点的压力开关YK1、YK2的输出信号作为气缸夹紧和松开的完成信号。

【例9-2】 图9-18所示为某立式加工中心盘式刀库摆动的气动回路图。试分析该回路。

解　如图9-18所示，电磁换向阀2一方面控制着回路气源的通断，同时也控制着两个二位二通单气控换向阀4、5输出口的通断。

当电磁换向阀2的电磁线圈通电时，一方面接通了回路的气源；另一方面让单气控换向阀4和5的通口由断开变为导通，使气缸8与主控阀3之间形成通路。这样，当主控阀3的换向信号到来时，气缸8活塞就能完成相应的伸出和缩回动作。而当电磁换向阀2的电磁线圈断电时，其输出信号被切断，单气控换向阀4和5在复位弹簧作用下迅速复位，气缸8进气口和排气口均处于封闭状态，使气缸8活塞的运动迅速停止。所以单气控换向阀4和5在这里起到了让气缸8活塞在任意位置迅速停止的作用，并能防止切断气源后气缸8活塞位置随意改变。

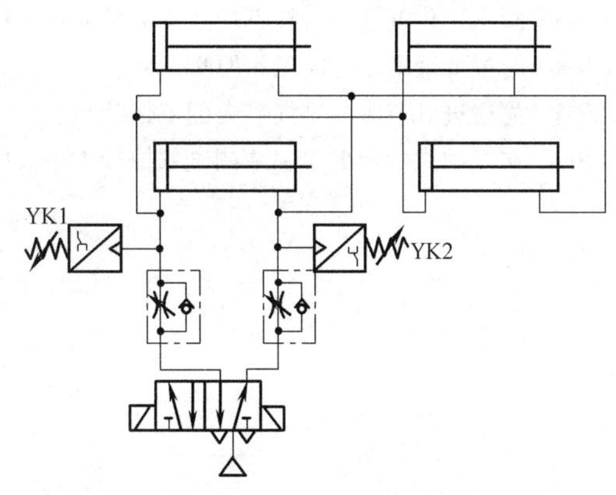

图9-17　加工中心工作台夹紧回路图

回路中气缸8活塞速度控制采用了两个单向节流阀6和7进行排气节流控制。这样主要是为了能有效降低气缸 8 活塞的运动速度，防止刀具在翻转过程中因运动速度过快而被甩出。

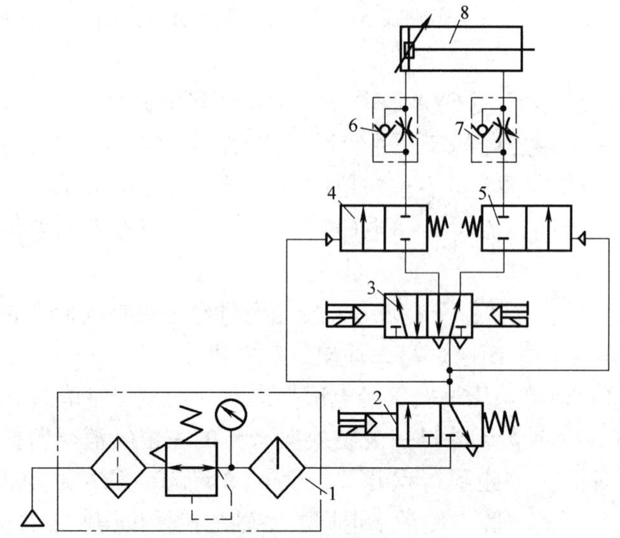

图 9-18 加工中心盘式刀库摆动的气动回路图

1—气源处理装置 2—带手动开关的二位三通单电控先导式电磁换向阀 3—带手动开关的二位五通双电控先导式电磁换向阀（主控阀） 4、5—二位二通单气控换向阀 6、7—单向节流阀 8—气缸

习题与训练

9-1 消声器有哪几种？画出消声器的图形符号。

9-2 简述压力开关的工作原理。

9-3 画出二位五通双电控直动式电磁换向阀的图形符号，并简述它的“记忆”特性。

9-4 简述气液增压器的工作原理。

9-5 简述进气节流和排气节流的工作特点。

9-6 在气动试验台上组装并调试数控加工中心的气压换刀系统回路图，并分析其工作过程。

项目10　自动生产线的气动系统

本项目主要介绍按钮、继电器、接触器、行程开关、接近开关等电气控制元件，并介绍自动生产线分段结构及其气动系统。

10.1　认识自动生产线

自动生产线是由工件传送系统和控制系统，将一组自动机床和辅助设备按照工艺顺序连接起来，自动完成产品全部或部分制造过程的生产系统。

图10-1所示的自动生产线由4段结构各不相同，独立分段的气压、机械传动生产线首尾相接而成。各分段生产线上的每一个工位都可以根据生产工序要求设置上料、加工、钳工、装配、下料等工序；装载工件的随行平板可以在自动生产线上自动循环。

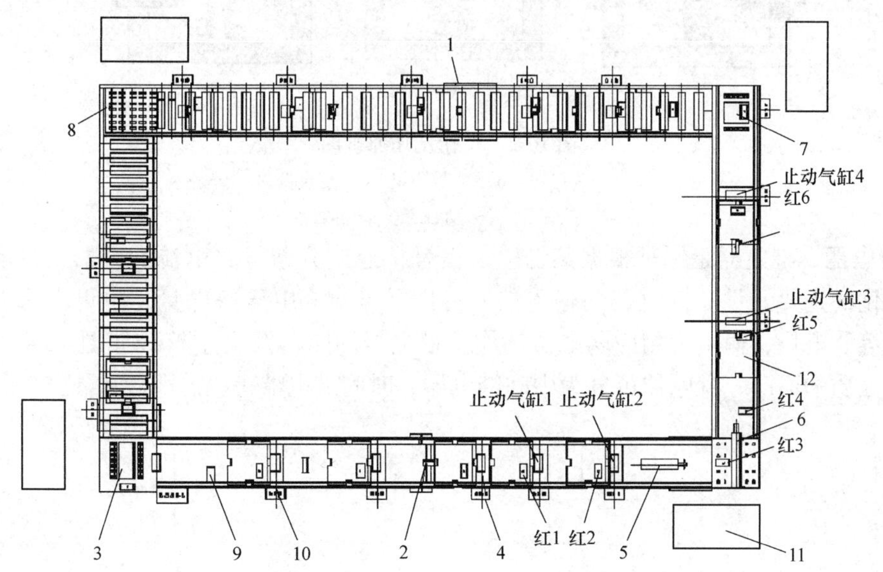

图10-1　自动生产线平面布置图

1—自驱式滚道　2—自驱式链条滚轮　3—回转台　4—止动气缸　5—横向输送装置
6—纵向输送装置　7—升降台　8—机械换向装置　9—红外接近开关　10—电气按钮　11—电气箱

注：红1、红2等分别为红外线接近开关（见10.4节）。

10.2　电气控制元件

在气压传动和液压传动中，电气控制应用广泛。气动回路，是指利用气动控制元件对气动执行元件进行运动控制的回路，一般适用于需耐水，有高防爆、防火要求，不能有电磁噪声干扰的场合以及元件数较少的小型气动系统。在实际气压传动系统中，由于回路一般都比较复杂或者系统中除了有气动执行元件外还有电动机、液压缸等其他类型的执行元件，采用电气—气动控制方式，不仅能对不同类型的执行元件进行集中统一控制，也可以较方便地满足比较复杂的控制要求和实现远程控制。此外电信号的传递速度也远远高于气压信号的传递速度，控制系统可以获得更高的响应速度。

常用的电气元件有按钮、继电器、接触器、行程开关、接近开关等。

1. 按钮　按钮是通过人力来短时接通或断开电路的电气元件。按触点形式不同可分为动合按钮、动断按钮和复合按钮。各类按钮的工作原理如图 10-2 所示。动合按钮在无外力作用时，触点断开；外力作用时，触点闭合。动断按钮无外力作用时，触点闭合；外力作用时，触点断开。复合按钮中既有动合触点，又有动断触点。按钮的图形及文字符号如图 10-3 所示。

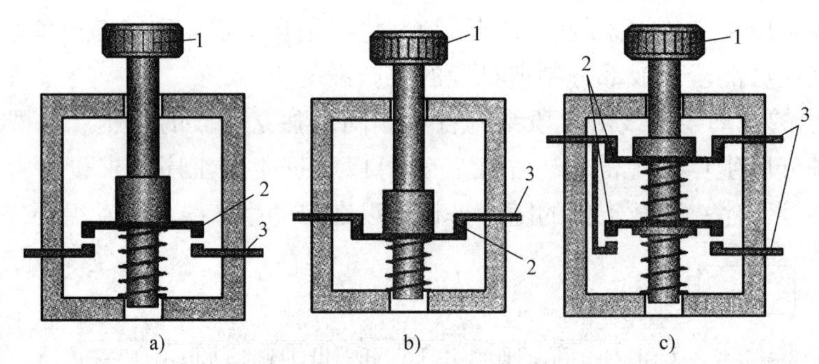

图 10-2　按钮工作原理图

a）动合按钮　b）动断按钮　c）复合按钮

1—按钮帽　2—动触点　3—静触点

2. 继电器　继电器是一种根据某种输入信号接通或分断电路电流的电器，是实现控制过程自动化的重要元件。继电器的输入信号可以是电流、电压等电量，也可以是温度、速度、压力等非电量，输出为相应的触点动作。继电器的图形及文字符号如图 10-4 所示。按输入信号性质的不同，继电器可分为中间继电器、时间继电器等。

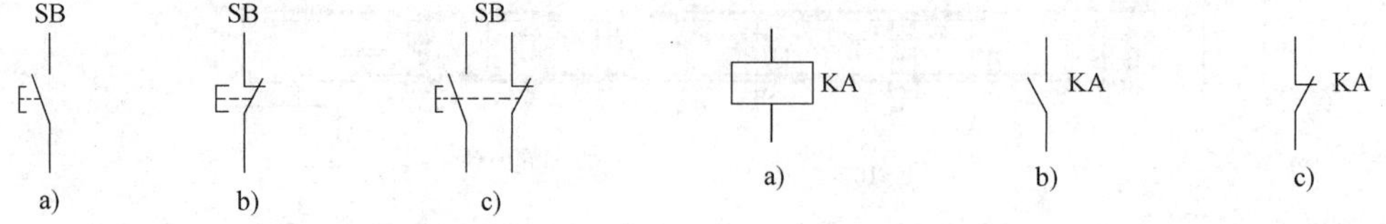

图 10-3　按钮的图形及文字符号

a）动合按钮　b）动断按钮　c）复合按钮

图 10-4　继电器的图形及文字符号

a）线圈　b）常开触点　c）常闭触点

中间继电器的工作原理如图 10-5a 所示。继电器的线圈通电后，所产生的电磁吸力克服释放弹簧的反作用力使铁心和衔铁吸合。衔铁带动动触点 1，使其和静触点 2 断开，和静触点 4 闭合。线圈断电后，在释放弹簧的作用下，衔铁带动动触点与静触点 4 断开，与静触点 2 再次回复闭合状态。图中 A1、A2 是线圈的接线端子，1 和 2 是常闭（动断）触点的接线端子，1 和 4 是常开（动合）触点接线端子。

当线圈接收到外部信号，经过设定时间才使触点动作的继电器称为时间继电器。按延时的方式不同，时间继电器可分为通电延时时间继电器和断电延时时间继电器。

通电延时时间继电器线圈通电后，触点延时动作；线圈断电后，触点瞬时复位。这样的触点包括延时闭合的动合（常开）触点和延时断开的动断（常闭）触点。

断电延时时间继电器线圈通电后，触点瞬时动作；线圈断电后，触点延时复位。这样的触点包括延时断开的动合（常开）触点和延时闭合的动断（常闭）触点。

时间继电器的图形及文字符号如图 10-6 所示。延时闭合的动合（常开）触点是指原状态下，触点是断开的，线圈通电吸合后，触点经一定时间延时后才闭合；延时断开的动断（常闭）触点是指原始状态下触点是闭合的，线圈得电吸合后，触点经一定时间延时后才断开；延时断开的动合（常开）触点是指原始状态下，触点是断开的，线圈得电吸合后触点闭合。线圈断电后，触点并不马上断开，而是经一定时间延时后才断开；延时闭合的动断（常闭）触点是指原始状态下触点是闭合的，线圈通电吸合后触点断开。线圈断电后，触点并不马上闭合，而经一定时间延时后才闭合。

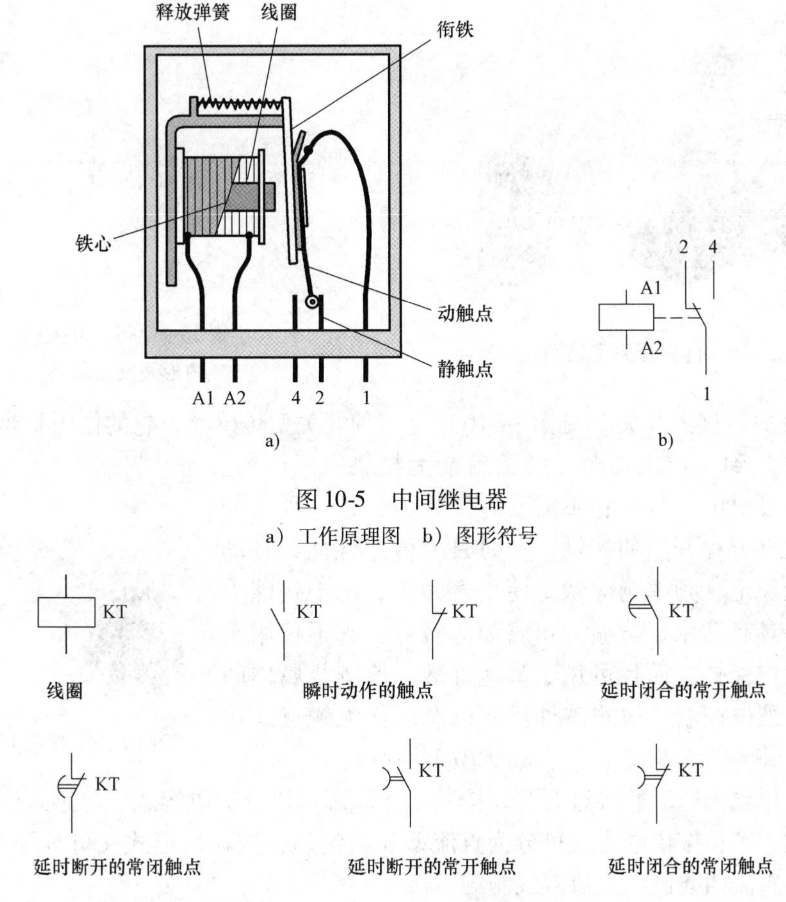

图 10-5　中间继电器

a）工作原理图　b）图形符号

图 10-6　时间继电器的图形及文字符号

3. 接触器　接触器是一种用来自动接通或断开大电流电路的电器，但不能切断短路电流。其图形及文字符号如图 10-7 所示。接触器动作过程和继电器相似，但接触器一般通过电流较大，而继电器通过电流较小。

4. 行程开关　若采用电气方式进行控制时，行程发信元件可以采用行程开关或各类接近开关。

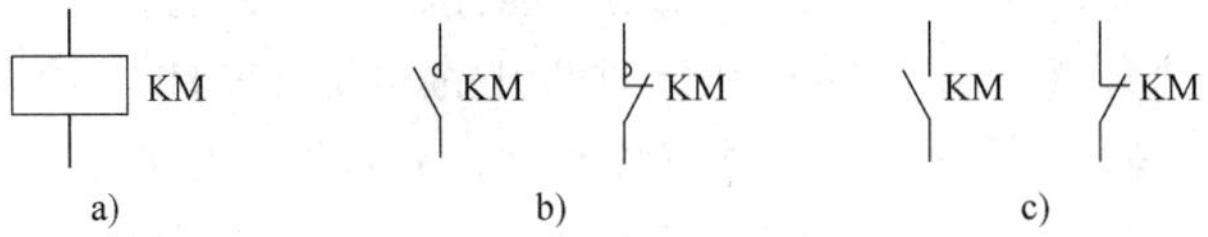

图 10-7 接触器图形及文字符号

a）线圈 b）主触点 c）辅助触点

行程开关又称限位开关，是最常用的接触式位置检测元件，它的工作原理和行程阀非常接近。行程阀是利用机械外力使其内部气流换向；行程开关是利用机械外力改变其内部电触点通断情况。行程开关用于控制设备的运动部件行程及限位保护。在实际生产中，将行程开关安装在预先安排的位置，当安装在生产机械运动部件上的挡块撞击行程开关时，行程开关的触点动作，实现电路的切换。行程开关的实物图如图 10-8 所示。其图形及文字符号如图 10-9 所示。

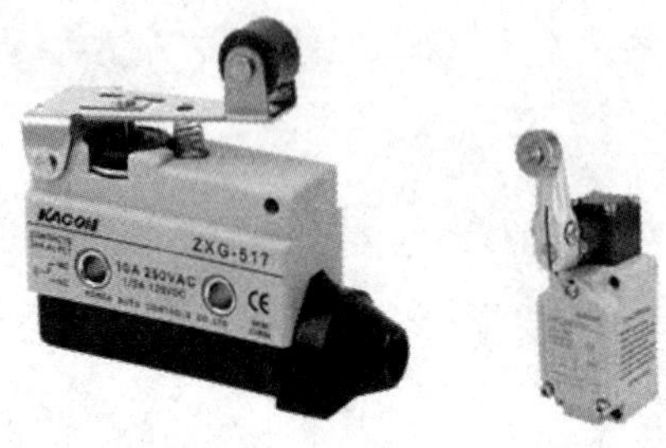

图 10-8 行程开关实物图

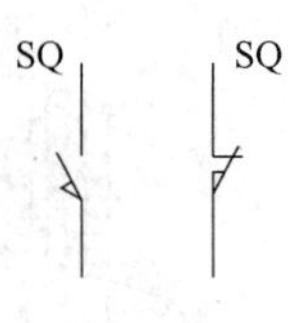

图 10-9 行程开关的图形及文字符号

5. 接近开关 接近开关（见图 10-10）是一种开关型传感器，它的作用是当某物体与接近开关接近并达到一定距离时，开关就能无接触，无压力、无火花，迅速发出电信号。它不需要施加外力，是一种无触点开关。它既有行程开关的特性，同时具有传感性能，且动作可靠、性能稳定、频率响应快、使用寿命长、抗干扰能力强等优点，并具有防水、防振、耐腐蚀等特点。它不仅用于行程控制及限位保护，而且可用于高速计数、检测金属体的存在、测速、液位控制、检测零件尺寸以及用作无触点式按钮等。接近开关的图形及文字符号如图 10-11 所示。

图 10-10 接近开关实物图

就目前应用较为广泛的接近开关，按其工作原理可以分为电容式、电感式、光电式、超声波式、永磁式等；按供电方式可分为直流型和交流型；按输出形式又可分为直流双线制、直流三线制、直流四线制、交流双线制等。

接近开关的输出型有 NPN 和 PNP 两种，在实际应用中要根据控制电路的特性选择接近开关的输出形式。直流三线制接近开关的接线方式如图 10-12 所示。

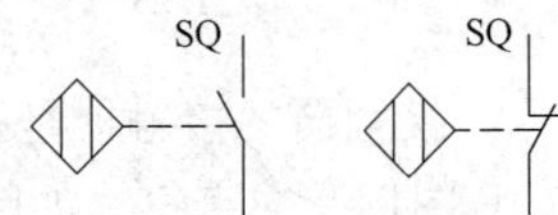

图 10-11 接近开关的图形及文字符号

红外接近开关是一种集发射与接收于一体的光电式开关传感器，其检测距离可以根据要求进行调节。

永磁式接近开关又称为舌簧传感器或磁性开关，是利用永久磁铁的吸力驱动舌簧开关而输出信号的，适用于气缸等元件的位置测定及限位。当磁性目标接近时，舌簧闭合，经放大输出开关信号。永磁式接近开关能安装在金属中，可穿过金属进行检测。其检测距离随检测体磁场的强弱变化而变化。

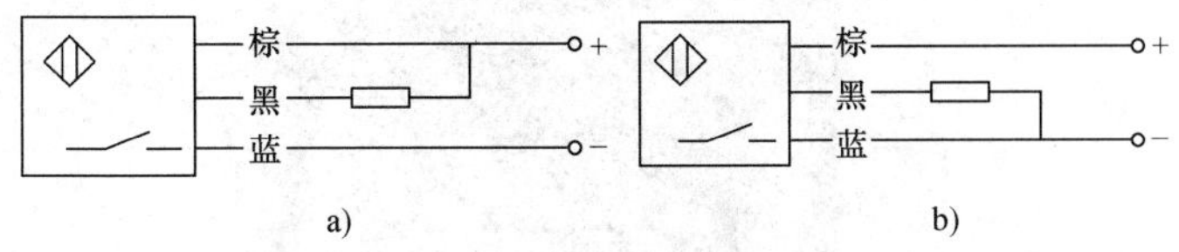

图10-12　直流三线制接近开关的接线方式

a）NPN型　b）PNP型

10.3　自动生产线分段结构及其气动系统

10.3.1　自驱式滚道

自驱式滚道实物如图10-13所示。其结构如图10-14所示，电动机1驱动减速器2，减速器链轮3带动支架4支承的长链条5传动。长链条5由张紧轮6、定轮7张紧。若起动电动机1，长链条5带动的滚筒链轮8不停转动，则该段滚道架上所有由轴承支承的滚筒各自不停地自转，滚筒上的随行平板因滚筒自转产生摩擦力被运到预定位置。

图10-13　自驱式滚道实物图

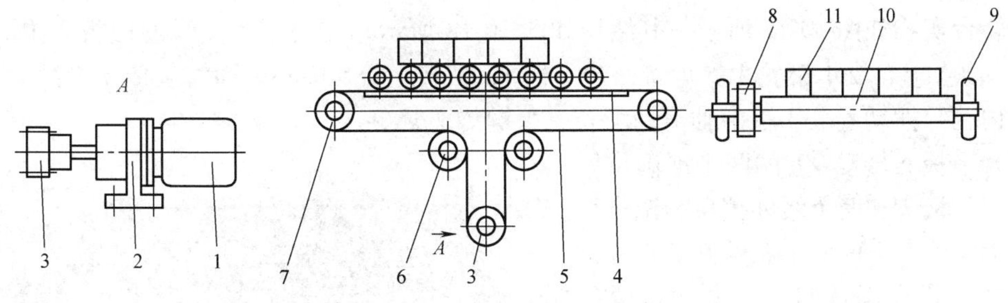

图10-14　自驱式滚道结构图

1—电动机　2—减速器　3—减速器链轮　4—支架　5—长链条　6—张紧轮　7—定轮　8—滚筒链轮　9—轴承　10—滚筒　11—随行平板

10.3.2　自驱式链条滚轮

自驱式链条滚轮实物如图10-15所示。其结构如图10-16所示。电动机1驱动减速器2，减速器链轮3带动链条4使轴承5支承的主动轴6转动，主动轮7转动带动支架8支承的链条滚轮9传动。链条滚轮上的随行平板11因链条滚轮不停地传动被运送到预定位置。

图 10-15　自驱式链条滚轮实物图

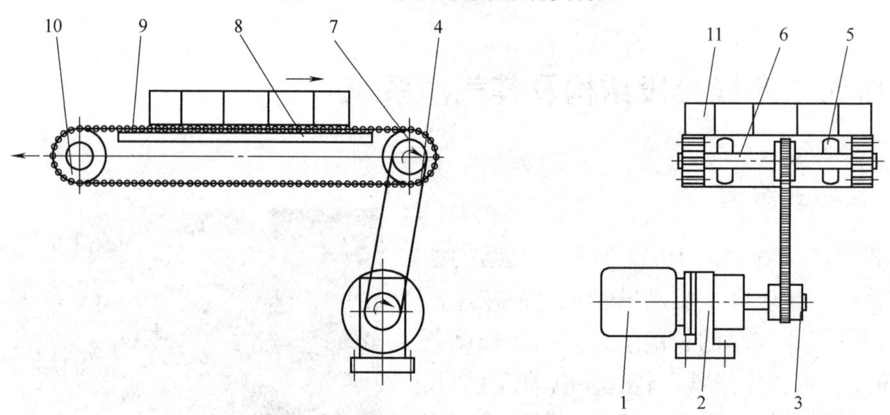

图 10-16　自驱式链条滚轮结构图

1—电动机　2—减速器　3—减速器链轮　4—链条　5—轴承　6—主动轴
7—主动轮　8—支架　9—链条滚轮　10—从动轮　11—随行平板

10.3.3　回转台

回转台实物如图 10-17 所示。其结构如图 10-18 所示，在支架 1 支承的面板 2 中心上面放置摆动气缸 3，支承滚轮 4 支承着回转平板 5，回转平板 5 中心下面安装传动法兰 6，传动法兰 6 内孔与摆动气缸 3 输出轴滑动配合，平键传递转矩。

回转平板 5 转动 90°的两个准确位置由一个限位板 7 和两个缓冲挡块 8 调整得到。摆动气缸 3 上的两个磁性开关 9 分别发出回转工作台到达两个终点的位置信号。

图 10-17　回转台实物图

在回转平板 5 上安装的电动机支架 10 可以调节并固定电动机 11 的位置，通过链条 12 可使由支架 13 和轴承 14 支承的主动轴 15 转动。

通过调节张紧螺钉 16 来调节轴承 17 的位置，即可调节主动轮 18、托轮 19、从动轴 20、从动轮 21、化纤轮带 22 之间的松紧程度。

电动机正、反转动可获得化纤轮带向里或向外传动。

随行平板 23 由外托滚筒 24 支承及导向框 25 约束，化纤轮带 22 向前（向回转台里）传送工件进入终端位置，红外接近开关 26 发出信号，回转台旋转 90°。再由化纤轮带 22 向前（向回转台外）将随行平板 23 送出，随行平板 23 由下一道链条滚轮再带到下一个预定位置。回转台气动回路如图 10-19 所示。摆动气缸旋转 90°是由二位五通双电控先导式电磁换向阀控制的。

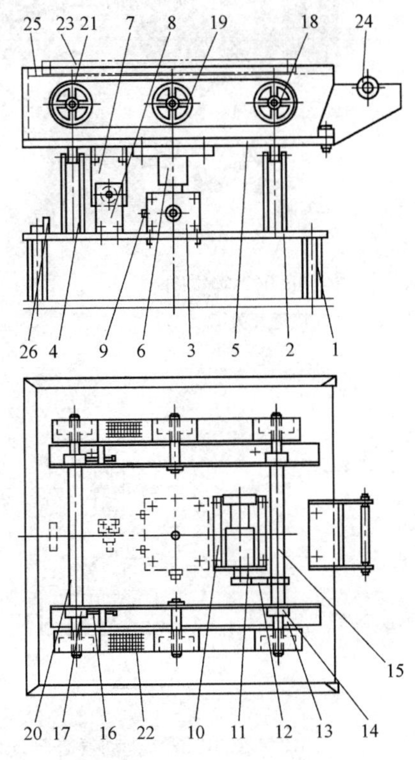

图 10-18　回转台结构图

1—支架　2—面板　3—摆动气缸　4—支承滚轮　5—回转平板　6—传动法兰　7—限位板　8—缓冲挡块　9—磁性开关　10—电动机支架　11—电动机　12—链条　13—支架　14、17—轴承　15—主动轴　16—张紧螺钉　18—主动轮　19—托轮　20—从动轴　21—从动轮　22—化纤轮带　23—随行平板　24—外托滚筒　25—导向框　26—红外接近开关

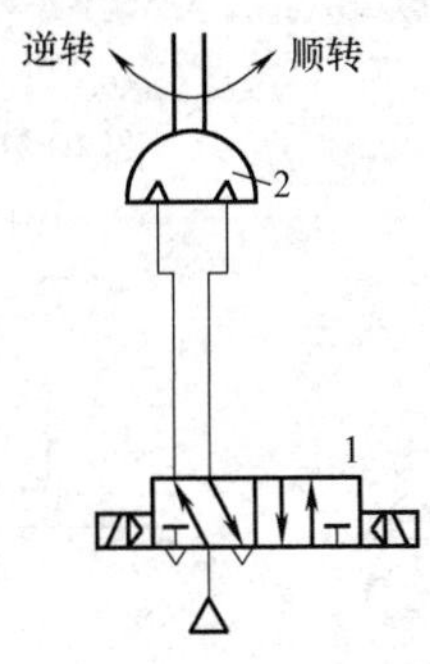

图 10-19　回转台气动回路图

1—二位五通双电控先导式电磁换向阀　2—摆动气缸

10.3.4　止动气缸

图 10-20 所示为止动气缸、随行平板、红外接近开关实物图。止动气缸的工作原理如图 10-21 所示，在常态下止动气缸的活塞杆伸出，挡住载着工件的随行平板向前移动（见图 10-21a）。当随行平板向前移动时，止动气缸活塞上腔进入的压缩空气产生的推力以克服下腔弹簧力，活塞杆向下移动，障碍撤销，随行平板被链条滚轮带向前（或被自转滚筒传动

向前）到达预定位置（见图 10-21b）。滚轮杠杆在弹簧力作用下升起，以准备阻挡下个工件随行平板（见图 10-21c）。止动气缸气动回路图如图 10-22 所示，二位五通单电控先导式电磁换向阀右位工作时，压缩空气进入止动气缸上腔，使活塞杆向下移动。

图 10-20　止动气缸、随行平板、红外接近开关实物图

1—止动气缸　2—随行平板　3—红外接近开关

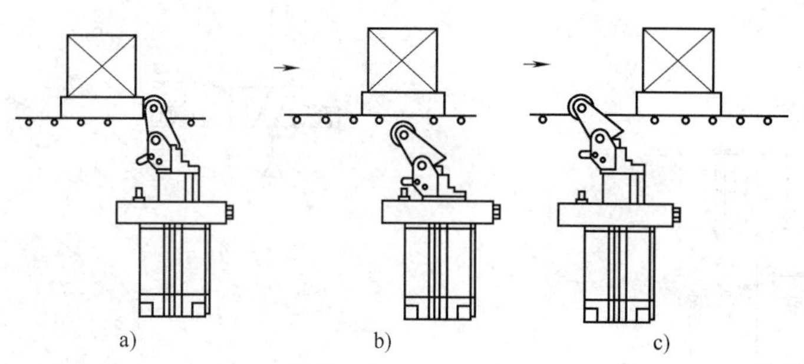

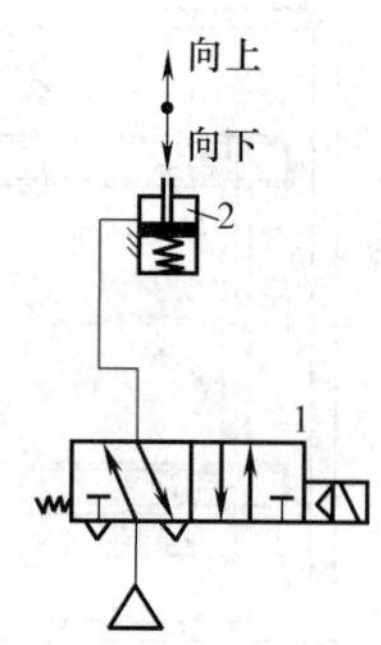

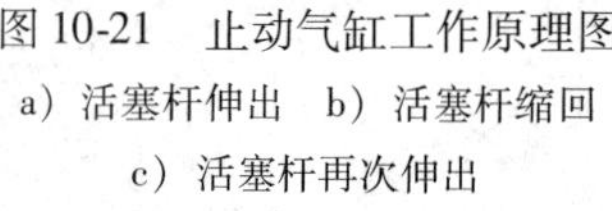

图 10-21　止动气缸工作原理图

a）活塞杆伸出　b）活塞杆缩回

c）活塞杆再次伸出

图 10-22　止动气缸气动回路图

1—二位五通单电控先导式电磁换向阀

2—止动气缸

10.3.5　横向输送装置

横向输送装置的结构如图 10-23 所示，单出杆双作用气缸 1 活塞杆向前，因活塞杆上接头 2 中的活络挡块 3 在槽板 4 内滑行不能再翻转的原因，可以将链条滚轮 5 和外托滚筒 6 上的随行平板 7 推向前，随行平板 7 被推到支架 8、钢球 9 上指定位置。横向气缸 1 上磁性开关 10 发出信号，活塞杆退至原位。红外接近开关 11 发出有工件信号。横向输送装置的气动回路如图 10-24 所示，电磁换向阀控制横向气缸的前进和后退。气缸 XK1 和 XK2 处分别安装磁性开关发出信号，当 XK1 处磁性开关发出信号时，电磁换向阀 1 左位工作，活塞杆伸出，当 XK2 处磁性开关发出信号时，电磁换向阀 1 右位工作，活塞杆退回。由于磁性开关检测的是气缸活塞上磁环的位置，所以其安装位置应在气缸缸体上。横向输送装置的实物如图 10-25 所示。

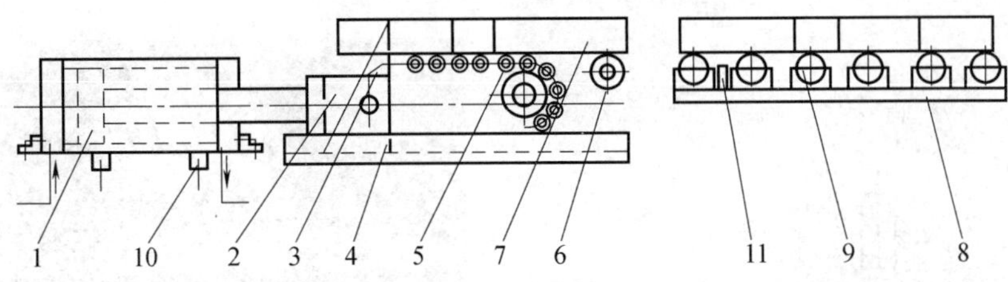

图 10-23　横向输送装置结构图

1—单出杆双作用气缸（横向气缸）　2—接头　3—活络挡块　4—槽板　5—链条滚轮　6—外托滚筒
7—随行平板　8—支架　9—钢球　10-磁性开关　11—红外接近开关

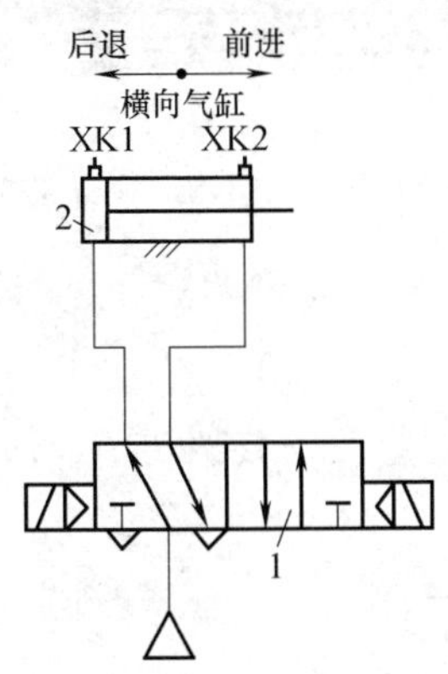

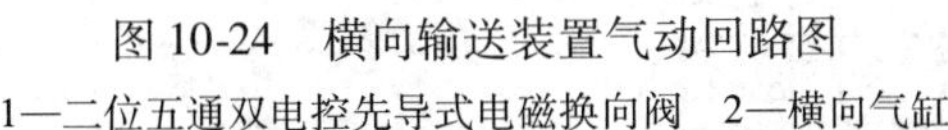

图 10-24　横向输送装置气动回路图

1—二位五通双电控先导式电磁换向阀　2—横向气缸

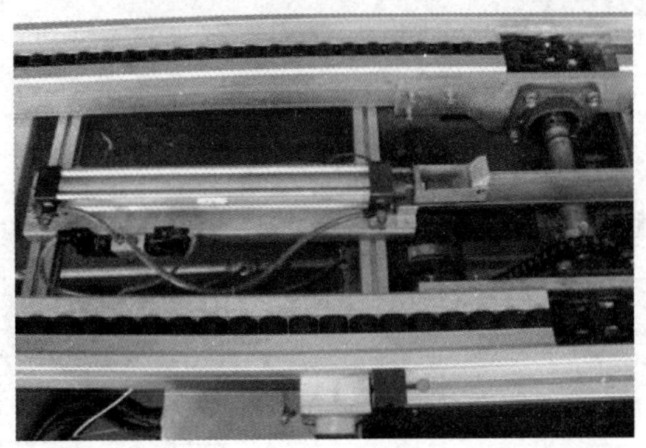

图 10-25　横向输送装置实物图

10.3.6　纵向输送装置

纵向输送装置的结构如图 10-26 所示。单出杆双作用气缸 1 活塞杆伸出，通过拖板 2 将支架 3、钢球 4 支承的随行平板 5 推向前，随行平板 5 被推到链条滚轮 7 上的指定位置。纵向气缸 1 上的磁性开关 6 发出信号，活塞杆退回，拖板退到原位。红外接近开关 8 发出有工件信号。图 10-27 所示为纵向输送装置的气动回路，当 XK3 处磁性开关发出信号时，电磁换向阀 1 左位工作，活塞杆向前伸出；当 XK4 处磁性开关发出信号时，换向阀 1 右位工作，活塞杆退回。纵向输送装置实物如图 10-28 所示。

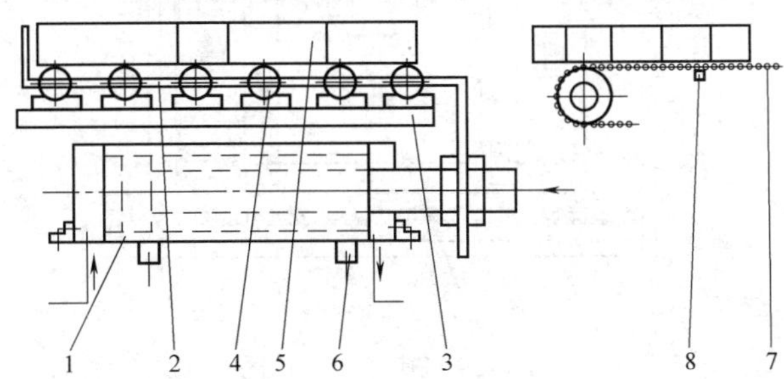

图 10-26　纵向输送装置结构图

1—单出杆双作用气缸（纵向气缸）　2—拖板　3—支架
4—钢球　5—随行平板　6—磁性开关　7—链条滚轮　8—红外接近开关

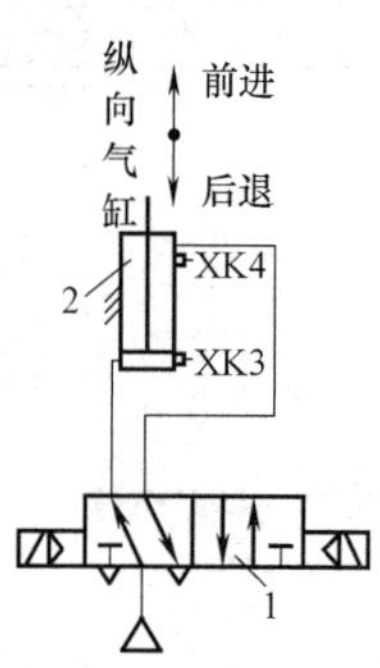

图 10-27　纵向输送装置气动回路图

1—二位五通双电控先导式电磁换向阀　2—纵向气缸

图 10-28　纵向输送装置实物图

10.3.7　升降台

升降台的结构如图 10-29 所示。单出杆双作用气缸 1 固定在安装架 2 上，活塞杆端部连

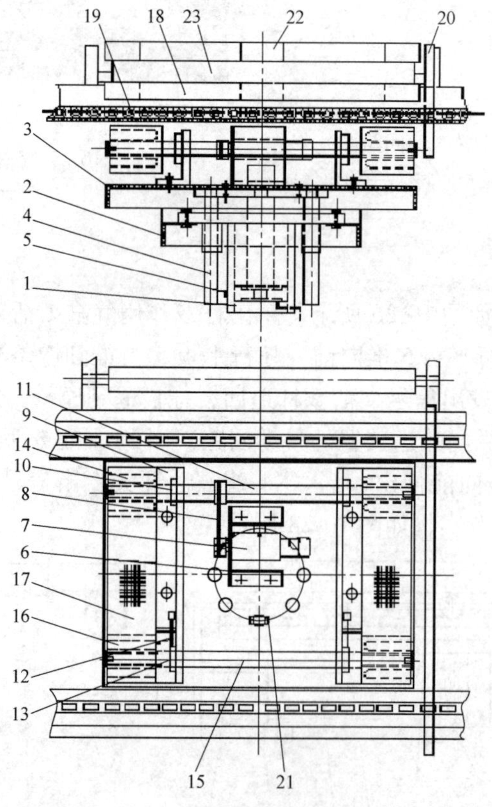

图 10-29　升降台结构图

1—单出杆双作用气缸（升降气缸）　2—安装架　3—移动平台　4—导向杆　5—磁性开关　6—电动机支架　7—电动机　8—链条　9—支架　10、13—轴承　11—主动轴　12—张紧螺钉　14—主动轮　15—从动轴　16—从动轮　17—化纤轮带　18—原先位置的随行平板　19—链条滚轮　20—挡板　21—红外接近开关　22—升高至预定位置的随行平板　23—滚筒

接可上下移动的平台3，为了保证移动平台3上下动作稳定性并防止转动，设置了4个导向杆4，移动平台3上下移动到最终位置由磁性开关发出信号。

在移动平台3上安装的电动机支架6可以调节并固定电动机7的位置，通过链条8可使由支架9上的轴承10支承的主动轴11转动。

通过调节张紧螺钉12来调节轴承13的位置，可调节主动轮14、从动轴15、从动轮16、化纤轮带17之间的松紧程度。

随行平板18由链条滚轮19带过来被挡板20挡住停留下来，红外接近开关21发出有工件信号。单出杆双作用气缸1活塞上升，移动平台3上升，顶起随行平板18，使其由原先所在位置升高至随行平板预定位置。

起动电动机7，化纤轮带17将随行平板18传送至另一输送滚道的滚筒23上。随行平板18被另一输送滚道送至预定位置后，红外接近开关21发出无工件信号，单出杆双作用气缸1活塞杆下降，移动平台3回到原位。升降台的气动回路如图10-30所示，二位五通单电控先导式电磁换向阀右位工作时，压缩空气进入升降气缸下腔，使活塞杆向上伸出。电磁换向阀左位工作时，活塞杆缩回。升降台实物如图10-31所示。

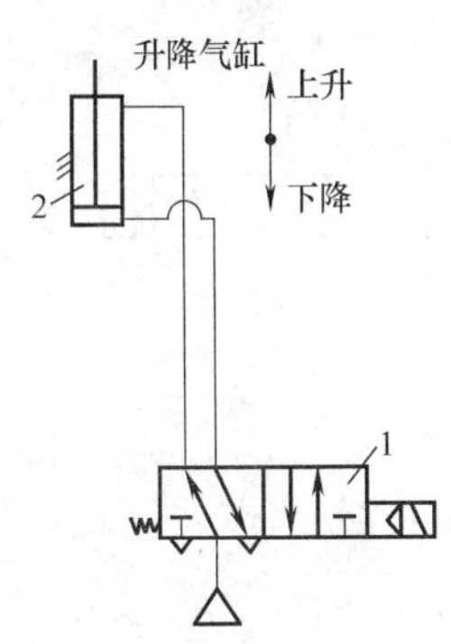

图10-30 升降台气动回路图

1—二位五通单电控先导式电磁换向阀 2—升降气缸

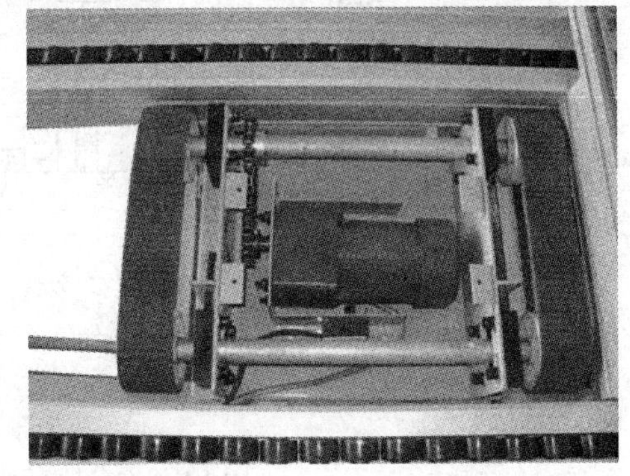

图10-31 升降台实物图

10.4 分段自动生产线气动系统回路

分段自动生产线气动系统回路如图10-32所示。其动作过程是：

1）单电控先导式电磁阀1中1YA通电，止动气缸1活塞杆向下，滚轮杠杆下降，随行平板被链条滚轮带至止动气缸2的位置。红外接近开关红2（见图10-1）发出有工件信号，红外接近开关红1发出无工件信号；1YA通电延时5s以后断电，活塞杆向上，滚轮杠杆上升起阻挡作用。

2）单电控先导式电磁阀2中2YA通电，止动气缸2活塞杆向下，滚轮杠杆下降，随行平板被链条滚轮带至横向输送装置气缸活塞杆前端指定位置。红外接近开关红3发出有工件信号，红外接近开关红2发出无工件信号；2YA得电延时5s以后断电，活塞杆向上，滚轮杠杆上升起阻挡作用。

3）双电控先导式电磁阀3中3YA通电，横向输送装置中单出杆双作用气缸活塞杆伸出，将随行平板推至钢球上指定位置，磁性开关 XK2 发出信号，4YA 通电气缸活塞杆退回，磁性开关 XK1 发出活塞杆退至原位信号；仍由红外接近开关红 3 发出有工件信号，红外接近开关红 2 发出无工件信号。

4）双电控先导式电磁阀 4 中 5YA 通电，纵向输送装置中单出杆双作用气缸活塞杆伸出，通过拖板将随行平板推到指定位置，磁性开关 XK4 发出信号，6YA 通电气缸活塞杆退回，磁性开关 XK3 发出活塞杆已回到原位信号；红外接近开关红 4 发出有工件信号。随行平板又被链条滚轮继续带到止动气缸 3 的位置，红外接近开关红 5 发出有工件信号，红外接近开关红 4 发出无工件信号。

5）单电控先导式电磁阀 5 中 7YA 通电，止动气缸 3 活塞杆向下，滚轮杠杆下降，随行平板被链条滚轮带至止动气缸 4 的位置。红外接近开关红 6 发出有工件信号，红外接近开关红 5 发出无工件信号；7YA 通电延时 5s 以后断电，活塞杆向上，滚轮杠杆上升起阻挡作用。该段生产线电磁铁、磁性开关动作见表 10-1。

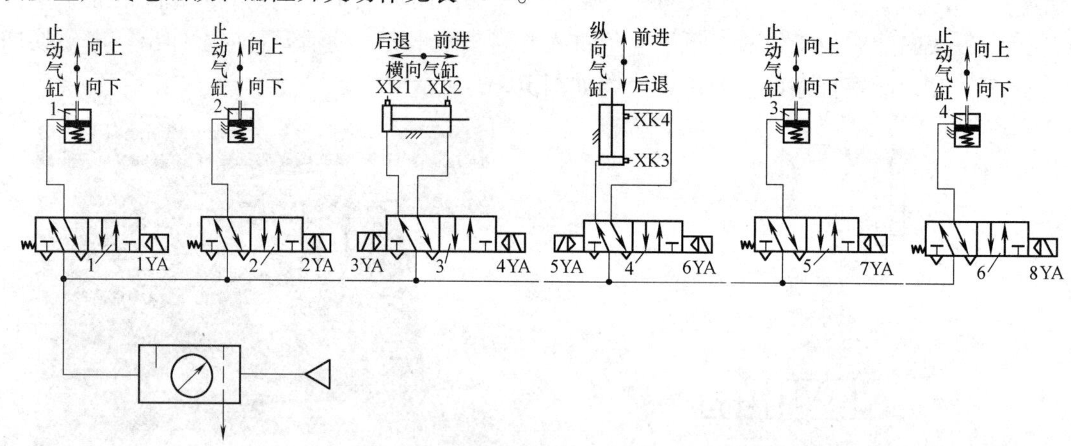

图 10-32　分段自动生产线气动系统回路图

1、2、5—单电控先导式电磁阀　3、4—双电控先导式电磁阀

注：止动气缸（1 ~4）见图 10-1。

表 10-1　分段自动生产线电磁铁、磁性开关动作表

元件 动作	电磁铁								磁性开关			
	1YA	2YA	3YA	4YA	5YA	6YA	7YA	8YA	XK1	XK2	XK3	XK4
止动气缸 1 向下	+								+		+	
止动气缸 1 向上									+		+	
止动气缸 2 向下		+							+		+	
止动气缸 2 向上									+		+	
横向向前			+	−					−	+	+	
横向后退			−	+					+	−	+	
纵向向前					+	−			+		−	+
纵向后退					−	+			+		+	−
止动气缸 3 向下							+		+		+	
止动气缸 3 向上									+		+	

（续）

动作＼元件	电磁铁								磁性开关			
	1YA	2YA	3YA	4YA	5YA	6YA	7YA	8YA	XK1	XK2	XK3	XK4
止动气缸 4 向下								+	+		+	
止动气缸 4 向上									+		+	

注：＋为通电，－为断电。

【例 10-1】 如图 10-33 所示，利用一个气缸将纵向输送装置送来的工件推送到与其垂直的横向输送装置上作进一步加工。要求通过按钮控制，使气缸活塞杆伸出，将工件推出；松开按钮，气缸活塞杆缩回。试设计能实现工作要求的电气—气动控制回路。

解 首先应根据工件大小，确定气缸活塞行程的长短。对于行程较短的，可以采用单作用气缸；行程如果较长，就应采用双作用气缸。若采用双作用气缸，气动回路如图 10-34a 所示。二位五通单电控电磁换向阀控制气缸活塞杆的伸出与缩回。当 YA 通电时，换向阀左位工作，活塞杆伸出；当 YA 断电时，换向阀右位工作，活塞杆缩回。

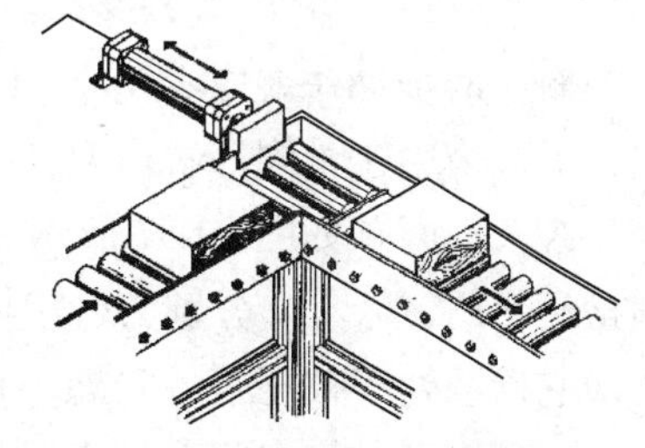

图 10-33　工件转向运输装置

采用两种方案实现电气控制。方案 1 中采用按钮 SB 直接控制电磁阀线圈 YA 通断电，回路简单；方案 2 中采用按钮 SB 控制继电器线圈 KA 通断电，继电器触点控制电磁阀线圈 YA 通断电，回路相对复杂，但由于继电器能提供多对触点，使回路具有良好的可扩展性。

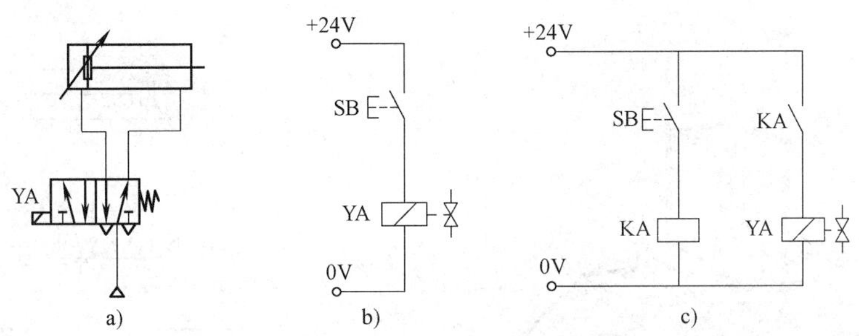

图 10-34　电气—气动控制回路

a）气动回路　b）方案 1 电气控制回路　c）方案 2 电气控制回路

【例 10-2】 要求采用电气—气动控制方式实现例 7-1 题的工作要求。试设计该回路。

解 在电气控制中，通过对输入信号的串联和并联可以实现逻辑“与”、“或”功能。如图 10-35 所示，同时按下两个按钮 SB1、SB2，继电器 KA1 线圈通电，继电器常开触点 KA1 闭合，电磁阀线圈 1YA 通电，二位五通电磁换向阀左位工作，活塞杆伸出；按下按钮 SB3，则 2YA 通电，电磁换向阀右位工作，活塞杆回缩。

【例 10-3】 图 10-36 所示为一自动送料装置，利用一个双作用气缸将料仓中的成品推入滑槽进行装箱。为提高效率，采用一个带定位的按钮起动气缸动作。按下开关，气缸活塞杆伸出，活塞杆伸到头即将工件推入滑槽。工件推入滑槽后活塞杆自动缩回，活塞杆完全缩回后再次自动伸出，推下一个工件，如此循环，直至再次按下定位开关，气缸活塞杆完全缩回后停止。试分别设计纯气动回路及电气—气动控制回路实现上述工作要求。

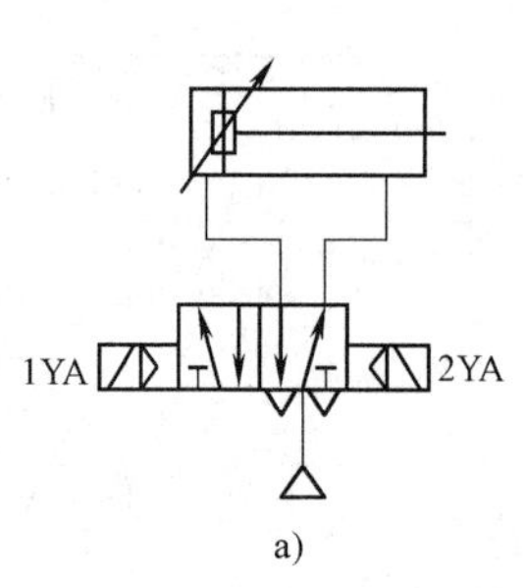

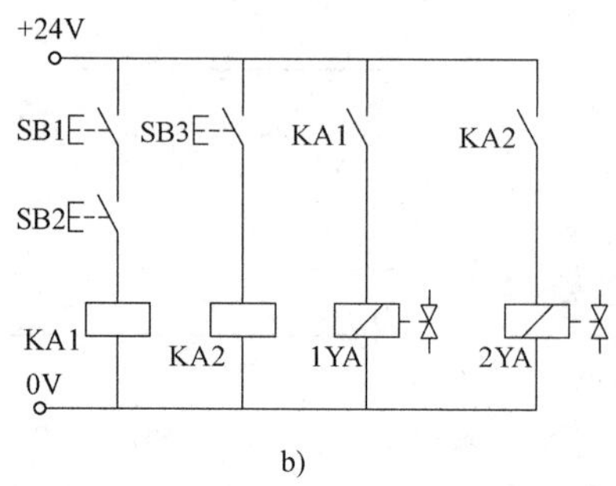

图 10-35　电气—气动控制回路

a）气动回路　b）电气控制回路

解　两步动作就应有两个相应的行程发信元件，一个用于检测活塞杆是否已经完全伸出；另一个用于检测气缸活塞杆是否已经完全缩回。

纯气动回路如图 10-37 所示。采用行程换向阀 2 和 3 作为发信元件，为说明它们具有行程检测作用，a_0、a_1 分别为行程换向阀 2 和 3 的实际安装位置。图中阀 2 的画法表明在起动之前它已经处于被压下的状态。按下按钮开关 SB，换向阀 1 左位工作，由于是带定位的按钮，一旦按下，换向阀 1 始终左位工作，双气控换向阀 4 左位工作，气缸 5 活塞杆伸出，活塞杆完全伸出使行程换向阀 3 左位工作，双气控换向阀 4 右位工作，活塞杆缩回，然后再次自动伸出，推下一个工件，如此循环。直至再次按下 SB，换向阀 1 右位工作，由于双气控换向阀 4 具有“记忆”特性，气缸 5 活塞杆完全缩回后停止。

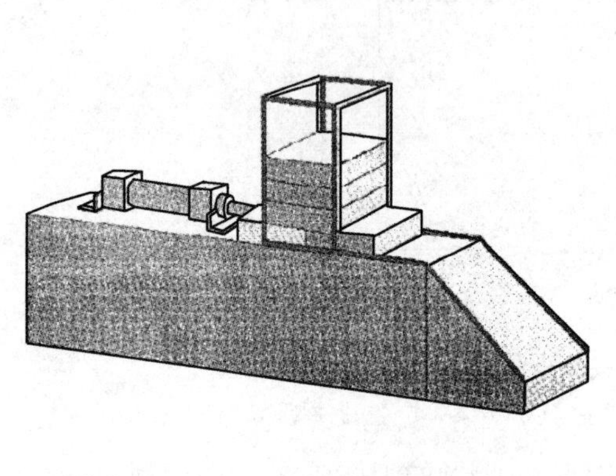

图 10-36　自动送料装置

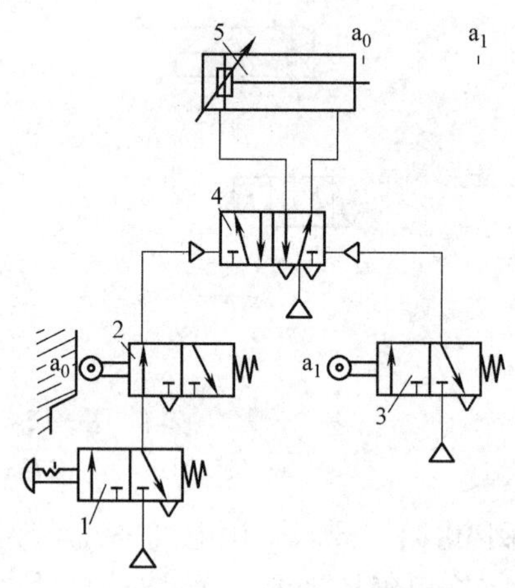

图 10-37　纯气动回路

1—二位三通按钮式换向阀（带定位按钮）

2、3—二位三通行程换向阀

4—二位五通双气控换向阀　5—气缸

在电气—气动控制中，和纯气动回路图中的行程阀一样，在图中也应标出其安装位置。应当注意的是：采用行程开关、电容式接近开关、光电式接近开关等，这些接近开关都用于检测活塞杆前部凸块的位置，所以接近开关安装位置如图 10-38 所示应在活塞杆的前方；采用磁感应式接近开关时，传感器检测的是气缸活塞上磁环的位置，所以其安装位置应如图

10-39 所示的气缸缸体上。

如图 10-38 所示，初始状态时，活塞杆前部凸块处于 SQ1 位置，按下带定位的按钮 SB，继电器 KA1 线圈通电，继电器常开触点 KA1 闭合，电磁阀线圈 1YA 通电，二位五通双电控电磁换向阀左位工作，活塞杆伸出；当活塞杆前部凸块处于 SQ2 位置时，继电器 KA2 线圈通电，继电器常开触点 KA2 闭合，电磁阀线圈 2YA 通电，二位五通双电控电磁换向阀右位工作，活塞杆缩回。由于 SB 是带定位的按钮，一旦按下，只要活塞杆前部凸块处于 SQ1 位置，继电器 KA1 线圈就通电，活塞杆再次伸出，如此循环。直至再次按下 SB，由于双电控电磁换向阀具有“记忆”特性，气缸活塞杆完全缩回后停止。

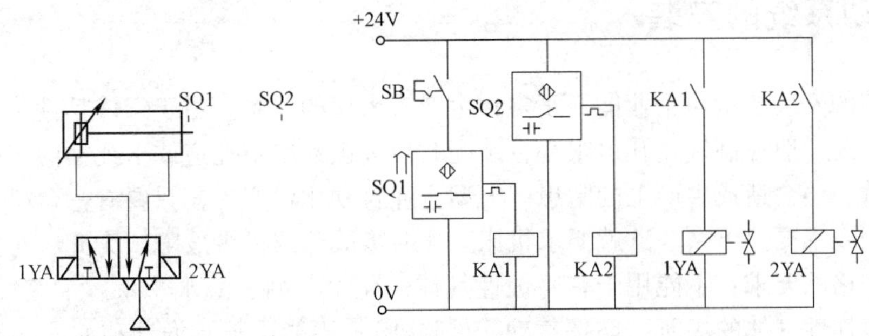

图 10-38 电气—气动控制回路（采用电容式接近开关）

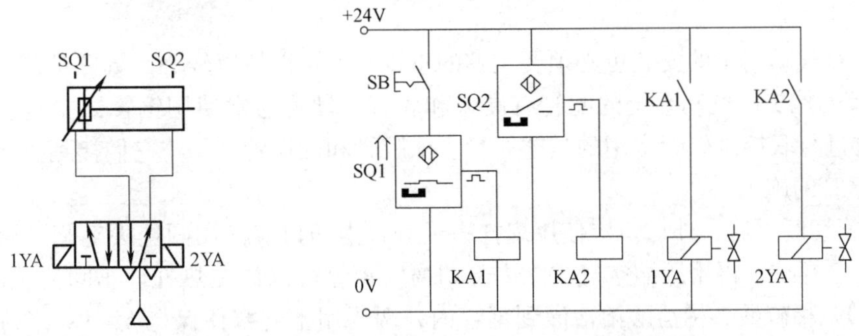

图 10-39 电气—气动控制回路（采用磁感应式接近开关）

习题与训练

10-1 简述止动气缸的工作原理。

10-2 行程开关的工作原理是什么？

10-3 接近开关的工作原理是什么？接近开关按工作原理分为哪几种类型？

10-4 组装并调试生产线回转台气动回路，并分析其工作过程。

10-5 组装并调试生产线横向输送装置气动回路，并分析其工作过程。

10-6 组装并调试生产线纵向输送装置气动回路，并分析其工作过程。

10-7 组装并调试生产线升降台气动回路，并分析其工作过程。

项目11　气动系统的安装、调试、维护及故障诊断与排除

本项目主要介绍气动系统的安装、调试、维护保养及常见故障的诊断与排除。

11.1　气动系统的安装

气动系统的安装质量与企业能否正常化生产有密切的关系。由于气体粘性小，小气孔流量却很大，因此一般控制气路孔道很小，装配时垃圾极易堵塞孔道或卡死换向阀阀芯，使调试时出现故障，还会造成生产上的隐患。大型企业自动化生产中，只要有一台机床上出一点故障，可能全线都要停下来。这就要求机床工作时零故障或极少故障。为此，对气动系统的使用环境有严格的要求：不能用于有腐蚀性气体、化学药品、海水、水、水蒸气的环境中；不能用于有爆炸性气体的场所（防爆气动元件除外）；不能用于有振动和冲击的场所（耐振动、耐冲击气动元件除外）；不能用于周围有热源、受到辐射热影响的场所（采取保护措施遮断辐射热除外）。

同时，对气动系统的安装也必须要足够的重视，不可以掉以轻心，具体是：

1. 配管的施工　气动系统的配管有硬管和软管。硬管通常使用钢管，在钢管的两端加工锥管螺纹进行联接。软管常用的是塑料管、橡胶管和软铜管，是将它们接到管接头上。

（1）钢管的施工

1）钢管切断以后，外切口应使用扁锉去毛刺，内切口应使用圆锉去毛刺。用专用攻螺纹机加工锥管螺纹，再用压缩空气吹除内部切屑。短管可以放在热处理车间清洗池内清洗，长管可用20%稀硫酸、稀盐酸溶液灌到钢管内，两头用木枕塞住保持6～12h，待钢管中的氧化皮去掉以后，再用水清洗、压缩空气吹干。

2）螺纹部分要卷绕生料带，螺纹前端应空出1～2个螺距不卷绕。顺时针方向绕1～2层，并用手指将密封带压住螺纹。

3）使用液态密封材质时，螺纹前端空出1～2个螺距不涂布，且不要涂布过多。元件的内螺纹上不得涂布。

4）考虑到元件要更换、检查方便，要卸下的部位用管接头等连接比较好，以免不需拆卸部分也得拆卸，加大工作量，且保管也困难。

5）空气压力比油压低，密封容易。气动元件使用压铸铝较多，螺纹拧入力矩不要过大，以免螺纹部分产生裂纹。特别是卷绕密封带后滑溜性好，很易拧入，应按规定的紧固力矩操作。

（2）管接头的施工

1）用管剪垂直剪断软管端面，管口若是斜的、扁平的或有残留物时，会造成密封不良。

2）管接头及管子的密封方式，因系列不同、生产厂家不同而不同，使用前要确认。不

同厂家的同类管接头不要混用，管子尺寸是米制还是英制要区分开。

3）软管不像钢管，安装时不要损伤，以免影响寿命。

4）在管接头的金属根部的软管不得急剧弯曲，要保证金属根部的软管有 3 倍软管外径以上的直管段，且管子的弯曲半径要符合生产厂家的规定。

5）软管不得拧扭，尤其是要运动的软管，加压时，拧扭状的软管有恢复原状的作用力，其反作用力会使接头螺纹松动或出现其他异常，特别是软管短时，影响更大。

6）要避免软管与其他运动物体接触，要避免与高温部位接触。

7）软管长度要适当。利用压紧法或使用管接头卡座来整理配管。管子两端管接头的接头螺母的紧固力矩要适当，过度紧固有可能造成密封面变形而漏气。

8）软管内部要用压缩空气吹除干净。

2. 配管的吹除工作

1）几根串接的管子应从上游侧依次吹除后然后连接起来。

2）空气中的异物特别容易对电磁阀的工作带来影响，安装配管后的吹除工作十分必要。吹除步骤是：

① 取下阀体，从供气侧利用强气流吹除切屑等（见图 11-1a）。

② 在底板上装上阀体，从气缸上卸下连接管，利用手动操作按钮切换电磁阀，让气流交替吹气，吹除电磁阀至气缸之间气路中的异物等（见图 11-1b）。

③ 在气缸的通口接上配管，用手动操作按钮让电磁阀切换，从排气口交替排气（见图 11-1c）。

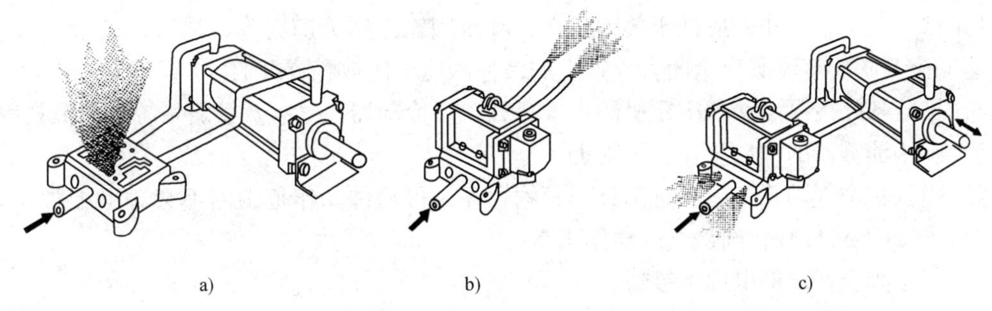

a) b) c)

图 11-1 底板配管的吹除步骤

3. 元件安装注意事项

1）应从气源侧开始，按系统图要求依次安装。

2）元件接配管之前，必须对配管进行充分吹洗，防止异物进入系统内。

3）确认各元件的进出口侧，不得装反。

4）空气过滤器、油雾器的水杯应垂直朝下安装。要确保更换滤芯的空间，要排水方便；要便于向油雾器内注油，要便于操作油雾器的节流阀以调节滴油量，要便于观察滴油状况及油杯内的储油情况。

5）减压阀安装要考虑到调压手轮操作方便，压力表应处于能观察的方位。

6）电磁换向阀应尽量靠近被控的气缸安装。

先导式电磁换向阀组如图 11-2、图 11-3 所示。

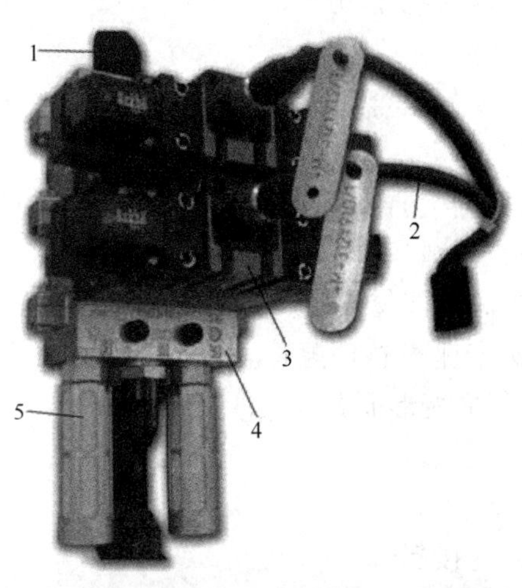

图 11-2　先导式电磁换向阀组图 1

1—进气管　2—接线　3—先导式电磁换向阀　4—连接底板　5—消声器

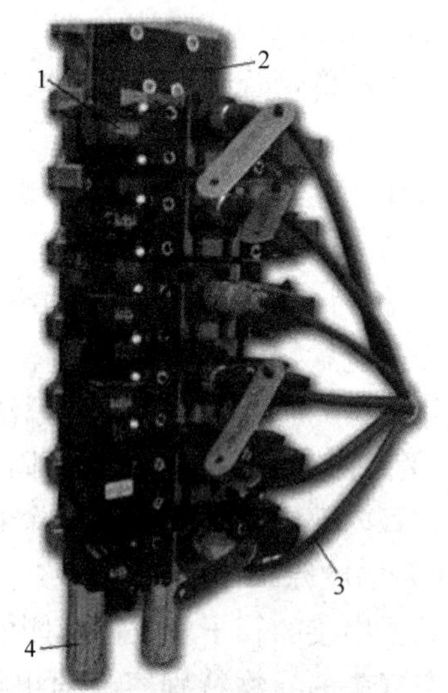

图 11-3　先导式电磁换向阀组图 2

1—先导式电磁换向阀　2—连接底板　3—接线　4—消声器

11.2　气动系统的调试

1. 气动系统的试运转

1）试运转前，截止阀应处于关闭状态，减压阀输出压力应为零，油雾器的节流阀应全闭，速度控制阀的节流阀应全闭，气缸上的缓冲阀应全闭或稍许开启。

2）排放各处冷凝水，如空压机的小气罐处，后冷却器、气罐及管路系统中的低处等。

3）确认油雾器的油储量在上限附近。

4）确认整个气动系统内没有工具、异物存在。可动件动作范围内不会碰上配管及其他物体等。气缸不接负载，确认气缸动作正常。

5）截止阀全开，但电源不接通。

6）将减压阀调至设定压力。

7）利用电磁阀的手动按钮，确认电磁阀动作正常（可让阀的输出口通大气）。

8）逐渐打开两侧速度控制阀的节流阀，逐渐提高气缸的速度。

9）在逐渐提高气缸速度的同时，逐渐开启缓冲阀，让气缸平稳动作，直至行程末端为止。

10）逐渐调整节流阀及缓冲阀的开度，直至达到要求的气缸运动速度，且气缸能平稳动作至行程末端。调整完毕，应锁住节流阀及缓冲阀。

11）调整油雾器的滴油量。

12）让电磁阀手动按钮复位。

2. 气动系统的自动运转调试

1）接通电源。

2）试运转调试完成以后，调整速度控制阀，使执行元件在低速下动作。

3）进行执行元件限位器的最终调整。

4）进行限位开关，如磁性开关、限位阀等的检测位置的调整。

5）带负载进行执行元件的速度调整和缓冲阀的调整。

6）进行各个独立回路及非正常停止回路的确认。

7）进行连续运转。

8）调整油雾器的流量。

3. 完成作业以后的工作

1）关闭截止阀，利用残压释放阀释放残压。

2）切断电源。

3）排放各处冷凝水。

4. 非正常停止的处理

1）从非正常停止到再次起动前，若气动装置的全部执行元件及可动部件都停止不动，则是安全的，处理完非正常停止的故障后，便可再次起动。

2）若释放压力，负载会落下或复位，充入压力，负载才停止，或者借助外力才停止等情况下，压力就不能释放，否则要发生事故。

3）在下列情况下，出现非正常停止时，可以将压力释放掉。

①　水平移动时，执行元件的惯性力和输出力不大，则可以快速释放残压。

②　水平移动时，执行元件惯性力大，一旦瞬时释放残压，由于惯性作用，执行元件会过快动作，则应慢慢释放残压。

③　运动负载下落或滑落（垂直方向或斜面上）时，水平移动负载在某方向有弹簧力或其他外力存在时，或在夹紧等工作情况下，需短时间保压，经确认已安全时才能释放残压。

11.3　气动系统的维护保养

气动装置如果不注意维护保养工作，就会过早损坏或频繁发生故障，使装置的使用寿命大大降低。在对气动装置进行保养时，应针对发现的事故苗头及时采取措施，这样可以减少和防止故障的发生，延长元件和系统的使用寿命。因此，企业应制订气动装置的维护保养管理规范，加强管理教育，严格管理。

维护保养工作的中心任务是：保证供给气动系统清洁、干燥的压缩空气；保证气动系统的气密性；保证油雾润滑元件得到必要的润滑；保证气动元件和系统得到规定的工作条件（如使用压力、电压等），以保证气动执行机构按预定的要求进行工作。

维护工作分为经常性维护工作即每天必须进行的维护工作和定期维护工作即每周、每月或每季度进行的维护工作。

1. 经常性维护工作　日常维护工作的主要任务是冷凝水的排放、润滑油的检查和空压机系统的管理。

1）冷凝水排放涉及整个气动系统，从空气机、后冷却器、气罐、管道系统，直到各处空气过滤器，干燥器和自动排水器等。在作业结束时，应将各处冷凝水排放掉，以防止夜间温度低于0℃导致冷凝水结冰。由于夜间管道内温度下降，会进一步析出冷凝水，故气动装置在每天运转前，也应将冷凝水排出。

2）在气动装置运转时，每天应检查 1 次油雾器的滴油量是否符合要求，油色是否正常，即油中不要混入灰尘和水分等。混入水分的油呈白色浑浊状态。

3）空压机系统的日常管理是：是否向后冷却器（水冷式）供给了冷却水；空压机是否有异常声音、异常发热；润滑油量是否正常。

4）使用电源的气动元件，为防止触电，注意维护时不要把手及物体放入元件内，不得已时要切断电源，应确认装置已停止工作，并排放掉残压后才能进行维护。注意不要用手碰高温部位。

2. 定期维护工作

1）每周维护工作的主要内容是：漏气检查和油雾器管理；空压机是否要补油；传动带是否松动；干燥器的露点是否有变动；执行元件有无松动之处。

漏气检查应在白天车间休息的空闲时间或下班之后进行。这时，气动装置已停止工作，车间内噪声小，但管道内还有一定的空气压力，根据漏气的声音便可知道何处存在泄漏。严重泄漏处必须立即处理，如软管破裂、连接处严重松动等。

油雾器最好选用 1 周补油 1 次的规格。补油时，要注意油量减少的情况，若耗油量太少，应重新调整滴油量。调整后的滴油量仍小或不滴油，应检查通过油雾器的流量是否减少，油道是否堵塞。

2）每月或每季度的维修工作，应比每日和每周的维护工作更仔细，但仍限于外部能够检查的范围。其主要内容是：

① 仔细检查各处泄漏情况，紧固松动螺钉（包括接线端子处）和管接头。检查漏气时应采用在各检查点涂肥皂液等办法，因其显示漏气的效果比听声音更灵敏。

② 检查换向阀排出空气的质量。在检查换向阀排出空气的质量时应注意：

a. 了解排气中所含润滑油量是否适度。可以用白纸在排气口检查。若润滑不良，应考虑油雾器的安装位置是否合适，所选规格是否恰当，滴油量调节得是否合理，管理方法是否符合要求。

b. 了解排气中是否含有冷凝水。若有冷凝水排出，应考虑过滤器的位置是否合适，各类除水元件设计和选用是否合理，冷凝水管理是否符合要求。

c. 了解不该排气的排气口是否有漏气。少量漏气预示着元件的早期损伤。泄漏的主要原因是阀内或缸内密封不良、复位弹簧生锈或折断、气压不足等。

③ 检查各调节部分的灵活性。

④ 检查指示仪表的正确性。

⑤ 检查电磁阀切换动作的可靠性。

⑥ 检查气缸活塞杆有无损伤以及一切从外部能够检查的内容。

3）安全阀、紧急开关阀平时很少使用，定期检查时，必须确认它们的动作可靠性。

4）让电磁阀反复切换，从切换声音可判断阀的工作是否正常。对交流电磁阀，若有蜂鸣声，应考虑动铁心与静铁心没有完全吸合，吸合面有灰尘，分磁环脱落或损坏等。

5）气缸活塞杆常露在外面，观察活塞杆是否被划伤、腐蚀和存在偏磨。根据有无漏气，可判断活塞杆与缸盖内的导向套和密封圈的接触情况、压缩空气的处理质量、气缸是否存在横向载荷等。

6）气液单元的油应半年至 1 年间更换 1 次，当油中混入冷凝水变成白色浑浊状态或变色时，必须换新油。

11.4 气动系统的故障诊断与排除

11.4.1 故障种类

1. 初期故障 初期故障发生在调试阶段和系统开始运转初期。其主要原因有：

（1）元件加工质量不合格

1）气缸筒内孔表面粗糙度达不到要求，密封圈磨损加快，应重新研磨内孔。

2）活塞杆端处与气缸盖同轴度误差大，活塞在运动过程中不能到达终点，应重新制作符合技术要求的气缸盖。

3）气缸筒孔口未倒角，会在安装活塞时损坏密封圈造成漏气，应重新在气缸筒上加工倒角。

（2）装配不良 其原因是：零件毛刺未清除干净、不清洁安装；零件装错、装反、装配时对中不良；紧固螺钉拧紧力矩不恰当等。

（3）零件材质不符合要求 包括外购零件弹簧易断、密封圈不耐磨等。

（4）设计失误

1）设计不合理。例如，一台清洗装置采用齿轮齿条式摆动气缸，齿条的往复运动带动齿轮的旋转换向运动，要求该气缸能发出换向信号。开始时采用的结构如图 11-4a 所示。在小批量试制时发现，气缸动作不到位。这是因为如图 11-4a 所示的结构为 a、b、c 三支承，对制造质量要求较高，此外气缸的气压较低，推力较小，运转时三支承相互制约性较大。改成如图 11-4b 所示的结构，发信方式改成在齿轮上加行程开关发信。由 a、b、c 三支承改为 a、b 二支承，采用了普通齿轮齿条式气缸结构，不但降低了制造难度，还保证了动作可靠性。实践证明，改进结构动作灵敏、无故障。

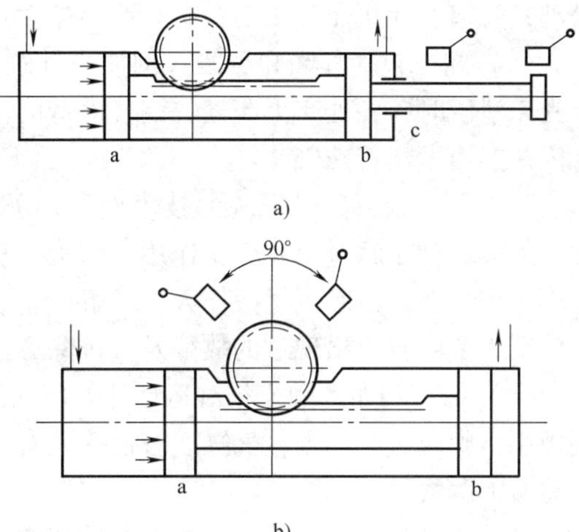

图 11-4 齿轮齿条式摆动气缸的设计
a）原先结构 b）改进结构

2）设计元件时，对零件材料选用不当，加工工艺要求不合理等。

3）对元件的特点、性能和功能了解不够，造成回路设计时元件选用不当。

4）设计的空气处理系统不能满足气动元件和系统的要求，回路设计出现错误。例如，冷冻式干燥器在夏天因露点温度高，干燥效果差，应采用吸附式干燥器作为补充。

（5）安装不符合要求 组件安装时，元件及管道内吹洗不干净，使灰尘、密封材料碎片等杂质混入，造成气动系统故障。安装气缸时存在偏载，对管道的防松、防振动等没有采取有效措施。

(6) 维护管理不善　如未及时排放冷凝水，未及时给油雾器补油等。

2. 突发故障　突发故障是系统在稳定运行时期内突然发生的故障。例如，油杯、水杯都是用聚碳酸酯材料制成的，如果它们在有机溶剂的雾气中工作，就有可能突发破裂；空气和管路中残留杂质混入元件内部，突然使相对运动件卡死；弹簧突然折断、软管突然爆裂、电磁线圈突然烧毁、突然停电造成回路误动作等。

有些突发故障其实是有先兆的。例如，排出的空气中出现杂质和水分，表明过滤器已失效，应及时查明原因予以排除，不要酿成突发故障。但有些突发故障是无法预测的，只能采取安全措施加以防范，或准备一些易损备件，以便及时更换失效的元件。

3. 老化故障　老化故障，是指有些元件达到使用寿命后发生的故障。参照系统中各元件的生产日期、开始使用日期、使用的频繁程度以及已经出现的某些征兆，如声音反常、泄漏越来越严重，可大致预测老化故障的发生期限。

11.4.2　故障诊断与排除的方法

1. 经验法　经验法是指主要依靠实际经验，并借助简单的仪表，诊断故障发生的部位，找出故障原因的方法。经验法可按中医诊断病人的4个字“望、闻、问、切”进行。

(1) 望　例如，执行元件的运动速度有无异常变化；各测压点的压力表显示的压力是否符合要求，有无大的波动；润滑油的质量和滴油量是否符合要求；冷凝水能否正常排出；换向阀排气口排出的空气是否干净，电磁阀的指示灯显示是否正常；紧固螺钉及管接头有无松动；管道有无扭曲和压扁；有无明显振动存在；加工产品质量有无变化等。

(2) 闻　包括耳闻和鼻闻。例如，气缸及换向阀换向时有无异常声音；系统停止工作但尚未泄压时，各处有无漏气，漏气声音的大小及其每天的变化情况；电磁线圈和密封圈有无因过热而发出特殊气味等。

(3) 问　查阅气动系统的技术档案，了解系统的工作程序、动运要求及主要参数；查阅产品样本，了解每个元件的作用、结构、功能和性能；查阅维护检查记录，了解日常维护保养工作情况；访问现场操作人，了解设备运行情况，了解故障发生前的征兆及故障发生时的状况，了解曾经出现过的故障及其排除方法。

(4) 切　例如，触摸相对运动件外部的手感和温度，电磁线圈处的温升等，触摸2s感到烫手，则应查明原因；气缸、管道等处有无振动感，气缸有无爬行感；各接头处及元件处手感有无漏气等。

经验法简单易行，但由于每个人的感觉、实际经验和判断能力的差异，诊断故障会存在一定的局限性。

2. 推理分析法　利用逻辑推理，步步逼近，寻找故障的真正原因的方法称为推理分析法。

(1) 推理步骤　画出故障分析方框图，从故障的症状，逐个推理出故障本质原因，然后找出故障的真正原因。图11-5所示为阀控气缸不动作主要故障分析方框图。

(2) 推理方法　推理的方法是：由简到繁，由易到难，由表及里地逐一进行分析、排除掉不可能和非主要的故障原因；故障发生前曾调整或更换过的元件先查；优先查故障概率高的常见原因。

1) 仪表分析法是指利用检测仪器仪表，如压力表、差压计、电压表、温度计、电秒表

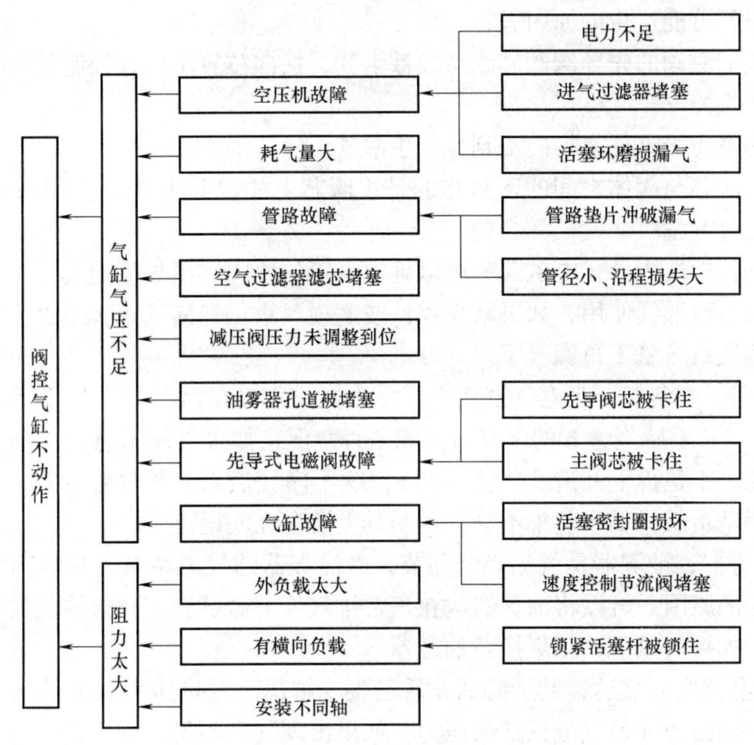

图11-5　阀控气缸不动作主要故障分析方框图

及其他电子仪器等，检查系统或元件的技术参数是否符合要求。

2）部分停止法，是指暂时停止气动系统某部分工作，观察对故障征兆的影响。

3）试探反证法，是指试探性地改变气动系统中部分工作条件，观察对故障征兆的影响。

4）比较法，是指用标准的或合格的元件代替系统中相同的元件，通过工作状况的对比，来判断被更换的元件是否失效。

如图11-6所示，阀控制气缸不能动作，其诊断、排除过程是：

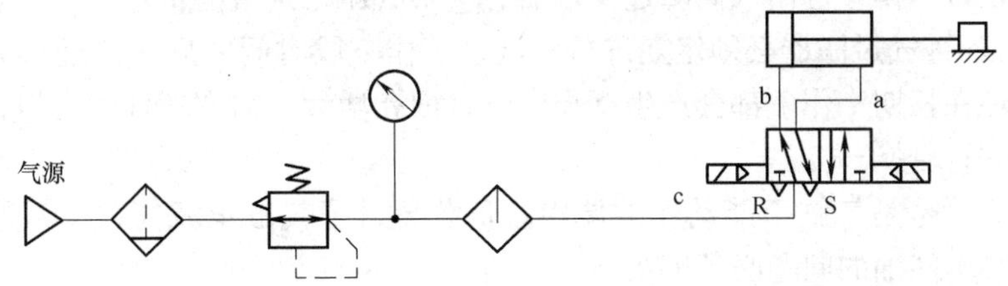

图11-6　阀控气缸不动作的故障诊断与排除

1）解除气缸活塞杆上负载，让气缸活塞杆全部伸出。先导式电磁阀排气口S按理说不应该漏气，如果出现漏气，说明气缸活塞密封圈或先导式电磁阀都有可能出故障。分辨方法是：拆除气管a，如果气缸小腔排气口出现漏气，则说明气缸活塞密封圈已损坏，即磨损严重或撕裂。气缸活塞换了新密封圈后，气缸小腔排气口就不再漏气了。

2）在气管a未装上之前，如果发现先导式电磁阀排气口S仍有漏气现象，说明先导式电磁阀存在故障，可能产生的原因有：

① 先导式电磁阀的先导阀阀芯因垃圾被卡住，换向位置不佳，控制气压不足造成主阀芯换向不到位产生漏气。

② 主阀芯被垃圾卡住，换向不到位产生漏气。

③ 有的主阀芯与阀体之间的密封靠的是主阀芯上的O形密封圈。如果O形密封圈破损也会造成排气口S漏气。

解决办法是：拆洗先导式电磁阀就可以确定真正的原因。出故障的先导式电磁阀经过清洗之后不漏气则可以继续使用，如果缺少零件或磨损严重仍然漏气则必须更换新先导式电磁阀，更换以后排气口S就不再漏气了。

3）装上气管a和负载，观察气缸活塞杆是否能推得动负载，如果仍推不动，则拆气管b离开气缸的接口，手感气管b的出气口气流是否急促，如果气流不急促，则说明气管存在垃圾堵塞的可能。于是拆下并清洗气管b和c，吹干净。然后安装气管b和c，观察气缸活塞杆是否能推得动负载，如果仍推不动，说明其上游存在问题。

4）拆下油雾器，油雾器是气流必经环节，当油雾器的气道堵塞，其输出气流很小，也是产生气压不足的原因。可以将油雾器放在正常排气管上做试验，如果输气量充足，就不是油雾器的问题；如果气量小，则更换新油雾器。

5）新的油雾器安装之后，其下游的矛盾已逐个解决。观察压力表上的压力，气缸正常往复运动过程中的压力才是气流正常的压力。如果出现气压不足，则再查上游元件。

6）有可能减压阀的输出压力尚未调整到工作所需要的压力，因此可以进一步调整，直至调整到合适的压力为止。也有可能减压阀存在故障，如膜片破裂，气孔堵塞等压力无法调定，可以更换新的减压阀进行比较性试验。如果压力仍无法调定，则已经不是减压阀的问题，而是其上游存在问题。

7）空气过滤器是必须经常清洗的。压缩空气中有许多灰尘和杂质，空气过滤器的滤芯容易被堵塞，尤其是过滤精度很高时，堵塞之后通气量小，造成气缸气压不足。滤芯清洗不干净，则需更换新的滤芯。

8）气源是否正常，在用气高峰时耗气量大，求大于供，本来工作正常的气缸也会出现气压不足不能正常工作；待用气高峰过了以后，气缸气压稳定就能正常工作了。

9）空压机的进气过滤器必须定期进行清洗，工作一段时间之后必须进行大修，因为气缸内孔，活塞环在长期工作中都会产生磨损，气缸内孔增大，活塞环外圆磨损，都会出现漏气现象，必须进行更换。

10）阻力太大也是气缸不能动作的原因。负载超过了气缸承载能力，锁紧缸锁紧作用必须解除。安装不同轴的问题必须解决。

当以上主要故障都一一检查排除后，阀控气缸就能正常动作了。

11.4.3 常见故障与排除

1. 系统用气量大 用气高峰时，气缸不能动作，求大于供，设计用量与生产需求之间经常出现矛盾。设置备用机组，不仅满足用气高峰的需求，同时也使其他机组可以轮修。

2. 活塞式空压机

1）进气过滤器堵塞，供气不足，应定期清洗过滤器。

2）活塞环磨损漏气，供气量不足，应更换活塞环。

3）吸、排气阀弹簧工作条件恶劣，往往因磨损、疲劳发生变形或断裂，并造成阀片受冲击而断裂；润滑油过多，气温过高，易造成阀片上结焦污渍，影响阀片的正常启闭，致阀片断裂，需更换。

4）填料漏气。活塞杆上密合圈（挡油圈）磨损后收缩不匀，使之与活塞杆之间产生间隙而漏气，应研磨密合圈；活塞杆磨损不匀，成椭圆状而漏气，应研磨活塞杆；密合圈与活塞杆配研，或更换。

5）传动机构润滑系统油压逐渐降低，是由于运动机构的轴衬磨损严重、间隙加大、流油过多引起的，应检修轴颈和轴衬。

活塞式空压机因活塞环需要润滑而造成润滑油蒸发及填料漏气造成窜油，因此活塞式空压机输出的压缩空气必须经过除油过滤。

3. 无油式螺杆空压机

1）无油式螺杆空压机长期工作后，其主动螺杆及从动螺杆两端轴承磨损造成螺杆晃动，螺杆晃动产生与机壳的磨损，则增大间隙。检修时除更换两端轴承以外，螺杆外圆可采用镀层修磨的办法保持其与机壳的极小间隙。

2）无油式螺杆空气压缩机Ⅰ级螺杆转速为2000r/min，Ⅱ级螺杆转速为4000 r/min，噪声很大，应该采取隔离措施。

4. 后冷却器　采用水冷式后冷却器的效果决定于：

1）冷却管的散热面积，散热面积大则冷却效果好。

2）密封圈损坏，焊接处出现脱焊会出现水气混合，影响制冷效果。拆开检查可以找到确切的原因，进行更换或修补。

3）冷却水要干净，冷却水浑浊会使水管结污垢，增加管壁厚度，减少水流量，影响制冷效果，可以对其进行清洗或更换。

4）空压站的水源不仅仅只是过滤，而是要进行水处理，要能达到缓蚀阻垢、杀菌灭藻、旁通过滤、纤维单独过滤的自动循环。

5. 冷冻式干燥器

1）冷冻式干燥器在冬天露点温度较低，制冷效果是可以的，夏天露点温度较高，制冷效果差。

2）环境温度高及进口压缩空气温度高时，冷冻式干燥器制冷能力有限，要选择相匹配型号的冷冻式干燥器。

3）冷凝器阻塞，冷媒泄漏，需检查修理。

6. 吸附式干燥器

1）露点不能降低的原因是：吸附剂劣化、混入油、电磁阀故障、空气不能流动、再生空气不流动、压力降低、计时器故障，可以采取更换或修理。

2）压力变动大是因为电磁阀故障或计时器设定不妥，可以采取修理或更换。

组合式干燥器是冷冻式干燥器和吸附式干燥器的组合，有互补作用，效果好。

7. 空气过滤器

1）管路上空气过滤器的型号规格要和实际流量相匹配，否则效果不好。

2）过滤精度不能过细，根据实际需要决定过滤精度。

3）根据周围环境和粉尘情况确定清洗过滤器滤芯的周期。

8. 减压阀　减压阀压力不能调整的原因有：

1）调压弹簧损坏。

2）复位弹簧损坏。

3）膜片破损。

4）阀芯上的橡胶垫损坏。

5）阀芯上嵌入异物。

6）阀芯的滑动部位有异物卡住。

解决办法是更换损坏零件、清除异物。

9. 油雾器　在油雾器中，压缩空气流动，但不滴油或滴油量太小，原因及解决办法：

1）通过流量小，有压差但不形成油滴，应重新选型。

2）节流阀未开启或开度不够，调节节流阀至必要开度。

3）储油杯油量过多（超过上限）或不足（低于下限），应加油至合适位置。

4）油道阻塞（油管滤芯阻塞，单向阀处阻塞等）、气路阻塞，应清洗。

5）油塞垫圈损坏，油杯密封圈损坏或紧固环不紧，使油杯上腔不能加压（有漏气现象），需更换密封圈。

6）油粘度过大，应换油。

7）压缩空气短时间间歇流动，来不及滴油，应改用强制给油式。

10. 气缸

1）气缸活塞杆处外泄漏，原因及解决方法是：

① 导向套、密封圈磨损，活塞杆偏磨，应更换。

② 活塞杆有伤痕、腐蚀，应更换，及时清除冷凝水。

③ 活塞杆与导向套间有杂质，应除去杂质，安装防尘圈。

2）气缸活塞内泄漏（活塞两侧窜气），这是因为活塞密封圈损坏，应更换。

3）气缸运行途中停止，原因及解决方法是：

① 负载与气缸轴线不同心，可使用浮动接头连接负载。

② 气缸盖中心与气缸筒中心不重合，需重新制造同轴度符合要求的气缸盖。

4）气缸活塞往复运动中有冲击，这是因为气缸无缓冲装置或缓冲装置能力有限。在气缸换向回路中设置缓冲回路，保证设备在运行中有缓冲环节。

11. 先导式电磁换向阀

1）先导阀漏气，原因及解决方法是：

① 污物卡住动铁心、动铁心锈蚀，应清洗或更换。

② 污物卡住先导阀阀芯，换向不到位，应清洗或更换。

③ 电压太低，动铁心吸合不到位，应检查电压。

④ 弹簧及密封件损伤，紧固不良，应更换密封件并加固。

2）主阀不能换向或换向不到位，原因及解决方法是：

① 污物侵入并卡住主阀芯，应清洗、检查气源质量。

② 密封件损伤、弹簧损伤，应更换。

③ 压力低于最低使用压力，找出压力低的原因。

④　控制信号过短，找出原因改正。

⑤　润滑不良，造成滑动阻力过大，需检查润滑条件。

⑥　环境温度过低发生冻结，应检查气源处理情况是否符合要求。

3）从主阀排气口漏气，原因及解决方法是：

①　污物卡在阀座或滑动部位，换向不到位，应清洗。

②　气压不足，密封不良；气压过高，密封件变形过大，查明原因改正。

③　润滑不良，造成换向不到位，应检查润滑条件。

④　密封件损伤，阀芯与阀套磨损，应更换。

4）从主阀体漏气，原因及解决方法是：

①　密封垫损伤，应更换。

②　紧固不良，应正确紧固。

③　阀体铸件不合格，应更换阀体。

习题与训练

11-1　气动系统对使用环境有哪些要求？

11-2　如何进行配管的吹除工作？

11-3　元件安装的注意事项是什么？

11-4　简述对气动系统非正常停止的处理办法。

11-5　维护保养工作的中心任务是什么？

11-6　故障有哪些种类？各有什么特点？

11-7　造成初期故障的主要原因有哪些？

11-8　试完成配管的安装及吹除工作。

项目 12　板料分列输送装置的真空系统

本项目主要介绍真空发生器、真空吸盘、真空辅件等真空元件，并介绍板料分列输送装置的真空系统回路。

12.1　认识板料分列输送装置

气动技术中应用的真空元件品种越来越多，技术更新速度也越来越快，已成为气动技术中十分重要的一个分支。通常，将低于当地大气压的压力称为真空度。绝对压力、表压力及真空度的关系见项目 1 中的图 1-4。在工程计算中，为简化常取当地大气压为 0.1MPa。

真空系统作为实现自动化的一种手段，已在电子、半导体元件组装、汽车组装、自动搬运机械、轻工机械、医疗机械、印刷机械、包装机械、机器人等许多方面得到广泛应用。例如，真空包装机械中，包装纸的吸附、送标、贴标、包装袋的开启；电视机的显像管、电子枪的加工、运输、装配及电视机的组装；印刷机械中的双张、折面的检测，印刷纸张的运输；玻璃的搬运和装箱；机器人抓取重物，搬运和装配；真空成形、真空卡盘等。总之，对任何具有较光滑表面的物体，特别对于非金属且不适合夹紧的物体，如薄的柔软的纸张、塑料膜、铝箔、易碎的玻璃及其制品、集成电路等微型精密零件，都可以使用真空吸附，完成各种作业。例如，家具生产线需要将硬纸板、塑料板、三夹板和硬纤维板从堆垛中提起，放到传送带上。图 12-1 所示为板料分列输送装置，只要板料表面没有太多的孔，就可以通过真空吸盘将堆着的板料连续送到分列传送带上，通过传感器进行定位控制。

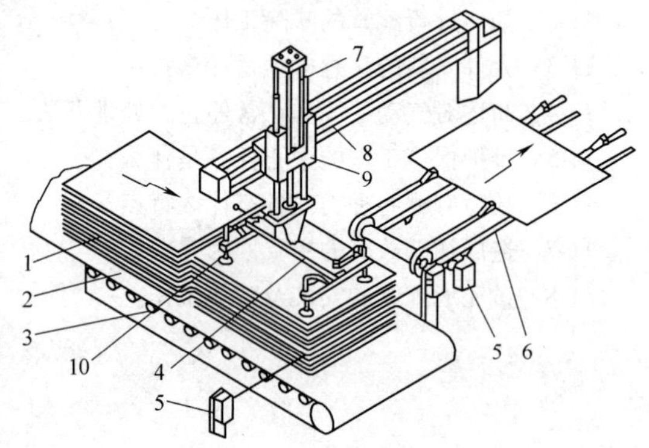

图 12-1　板料分列输送装置

1—叠板　2—传送带　3—支撑滚　4—吸盘臂　5—传感器　6—分列传送带　7—气缸　8—无杆气缸　9—导向机构　10—真空系统

12.2　真空元件

真空系统一般由真空产生装置（真空发生器、真空泵）、吸盘（执行元件）、真空阀（控制元件有手动阀、机控阀、气控阀及电磁阀等）及辅助元件（管接头、过滤器和消声器等）组成。有些元件在一般的气动系统和真空系统中能够通用，如管接头、过滤器、消声器以及部分控制元件。

12.2.1　真空产生装置

产生真空的装置除真空泵外，还有真空喷射器（在气动技术中称为真空发生器）。

1. 普通真空发生器　根据结构的不同，真空发生器分为单级真空发生器和多级真空发生器。如图 12-2 所示，单级真空发生器包括一个气流喷嘴（文丘里喷嘴）P 和一个接收器喷嘴 R。压缩空气进入喷射器、气流在通过狭小的气流喷嘴时流速被加速到声速的 5 倍。当加速后的气流通过气流喷嘴和接收器喷嘴之间的缝隙时体积膨胀，便产生了吸气效应，于是在这个装置的真空口 U 中就形成了真空。加速后的气流或吸入后的大气在经过接收器喷嘴 R 后直接通过连接的消声器排入大气。

和单级真空发生器一样，多级真空发生器也具有一个气流喷嘴，压缩空气在通过该气嘴时被加速到 5 倍于声速，然后进入接收器喷嘴。和单级真空发生器不同的是，多级真空发生器在第一级接收器喷嘴后面还有第二级甚至更多级的喷嘴，并且它们有着更大的通径并与下降的空气压力成比例。

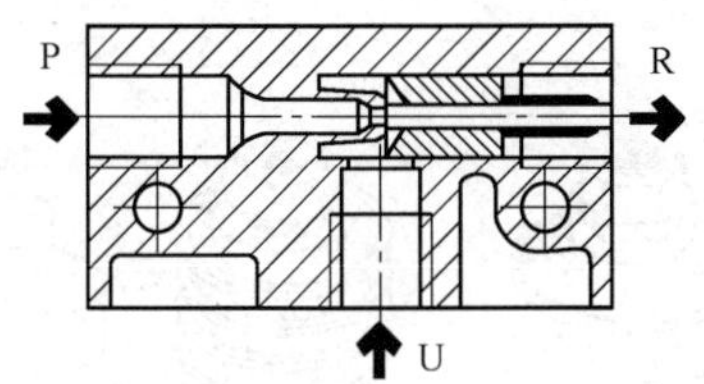

图 12-2　单级真空发生器

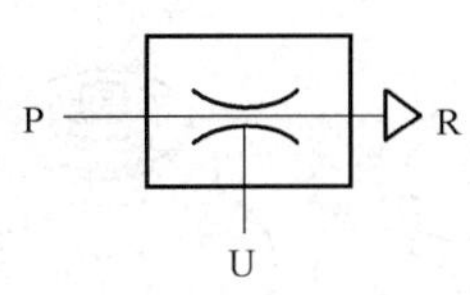

图 12-3　普通真空发生器图形符号

普通真空发生器图形符号如图 12-3 所示。压缩空气从进气口 P 流到排气口 R，在气口 U 产生真空。通过在排气口 R 处安装消声器，可以使排气过程中所产生的噪声降低。

2. 省气式组合真空发生器　如图 12-4 所示，PNP 输出的省气式组合真空发生器的进气气源分别接入二位二通电磁阀（阀 2 产生真空，阀 1 产生正压，破坏真空）。当产生真空的电磁阀 2 通电时，阀被驱动，压缩空气从 P 流向 R，根据喷射原理在 V 处产生真空。两个真空口 V 带内螺纹，真空元件（如真空气爪）可被连接在这里。根据实际的应用要求，可以使用其中一个或是同时使用两个。电磁阀断电时，吸气停止。集成的消声器能把气噪声降至最低。

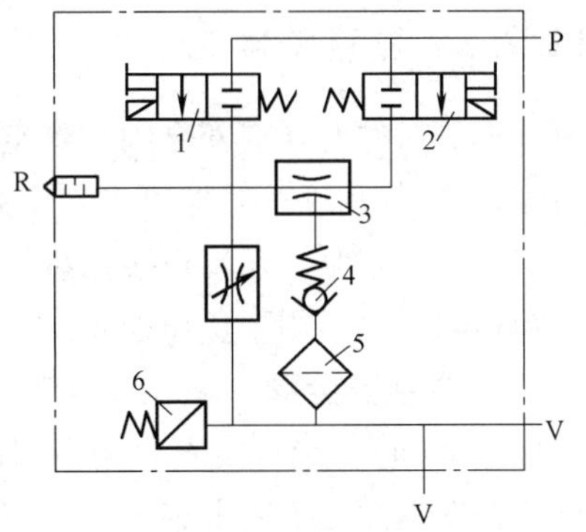

图 12-4　PNP 输出的省气式组合真空发生器工作原理图
1、2—带手动开关的二位二通单电控直动式电磁换向阀
3—普通真空发生器　4—单向阀
5—过滤器　6—真空开关

一旦当产生真空的电磁阀 2 的电信号被切断，并且产生正压喷射的电磁阀 1 被启动，真空口 V 的真空立即消失变为正压，准确迅速地释放工件。由于电磁阀带手动控制，可以不通过电信号而通过电磁阀上的柱塞对阀进行切换，但在电信号已经存在的情况下，不能手动使之无效。

另外，增设了一个具有空气节省功能的真空开关 6。真空开关有 PNP 或 NPN 两种输出，可用于压力监控。真空开关 6 的两个电位计能把真空度设置在一定的范围以内，以便吸住工件。一旦达到这一真空范围，真空开关6便会发出信号使电磁阀2关闭真空发生器（空气节省功能）。单向阀4用于维持真空状态，如果真空范围低于所要求的水平，信号会控制真空发生器3重新打开；若是由于故障原因所需的真空水平再也无法实现，则真空发生器3被关闭。在真空发生器3关闭以后，内置式单向阀能有效防止吸入空气的倒流，从而避免对系统的真空水平产生影响。

在真空口V和单向阀4之间集成了一个大面积的塑料过滤器5，在吸气操作中，空气在被吸入到真空发生器以前先被过滤。过滤器的可拆卸式视窗可指示过滤器的受污染程度，确保维护保养工作定期进行，从而对元件起到防护作用。

12.2.2 真空吸盘

真空吸盘直径从 $\phi2 \sim \phi200$mm，有数十种吸盘结构，常用的有6种，如图12-5所示。其中，标准圆形吸盘能吸住表面光滑并且不透气的工件；波纹形吸盘适用于表面不平弧形或倾斜的表面。根据不同的工件及应用场合，可选择不同材质的真空吸盘。真空吸盘的材质有丁腈橡胶、聚氨酯、硅橡胶、氟橡胶等多种。

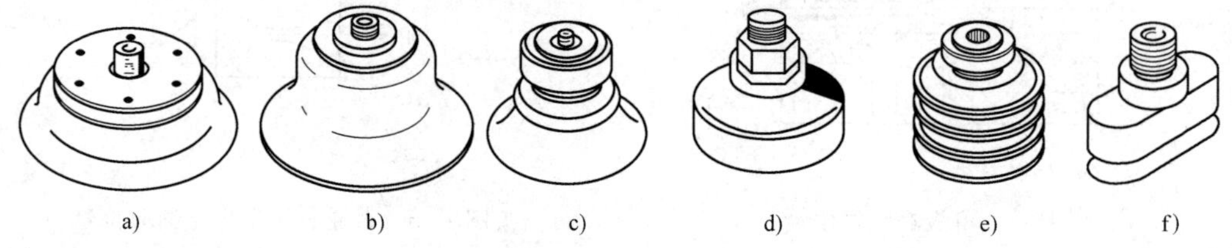

图12-5　真空吸盘

a）标准圆形　b）加深圆形　c）铃形　d）1.5褶波纹形　e）3.5褶波纹形　f）椭圆形

12.2.3 真空辅件

真空附件有真空安全阀、真空减压阀、真空顺序阀、真空过滤器、真空压力开关、真空高度补偿器/角度补偿器、真空压力表等。真空减压阀是用来调节真空度的压力调节阀，其真空口接真空泵，输出口接负载用的真空罐。真空顺序阀的结构、工作原理、作用与压力顺序阀相同，只是用于负压控制。

1. 真空安全阀　真空安全阀由弹簧1、浮子2、过滤器3、保持螺钉4和壳体5组成（见图12-6a）。当真空安全阀内部产生真空，吸盘6和大气相通时，浮子2一方面受到大气正压的作用使浮子向上推，另一方面又受到真空发生器内部（负压的作用）克服浮子内部的弹簧力，确保浮子向上。此时，浮子2上端面与壳体5内孔紧贴，气体只能通过浮子2末端小孔流动。当吸盘6全部吸住工件时，真空安全阀到吸盘所有的腔室均在一个真空度的状况下，浮子2上下压差相同，浮子在弹簧力的作用下，向下移动，密封通道被打开，此时，吸盘6在工件上的真空被确立起来，如图12-6b所示。

真空安全阀安装在真空发生器与吸盘之间，如图12-7所示。如果在真空产生的期间内，一个吸盘没吸住，真空发生器内部的通道没打开（仅有微量正压进入），安全阀保证了其他分支系统的真空度不受影响。

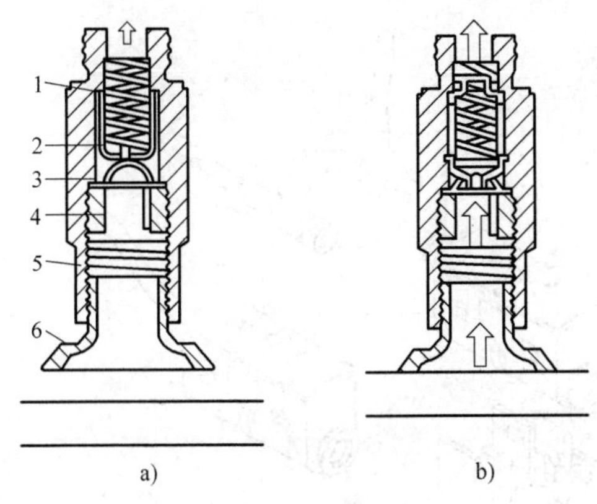

图12-6　真空安全阀工作原理图

1—弹簧　2—浮子　3—过滤器

4—保持螺钉　5—壳体　6—吸盘

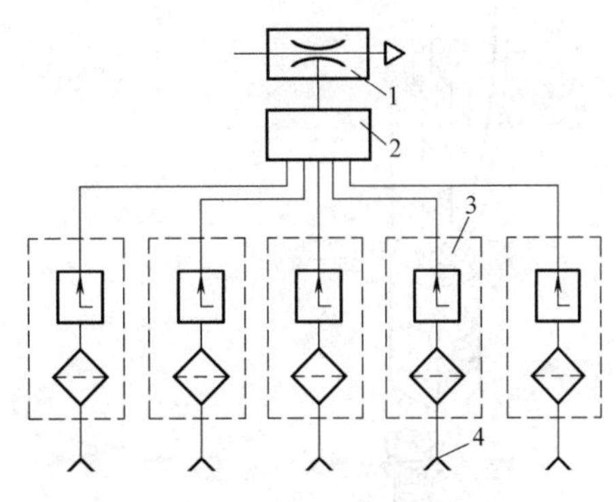

图12-7　多个真空吸盘的真空系统

1—真空发生器　2—分配器

3—真空安全阀　4—吸盘

2. 真空过滤器　真空过滤器的工作压力为－0.09～0.7MPa，温度为0～40℃，用于去除抽气方向的微粒杂质，可以作为气管管路总的轴向过滤器。它的过滤精度为50μm，流量为210L/min、70 L/min或更小，与快拧接头配合使用，用于塑料气管。图12-8所示的气流方向由箭头指示，并采用透明壳体，过滤器污浊程度一目了然。

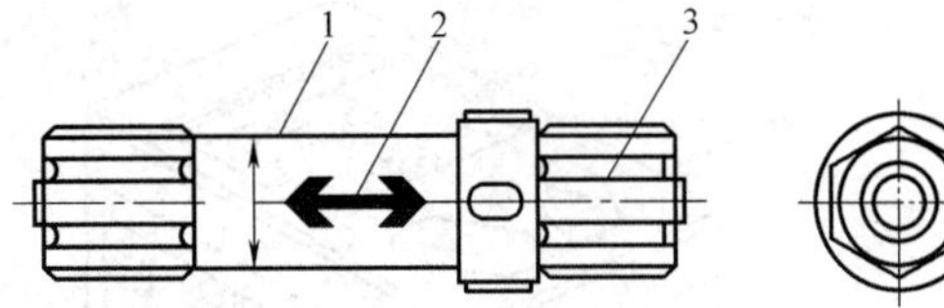

图12-8　真空过滤器

1—透明壳体　2—气流方向　3—快拧接头

3. 真空压力开关　真空压力开关分为机械式与电子式。机械式真空压力开关的压力等级可分为－0.1～0.16 MPa、－0.08～－0.02 MPa。电子式真空压力开关的压力等级可分为－0.1～0.4 MPa、0～0.1 MPa、－0.1～0.1 MPa等。电子式真空压力开关有带指示灯的压力开关及带显示屏的数字式压力开关。

（1）带指示灯的电子式真空压力开关　带指示灯的电子式真空压力开关是利用压敏电阻方式在不同的压力变化时可测得不同的电阻值，并转化为电流变化，它的工作方式为LED闪烁显示，连接方式如图12-9所示。气接口一端或两端带快插接头，分别接真空发生器及真空吸盘。

这类压力开关尺寸小、结构紧凑、容易安装、调试非常方便。如图12-10所示，当压力达到所需值时，按一下编辑按钮2，黄色LED指示灯1便停止闪烁，该点压力值设定（编辑）便完成。

（2）带显示屏的数字式压力开关　带显示屏的数字式压力开关也是利用压敏电阻方式在不同的压力变化时测得不同的电阻值，并转化为电流的变化。它有PNP或NPN输出。可有LCD显示（便于操作）及发光LCD显示（便于读取）。有两个压力测量范围，即－0.1～0MPa、0～1MPa，可进行相对压力和压差的测量。工作压力设定调整如图12-11所示，通过增加键3或减少键4调整所需压力。

4. 真空高度补偿器/角度补偿器　真空高度补偿器用于补偿因工件厚度不同造成的高度差，使抓取装置能顺利抓取工件，并使抓取动作更加轻柔。真空高度补偿器的连接方式如图12-12所示。真空角度补偿器能确保吸盘最大限度地与具有不平整表面的工件接触。

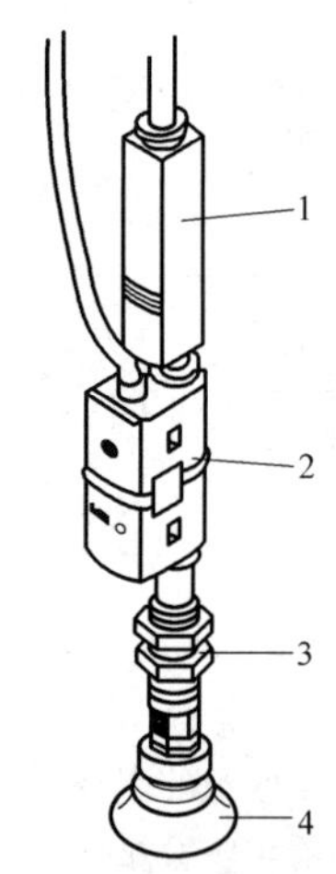

图 12-9　带指示灯的电子式真空压力开关的连接方式

1—真空发生器　2—压力开关　3—吸盘支座　4—吸盘

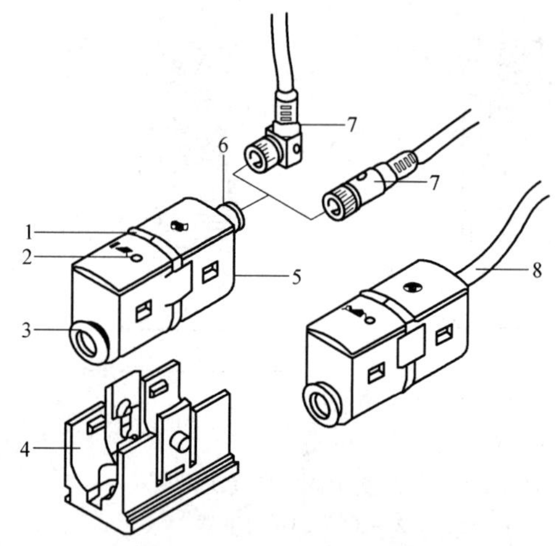

图 12-10　带指示灯的电子式真空压力开关的工作压力设定调整

1—黄色 LED　2—编辑按钮　3—气接口　4—嵌入式燕尾槽支架　5—气接口或堵头　6—插头　7—带电缆插座　8—开放式电缆末端

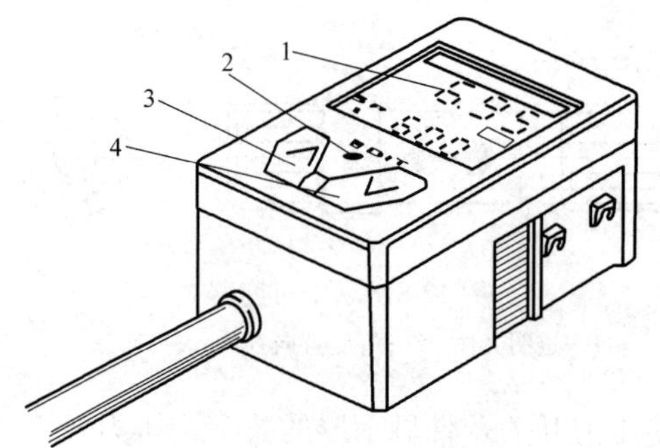

图 12-11　带显示屏的数字式压力开关的工作压力设定调整

1—显示屏　2—编辑键　3—增加键　4—减少键

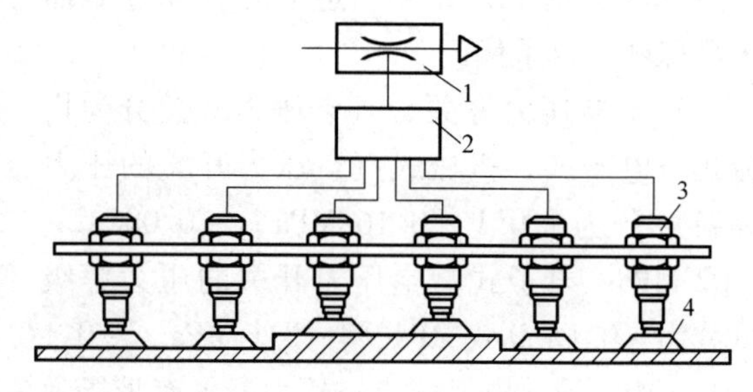

图 12-12　真空高度补偿器的连接方式

1—真空发生器　2—分配器　3—高度补偿器　4—吸盘

12.2.4　真空元件选用注意事项

1）从供给压缩空气方面考虑，为防止真空发生器内喷嘴（细小直径）的堵塞，一是应采用过滤、无油润滑的压缩空气；二是在真空吸盘与真空发生器之间安装真空过滤器，尤其是当工件为纸板材质或周围环境有粉尘、灰尘的场合。

2）从系统方面考虑，应注意：

①　真空发生器的气源应在 0.05～0.06 MPa，不宜过高或过低。

②　真空吸盘与真空发生器之间连接管道不宜过长或过粗，管道可被视作抽吸容器，大的抽吸容器将使抽吸时间延长。

③　为保证安全，在真空发生器的前级设置气罐，以防停电或供气气源发生故障时，避免工件因失去真空而坠落。

④　吸吊面积大的玻璃板、平板时会产生较大风阻，应采用足够保险的吸盘及合理均匀

的分布位置。

⑤ 在接头与阀、气管与接头，以及所有真空系统的连接处应确保完全密封（如采用可用于真空系统的组合密封圈）。

⑥ 应当选择合适的真空发生器规格，过小时，建立真空时间过长，动作频率低；过大时，吸入流量过大、过快，与未吸着时的真空压力之差界限模糊，使真空开关设定变得困难。

3）从工件方面考虑，应注意：

① 根据工件的形状、尺寸及重量，选择合适的真空吸盘。

② 工件的透气性。需考虑工件表面的粗糙程度（光滑、粗糙）和工件表面的清洁程度（潮湿、油腻、灰尘、粘滞、液体）等。

③ 工件的最高温度。选择合适的吸盘材质，如氟橡胶、硅橡胶。

④ 工件抓取时的定位精度。选择合适的吸盘形状或带围栏挡板（挡块）吸盘，并考虑吸盘是否处于工件的中心位置（如果用几个吸盘，应考虑中心对称及中心位置）。

⑤ 工件的循环次数。选择合适的真空发生器规格、管道长度及直径。

⑥ 最大加速度。应充分考虑工件运动方向及吸力不足时产生的偏移。

⑦ 工件的周围条件（如耐化学性、是否用于食品行业、是否不含硅等）。需要哪种抓取方式（如移位、旋转、转向等）。

4）从维护方面考虑应利于真空系统的测量、监视、调节及控制。此外真空发生器的排气不得节流，更不得堵塞，否则真空性能会变得很差，因此要定期清洗其消声器及真空过滤器。

12.3 板料分列输送装置真空系统回路

板料分列输送装置的真空系统回路如图12-13所示。由真空发生器1产生真空，真空经分配器2，进入真空安全阀3，再经真空高度补偿器4，通过真空吸盘5吸住工件。真空吸盘的数量和尺寸取决于工件的质量。

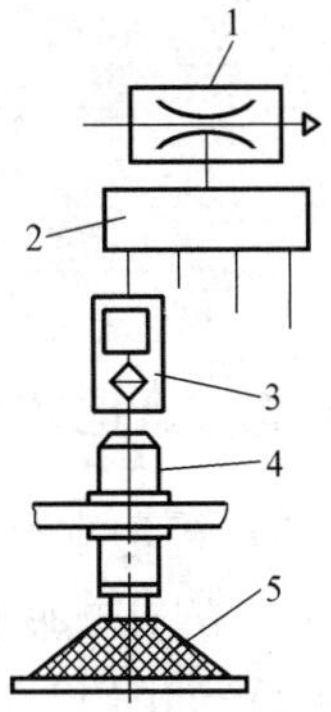

图12-13　板料分列输送装置的真空系统回路图
1—真空发生器　2—分配器　3—真空安全阀　4—真空高度补偿器　5—真空吸盘

12.4 真空系统的应用

12.4.1 简单元件的组装工艺

若在一块长方形的塑料板中心贴一张金属“上”字，可以在这块塑料板上先划好相互垂直的中心线，然后仔细粘贴，就可以贴好它，如图12-14a所示。但要在几百、几千块以上的塑料板上都精准地在中心位置贴上一张金属“上”字，靠手工操作就不行了，必须采用一套成熟的工艺手段。这套工艺过程是：

1）在一张长方形的白纸中心位置印制一个“上”字，在白纸的下方设置两个与中心线对称的固定点，并在点上加工出ϕ6.1mm的小孔，如图12-14b所示。

2）在白纸“上”字的底色上重合贴上金属“上”字，如图 12-14c 所示。

3）制作一块夹具底板，将贴金属“上”字的白纸反过来合在夹具底板上。

① 在白纸定位孔的位置上，设置对应的 ϕ6mm 定位销。

② 在金属“上”字的字体下边设置 ϕ1mm 小孔，ϕ1mm 小孔均与排气点 A 相通。

该夹具底板如图 12-14d 所示。

4）在长方形的塑料板正面贴上有金属“上”字和定位孔的白纸，在白纸的定位孔的位置上钻 ϕ6. 1mm 定位孔。

5）将贴金属“上”字的白纸再次合在夹具底板上，如图 12-14e 所示。

① 白纸的两个定位孔套在夹具底板的两个定位销上。

② 从 A 点抽真空，金属“上”字被 ϕ1mm 小孔吸住不动。

③ 去除白纸。

6）将长方形塑料板合在被真空吸住金属“上”字的夹具底板上，如图 12-14f 所示。

7）停止抽真空，则金属“上”字会离开夹具底板，而被长方形塑料板吸上。

8）对长方形塑料板上的金属“上”字进行滚压，则金属“上”字被牢牢嵌在长方形塑料底板上。如果“上”字是一张金属电路，则这块长方形塑料板成了金属电路印制板。

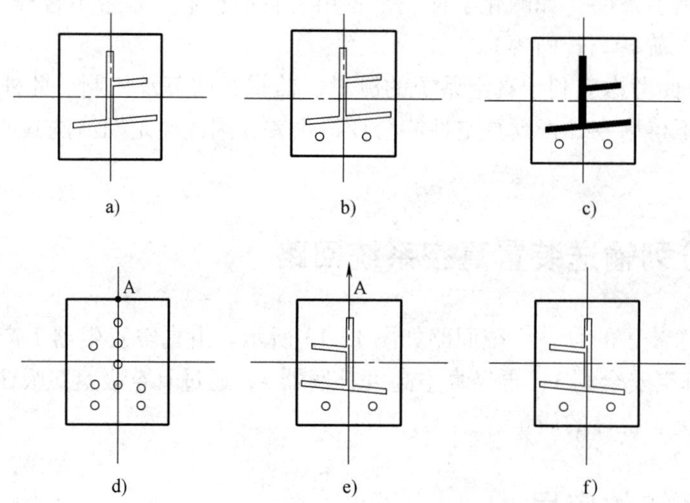

图 12-14　简单元件的组装工艺

12. 4. 2　笔记本计算机元件的组装工艺

（1）笔记本计算机元件的组装采用了上述的组装工艺。图 12-15a 所示是组装笔记本计算机元件的夹具底板，真空发生器 3 用于产生真空，夹具底板 5 上的小孔为真空吸气孔。

（2）如图 12-15b 所示，在夹具底板 5 上已经放置贴有金属电路的白纸 7，白纸由两个定位销 4 定位。当真空发生器 3 起作用时，可以将上面的白纸去除。

（3）如图 12-15c 所示，在夹具底板 5 上已经放上长方形塑料板 8，下面金属电路被真空吸住。当真空发生器 3 停止工作后，金属电路贴在长方形塑料板 8 上，取下后经过滚压，组装就完成了。

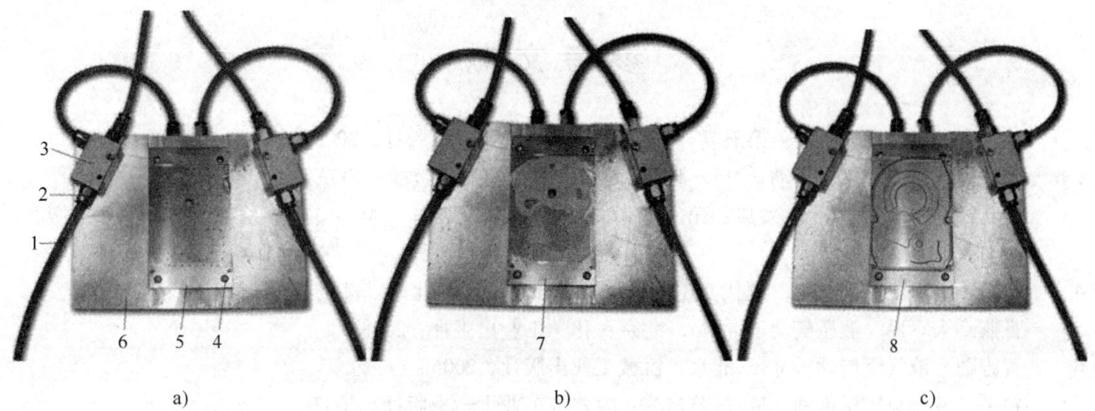

图 12-15　笔记本计算机元件的组装工艺

1—软管　2—管接头　3—真空发生器　4—定位销　5—夹具底板

6—托板　7—贴有金属电路的白纸　8—长方形塑料板

习题与训练

12-1　真空系统由哪些元件组成？

12-2　什么是真空度？

12-3　省气式组合真空发生器中的内置式单向阀的作用是什么？过滤器的作用是什么？

12-4　简述省气式组合真空发生器的工作原理。

12-5　真空安全阀的作用是什么？

12-6　板料分列输送装置真空系统的工作过程是什么？

12-7　参观笔记本计算机元件的组装车间，并简述其组装工艺。

参 考 文 献

[1] 成大先. 机械设计手册：第五卷 [M]. 北京：化学工业出版社，2008.

[2] 左健民. 液压与气压传动 [M]. 4 版. 北京：机械工业出版社，2007.

[3] 李壮云. 中国工业设计大典：第五卷. 机械控制系统设计 [M]. 南昌：江西科学技术出版社，2002.

[4] SMC（中国）有限公司. 现代实用气动技术 [M]. 2 版. 北京：机械工业出版社，2003.

[5] 肖燕，宋军民. 液压气动工 [M]. 北京：化学工业出版社，2008.

[6] 黄涛勋. 液气压传动 [M]. 北京：机械工业出版社，2006.

[7] 钟平. 液压与气压传动 [M]. 哈尔滨：哈尔滨工业大学出版社，2007.

[8] 胡海清，陈爱民. 气压与液压传动控制技术 [M]. 北京：北京理工大学出版社，2006.

[9] 周士昌. 液压气动系统设计运行禁忌 470 例 [M]. 北京：机械工业出版社，2002.

[10] 福格尔，米尔伯格. 神奇的气动技术世界 [M]. 李宝仁，译. 上海：上海科学普及出版社，2004.

[11] 王仁祥. 常用低压电器原理及其控制技术 [M]. 2 版. 北京：机械工业出版社，2009.

[12] 黄志昌，黄鹏. 液压与气动技术 [M]. 2 版. 北京：电子工业出版社，2010.

21世纪高职高专规划教材书目（基础课及机械类）

（有*的为普通高等教育“十一五”国家级规划教材并配有电子课件）

*高等数学（理工科用）（第2版）
高等数学学习指导书（理工科用）（第2版）
计算机应用基础（第2版）
应用文写作
应用文写作教程
经济法概论
法律基础
法律基础概论
*C语言程序设计

*工程制图（机械类用）（第2版）
工程制图习题集（机械类用）（第2版）
计算机辅助绘图—AutoCAD2005中文版
几何量精度设计与检测
公差配合与测量技术
工程力学
金属工艺学
金工实习教程
金工实习
工程训练
机械零件课程设计
机械设计基础（第2版）
*机械设计基础
机械设计课程设计指导书
工业产品造型设计

*液压与气压传动
电工与电子基础
电工电子技术（非电类专业用）
机械制造技术
*机械制造基础
数控技术（第2版）
*数控加工技术
液压与气动控制
专业英语（机械类用）
汽车专业英语
*数控机床及其使用和维修
数控机床及其使用维修（第2版）
数控加工工艺及编程
机电控制技术
计算机辅助设计与制造
*计算机网络技术实训指导
微机原理与接口技术
机电一体化系统设计
控制工程基础
机械设备控制技术
金属切削机床
机械制造工艺与夹具
UG设计与加工
冷冲压模设计及制造
冷冲压模设计与制造
*塑料模设计及制造（第2版）
模具CAD/CAM
模具制造工艺学
模具CAD/CAM技术

模具制造工艺

汽车构造
汽车电器与电子设备
汽车电器设备构造与检修
汽车发动机电控技术
汽车传感器与总线技术
公路运输与安全
汽车检测与维修
汽车检测与维修技术
汽车空调
*汽车营销学（第2版）

工程制图（非机械类用）
工程制图习题集（非机械类用）
离散数学
电工电子基础
电路基础
单片机原理与应用
电力拖动与控制
*可编程序控制器及其应用（欧姆龙型）
可编程序控制器及其应用（三菱型）
工厂供电
微机原理与应用（第2版）
电工与电子实验